LEHRBUCH DER PHYSIOLOGIE
FÜR STUDIERENDE DER ZAHNHEILKUNDE

VON

ERNST FISCHER   UND   **EMIL LEHNARTZ**

DR. MED., PRIVATDOZENT DER PHYSIOLOGIE
AN DER UNIVERSITÄT FRANKFURT A. M.

DR. MED., PRIVATDOZENT DER PHYSIOLOGIE
AN DER UNIVERSITÄT FRANKFURT A. M.

MIT 93 ABBILDUNGEN

SPRINGER-VERLAG BERLIN HEIDELBERG GMBH

1934

ISBN 978-3-642-89386-5   ISBN 978-3-642-91242-9 (eBook)
DOI 10.1007/978-3-642-91242-9

Vorwort.

Erfahrungen bei physiologischen Vorlesungen für Studierende der Zahnheilkunde und ebenso bei den entsprechenden Prüfungen haben uns immer wieder auf die Schwierigkeiten hingewiesen, mit denen heute die physiologische Unterweisung der angehenden Zahnärzte zu kämpfen hat. Die Ausbildung der Zahnärzte ist in Deutschland den Universitäten übertragen; dies bedeutet, daß die Ausbildung eine *wissenschaftliche* und nicht eine *handwerksmäßige* sein soll. Selbstverständlich ist wissenschaftlich nicht so zu verstehen, daß jeder Studierende auf Grund der allgemeinen Ausbildung nach beendetem Studium, wenn er persönlich sich zum Wissenschaftler eignet, als solcher schon bereits dastünde. Wissenschaftlich kann in diesem Zusammenhang nur bedeuten, daß ein bestimmtes Grundwissen nicht mechanisch, sondern in einer Weise übermittelt wird, daß der naturwissenschaftlich-kritische Geist der Studierenden dabei geweckt und geschärft wird. Der fertige Zahnarzt soll nicht nur mit gewissen physiologischen Grundtatsachen, die für ihn mehr oder minder von praktischer Bedeutung sind, vertraut sein, sondern er soll in seinem späteren Berufsleben imstande sein, etwa neu aufkommende oder vorgeschlagene Behandlungsmethoden bezüglich ihrer biologischen Grundlagen würdigen zu können. Selbstverständlich muß diese geistige Haltung vom Studierenden schon aufgebracht werden, wenn er nach bestandenem Vorexamen wirklich fruchtbringend dem zahnärztlich-klinischen Unterricht folgen will.

So klar damit für den Lehrenden seine Aufgabe vor ihm steht, so schwierig ist es, sie unter den gegebenen Umständen zu erfüllen. Das kurze, da nur dreisemestrige vorklinische Studium der künftigen Zahnärzte, das mit Recht schon ausgiebig mit technischem Unterricht belastet ist, sieht nur drei, wenn es hoch kommt vier Wochenstunden eines einzigen Semesters für physiologische Vorlesungen bzw. Kolloquien vor. Biologie oder Botanik und Zoologie werden im Vorexamen nicht geprüft. Wenn dennoch ein Teil der Studierenden schon gewisse brauchbare biologische Vorkenntnisse mitbringt, so ist das nach unseren Erfahrungen nur darauf zurückzuführen, daß ein relativ hoher Prozentsatz der Studierenden der Zahnheilkunde ehemalige Schüler von Oberrealschulen sind. Diese Feststellung soll aber keine Stellungnahme zur Frage nach der vorzugswürdigen Vorbildung sein.

Es ergibt sich aus den angeführten Umständen für den physiologischen Unterricht der angehenden Zahnärzte trotz der geringen zur Verfügung stehenden Zeit die Notwendigkeit, auf allgemein biologische Dinge weiter einzugehen als es beim Unterricht der Vollmediziner erforderlich ist. Es ist außerordentlich schwierig, aus der Fülle des zu behandelnden Materials eine Auswahl so zu treffen, daß der Lernende nicht nur die nötigsten Tatsachen kennen lernt, auf denen sich der weitere Unterricht in den klinischen Fächern aufbauen kann, sondern daß er darüber hinaus eine kritisch-wissenschaftliche Ausbildung erhält.

Als eine weitere Verschärfung der Lage mußten wir empfinden, daß wir nicht mit gutem Gewissen eines der für den Medizinstudenten bestimmten, ausgezeichneten Physiologie-Lehrbücher den Studierenden der Zahnheilkunde empfehlen konnten. Sie sind in vielen Dingen viel zu umfangreich, bedürfen andererseits meist auch noch der Ergänzung durch ein Lehrbuch der chemischen Physiologie und sind dennoch wiederum häufig in einzelnen, gerade für den angehenden Zahnarzt wichtigen Abschnitten etwas knapp gefaßt. So entstand in uns der Plan diese Lücke auszufüllen. Welche Grundsätze uns bei der Abfassung dieses Buches vorschwebten, geht aus dem schon Gesagten hervor. Selbstverständlich ist die Auswahl des Stoffes eine weitere als im mündlichen Unterricht. Wir hoffen durch reichliche Verwendung von Kleindruck hervorgehoben zu haben, was für den Studierenden unmittelbar minder wichtig ist und für ihn in dem Buche nur bereit liegen soll, falls er nach mehr als dem *nötigen* Wissen verlangt. Wir stehen auf dem Standpunkt, daß der heute weit verbreitete Brauch, dessen Quelle nicht nur wirtschaftlicher Natur ist, ein Lehrbuch sofort nach bestandenem Examen in diesem Fach für immer wegzugeben oder wegzulegen, gebrochen werden soll. Wir hoffen, und dies bestimmte uns mit bei der Stoffauswahl, daß unser Buch den Studenten noch während seines klinischen Semesters begleitet und auch von ihm nach erlangter Approbation gelegentlich zu Rate gezogen wird.

Frankfurt a. M., im Februar 1934.

ERNST FISCHER   EMIL LEHNARTZ.

Inhaltsverzeichnis.

Inhaltsverzeichnis. VII

I. Einleitung.

Die *Biologie*, die Lehre vom Leben, kann von verschiedenen Gesichtspunkten aus die belebte Welt betrachten. Die *Anatomie*, der Hauptzweig der *Morphologie*, erforscht die Gestalt der lebenden Wesen und ihren feineren Aufbau. Die Nebenzweige der Morphologie, *Ontogenie* und *Phylogenie*, beschäftigen sich mit der Gestaltbildung des Einzelwesens aus einem undifferenzierten Keim bzw. mit der Ausbildung des Typus einer Art im Verlauf der Entwicklung der Arten. Das zweite große Wissensgebiet der Biologie ist die *Physiologie*, die Lehre von den Lebensäußerungen der Organismen.

Die Aufgaben der Physiologie sind sehr vielseitig. Sie beginnen als Grundlage jeder weiteren Forschung mit der rein beschreibenden Betrachtung der Lebensvorgänge, wie sie in den verschiedenen Funktionen der einzelnen Organe und Organsysteme, z. B. des Kreislaufs oder der Atmung, vorliegen. Doch führen bereits die ersten Ergebnisse einer solchen Betrachtung zu der Erkenntnis, daß die Tätigkeit eines jeden der vielen Organe, die den Organismus aufbauen, von derjenigen vieler anderer Organe abhängig ist und von ihnen beeinflußt wird. Diese Wechselbeziehungen gilt es aufzuweisen und darüber hinaus ihre kausale Verknüpfung zu klären, damit schließlich erkannt werden kann, welcher Vorgang als Ursache und welcher als Wirkung anzusehen ist. Die Frage nach dem kausalen Zusammenhang taucht auch auf, wenn wir versuchen, für ein einzelnes, isoliertes Organ, das von anderen Organen nicht mehr beeinflußt werden kann, die elementaren Bedingungen für das Zustandekommen seiner Funktion aufzuspüren.

Es ist in vielen Fällen gelungen und wird sicher in zunehmendem Maße auch noch weiter gelingen, eine Reihe von Organfunktionen auf das Zusammenwirken von Erscheinungen zurückzuführen, die uns auch aus der unbelebten Natur bekannt sind. Wenn so einzelne Lebenstätigkeiten durch rein chemische, physikalische oder physikalisch-chemische Gesetzmäßigkeiten erklärt werden können, so stehen wir doch immer wieder vor den Problemen „Was ist Leben" und „Wie kommt es überhaupt zur Ausbildung eines Organismus." Diese Fragen werden durch die physikalische und chemische Erklärung einzelner Lebensvorgänge keineswegs einer Lösung näher gebracht. In jedem Fall, in dem wir einen biologischen Vorgang auf einen derartigen Mechanismus zurückführen können, stoßen wir auf den entscheidenden Tatbestand, daß die untersuchte Leistung überhaupt nur auf Grund der besonderen morphologischen und chemischen Struktur des Aufbaues eines Organismus im einzelnen und im ganzen möglich ist. Dieser Zustand des Organismus ist für uns ein von vornherein gegebener; warum er aber gerade ein solcher ist, daß er die Grundlage und das Substrat des Lebens bilden kann, liegt außerhalb der Fragestellung der Naturwissenschaft.

Wenn wir zu erklären versuchen, welcher Art die Lebensäußerungen eines Organismus sind, durch welche Eigenschaften also das eigentliche „Leben" charakterisiert ist, so können wir nur eine größere Zahl von Einzelmerkmalen anführen, die sich zu einem Gesamtbild des Lebens zusammenfügen. Jedes einzelne dieser Merkmale aber kann in der unbelebten Welt eine mehr oder weniger passende Parallele haben, so daß es nur gemeinsam mit allen anderen zu einem Kriterium des Lebens wird. Erstes und wohl wichtigstes Kennzeichen des Lebens ist der *Stoffwechsel* der Organismen. Sie nehmen Stoffe aus ihrer Umgebung auf, machen sie zu Bestandteilen ihres eigenen Körpers, setzen sie unter Freiwerden von Energie um und geben schließlich andere Stoffe an ihre Umwelt ab. Dieses Verhalten wird durch eine Kette von chemischen Umsetzungen möglich gemacht, die so ineinander greifen, daß sie zu einem „Gleichgewicht" führen, so daß die lebende Substanz mit der gleichen Geschwindigkeit, mit der sie verbraucht wird, eine Neubildung erfährt. Die Voraussetzungen für die Regulation dieses Gleichgewichts trägt der Organismus in sich selbst. Störungen dieses Gleichgewichts mindern die Funktionstüchtigkeit des Organismus; wird die Kette der Grundvorgänge an irgend einer Stelle unterbrochen, so erlischt das Leben.

Halten sich Stoffaufnahme und Stoffabgabe nicht genau das Gleichgewicht, sondern überwiegt die Aufnahme, so kommt es zu einer Vermehrung der Substanz des Organismus, zum *Wachstum*. Am sichtbarsten wird belebte von unbelebter Natur geschieden durch zwei Erscheinungen, die meist mit dem Wachstum in enger Beziehung stehen, *Entwicklung* und *Fortpflanzung*. Unter Entwicklung versteht man die mit oder ohne Wachstum einhergehende strukturelle und funktionelle Vervollkommnung einzelner Teile oder der Gesamtheit des Organismus, in erster Linie also die innere und äußere Formbildung aus dem form- und strukturarmen Ei. Diese Entwicklung steht im engsten Zusammenhang mit der Fortpflanzung, mit der Fähigkeit des Organismus sich durch Schaffung neuer Organismen zu vermehren, die sich durch Entwicklung und Wachstum zu einem Ebenbild des Ausgangsorganismus formen. Gerade Wachstum, Entwicklung und Fortpflanzung zeigen mit am deutlichsten über wie weitreichende selbstregulatorische Einrichtungen der Organismus verfügt. Trotz der verschiedenartigsten Faktoren der Außenwelt, unter denen die Organismen leben, aufwachsen und sich vermehren können, erhält sich der einzelne Organismus — abgesehen von gelegentlichen Anpassungen — stets weitgehend gerade die ihm typische Funktion und Form. Ebenso wahren die durch Fortpflanzung miteinander zusammenhängenden Generationen eines Organismus ein typisches Gepräge, die Merkmale dieser Art von Lebewesen.

Aber nicht nur bei diesen, sondern auch schon bei anscheinend viel einfacheren Lebensvorgängen, wie etwa der Kreislaufbewegung des Blutes, treten immer, wenn äußere Kräfte störend in das organische Geschehen eingreifen, eine Fülle von Regulationsmechanismen auf, denen es zuzuschreiben ist, daß dennoch eine den Fortbestand des Lebens ermöglichende Funktion zustande kommt. Eine solche Umstellung des Organismus ist aber nur möglich, weil die lebende Substanz sich durch das Merkmal der „*Erregbarkeit*" oder „*Reizbarkeit*" von unbelebter Materie unterscheidet. Der „Reiz", eine Änderung der physikalischen und chemischen Bedingungen der Umwelt, führt zu Änderungen des Organismus, die zwar mit dem Reiz in einem kausalen Zusammenhang stehen, deren Art und Größe aber zu der Qualität und Quantität des Reizes nicht unmittelbar in Beziehung gesetzt werden können. Jede dieser als Lebensäußerung wahrnehmbaren Änderungen ist mit der Freisetzung von Energie verknüpft. Diese Energie wird aber nicht mit dem Reiz zugeführt, der Reiz verschiebt vielmehr die Gleichgewichtslage der verschiedenen Energiesysteme im Organismus derart, daß die bei der Verschiebung freiwerdenden Energien den Reizerfolg ermöglichen und sein Ausmaß bestimmen. Der Reiz ist häufig lediglich eine Einwirkung, die Umwandlung der im Organismus aufgespeicherten potentiellen Energie in kinetische Energie auslöst.

Alle pflanzlichen und tierischen Organismen sind aus Zellen aufgebaut. Viele mikroskopisch kleinen Tiere, die Protozoen, bestehen auch im ausgewachsenen und ausdifferenzierten Zustand nur aus einer einzigen Zelle, die Organismen aller übrigen Tierkreise, die Metazoen, aber aus verschiedenen Zellen von meist verschiedener Struktur. Das Leben mit seinen wesentlichen Merkmalen läßt sich immer auf die Zelle als letzte biologische Einheit zurückführen. Die Zelle besteht aus dem *Zellkern* und dem Zelleib oder *Protoplasma*. Der Kern spielt vor allem beim Wachstum, bei der Zelldifferenzierung und bei der Zellteilung eine aktive Rolle. Undifferenzierte embryonale Zellen haben einen im Vergleich zum Plasmavolumen relativ großen Kern; alte, fertig ausdifferenzierte Zellen besitzen hingegen einen relativ kleinen Kern. Das Protoplasma, das strukturell und chemisch keineswegs einheitlich ist, ist Träger der übrigen Lebensfunktionen wie Stoffwechsel, Reizbarkeit und der besonderen Lebenstätigkeiten jeder Zelle. Die funktionelle Bedeutung des Plasmas ergibt sich daraus, daß kernlose Zellen oder Zellteile noch für längere Zeit ihre spezifische Tätigkeit ausüben können. Der kernlose Teil einer Nervenzelle leitet noch Erregungsimpulse; die Cilien der kernlosen Teile einer Flimmerzelle können noch stundenlang regelmäßig schlagen; die stets kernlosen roten Blutkörperchen der Säugetiere üben ihre Funktion mehrere Wochen aus, dann sterben sie aber ab und zerfallen. Kernlose Fragmente anderer Zellen gehen meist sehr viel rascher zugrunde, während ein kernhaltiges Zellstück häufig imstande ist, den verlorengegangenen Zellteil neu zu bilden. Wird aber der Kern soweit aus der Zelle herausgelöst, daß er nicht mehr oder nur noch in geringem Maße von Protoplasma umgeben ist, so sind seine Lebensenergien bald erschöpft. Die Zelle, Kern und Plasma, bildet also eine funktionelle Einheit; ihre morphologisch unterscheidbaren Teile können getrennt für sich nur kurze Zeit bestehen.

Wir können also als charakteristisch für das Leben den gleichzeitigen und durch Selbstregulation geordneten Ablauf von zahlreichen einzelnen Lebensäußerungen bezeichnen. Diese Lebensäußerungen: Stoffwechsel, Wachstum, Fortpflanzung, Bewegungsleistung, Erregbarkeit vollziehen sich an einem Substrat von besonderem chemischem und physikalisch-chemischem Bau, das als Kern und Protoplasma in der Zelle zu einer biologischen Einheit zusammengefaßt ist.

Wenn wir einen bestimmten Lebensvorgang an einer einzelnen Zelle, an einem Zellkomplex, einem Organ, oder am gesamten Organismus exakt messen und die gleiche Messung für den gleichen Vorgang unter den gleichen Bedingungen an einer großen Anzahl von Individuen der gleichen Art wiederholen, so erhalten wir viele, unter Umständen sehr weitgehend voneinander abweichende Meßresultate. Ein chemisches oder ein physikalisches Experiment führt auch bei vielfacher Wiederholung unter den gleichen Versuchsbedingungen zu demselben, nur innerhalb enger Grenzen schwankenden Wert. Beim Organismus gibt es dagegen keine einheitliche *Reaktionsnorm*. Jedes Einzelindividuum reagiert auf einen Reiz in etwas verschiedener Weise. Beobachten wir eine Funktion, die sich leicht und genau quantitativ ermitteln läßt, beispielsweise den Sauerstoffverbrauch einer großen Anzahl von einzelnen Tieren der gleichen Art, des gleichen Geschlechts und desselben Alters, so sind die gefundenen Werte sehr weitgehend verschieden. Ordnen wir sie der Größe nach, so zeigt sich, daß sie sich regelmäßig um einen Mittelwert verteilen und zwar so, daß dieser Mittelwert am häufigsten gefunden wird, und die Abweichungen von ihm um so seltener werden, je größer sie sind.

Die Beschreibung der Form und auch der Lebensfunktion des Organismus, die Angabe von Zahlenwerten für eine bestimmte Eigenschaft oder Tätigkeit können sich immer nur auf derartige Mittelwerte beziehen. Die Bestimmung eines Mittelwertes wird um so genauer sein, je größer die Zahl der Einzelbeobachtungen ist, weil sich dann die Abweichungen nach unten oder oben von dem Mittelwert weitgehend ausgleichen. Es ist danach völlig verständlich, daß eine neue Einzelbeobachtung diesem Mittelwert nicht immer entsprechen kann.

Wie weit im Einzelfall zur Beobachtung kommende Abweichungen von diesem Mittelverhalten oder Mittelwert für eine bestimmte Funktion noch als *normal* oder schon als *pathologisch*, d. h. als abnorm oder krankhaft, zu bezeichnen sind, ist immer dann leicht zu entscheiden, wenn die Abweichungen sehr groß sind. Bei kleinen Abweichungen hingegen kann die Entscheidung, ob sie noch in der normalen Variationsbreite oder außerhalb derselben liegen, nur auf Grund großer empirischer Erfahrung getroffen werden. Praktisch kommt aber diesen Grenzfällen nur selten wirkliche Bedeutung zu, da bei den großen regulatorischen Möglichkeiten des Gesamtorganismus selbst durch stärkere Abweichungen einer oder der anderen Einzelfunktion das „Leben" in seiner Gesamtheit keine wesentliche Veränderung erfährt.

II. Baustoffe.

A. Anorganische Stoffe, Diffusion, Osmose, Wasserstoff-Ionen-Konzentration, Pufferung.

Die Zellen und damit die Gewebe und Organe des Körpers sind aufgebaut aus einer großen Zahl verschiedener chemischer Stoffe, die in ihrem feineren Bau durchaus noch nicht alle bekannt sind. Einen Teil dieser Bausteine nimmt der Organismus mit der Nahrung in derjenigen Form auf, in der sie später in den Geweben angetroffen werden, andere müssen erst durch bestimmte Eingriffe an den aufgenommenen Substanzen umgebaut werden, bevor sie Teile des Organismus werden können, während wieder andere körpereigene Substanzen auf anscheinend recht komplizierten Wegen im Körper selbst aus einfacheren Verbindungen entstehen.

Die Zahl der chemischen Elemente, die diese Bausteine zusammensetzen, ist relativ groß, jedoch spielen hinsichtlich der Menge ihres Vorkommens und ihrer Bedeutung für den Organismus einige eine besonders wichtige Rolle. Es sind dies in erster Linie: C, H, N, O, Na, K, Ca, Mg, Fe, Cl, F, S, P, Si. Keines dieser Elemente findet sich im Körper in freier Form, sondern alle in einfach oder verwickelt gebauten chemischen Verbindungen.

1. Anorganische Stoffe.

Unter den anorganischen Stoffen steht an erster Stelle das **Wasser**. Zwar ist, wie die untenstehende Tabelle zeigt, der Wassergehalt der verschiedenen Organe und Gewebe ein äußerst verschiedener, aber kein Teil des Körpers ist gänzlich frei von Wasser. Das härteste Gewebe, der Zahnschmelz, hat den niedrigsten Wassergehalt; Dentin und Knochen sind wesentlich wasserreicher. Bei diesen Geweben ist die Härte umgekehrt proportional dem Wassergehalt. Diese Gesetzmäßigkeit gilt jedoch nicht für andere Gewebe, die verschiedenen Formen des Knochengewebes nehmen vielmehr in dieser Beziehung eine Sonderstellung ein.

Wassergehalt verschiedener Organe und Körperflüssigkeiten:

	%		%
Zahnschmelz	0,2	Darm	77
Dentin	10	Lunge	79
Knochen (Zahnbein)	22	Blut	80
Fettgewebe	30	Niere	83
Leber	70	Lymphe	96
Muskeln	76	Glaskörper	99

Der hohe Wassergehalt ist für den Organismus von lebenswichtiger Bedeutung. Das Wasser dient ganz allgemein als Lösungsmittel für alle diejenigen Stoffe, die im Körper vorkommen, die in ihn aufgenommen oder aus ihm ausgeschieden werden. Die Auflösung in einem Lösungsmittel ist wie im chemischen Experiment auch im Organismus Voraussetzung dafür, daß Substanzen miteinander reagieren können. Fernerhin wird, da durch die Lebenstätigkeit der Organe dauernd Konzentrationsänderungen der verschiedensten Stoffe sich ausbilden, durch die Anwesenheit eines allen Teilen des Körpers gemeinsamen Lösungsmittels eine möglichst gleichmäßige Verteilung aller dieser Stoffe ermöglicht.

Für die wichtige Rolle, die das Wasser im Gesamthaushalt des menschlichen und des tierischen Organismus spielt, spricht z. B. die Tatsache, daß Wasserverluste, wenn sie 10% des Körpergewichts übersteigen, bereits schwere Störungen der Gesundheit zur Folge haben und, wenn sie größer sind als 15%, zum Tode führen. Vorübergehende starke Wasserabgabe durch Schweiß und Atmung, wie sie bei großen körperlichen Anstrengungen, z. B. Bergbesteigungen, vorkommen, müssen unbedingt durch entsprechende Wasserzufuhr wieder ausgeglichen werden. Auch die nach größeren Blutverlusten auftretenden Schädigungen beruhen zum Teil auf dem Flüssigkeitsverlust, und daher spielt die Zufuhr geeigneter Flüssigkeiten unter die Haut oder direkt in das Gefäßsystem eine große Rolle bei der Behandlung Ausgebluteter.

Die Höhe des Wassergehaltes des Gesamtorganismus ist vom Lebensalter abhängig. Während beim Fötus ein Wassergehalt von 97,5% gefunden wird, beträgt er beim Neugeborenen nur noch 66,4% und fällt beim Erwachsenen schließlich bis auf 58,5%.

Von den anorganischen Salzen enthalten die Körperflüssigkeiten in besonders hoher Konzentration das **Kochsalz** (NaCl). Die Einstellung eines bestimmten osmotischen Druckes in der Blutflüssigkeit, dem Plasma, beruht weitgehend auf ihrem Gehalt an Natriumchlorid. Im Gegensatz dazu findet sich in den Zellen das Chlorid in überwiegender Menge als Kaliumchlorid vor. Dem Gehalt des Blutes an Chloriden kommt auch deshalb große Bedeutung zu, weil sie die Vorstufe für die Bildung von Salzsäure durch die Magendrüsen sind.

Jod ist ein Bestandteil des in der Schilddrüse gebildeten Thyroxins, das *Fluor*, wie unten gezeigt wird, ein Bestandteil der Knochen und der Zähne. *Brom* findet sich im Körper nur in geringfügiger Menge. Bei Zufuhr von Bromiden mit der Nahrung kommt es bei gleichzeitigem Fortlassen von Chloriden zu einem Ersatz der Chloride durch Bromide.

Nach den Chloriden sind die wichtigsten Anionen die *Phosphate* und die *Carbonate*. Über die Rolle, welche diese beiden Ionen für die Aufrechterhaltung einer bestimmten optimalen Wasserstoff-Ionen-Konzentration spielen, wird erst weiter unten gesprochen werden. Daneben haben sie aber in Verbindung mit dem Calcium-Ion die größte Bedeutung für den Aufbau des **Skeletsystems** und der **Zähne**: sowohl Knochen als auch Zähne enthalten Calcium in Form von Phosphaten und Carbonaten und das gleiche gilt für die verschiedenen den Zahn aufbauenden Gewebe: Zement, Dentin und Schmelz. Der Zement hat wahrscheinlich etwa die gleiche Zusammensetzung wie der Knochen. Diese Stützgewebe enthalten außer anorganischen Stoffen, von denen in geringer Konzentration auch Mg, F und Cl vorkommen, in von ihrer Härte abhängendem Umfang Wasser und organische Substanzen, und zwar um so weniger, je größer ihre Härte ist, am meisten also der Knochen, am wenigsten der Schmelz. Die organische Substanz besteht neben Fett, das vor allen Dingen in den großen Röhrenknochen ziemlich reichlich vorkommt, aus Eiweißkörpern, von denen das *Ossein* genannt sei, welches dem Kollagen des Bindegewebes entspricht.

Den Gehalt an den wichtigsten Stoffen in den verschiedenen Formen des Knochengewebes, und zwar in getrocknetem, entfettetem Zustand, zeigt die folgende Zusammenstellung.

	Knochen %	Dentin %	Schmelz %
Org. Substanz	32,0	29,1	6,9
CaO	32,0	38,2	50,2
MgO	1,2	1,5	0,7
P_2O_5	35,3	30,2	40,7

Das Ca ist zum überwiegenden Betrage als ein basisches Phosphat im Knochen vorhanden, dem nach neueren Untersuchungen die Formel $6\ Ca_3(PO_4)_2 \cdot Ca(OH)_2$ zukommt (Hydroxylapatit). Dieser Verbindung ist wenig $CaCO_3$ beigemengt, doch besteht kein konstantes Verhältnis zwischen PO_4 und CO_3. Ob der Fluorgehalt des Zahnschmelzes größer ist als der des Knochens und ob das Fluor mit dem Calciumphosphat ein Fluorapatit $(Ca_3(PO_4)_2) \cdot CaF_2$ bildet, ist nach neueren Untersuchungen fraglich.

Eisen kommt nicht in anorganischer Form, sondern fast ausschließlich in organischer Bindung, vornehmlich im roten Blutfarbstoff, dem Hämoglobin, vor.

Silicium ist als Kieselsäure in geringer Menge Bestandteil des Bindegewebes.

Der *Schwefel*gehalt des Körpers ist im wesentlichen auf die Eiweißkörper und ihre Abbauprodukte beschränkt.

2. Diffusion und Osmose.

Für die Verteilung der Stoffe im Organismus, insbesondere dafür, daß jedes Gewebe und jede Zelle mit den notwendigen Baustoffen und Brennmaterialien versorgt werden, sind die Vorgänge der Diffusion und der Osmose von entscheidender Bedeutung. Die anorganischen Substanzen, soweit sie sich in Lösung befinden, sind zudem die Hauptursache für die Herstellung und Erhaltung eines bestimmten *osmotischen Druckes* in den Körperflüssigkeiten und den Zellen. Ein Verständnis für die Erscheinung des osmotischen Druckes läßt sich am einfachsten aus einer Betrachtung der Diffusionsvorgänge gewinnen.

Wenn man in einem geschlossenen Zylinder zwei verschiedene Gase übereinanderschichtet, so tritt nach einiger Zeit eine völlige Durchmischung dieser Gase durch Diffusion ein. Ebenso kommt es zu einem gegenseitigen Austausch durch Diffusion, wenn Flüssigkeiten verschiedener Zusammensetzung übereinandergeschichtet werden. In beiden Fällen ist die Ursache für die Vermischung der verschiedenen Molekülarten die Wärmebewegung der Moleküle. Ein Austausch von Substanzen zwischen Lösungen verschiedener Zusammensetzung tritt auch ein, wenn diese Lösungen nicht in freiem Austausch miteinander stehen, sondern durch Membranen voneinander getrennt sind. Der Austausch ist ein vollständiger, wenn diese Membranen nach beiden Richtungen hin völlig durchgängig oder *permeabel* sind, er kann aber auch ein unvollständiger sein, indem nämlich gewisse Substanzen nur nach einer Richtung durch die Membran hindurchgehen oder wenn die Membran zwar für Wasser, nicht aber für alle gelösten Stoffe durchgängig ist. Derartige Membranen werden als *semipermeabel* bezeichnet. Der Wasserdurchtritt durch eine Membran heißt *Osmose*. Semipermeabele Membranen sind die meisten Scheidewände, die als Zellwandungen in den Organismen vorkommen. Die Semipermeabilität einer Membran in dem Sinne, daß sie zwar dem Lösungsmittel, meist also dem Wasser, nicht aber gelösten Stoffen den Durchtritt gestattet, ist ganz streng in der belebten Welt nicht verwirklicht, da sonst ein Stoffaustausch zwischen Zellen und Gewebsflüssigkeit überhaupt nicht möglich wäre. Es handelt sich, auch wenn Versuche über die Diffusion von bestimmten anorganischen Salzen oft scheinbar eine Impermeabilität gezeigt haben, lediglich um eine außerordentliche Verlangsamung der Diffusion durch die Zellwand.

Entsprechend ihrem verschiedenen Gehalt an gelösten Stoffen weisen Lösungen einen verschiedenen osmotischen Druck auf. Die Existenz des osmotischen Druckes kann nachgewiesen werden, wenn eine semipermeabele Membran zwischen zwei ungleich konzentrierte Flüssigkeiten eingeschaltet wird. Die Bestimmung des osmotischen Druckes einer Flüssigkeit erfolgt mittels des Osmometers. Das Osmometer besteht aus einem porösen Tonzylinder, in dessen Wandung eine semipermeabele Membran eingelagert ist. Diese Membran wird z. B. in der Weise hergestellt, daß der Zylinder, mit Kupfersulfatlösung gefüllt, in eine Ferrocyankaliumlösung hinein-

gestellt wird. Die beiden Lösungen dringen in die Tonwandung ein, an ihrer Be-
rührungsfläche entsteht durch Niederschlagsbildung eine Membran von Ferrocyan-
kupfer. Das Osmometer wird mit der Lösung gefüllt, deren osmotischer Druck bestimmt werden soll, mit einem Stopfen verschlossen, der mit einem Manometer
versehen ist und dann in destilliertes Wasser gestellt. Nunmehr beginnt eine Osmose
des Wassers durch die Membran in die Tonzelle hinein, die sich so lange fortsetzt,
bis der durch das Manometer angezeigte hydrostatische Druck konstant ist. Er hält
dann dem osmotischen Druck, also demjenigen Druck, mit dem das Wasser durch
die Membran hindurchgetrieben wird, das Gleichgewicht.

Der osmotische Druck ist der Konzentration an gelöster Substanz proportional,
und zwar ist er genau so groß wie derjenige Druck, den die gelöste Substanz im gas-
förmigen Zustande bei gleicher Temperatur im gleichen Volumen ausüben würde
(Theorie der Lösungen). Die Gesetze des osmotischen Druckes weisen daher die
größte Ähnlichkeit mit den Gasgesetzen auf. Äquimolekulare Lösungen verschiedener
Stoffe haben danach den gleichen osmotischen Druck. Da ein Mol eines Gases unter
Normalbedingungen (p $= 760$ mm; t $= 0^0$) einen Raum von 22,4 Litern einnimmt,
muß der osmotische Druck einer Lösung von ein Mol einer Substanz in einem Liter
Flüssigkeit (molare Lösung) 22,4 Atm. betragen.

Dies gilt aber nur für Lösungen von Anelektrolyten. Elektrolytlösungen (Salze,
Säuren, Basen) haben einen höheren osmotischen Druck als ihrer molekularen Konzentration entspricht. Es hat sich gezeigt, daß der osmotische Druck nicht allein
von der Zahl der in einer Lösung befindlichen Moleküle abhängt, sondern von der
Gesamtzahl der überhaupt vorhandenen Teilchen. Da nach der Theorie der elektro-
lytischen Dissoziation in wässerigen Lösungen immer ein Teil der Moleküle in positiv
und negativ geladene Ionen zerfällt, muß der osmotische Druck von Elektrolytlösungen größer sein als sich aus ihrer molekularen Konzentration ergibt und zwar
um so mehr, je stärker die elektrolytische Dissoziation ist. Da in hinreichend verdünnten
Lösungen vor allem die Salze praktisch völlig dissoziiert, d. h. alle Moleküle in Ionen
zerfallen sind, so läßt sich in derartigen Lösungen der osmotische Druck aus der
Zahl der Dissoziationsprodukte (d. h. der Ionen) errechnen. Er beträgt demnach für
eine hinreichend verdünnte Lösung von NaCl das doppelte, für eine solche von
Na_2SO_4 das dreifache des nach der molekularen Konzentration zu erwartenden
Wertes.

Der osmotische Druck einer Lösung ist ihrem Dampfdruck proportional. Dem
Dampfdruck sind fernerhin proportional der Gefrierpunkt und der Siedepunkt einer
Lösung. Der osmotische Druck kann also auch bestimmt werden aus der Erniedrigung des Gefrierpunktes bzw. der Erhöhung des Siedepunktes gegenüber dem
an dem reinen Lösungsmittel bestimmten Gefrier- bzw. Siedepunkt.

Die Kenntnis des osmotischen Druckes des Blutes und somit auch der Zellen
ist von großer Wichtigkeit. Die Gefrierpunktserniedrigung des menschlichen
Blutes beträgt $- 0,56^0$ und entspricht damit einem osmotischen Druck von
etwa 7,7 Atm. Bei physiologischen Untersuchungen an überlebenden Organen
ist es nötig, die Lebenstätigkeit dieser Organe möglichst lange zu erhalten. Dies
geschieht durch Anfeuchten mit ,,physiologischen Salzlösungen''. Es wird später
gezeigt, daß diese Lösungen eine bestimmte quantitative und qualitative Zusammensetzung haben müssen (s. Blut). Daneben müssen sie vor allem aber den
gleichen osmotischen Druck wie das Blut oder die lebende Zelle besitzen. Salzlösungen, die den gleichen osmotischen Druck haben wie die Zellen, Gewebe
oder Organe, die in ihnen untersucht werden sollen, bezeichnet man als iso-
motisch oder *isotonisch*, solche mit geringerem osmotischen Druck als *hypo-
tonisch* und solche endlich mit höherem osmotischen Druck als *hypertonisch*.
Die Isotonie der Lösungen für verschiedene Tierarten ist nicht gleich. Isotonisch
für Säugetiere ist z. B. eine NaCl-Lösung von 0,9%, für den Frosch dagegen eine
solche von nur 0,6%.

Verbringt man lebende Zellen in hypo- oder hypertonische Lösungen, so
lassen sich besondere Erscheinungen beobachten. Derartige Beobachtungen sind
besonders leicht an pflanzlichen Zellen sowie an roten Blutkörperchen durchzuführen. In jedem Falle spielen die Zellen die Rolle eines Osmometers. An den
Pflanzenzellen ist besonders gut die Einwirkung hypertonischer Lösungen zu

sehen. Durch osmotischen Wasseraustritt kommt es zu einer Verkleinerung des Zellinhaltes, die dazu führt, daß sich der schrumpfende Protoplast von der Cellulosewandung der Zelle ablöst. Diese Erscheinung wird als *Plasmolyse* bezeichnet. Umgekehrt sind an den Erythrocyten die Folgen der Einwirkung hypotonischer Lösungen besonders sinnfällig. In einem solchen Fall kommt es zu einer osmotischen Wasseraufnahme in die Zelle und zu ihrer Volumvergrößerung. Diese ist in hinreichend verdünnten Lösungen so groß, daß es schließlich zu einem Platzen der Zellwandung und einem Austritt des roten Blutfarbstoffs aus den Zellen kommt: *Hämolyse*.

3. Die Wasserstoff-Ionen-Konzentration.

Allen Geweben und Körperflüssigkeiten kommt eine bestimmte (schwach alkalische) Reaktion zu, und der Organismus verfügt über eine Reihe von Regulationsmechanismen, die die Erhaltung dieser charakteristischen Reaktion gewährleisten. Will man exakte Angaben machen, so drückt man die Reaktion einer Lösung durch die Angabe der Wasserstoff-Ionen-Konzentration bzw. des p_H-Wertes aus.

Eine völlig neutrale Flüssigkeit ist das Wasser. Eine geringe Anzahl der Wassermoleküle ist in H- und OH-Ionen dissoziiert. Die Konzentration dieser beiden Ionenarten muß natürlich, da $H_2O = H^+ + OH^-$, gleich sein, und beträgt bei einer Temperatur von 22^0 je 10^{-7} Mol. Der Neutralpunkt entspricht also einer Wasserstoff-Ionen-Konzentration von 10^{-7}. Saure Reaktion ist durch höhere, alkalische durch niedrigere H-Ionen-Konzentration gekennzeichnet. Immer ist aber entsprechend dem Massenwirkungsgesetz unabhängig von der Reaktion das Produkt von H- und von OH-Ionen, ebenso wie bei reinem Wasser gleich 10^{-14}. Die Konzentration der Hydroxyl-Ionen ist also leicht aus derjenigen der H-Ionen zu errechnen. Im allgemeinen werden Aussagen über die Reaktion einer Flüssigkeit nicht durch Angabe der Wasserstoff-Ionen-Konzentration, sondern durch diejenige des *Wasserstoff-Ionen-Exponenten* gemacht, welcher der negative Logarithmus der Wasserstoff-Ionen-Konzentration ist und als p_H bezeichnet wird:

$$- \log h = p_H.$$

Der Zusammenhang von Wasserstoff-Ionen-Konzentration (cH) und p_H geht aus folgender Gegenüberstellung hervor:

cH	p_H	Reaktion
10^{-7}	$7,00$	neutral
$3 . 10^{-4}$	$-0,48 + 4 = 3,52$	sauer
$6,3 . 10^{-9}$	$-0,80 + 9 = 8,20$	alkalisch

Alle p_H-Werte über 7 bedeuten demnach alkalische, alle unter 7 saure Reaktion.

4. Die Pufferung.

Wie bereits angedeutet wurde, verfügt der Organismus über eine Reihe von Regulationsmechanismen, die eine weitgehende Konstanz des p_H im Gewebe und im Blute gewährleisten. Eine wesentliche Voraussetzung für die Möglichkeit der Reaktionsregulierung und eine ihrer wichtigsten Grundlagen ist die *Pufferung*. Unter Pufferung versteht man die Eigenschaft einer Flüssigkeit, auf Zusatz von Säure oder Base ihre Reaktion nur unwesentlich oder gar nicht zu ändern, während bei Zusatz der gleichen Säure- oder Basenmenge zu Wasser eine sehr erhebliche Reaktionsänderung eintreten würde. Zum Begriff der Pufferung gehört fernerhin die Tatsache, daß die Verdünnung einer gepufferten Lösung mit Wasser ihre Reaktion kaum ändert, während die Verdünnung einer Säure oder einer Base immer zu einer entsprechenden Abnahme des Säure- bzw. Alkalitätsgrades führen muß. Puffersysteme werden in erster Linie gebildet durch Gemische schwacher Säuren oder schwacher Basen mit ihren Salzen. Die Ursache der Pufferung ist darin zu erblicken, daß die schwachen Säuren und Basen nur eine sehr geringe Dissoziation aufweisen und daß im Gemisch mit einem ihrer Salze diese geringe Dissoziation noch wesentlich herabgesetzt wird. Nach dem Massenwirkungsgesetz gilt für eine schwache Säure, wie die Essigsäure:

$$\frac{[CH_3COO-].[H+]}{[CH_3COOH]} = K \quad \text{und daher} \quad [H+] = \frac{K.[CH_3COOH]}{[CH_3COO-]}$$

wobei die in Klammern gesetzten Ausdrücke anzeigen sollen, daß jeweils die molekularen Konzentrationen der betreffenden Bestandteile gemeint sind. K ist die Dissoziationskonstante der Essigsäure. Wie ändert sich nun die Reaktion einer Essigsäurelösung durch Zusatz von Natriumacetat? Dies läßt sich hinreichend genau errechnen. Natriumacetat ist praktisch vollständig in Na- und Acetat-Ionen dissoziiert, während entsprechend ihrer geringen Dissoziationskonstante $(K = 2.10^{-5})$ die Essigsäure nur wenig Acetat-Ionen liefert. Gegenüber der großen Zahl der aus der Dissoziation des Na-Acetats stammenden Acetat-Ionen kann also die Dissoziation der Essigsäure vernachlässigt werden, und man darf annehmen, daß die gesamte Essigsäure praktisch als undissoziierte Säure vorhanden ist. Versucht man auf Grund dieser Überlegungen aus der oben angeführten Dissoziationsgleichung der Essigsäure die [H+] eines Gemisches von Essigsäure und Natriumacetat zu errechnen, so kann man statt $[CH_3COO-]$ die Konzentration des Natriumacetats, statt $[CH_3COOH]$ die Konzentration der Essigsäure einsetzen und es ergibt sich:

$$[H+] = \frac{K.[Essigsäure]}{[Natriumacetat]}$$

Wie wirkungsvoll ein derartiges Puffersystem größere Änderungen der Reaktion bei Zusatz von Säure oder Alkali verhindert, zeigt das folgende Beispiel. Ein Gemisch aus 10 ccm $n/_{10}$ Essigsäure und 10 ccm $n/_{10}$ Natriumacetat hat ein p_H von 4,73. Die Tabelle gibt an, in welchem Umfange die Reaktion des Puffergemisches sowie die Reaktion von reinem Wasser durch Zusatz verschiedener Mengen HCl verändert wird, dabei spielt sich die folgende Reaktion ab: $HCl + CH_3COONa = NaCl + CH_3COOH$. Die Wirkung des Puffers besteht also darin, die starke Säure in eine schwache umzuwandeln.

Zusatz ccm $n/_{10}$ HCl	p_H des Acetatpuffers	p_H von reinem Wasser
ohne Zusatz	4,73	7,00
1	4,65	2,02
5	4,24	1,30
8	3,78	1,12
10	2,71	

Der Organismus besitzt verschiedene Puffersysteme. Es sind dies 1. das System Kohlensäure-Natriumbicarbonat, 2. das System prim.-sek. Phosphat und 3. als weitaus wichtigstes die Eiweißkörper, infolge ihrer Eigenschaft als Ampholyte (s. S. 16) sowohl mit Basen wie mit Säuren Salze zu bilden.

B. Organische Stoffe, Kolloide, Fermente.

1. Kohlehydrate.

Die Kohlehydrate sind aufgebaut aus C, H und O. Der Name soll andeuten, daß sich die beiden letztgenannten Elemente in ihnen im gleichen Verhältnis wie im Wasser vorfinden. Dabei entspricht die Zahl der Sauerstoffatome derjenigen der Kohlenstoffatome. Da aber die allgemeine Formel $C_nH_{2n}O_n$, die danach den Kohlehydraten zukommen muß, auch für zahlreiche andere Verbindungen zutrifft und anderseits Körper bekannt sind, die als Kohlehydrate bezeichnet werden müssen, aber eine andere Formel aufweisen, ist eine andere Definition zu suchen, die mehr der chemischen Konstitution dieser Stoffe Rechnung trägt. Es hat sich gezeigt, daß alle Kohlehydrate als Aldehyde oder Ketone mehrwertiger Alkohole aufzufassen sind. Eines der einfachsten Beispiele für

Kohlehydrate sind zwei Verbindungen, die sich von dem dreiwertigen Alkohol Glycerin ableiten, der Glycerinaldehyd und das Dioxyaceton:

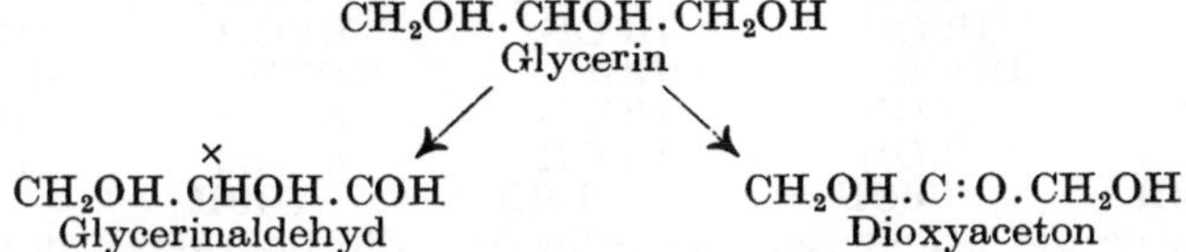

$$CH_2OH . CHOH . CH_2OH$$
Glycerin

$$\overset{\times}{CH_2}OH . CHOH . COH \qquad CH_2OH . C : O . CH_2OH$$
Glycerinaldehyd · Dioxyaceton

Beide Verbindungen enthalten drei C-Atome, sie werden daher als *Triosen* bezeichnet. Von besonderer biologischer Bedeutung sind die Kohlehydrate mit fünf und sechs C-Atomen, die entsprechend der Zahl ihrer C-Atome *Pentosen* und *Hexosen* genannt werden. Glycerinaldehyd ist ein Beispiel für einen Aldehydzucker oder eine *Aldose*, während Verbindungen vom Typ des Dioxyacetons als Ketozucker oder *Ketosen* bezeichnet werden. Ein weiterer Unterschied zwischen den beiden Zuckern besteht darin, daß der Glycerinaldehyd ein asymetrisches C-Atom (bezeichnet mit ×) enthält, also ein C-Atom, das mit vier verschiedenen Massen verbunden ist (beim Glycerinaldehyd: CH_2OH; H; OH; COH). Der Besitz von asymetrischen C-Atomen ist die Ursache der optischen Aktivität chemischer Verbindungen, d. h. ihrer Fähigkeit, die Ebene des polarisierten Lichtes zu drehen. Je nach der Anordnung der Atomgruppen am asymetrischen C-Atom besitzt eine Verbindung Rechtsdrehung (d-Form) oder Linksdrehung (l-Form). Schließlich gibt es aber auch eine optisch inaktive Modifikation (r-Form), die ein Gemisch aus gleichen Teilen der beiden optisch aktiven Formen ist, in dem sich Rechts- und Linksdrehung, da beide von gleicher Größe sind, gegenseitig aufheben. Die Bezeichnung d- und l-Form, die ursprünglich das Verhalten der optischen Aktivität anzeigen sollte, ist späterhin als Hinweis auf den konstitutionellen Zusammenhang verschiedener Körper verwandt worden, während die Drehungsrichtung, da sie oft der Bezeichnung d und l nicht entspricht, durch die Zeichen (+) für Rechtsdrehung und (−) für Linksdrehung angegeben wird.

Zu den Pentosen gehören die *d(+)-Arabinose* und die *d(−)-Ribose*, von denen die letztere als Baustein der Nukleinsäuren im Tierkörper eine wichtige Rolle spielt. Unter den Hexosen und damit in der ganzen Reihe der Zucker nimmt eine Verbindung eine centrale Stellung ein, die *d(+)-Glucose*, der *Traubenzucker*. Weiterhin sind für die menschliche und tierische Physiologie von den Hexosen noch wichtig die *d(+)-Galaktose* (ein Bestandteil des Milchzuckers) und die *d(−)-Fructose* oder *Lävulose* (Fruchtzucker).

$$
\begin{array}{ccc}
C\!\!\diagdown^{O}_{H} & CH_2OH & C\!\!\diagdown^{O}_{H} \\
| & | & | \\
H-C-OH & C=O & H-C-OH \\
| & | & | \\
HO-C-H & HO-C-H & HO-C-H \\
| & | & | \\
H-C-OH & H-C-OH & HO-C-H \\
| & | & | \\
H-C-OH & H-C-OH & H-C-OH \\
| & | & | \\
CH_2OH & CH_2OH & C \\
\text{d(+)-Glucose} & \text{d(−)-Fructose} & \text{d(+)-Galaktose}
\end{array}
$$

Entsprechend dem chemischen Bau der Kohlehydrate, die ja gleichzeitig Alkohol- und Carbonyl(Aldehyd- bzw. Keto)gruppen enthalten, ist es möglich, sie durch Oxydation der Aldehydgruppe bzw. der endständigen Alkoholgruppe in Säuren, durch Reduktion der Carbonylgruppe dagegen in Alkohole umzuwandeln, deren

Wertigkeit der Zahl ihrer C-Atome entspricht. Am Beispiel der Glucose seien die
möglichen Umwandlungen gezeigt:

COH	**COH**	**COOH**	**COOH**	**CH₂OH**
HCOH	HCOH	HCOH	HCOH	HCOH
HOCH	HOCH	HOCH	HOCH	HOCH
HCOH	HCOH	HCOH	HCOH	HCOH
HCOH	HCOH	HCOH	HCOH	HCOH
CH₂OH	**COOH**	**CH₂OH**	**COOH**	**CH₂OH**
d(+)-Glucose	d(+)-Glukuron- säure	d(−)-Glucon- säure	d(+)-Zucker- säure	d(+)-Sorbit

Durch die Aldose- bzw. Ketoseformeln der Zucker können nicht alle Eigenschaften der Kohlehydrate erklärt werden. Mit ihnen ist die Tatsache nicht vereinbar,
daß durch Behandlung von Traubenzucker mit methylalkoholischer Salzsäure zwei
optische Isomere des unter Wasseraustritt entstehenden Äthers aus Methylalkohol
und d-Glucose erhalten werden. Derartige Äther aus Glucose und anderen Alkoholen
werden als Glucoside bezeichnet; Verbindungen der bezeichneten Art sind also
Methylglucoside. Fernerhin ist durch die Aldehydformel des Traubenzuckers die
Erscheinung der „Mutarotation" nicht zu erklären. Die Mutarotation äußert sich
darin, daß frisch bereitete Traubenzuckerlösungen den Grad ihrer optischen Aktivität,
also ihre Drehung, allmählich ändern, bis schließlich ein bestimmter Endwert der
Drehung erreicht ist. Und zwar beobachtet man je nach der Herstellungsart des
verwandten Traubenzuckers eine Zunahme oder eine Abnahme der ursprünglichen
Drehung, in beiden Fällen stellt sich aber bei gleich konzentrierten Lösungen derselbe Endwert ein. Die Tatsache der Mutarotation läßt sich ebenso wie das Vorkommen von zwei optischen Antipoden der Glucoside erklären, wenn man außer
den vier asymmetrischen C-Atomen, die nach der Aldehydformel möglich sind, noch
ein weiteres (✕) annimmt, wie dies die folgenden Formelbilder zeigen:

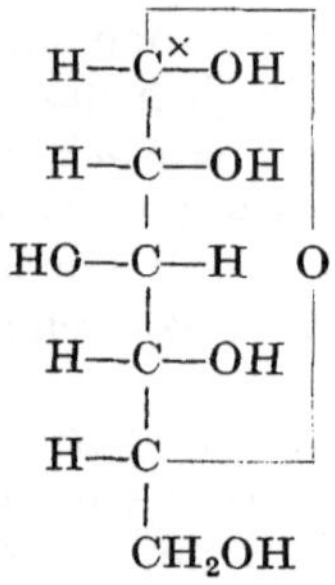

$$
\begin{array}{cc}
\text{H—C}^{✕}\text{—OH} & \text{HO—C}^{✕}\text{—H} \\
| & | \\
\text{H—C—OH} & \text{H—C—OH} \\
| & | \\
\text{HO—C—H} \quad O & \text{HO—C—H} \quad O \\
| & | \\
\text{H—C—OH} & \text{H—C—OH} \\
| & | \\
\text{H—C} & \text{H—C} \\
| & | \\
\text{CH}_2\text{OH} & \text{CH}_2\text{OH} \\
\alpha\text{-d(+)-Glucose} & \beta\text{-d(+)-Glucose}
\end{array}
$$

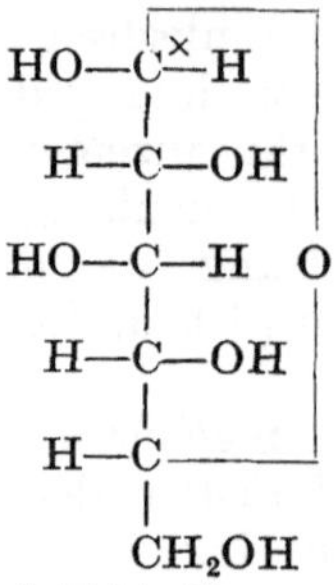

Diese Formeln erklären sowohl das Vorkommen zweier verschiedener Methylglucoside:

$$
\begin{array}{cc}
\text{HCOCH}_3 & \text{CH}_3\text{OCH} \\
| & | \\
\vdots & \vdots \\
\alpha\text{-d-Methylglucosid} & \beta\text{-d-Methylglucosid}
\end{array}
$$

als auch die Erscheinung der Mutarotation. Die α-d-Glucose hat eine hohe, die
β-d-Glucose eine niedrige spezifische Drehung. Eine wässerige Glucoselösung enthält,
da die beiden Formen mit Leichtigkeit ineinander übergehen, α- und β-Glucose in
stets gleichbleibendem Verhältnis (Gleichgewichtsglucose), daneben aber auch eine
gewisse Menge d-Glucose, deren Konstitution der Aldehydformel entspricht. Das
Vorkommen weiterer Glucoseformen, in denen die Lage der Sauerstoffbrücke eine
andere ist als bei der α- bzw. β-Glucose, ist wahrscheinlich.

Von großer biologischer Bedeutung sind die Phosphorsäureester der Zucker,
von denen verschiedene aus Hefe und aus Muskulatur isoliert worden sind,
die pro Hexosemolekül ein oder zwei Moleküle Phosphorsäure enthalten
(Hexosemono- und -diphosphorsäure). Derartige Verbindungen spielen beim
Abbau der Zucker eine wichtige Rolle. Die in der Muskulatur vorkommende
Hexosemonophosphorsäure wird als Lactacidogen bezeichnet, da sie die Vorstufe der bei der Muskeltätigkeit entstehenden Milchsäure ist.

Nach dem gleichen Prinzip, nach dem aus Glucose und Alkoholen unter Wasseraustritt die Glucoside entstehen, lassen sich auch zwei Kohlehydratmoleküle miteinander vereinigen. Die bei dieser Ätherbildung aus zwei Molekülen eines oder verschiedener Monosaccharide entstehenden Substanzen werden als *Disaccharide* bezeichnet. Die wichtigsten Disaccharide sind:

Maltose (Malzzucker), entstanden aus zwei Molekülen Glucose,

Lactose (Milchzucker), entstanden aus je einem Molekül Glucose und Galaktose,

Saccharose (Rohrzucker), entstanden aus je einem Molekül Glucose und Fructose.

Unter Anlagerung eines weiteren Monosaccharidmoleküls entstehen aus den Disacchariden zunächst Trisaccharide und bei öfterer Wiederholung dieses Vorganges schließlich Verbindungen hochmolekularer Natur, die als *Polysaccharide* zusammengefaßt werden.

Der Nachweis der Zucker, soweit sie eine freie Aldehydgruppe tragen, beruht auf ihrer leichten Oxydierbarkeit. Bei dieser Oxydation werden die als Oxydationsmittel dienenden Substanzen unter Auftreten charakteristischer Veränderungen reduziert. So entsteht bei der FEHLINGschen und der TROMMERschen Probe durch Erhitzen bei alkalischer Reaktion aus dem Hydroxyd des zweiwertigen Kupfers, das in besonderer Weise als blaugefärbtes Komplexsalz in Lösung gehalten wird, das rot- oder gelbgefärbte Oxyd des einwertigen Kupfers, das als Niederschlag ausfällt. Aus dem NYLANDERschen Reagens, das eine farblose, alkalische Lösung von Wismutoxyd darstellt, fällt fein verteiltes, schwarzes metallisches Wismut aus. Reduzierend wirken nicht nur manche Monosaccharide (Glucose, Galaktose), sondern auch Disaccharide mit freier Aldehydgruppe wie Maltose und Galaktose, nicht dagegen Rohrzucker, der keine freie Aldehydgruppe besitzt. Die Reduktionsproben sind keine im strengen Sinne spezifischen Reaktionen auf Zucker, sondern ganz allgemein Reaktionen auf leicht oxydierbare Stoffe. Unter den Bedingungen, unter denen sie in der Physiologie angewandt werden, kommen jedoch Störungen durch andere oxydable Substanzen nicht in Frage. Eine spezifische Reaktion auf eine Reihe von Zuckern, darunter auch den Traubenzucker, ist ihre Vergärung durch Hefe, wobei Äthylalkohol und Kohlendioxyd gebildet werden.

Im Gegensatz zu den zusammengesetzten Kohlehydraten von niedrigem Molekulargewicht (Di- und Trisacchariden), die zum Teil aus Monosacchariden verschiedener Natur bestehen, liefern die hochmolekularen, in der Natur vorkommenden *Polysaccharide* bei ihrer Aufspaltung nur ein bestimmtes Monosaccharid. Von den Polysacchariden sind für die menschliche und tierische Physiologie die wichtigsten die *Stärke*, das *Glykogen* und — für den Pflanzenfresser — die *Cellulose*. Alle drei Substanzen sind insofern verwandt, als sie aus Glucose aufgebaut sind, unterscheiden sich aber prinzipiell dadurch voneinander, daß Stärke und Glykogen aus α-Glucose bestehen, Cellulose dagegen aus β-Glucose aufgebaut ist. Dieser Unterschied im Bau ist für die biologische Verwertbarkeit der Polysaccharide entscheidend. Die genannten Polysaccharide lassen sich durch Kochen mit Säuren oder durch Einwirkung bestimmter Fermente aufspalten, wobei, wie bereits erwähnt, letzten Endes das Monosaccharid Glucose entsteht. Bevor jedoch dieser Endzustand erreicht wird, werden verschiedene Zwischenstufen durchlaufen und zwar geht die Spaltung bei Stärke und Glykogen über die Dextrine; als letzte Stufe vor der Glucose läßt sich Maltose isolieren. Die Dextrine sind Substanzen von wechselnder, aber noch ziemlich erheblicher Molekülgröße. Sie unterscheiden sich von der Stärke durch den abweichenden Ausfall der Jodreaktion. Stärkelösungen nehmen auf Zusatz von Jodlösung eine blaue Farbe an, während die bei Anwesenheit von Dextrinen auftretende Jodreaktion alle Farbtönungen von violett über rötlich nach farblos durchläuft.

Stärke und Cellulose sind pflanzliche Produkte, während das *Glykogen* nur im tierischen Organismus vorkommt. Es wird, da es in mancher Beziehung hier die gleiche Stellung einnimmt, die der Stärke im pflanzlichen Organismus zukommt, auch als tierische Stärke bezeichnet.

Gegenüber der Stärke bestehen jedoch gewisse Unterschiede, so ist die Jodreaktion des Glykogens braun. Die Stärke ist keine in sich einheitliche Substanz, sie besteht aus *Amylose* und *Amylopektin*. Das Amylopektin ist für die den Stärkelösungen charakteristische Kleisterbildung verantwortlich zu machen, während auf der Amylose die Blaufärbung bei Zusatz von Jod beruht. Das Glykogen ist in seinem Bau einheitlicher Natur, und zwar hat es in seinen Eigenschaften mit dem Amylopektinanteil der Stärke große Ähnlichkeit, z. B. auch insofern, als sowohl das Glykogen wie das Amylopektin Phosphorsäure in esterartiger Bindung enthalten. Amylopektin und Amylose sind im Stärkekorn räumlich getrennt, die Amylose findet sich im Innern, das Amylopektin als Hüllsubstanz; an Menge überwiegt das Amylopektin.

2. Kolloide und kolloidaler Zustand.

Stärkelösungen kleistern, Glykogenlösungen weisen eine starke Opalescenz auf. Diese beiden Erscheinungen weisen darauf hin, daß sowohl Stärke als auch Glykogen in einer besonderen Form gelöst sind. Beide Eigenschaften sind kennzeichnend für kolloidale Lösungen.

Bei Auflösung irgendwelcher Substanzen in einem Lösungsmittel erfährt die zu lösende Substanz eine feine Zerteilung. Je nach dem Zerteilungs- oder Dispersitätsgrad der gelösten Substanz kann man zwischen grobdisperser, kolloiddisperser und molekulardisperser Verteilung unterscheiden. Der verschiedene Dispersitätsgrad ist gekennzeichnet durch die Größe der in der Lösung befindlichen Teilchen:

$$\begin{aligned}
&\text{Grobdispers . . . Teilchengröße bis } 100\ \mu\mu \\
&\text{Kolloiddispers . .} \qquad \text{,,} \qquad \text{zwischen } 100\ \mu\mu \text{ und } 1\ \mu\mu \\
&\text{molekulardispers} \qquad \text{,,} \qquad \text{unter } 1\ \mu\mu.
\end{aligned}$$

Die grobdisperse Verteilung entspricht dem Bereich der makroskopischen und mikroskopischen, die kolloiddisperse dem Gebiet der ultramikroskopischen Sichtbarkeit. Die molekulardisperse Verteilung führt zu echten Lösungen, wie sie von den meisten anorganischen und organischen Säuren, Basen und Salzen gebildet werden.

Der Begriff Kolloide (von kolla = Leim) wurde ursprünglich auf Substanzen angewandt, die — wie Leim — in wässeriger Lösung nicht durch tierische Membranen hindurchdiffundieren. Man glaubte, daß nur ganz bestimmte Substanzen Kolloide bilden und stellte diesen die Krystalloide gegenüber, die in gelöstem Zustande durch Membranen hindurchgehen. Es hat sich aber gezeigt, daß der kolloidale Zustand nur eine bestimmte physikalische Erscheinungsform der Materie ist, in die sich mit geeigneten Hilfsmitteln eine große Zahl von Substanzen bringen lassen, die sonst im krystalloiden Zustand auftreten. Neben der fehlenden Diffusionsfähigkeit sind kolloidalen Lösungen vor allen Dingen bestimmte optische Eigenschaften eigentümlich: die Trübung, die Opalescenz und für bestimmte Kolloide auch die Farbe. Eine Reihe von Eigenschaften kolloidaler Lösungen beruht auf der Zwischenstellung des kolloiden Verteilungsgrades zwischen den grob- und den molekulardispersen Zuständen, so vor allen Dingen die Erscheinung der Flockung, d. h. Ausfällung, eines Kolloids unter Überführung aus dem feindispersen in den grobdispersen Zustand. Die Frage, ob dem Kolloidteilchen jeweils ein einziges Molekül entspricht, ist für verschiedene Stoffe verschieden zu beantworten. Bei Substanzen mit hohem Molekulargewicht, z. B. Eiweiß, dürften Kolloidteilchen und Moleküle identisch sein können, dagegen besteht im allgemeinen das kolloide Teilchen aus einer größeren Anzahl in besonderer Weise miteinander vereinigter Einzelmoleküle.

Eine kolloidale Lösung oder ein kolloidales System besteht aus dem verteilten Stoff, der *dispersen Phase*, und dem *Dispersionsmittel*. Das Dispersionsmittel ist meist, für die physiologisch bedeutungsvollen Substanzen immer, das Wasser. Jedoch können die verschiedenen Aggregatzustände fest, flüssig und gasförmig für Dispersionsmittel und für disperse Phase in nahezu allen theoretisch möglichen Kombinationen zusammentreten, wodurch sich eine Reihe von verschiedenen kolloiden Systemen ergibt, von denen einige zusammen mit den für sie gebräuchlichen Benennungen zusammengestellt sind:

| Aggregatzustand | | Bezeichnung |
der dispersen Phase	des Dispersionsmittels	
flüssig	fest	Krystallwasser
flüssig	flüssig	Emulsionen
fest	flüssig	Suspensionen
flüssig	gasförmig	Nebel
fest	gasförmig	Rauch

Die Beschäftigung mit den kolloidalen Erscheinungen ist für die Biologie deshalb so besonders notwendig, weil sich wichtige Bau- und Betriebsstoffe im Organismus nur in kolloidaler Form vorfinden und weil das Milieu, in dem die Reaktionen der lebendigen Substanz sich abspielen, die Zellen und die Gewebsflüssigkeiten, ebenfalls kolloidaler Natur sind. Von physiologischer Bedeutung sind nur die Emulsionen und die Suspensionen. Die kolloidalen Lösungen, die Emulsionen und Suspensionen, unterscheiden sich durch ihre verschiedene Stabilität. Mit dieser Einteilung in Emulsionen und Suspensionen ist nahezu identisch eine andere, die auf der Leichtigkeit beruht, mit der sich Lösungen der verschiedenen Kolloide herstellen lassen. Stoffe, die Suspensionen bilden, sind meist nur schwer in kolloidale Lösung zu bringen und darin zu erhalten, man bezeichnet sie wegen dieser geringen Affinität zum Lösungsmittel auch als *lyophobe* Kolloide. Emulsionsbildner sind dagegen leicht und beständig in kolloidaler Form zu dispergieren. Das gilt nicht nur für die echten Emulsionen. Auch die kolloiden Lösungen einer Reihe von festen Stoffen verhalten sich wie Emulsionen. Es beruht dies darauf, daß jedes Kolloidteilchen sich mit einer großen Zahl von Molekülen des Lösungsmittels, meist also von Wasser umgibt (Hydrationswasser), so daß es gleichsam in gelöster Form im Wasser dispergiert ist. Derartige Kolloide bezeichnet man als *lyophil*. Mit ihrer verschiedenen Stabilität hängt es zusammen, daß die lyophoben Kolloide aus ihren Lösungen irreversibel, die lyophilen dagegen reversibel fällbar sind. Ein Kolloid in gelöstem Zustand bezeichnet man als *Sol*, in ausgefällter Form als *Gel*. Die biologisch wichtigen Kolloide wie Eiweißkörper, Polysaccharide und Lipoide sind fast ausschließlich lyophile Kolloide, also durch hohe Stabilität ihrer Lösungen ausgezeichnet.

Die Stabilität kolloidaler Lösungen beruht darauf, daß die einzelnen Kolloidteilchen eine gleichsinnige elektrische Ladung aufweisen und sich deshalb gegenseitig abstoßen. Die elektrische Ladung des Teilchens wird neutralisiert durch eine gegensinnige aber gleich große Ladung des Dispersionsmittels; das polare Verhalten von Dispersionsmittel und disperser Phase kommt zustande entweder, indem das Kolloidteilchen selbst durch elektrolytische Dissoziation ionisiert oder indem es durch elektive Adsorption von in der Lösung befindlichen Ionen einen bestimmten Ladungssinn annimmt. Das Dispersionsmittel muß auf jeden Fall die entgegengesetzte Ladung annehmen und die Grenzflächen zwischen disperser Phase und Dispersionsmittel werden Sitz einer elektrischen Doppelschicht. Da für die Stabilität vieler Kolloidlösungen die Anwesenheit geringer Mengen von Elektrolyt Voraussetzung ist, ist die elektrische Aufladung des Kolloidteilchens wahrscheinlich häufiger durch Ionenadsorption bedingt. Werden die Kolloidteilchen auf irgendeine Weise entladen, so fällt die gegenseitige Abstoßung fort und es kommt zur Ausflockung. So fällen sich z. B. auch entgegengesetzt geladene Kolloide gegenseitig aus. Erst wenn bei höheren Salzzusätzen das Hydrationswasser zur Lösung des Salzes gebraucht wird, wird die Stabilität des Systems erschüttert. Lösungen wenig stabiler Kolloide können durch Zusatz von Lösungen stabiler Kolloide vor dem Ausflocken geschützt werden, da sich anscheinend das labilere Teilchen mit einer Hülle aus Teilchen des stabilen Kolloids umgibt (Schutzkolloidwirkung).

3. Eiweißkörper und Aminosäuren.

Zu den Substanzen mit kolloidalen Eigenschaften gehören auch die Eiweißkörper. Bei ihnen beruht die kolloidale Natur wahrscheinlich ebensosehr auf der Größe des Einzelmoleküls wie auf der Bildung größerer Aggregate aus diesen Einzelmolekülen. Die Bestimmung des Molekulargewichtes der Eiweißkörper ist mit großen Schwierigkeiten verbunden, immerhin sind die folgenden für eine Reihe von Eiweißstoffen ermittelten Werte als ziemlich sicher anzusehen:

Milchalbumin	12 000—25 000
Serumalbumin	67 500
Serumglobulin	103 800
Hämoglobin	66 700
Casein	100 000

Die Eiweißstoffe sind im allgemeinen aus einer relativ kleinen Zahl von chemischen Grundstoffen aufgebaut, nämlich aus Kohlenstoff, Wasserstoff, Sauerstoff und Stickstoff, dazu kommen meist noch Schwefel und oft auch Phosphor. Der Stickstoffgehalt ist bei den verschiedenen Eiweißkörpern relativ konstant. Er beträgt zwischen 16 und 17%. Die Eiweißkörper werden durch Hitze irreversibel koaguliert. Die Koagulationstemperatur schwankt bei den verschiedenen Eiweißkörpern.

Durch hydrolytische Spaltung, entweder durch die Einwirkung bestimmter Fermente oder durch Behandlung mit Säuren oder Alkalien, lassen sich aus den Eiweißkörpern einfachere Bausteine gewinnen: die Aminosäuren. Man hat bisher etwa 20 verschiedene Aminosäuren isolieren können. Die Aminosäuren leiten sich von organischen Säuren dadurch ab, daß ein, in verschiedenen Fällen auch zwei Wasserstoffatome durch die Aminogruppe ($-NH_2$) ersetzt werden. Die eine Aminogruppe steht in den in der Natur vorkommenden Aminosäuren ausnahmslos an dem der Carboxylgruppe benachbarten, sogenannten α-Kohlenstoffatom. (Die weiter entfernten C-Atome werden in dieser Reihenfolge mit β, γ usw. bezeichnet.) Die allgemeine Formel der Aminosäuren ist $NH_2 . R . COOH$. Wie diese Formel zeigt, haben die Aminosäuren sowohl basische wie saure Eigenschaften, so daß sie in wässerigen Lösungen nahezu neutral reagieren; denn die Säure- und die Aminogruppe neutralisieren sich gegenseitig weitgehend. Dementsprechend sind die Aminosäuren in der Lage, sowohl Säuren als auch Basen zu binden. In saurer Lösung verhalten sie sich wie Basen, in alkalischer wie Säuren, eine Eigenschaft, die sich folgendermaßen formulieren läßt:

Saure Reaktion:

$$\begin{array}{ccc}
NH_3OH + HCl & & NH_3 . Cl + H_2O \\
| & & | \\
R & = & R \\
| & & | \\
COOH & & COOH
\end{array}$$

Es wird also der Stickstoff durch Addition von Wasser fünfwertig.

Alkalische Reaktion:

$$\begin{array}{ccc}
NH_2 & & NH_2 \\
| & & | \\
R & = & R \\
| & & | \\
COOH + NaOH & & COONa + H_2O
\end{array}$$

In beiden Fällen kommt es zur Bildung eines Salzes. Substanzen, die wie die Aminosäuren gleichzeitig saure und basische Eigenschaften haben, werden als *Ampholyte* bezeichnet. Da die Ampholyte je nach der Reaktion der Lösung, in der sie sich befinden, Säuren oder Basen zu binden vermögen, besitzen sie die Fähigkeit der Pufferung. Die Eiweißkörper gehören zu den wichtigsten Puffersystemen im Organismus. Den amphoteren Substanzen kommt eine besonders charakteristische Eigenschaft zu, der sog. *Isoelektrische Punkt.* Er bezeichnet diejenige Reaktion, bei der ein Ampholyt weder saure noch basische Eigenschaften aufweist, also weder H- noch OH-Ionen abdissoziiert. Dieser I. P. hat für jeden Ampholyten einen bestimmten Wert, er ist also nicht etwa mit dem Neutralpunkt identisch.

Von den bekannten Aminosäuren soll hier nur eine Reihe der wichtigsten angeführt werden.

Die einfachste Aminosäure ist das *Glykokoll*, die Aminoessigsäure.

$$CH_2 . NH_2$$
$$|$$
$$COOH$$

Sie ist gleichzeitig die einzige optisch nicht aktive Aminosäure. Das nächst höhere Glied der Reihe ist die α-Aminopropionsäure, das *l(+)-Alanin*

$$CH_3$$
$$|$$
$$NH_2 - CH$$
$$|$$
$$COOH$$

Vom Alanin leitet sich eine größere Reihe von Aminosäuren ab, die teils der aliphatischen teils der aromatischen Reihe angehören.

l(−)-Serin, α-Amino-β-oxypropionsäure

$$CH_2 OH$$
$$|$$
$$NH_2 . CH$$
$$|$$
$$COOH$$

Serin kommt besonders reichlich in der Seide vor; es konnte auch aus dem Schweiß isoliert werden.

l(+)-Cystein, α-Amino-β-thiopropionsäure

$$CH_2 SH$$
$$|$$
$$NH_2 . CH$$
$$|$$
$$COOH$$

Auf dem Vorkommen von Cystein beruht weitgehend der Schwefelgehalt des Eiweiß. Es gibt zwar noch weitere schwefelhaltige Aminosäuren, jedoch sind diese von geringerer Bedeutung. Das Cystein geht außerordentlich leicht — vor allen Dingen bei Gegenwart von Schwermetallsalzen — durch Oxydation in *Cystin* über, das als Disulfid des Cysteins aufgefaßt werden kann.

$$CH_2 . S ——— S . CH_2$$
$$|\qquad\qquad |$$
$$NH_2 - CH \qquad H_2 N - CH$$
$$|\qquad\qquad |$$
$$COOH \qquad\quad COOH$$

(+)-Valin, α-Amino-isovaleriansäure

$$CH_3 \; CH_3$$
$$\diagdown \diagup$$
$$CH$$
$$|$$
$$NH_2 - CH$$
$$|$$
$$COOH$$

Das Valin hat eine verzweigte Kette; die entsprechende Aminovaleriansäure mit grader Kette ist das *Norvalin.*

Auch von der Fettsäure mit 6 C-Atomen, der Capronsäure, leiten sich verschiedene Aminosäuren, die *Leucine*, ab; es gibt ein Leucin (Norleucin) mit unverzweigter, zwei

(Leucin und Isoleucin) mit verzweigter C-Atomkette. Das gewöhnliche Leucin ($l(-)$-*Leucin*) ist die a-Amino-isocapronsäure.

$$\begin{array}{c} CH_3 \quad CH_3 \\ \diagdown \diagup \\ CH \\ | \\ CH_2 \\ | \\ NH_2CH \\ | \\ COOH \end{array}$$

Das Leucin ist eine der am längsten bekannten und auch der verbreitetsten Aminosäuren.

Die bisher aufgeführten Aminosäuren haben alle nur eine Amino- und eine Carboxylgruppe (Monoaminomonocarbonsäuren). Die Monoaminodicarbonsäuren besitzen eine Aminogruppe und zwei Carboxylgruppen. Es sind dies Asparaginsäure und Glutaminsäure.

$$\begin{array}{c} COOH \\ | \\ NH_2.CH \\ | \\ CH_2 \\ | \\ COOH \end{array} \qquad\qquad \begin{array}{c} COOH \\ | \\ NH_2.CH \\ | \\ CH_2 \\ | \\ CH_2 \\ | \\ COOH \end{array}$$

$l(-)$-*Asparaginsäure* $\qquad\qquad$ $l(+)$-*Glutaminsäure*
a-Aminobernsteinsäure $\qquad\qquad$ a-Aminoglutarsäure

Die Diaminomonocarbonsäuren zeigen wegen des Besitzes zweier Aminogruppen stark basische Eigenschaften.

$$\begin{array}{c} NH_2.CH_2 \\ | \\ CH_2 \\ | \\ CH_2 \\ | \\ NH_2.CH \\ | \\ COOH \end{array} \qquad\qquad \begin{array}{c} NH_2.CH_2 \\ | \\ CH_2 \\ | \\ CH_2 \\ | \\ CH_2 \\ | \\ NH_2.CH \\ | \\ COOH \end{array}$$

$l(+)$-*Ornithin* $\qquad\qquad$ $l(-)$-*Lysin*
a, δ-Diaminovaleriansäure $\qquad\qquad$ a, ε-Diaminocapronsäure

Einen besonderen Bau hat das *Arginin*, das man sich aus Ornithin und Harnstoff in folgender Weise entstanden denken kann:

$$\begin{array}{c} CH_2.NH_2 \\ | \\ CH_2 \\ | \\ CH_2 \\ | \\ NH_2.CH \\ | \\ COOH \end{array} + \begin{array}{c} NH_2 \\ | \\ C=O \\ | \\ NH_2 \end{array} = \begin{array}{c} CH_2.NH.C \diagup NH_2 \\ \qquad\qquad \diagdown NH \\ | \\ CH_2 \\ | \\ CH_2 \\ | \\ NH_2.CH \\ | \\ COOH \end{array} + H_2O$$

Ornithin $\qquad$ Harnstoff $\qquad\qquad$ $l(+)$-*Arginin*
$\qquad\qquad\qquad\qquad\qquad\qquad$ a-Amino-δ-guanidino-valeriansäure [1]

---

[1] Guanidin: $NH=C\diagup{}^{NH_2}_{\diagdown NH_2}$

Aus dem Arginin wird durch ein in der Leber vorkommendes Ferment, die Arginase, Harnstoff abgespalten. Offenbar vollzieht sich im Organismus die Harnstoffbildung weitgehend auf diesem Wege, indem aus Ornithin, Ammoniak und Kohlensäure Arginin entsteht, das durch die Wirkung der Arginase in Ornithin und Harnstoff zerfällt, worauf aus Ornithin, Ammoniak und Kohlensäure Arginin neugebildet wird.

Die cyklischen Aminosäuren sind fast ausnahmslos Substitutionsprodukte des Alanins:

$l(-)$-Phenylalanin

$l(-)$-*Tyrosin;* p-Oxyphenylalanin

$l(-)$-*Tryptophan*
β-Indolalanin

$l(-)$-*Histidin*
β-Imidazolalanin

$l(-)$-*Prolin*
Pyrrolidin-α-carbonsäure

Das Tyrosin ist von besonderer Wichtigkeit, weil es die Muttersubstanz für einige Substanzen darstellt, die durch eine hohe biologische Wirksamkeit ausgezeichnet sind, das Thyroxin und das Adrenalin.

Wie treten die Aminosäuren zusammen, um das Eiweißmolekül zu formen? Hierbei handelt es sich allem Anschein nach nur um einen einzigen, im Prinzip außerordentlich einfachen Vorgang: es vereinigt sich jeweils unter Wasseraustritt die Carboxylgruppe der einen mit der Aminogruppe einer zweiten Aminosäure. Diese Art der Bindung wird als Polypeptidbindung, die entstandenen Produkte als *Peptide* bezeichnet und zwar je nach der Zahl der in ihnen enthaltenen Aminosäuren als Di-, Tri- oder Polypeptide. Die Bildung eines Dipeptids aus zwei beliebigen Aminosäuren läßt sich in folgender Weise formulieren:

$$H_2N.R.CO\boxed{OH} + \quad\quad H_2N.R.C=O$$
$$HN.\boxed{H}R.COOH \longrightarrow \quad HN.R.COOH \quad + H_2O$$

Peptide haben sich nach diesem Prinzip synthetisch herstellen lassen, und zwar ist man bis zu einem Polypeptid mit 18 Gliedern und einem Molekulargewicht von 1213 gelangt. Dem synthetischen Aufbau der Eiweißkörper selber bieten sich jedoch nahezu unüberwindliche Schwierigkeiten, da mit der Zahl der zusammentretenden Aminosäuren die Zahl der möglichen Isomere ins unermeßliche steigt. Da fernerhin die einzelnen Aminosäuren in verschiedenem Verhältnis sich am Bau des Eiweißes beteiligen können, muß die Möglichkeit der Synthese eines der

---

[1] Abkürzung des Benzolringes:

natürlichen Eiweißkörper als ein unwahrscheinlicher Zufall angesehen werden. Hierzu kommt, daß die Bedingungen, unter denen eine künstliche Synthese durchgeführt wird, wahrscheinlich zu schweren Veränderungen des Eiweißes führen muß, so daß es mit dem natürlich vorkommenden nicht mehr identisch sein kann.

Der Nachweis der Eiweißkörper beruht auf ihrer Fällbarkeit durch Säuren, Hitze, Alkohol oder sog. Alkaloidreagentien (wie Ferricyankalium). Weitere zum Nachweis von Eiweiß oft angewandte Methoden sind dagegen nicht für Eiweiß, sondern jeweils nur für bestimmte Eiweißbausteine spezifisch, sie sind also zum eigentlichen Eiweißnachweis ungeeignet. Die *Xanthoprotein*reaktion (Gelbfärbung mit Salpetersäure) ist eine Reaktion auf Tyrosin, ebenso die *Millonsche* Probe (Rotfärbung mit dem *Millonschen* Reagens); die *Schwefelblei*probe (Schwärzung beim Erhitzen mit Bleiacetat bei alkalischer Reaktion) geht auf das Cystein zurück. Die *Biuret*probe (Violettfärbung bei Zusatz von Natronlauge und verd. Kupfersulfat) zeigt die Peptidbindung $(-CO.NH-)$ an, die auch im Biuret $(NH_2.CO.NH.CO.NH_2,$ entstanden aus 2 Mol Harnstoff unter Ammoniakaustritt) vorkommt.

Es gibt viele verschiedene Eiweißkörper. Diese lassen sich nach bestimmten Gesichtspunkten klassifizieren. Aber Eiweißkörper, die zur gleichen Klasse gehören, haben trotzdem von Tierart zu Tierart verschiedene Eigenschaften und Zusammensetzung: *die Eiweißkörper sind artspezifisch.*

Die Einteilung der Eiweißkörper erfolgt im allgemeinen in der in der Tabelle angegebenen Weise.

Einfache Eiweißkörper oder Proteine.

Protamine,	Globuline
Histone,	Albumine
Prolamine (Gliadine)	Gerüsteiweiße oder Albuminoide.

Zusammengesetzte Eiweißkörper oder Proteide.

Nucleoproteide	Glucoproteide
Phosphoproteide	Chromoproteide.

Proteine: Die *Protamine* sind diejenigen Eiweißkörper, welche den einfachsten Bau aufweisen. Sie finden sich in den Fischspermatozoen und zwar in salzartiger Bindung an Nucleinsäure, sie sind Bestandteile der Zellkerne. Bei ihrer Aufspaltung konnten nur wenige, bis zu fünf, verschiedene Aminosäuren nachgewiesen werden. Besonders bemerkenwert ist ihr hoher Gehalt an basischen Aminosäuren in erster Linie an Arginin. *Histone* haben mit den Protaminen hinsichtlich ihres Aufbaus und ihres Vorkommens große Verwandtschaft, sie haben daneben aber auch schon Ähnlichkeit mit den höheren Eiweißstoffen. Sie finden sich ebenfalls in den Zellkernen und zwar auch in Verbindung mit Nucleinsäuren. Sie enthalten eine größere Anzahl von Bausteinen als die Protamine, zeigen ebenfalls basischen Charakter, der bei ihnen neben dem Gehalt an Arginin vor allem auf dem an Histidin und Lysin beruht. *Prolamine* finden sich in den Getreidesamen. Sie sind reich an Prolin und Glutaminsäure. Bemerkenswert ist, daß sie sich in verdünntem Alkohol lösen, während Eiweißkörper im allgemeinen alkoholunlöslich sind. *Globuline* sind durch ihre Unlöslichkeit in Wasser charakterisiert; sie sind dagegen leicht löslich in verdünnten Neutralsalzlösungen. Aus ihren Lösungen sind sie durch Halbsättigung mit Ammon- oder Natriumsulfat aussalzbar. Durch verschiedene Konzentration der zum Aussalzen verwandten Salzlösungen lassen sich verschiedene Globulinfraktionen erhalten (Euglobulin, Pseudoglobulin). Die Globuline enthalten Glykokoll. *Albumine* sind in Wasser und verdünnten Salzlösungen löslich. Sie fallen dagegen bei Sättigung ihrer Lösungen mit Ammonsulfat aus. Sie sind frei von Glykokoll, enthalten dagegen viel Schwefel. Bei den *Gerüsteiweißkörpern* sind zwei Untergruppen zu unterscheiden, die Keratine und die Kollagene. Die *Keratine* finden sich in den Horngebilden, wie Haaren und Nägeln, sie kommen auch in der Epidermis vor. Charakteristisch ist ihr hoher Gehalt an Cystin. Die *Kollagene* sind Bestandteile des Bindegewebes, finden sich also in den Sehnen und Fascien, aber auch im Knorpel und im Knochen (*Ossein*). Sie werden beim Kochen mit Wasser in Leim verwandelt. Sie sind frei von Tyrosin und Tryptophan, reich an Glykokoll und Prolin. Zu den Gerüsteiweißen gehören auch das Elastin und die Seide. *Elastin* findet sich im elastischen Gewebe. Die *Seide* setzt

sich aus zwei Bestandteilen zusammen, dem Seidenleim (Sericin) und dem Seiden-
fibroin. Das Fibroin besteht nur aus wenigen Aminosäuren, im wesentlichen aus
Glykokoll und Tyrosin.

Proteide: Die Proteide unterscheiden sich von den Proteinen dadurch, daß sie mit
einer nichteiweißartigen Gruppe, der sogenannten *prosthetischen* Gruppe verbunden
sind. Diese prosthetische Gruppe besteht bei den Nucleoproteiden aus Nucleinsäuren,
bei den Phosphoproteiden aus o-Phosphorsäure. Das wichtigste Phosphoproteid ist
das *Casein*, der Haupteiweißkörper der Milch. Die *Glucoproteide* sind Schleimstoffe,
die zum Schutze der Schleimhäute gegen mechanische und chemische, aber auch
bakterielle Schädigungen dienen. Die prosthetische Gruppe ist außerordentlich
kompliziert zusammengesetzt, sie enthält außer einem Kohlehydrat mit einer Aminogruppe (Hexosamin) Schwefelsäure, Glukuronsäure und Essigsäure. Die *Chromo-
proteide* sind mit einer Farbstoffgruppe verbunden: z. B. Hämoglobin der Wirbeltiere,
Hämocyanin der Wirbellosen.

Beim partiellen fermentativen und chemischen Abbau der Eiweißkörper entstehen hochmolekulare Spaltprodukte, die mit den Eiweißkörpern noch eine
gewisse Verwandtschaft besitzen, die *Albumosen* und *Peptone*. Die früher vorgenommene Unterscheidung dieser beiden Gruppen hat sich nicht aufrecht
erhalten lassen. Sicherlich handelt es sich bei ihnen nicht um einheitliche Substanzen. Sie unterscheiden sich von den Eiweißkörpern vor allen Dingen dadurch,
daß sie durch Hitze nicht mehr koagulierbar sind.

4. Fette und Lipoide.

a) Fette.

Die Fette sind Ester höherer Fettsäuren mit dem dreiwertigen Alkohol
Glycerin:

$$
\begin{array}{ccccc}
CH_2OH & & COOH.R_1 & & CH_2O.CO.R_1 \\
| & & & & | \\
CHOH & + & COOH.R_2 & = & CHO.CO.R_2 \quad + \quad 3\,H_2O \\
| & & & & | \\
CH_2OH & & COOH.R_3 & & CH_2O.CO.R_3
\end{array}
$$

Die Fette sind wichtige Bestandteile einer Reihe von lebenswichtigen Organen;
sie sind aber auch ein wertvolles energiereiches Nahrungsmittel. Hinsichtlich der
Funktion im Organismus sind Organfett und Depotfett zu unterscheiden. Das
Depotfett findet sich vor allen Dingen im Unterhautfettgewebe, dann auch in
den Appendices epiploicae des Mesenteriums. Es ist als Energiespeicher anzusehen, ohne große funktionelle Bedeutung für den Organismus, wenn man von
der Behinderung der Wärmeabgabe durch die Körperoberfläche absieht. Das
Organfett ist dagegen ein integrierender Bestandteil der Organe. Besonders fett-
reich ist das Knochenmark. Organfett und Depotfett unterscheiden sich auch
insofern, als das Organfett eine streng artspezifische Zusammensetzung hat, also
für jede Tierart charakteristisch ist. Das Depotfett ist dagegen bezüglich seiner
Zusammensetzung von der Art des mit der Nahrung zugeführten Fettes abhängig.
Erst mit der Umwandlung des Depotfettes in Organfett erhält dieses seinen artspezifischen Charakter.

Von den in den Fetten vorkommenden Fettsäuren spielen von den gesättigten
Fettsäuren eine besonders wichtige Rolle:

$$
\text{Palmitinsäure } C_{15}H_{31}COOH \text{ und}
$$
$$
\text{Stearinsäure } C_{17}H_{33}COOH.
$$

Sie gehören der gleichen Reihe an wie die Buttersäure. (Allgemeine Formel
$C_nH_{2n}O_2$.) Weiterhin ist von Bedeutung die ungesättigte Ölsäure $C_{17}H_{33}COOH$.
Neben dieser findet sich noch eine größere Zahl verschiedener Fettsäuren teils
mit höherer, teils mit niedriger C-Atom-Zahl in den Fetten. Dabei beteiligen sich
am Aufbau der Fette außer der Ölsäure und ihren Homologen, die alle durch

den Besitz *einer* Doppelbindung ausgezeichnet sind, auch Fettsäuren mit zwei
und mehr Doppelbindungen. Die in den natürlichen Fetten vorkommenden Fettsäuren haben fast alle eine gerade Zahl von Kohlenstoffatomen und eine unver-
zweigte Kette.

Die drei alkoholischen Gruppen des Glycerins können a) mit drei Molekülen
der gleichen, b) mit drei Molekülen verschiedener Fettsäuren verestert sein. Die
meisten natürlichen Fette sind Gemische von Triglyceriden, die jeweils nur eine
Fettsäure enthalten (Tripalmitin, Tristearin, Triolein); doch kommen auch gemischte Fette in der Natur vor. Ölsäurehaltige Fette sind flüssig. Der Schmelzpunkt der Fette hängt überhaupt von ihrem Gehalt an ungesättigten Fettsäuren
ab. Im allgemeinen haben Fette aus der Tiefe des Körpers einen niedrigeren
Schmelzpunkt als die von der Oberfläche stammenden.

Die Fette zerfallen unter geeigneten Bedingungen z. B. bei der Einwirkung
spezifischer Fermente (Lipasen) oder beim Erwärmen mit Alkali unter Wasseraufnahme in ihre Bausteine. Bei der chemischen Aufspaltung werden die freiwerdenden Fettsäuren zu Seifen neutralisiert. Deshalb nennt man auch die Aufspaltung eines Fettes und darüber hinaus im übertragenen Sinne sogar die
Spaltung eines Esters überhaupt, eine *Verseifung.* Der Vorgang ist natürlich die
genaue Umkehr der oben formulierten Bildung eines Fettes aus Glycerin und
Fettsäuren.

Fette lösen sich nicht in Wasser, bilden aber bei Zusatz von etwas Seife oder
Alkali mit Wasser beständige Emulsionen. Beim Liegen an der Luft werden sie
ranzig. Neben einer geringen Aufspaltung in Glycerin und freie Fettsäuren finden
vor allem oxydative Veränderungen an den Spaltprodukten statt; die hierbei
entstehenden Stoffe sind in erster Linie für den unangenehmen Geruch ranziger
Fette verantwortlich.

b) Lipoide.

Die Lipoide haben in ihrem Bau und ihren Eigenschaften nahe Beziehungen
zu den Fetten; es sind zu unterscheiden:

Wachse,	Sterine,
Phosphatide,	Carotinoide.
Cerebroside,	

a) Wachse sind Ester höherer Fettsäuren mit einem höheren einwertigen Alkohol.
Häufig haben Säure und Alkohol die gleiche Zahl von C-Atomen. Die Wachse sind
für die Pflanzen und manche Tiere, besonders die Insekten wichtig, weil sie die Oberfläche des Organismus mit einem Schutzüberzug gegen atmosphärische Einflüsse
versehen. Erwähnt seien das *Bienenwachs,* das allerdings ein Gemisch zweier verschiedener Substanzen darstellt und der *Walrat,* der im Schädel des Pottwals vorkommt.

β) Phosphatide. Wichtiger sind die *Phosphatide:* Sie haben einen recht
komplizierten Aufbau, an dem eine N-haltige Base, Glycerin, Fettsäuren und
Phosphorsäure beteiligt sind.

Als N-haltige Base findet sich in dem *Kephalin* das *Colamin* (Aminoäthylalkohol):

$$\mathrm{CH_2OH}$$
$$|$$
$$\mathrm{CH_2NH_2}$$

im *Lecithin* das *Cholin* (Trimethyloxyäthylammoniumhydroxyd):

$$\mathrm{CH_2OH}$$
$$| \qquad \equiv\!(CH_3)_3$$
$$\mathrm{CH_2 . N}$$
$$\qquad\qquad \diagdown OH$$

Im übrigen ist jedoch der Aufbau des Lecithins und des Kephalins prinzipiell identisch: zwei der alkoholischen Gruppen des Glycerins sind mit der gleichen oder mit verschiedenen Fettsäuren verestert, während die dritte mit Phosphorsäure verbunden ist und die N-haltige Base schließlich mit der Phosphorsäure esterartig verknüpft wird. Es ist noch nicht mit Sicherheit bekannt, ob die Lecithine verschiedener Herkunft identisch sind, d. h. ob sich in ihnen stets die gleichen Fettsäuren finden. Es sei deshalb nur folgende, ganz allgemeine Formulierung vorgenommen:

$$\begin{array}{l} CH_2O.OOC.R_1 \\ | \\ CHO.OOC.R_2 \\ | \qquad\quad OH \\ | \qquad\quad | \\ CH_2O-P-OCH_2 \\ \quad\ \ \| \qquad\qquad | \quad\ \diagup\!\!(CH_3)_3 \\ \quad\ \ O \qquad\quad CH_2N \\ \qquad\qquad\qquad\qquad\quad \diagdown OH \end{array}$$

Das *Lecithin* bildet leicht kolloidale Lösungen, hat ein hohes Wasserbindungsvermögen und ist außerordentlich leicht oxydierbar. Wahrscheinlich spielt es als Intermediärsubstanz beim Abbau der Fette eine bedeutungsvolle Rolle.

γ) **Die Cerebroside** enthalten keine Phosphorsäure. Sie kommen vorwiegend im Gehirn vor. Am besten bekannt sind das Cerebron, das Kerasin, das Nervon und das Oxynervon. Sie bestehen aus einem zweiwertigen, ungesättigten Aminoalkohol (mit 14 C-Atomen), dem *Sphingosin*, einem Molekül Galaktose und einem Molekül einer höheren Fettsäure. Entsprechend vier verschiedenen Fettsäuren (alle mit 24 C-Atomen), die mit Sphingosin und Galaktose verbunden sein können, unterscheidet man die obengenannten vier verschiedenen Cerebroside. Daneben gibt es wahrscheinlich noch andere.

δ) **Die Sterine.** Der wichtigste Vertreter dieser Klasse von Körpern, die sich sowohl im Tier- wie im Pflanzenreich finden, ist das *Cholesterin*, das im Tierkörper weit verbreitet ist und zuerst aus Gallensteinen isoliert wurde. Das Cholesterin hat einen außerordentlich komplizierten Bau. Es enthält eine Hydroxylgruppe, und zwar als sekundäre Alkoholgruppe. Es ist eine ungesättigte Verbindung. Die Zahl der H-Atome läßt sich, da nur eine Doppelbindung vorhanden ist, zu der Zahl der C-Atome am besten in Beziehung setzen, wenn man annimmt, daß das Cholesterinmolekül vier Ringe enthält. Die Alkoholgruppe ist in dies Ringsystem eingebaut; an das Ringsystem ist eine Seitenkette angeheftet. Es ist bemerkenswert, daß der Organismus seinen Cholesterinbedarf nicht durch Zufuhr von Cholesterin mit der Nahrung deckt, sondern imstande ist, einen so kompliziert gebauten Stoff zu synthetisieren.

Ein anderes Sterin, das *Ergosterin*, hat große Bedeutung erlangt, weil es die Vorstufe des Vitamins D ist.

Die größte Verwandtschaft besteht zwischen dem Aufbau des Cholesterins und dem der Gallensäuren. Ihr Ringsystem ist mit dem des Cholesterins weitgehend identisch und auch die Seitenketten stimmen teilweise überein: es ist lediglich unter Absprengung eines Teils der Seitenkette das nunmehr endständige C-Atom zur Carboxylgruppe oxydiert worden.

ε) **Die Carotinoide.** Sie sind eine Körperklasse, deren Bedeutung für die tierische Physiologie erst in jüngster Zeit erkannt worden ist. Es handelt sich um Kohlenwasserstoffe, die eine große Anzahl von Doppelbindungen besitzen und die wegen ihres Gehaltes an Doppelbindungen gefärbt sind. Sie werden wegen ihrer Färbung und ihrer leichten Löslichkeit in Äther auch als Lipochrome bezeichnet. Zu ihnen gehören eine Anzahl von gelben und roten Pflanzenfarbstoffen (Tomate, gelbe Rübe), jedoch auch der Farbstoff des Hühnereis (Lutein), des Corpus luteum usw. Das Carotin konnte durch oxydative Spaltung in das Vitamin A übergeführt werden. Es besteht aus vier aneinandergelagerten Isoprenresten $CH_2 = C - CH = CH_2$. Diese Isoprenkette wird

$$\begin{array}{c} | \\ CH_3 \end{array}$$

beiderseits von einem hydrierten, mit drei Methylgruppen substituierten Benzolring abgeschlossen.

5. Die Nucleinstoffe.

Bei den zusammengesetzten Eiweißkörpern, den Proteiden, ist eine Untergruppe, die Nucleoproteide erwähnt worden, die Verbindungen von Eiweißkörpern mit Nucleinsäuren darstellen. Aus den Nucleoproteiden läßt sich ein Teil des Eiweißes abspalten, es hinterbleiben die Nucleine, die sich weiterhin in Nucleinsäuren und Eiweiß zerlegen lassen:

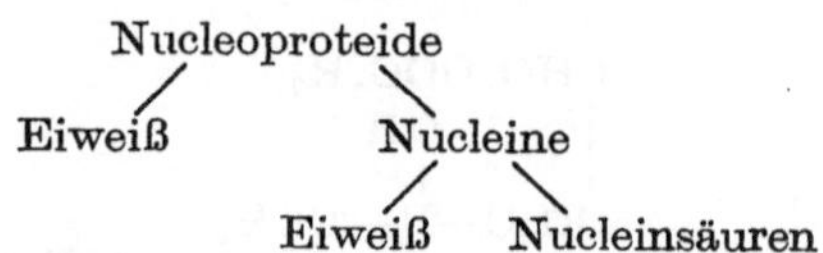

Die Nucleinsäuren sind Stoffe, aus denen bei vollständiger Aufspaltung Phosphorsäure, Pentose und N-haltige Basen, und zwar entweder Purin- oder Pyrimidinabkömmlinge, gewonnen werden können.

Das Hauptvorkommen der Nucleinsäure sind die kernreichen, besonders also die drüsigen Organe. Besonders gut untersucht ist diejenige Nucleinsäure, die sich aus dem Thymus gewinnen läßt, Thymonucleinsäure, sowie eine pflanzliche Nucleinsäure, die Hefenucleinsäure.

Das Kohlehydrat der Nucleinsäuren ist eine Pentose, die aber bei Thymo- und Hefenucleinsäure strukturell verschieden ist.

Aus der Hefenucleinsäure und ebenso auch aus einigen einfachen Nucleinsäuren des Tierkörpers, der Adenyl-, Guanyl- und der Inosinsäure hat sich d-Ribose gewinnen lassen, während das Kohlehydrat der Thymonucleinsäure als Ribodesose (d. h. als Pentose, der ein O-Atom fehlt) erkannt werden konnte.

Die N-haltigen Basen leiten sich von zwei verschiedenen heterocyklischen Ringen, dem Purin- und dem Pyrimidinring ab.

$$\text{Purin} \qquad\qquad \text{Pyrimidin}$$

Wie man leicht sieht, ist der Purinring durch Zusammenlagerung des Pyrimidin- mit dem Imidazolring entstanden:

$$\text{Imidazol}$$

Die beigefügten Indices ermöglichen die Bezeichnung der verschiedenen in diesen Kernen vorgenommenen Substitutionen, die durch Ersatz eines Wasserstoffatoms mit einer Amino-(NH_2) oder einer Hydroxylgruppe (OH) erfolgen. Aus den Nucleinsäuren konnten die folgenden Purin- und Pyrimidinderivate isoliert werden:

a) Purinderivate:

Adenin   = 6-Aminopurin
Hypoxanthin = 6-Oxypurin
Guanin   = 2-Amino-6-Oxypurin
Xanthin   = 2,6-Dioxypurin.

b) Pyrimidinderivate:

Cytosin = 2-Oxy-6-Aminopyrimidin
Uracil   = 2,6-Dioxypyrimidin
Thymin = 2,6-Dioxy-5-Methylpyrimidin.

Durch weitere Oxydation des Xanthins entsteht das 2, 6, 8-Trioxypurin, die *Harnsäure*, die aber kein Bestandteil der Nucleinsäuren ist, sondern erst sekundär aus diesen im Stoffwechsel entsteht.

Die einfachen Nucleinsäuren sind in der Weise aus ihren Bausteinen aufgebaut, daß die Pentose in der Mitte steht, während Phosphorsäure und Base sich nach beiden Seiten anfügen. Für die Adenylsäure ergibt sich also das allgemeine Bild:

Adenin-Ribose-Phosphorsäure.

Die Bindungen werden natürlich unter jedesmaligem Wasseraustritt vollzogen. Verbindungen, die in der gleichen Art wie die Adenylsäure aufgebaut sind, und die als einfache Nucleinsäuren bezeichnet werden, nennt man auch *Nucleotide*. Aus ihnen entstehen durch Abspaltung der Phosphorsäure die *Nucleoside*, die also nur noch aus Base und Pentose bestehen.

Aus den Nucleotiden bauen sich, indem mehrere dieser Moleküle zu einer neuen Verbindung zusammentreten, die Nucleinsäuren auf, die daher auch als *Polynucleotide* bezeichnet werden.

Die Hefenucleinsäure enthält vier Mononucleotide, die in noch nicht genau bekannter Weise aneinandergefügt sind. Als Basen finden sich in ihr und zwar in dieser Reihenfolge Adenin, Uracil, Cytosin und Guanin, während aus der Thymonucleinsäure an Stelle des Uracil das Thymin sowie die drei anderen genannten Basen gewonnen werden konnten. Die vier Mononucleotide sind in der Thymonucleinsäure durch esterartige Verbindungen zwischen den Pentose- und den Phosphorsäuremolekülen miteinander vereinigt.

Zu den Nucleotiden gehört auch die Inosinsäure, die als Base das Hypoxanthin enthält und als Bestandteil des Fleischextraktes schon lange bekannt ist. Die Inosinsäure entsteht aus der Adenylsäure durch hydrolytische Desaminierung, wobei an Stelle der Aminogruppe die Hydroxylgruppe tritt. Dieser Vorgang spielt sich z. B. bei der Muskelkontraktion ab.

Die wirksamen Bestandteile des Kaffees, des Tees und des Kakaos sind Purinabkömmlinge und zwar handelt es sich um methylierte Xanthine:

Theophyllin = 1,3-Dimethylxanthin
Theobromin = 3,7-Dimethylxanthin
Coffein = 1,3,7-Trimethylxanthin.

6. Fermente.

Die in den vorangehenden Abschnitten besprochenen Stoffe, die in ihrer Gesamtheit am Aufbau der Organismen beteiligt sind, und die zum größeren Teil den Organismen auch als Nahrungsstoffe dienen, sind in chemischer Hinsicht durch ihre besonders große Resistenz Eingriffen gegenüber ausgezeichnet. Es gelingt nur schwer oder nur durch sehr eingreifende Methoden, ihren Abbau auf chemischem Wege zu vollziehen. Demgegenüber ist die Leichtigkeit, mit der alle diese Stoffe bei der Aufnahme in den Organismus und im Verbande des Organismus selber Umsetzungen erfahren können, ganz besonders auffällig. In der Tat verfügt der Organismus und zwar in den Fermenten über Einrichtungen, durch die er zu diesen Leistungen instand gesetzt wird. Die Wirkung der Fermente erkennen wir also an besonders gearteten Umsetzungen, zu denen der Organismus ohne ihre Anwesenheit nicht in der Lage wäre. Die Fermente sind dabei in ungeheuer kleinen Mengen wirksam. Diese Feststellung legt den Vergleich der Fermente mit den Katalysatoren der unbelebten Welt nahe. Die Katalysatoren sind bekanntlich Stoffe, die ohne in den Endprodukten einer Reaktion in Erscheinung zu treten, den Ablauf dieser Reaktion beschleunigen. Ihre Anwendung in der anorganischen und der organischen Chemie sowohl im Laboratorium wie auch in der Technik ist eine sehr vielfältige: es sei erinnert an die oxydationsbegünstigende Wirkung von Schwermetallen und ihren Salzen; Vereinigung von Wasserstoff und Sauerstoff in Gegenwart von feinverteiltem Platin sowie an andere Vorgänge (Bleikammerprozeß der Schwefelsäuredarstellung). Nach einer lange gültigen Ansicht sind die Katalysatoren nicht fähig, Reaktionen in Gang zu setzen, sondern ihre Tätigkeit beschränkt sich darauf, die Geschwindigkeit von Reaktionen zu beschleunigen, die auch in ihrer Abwesenheit, wenn auch unmeßbar langsam, verlaufen. Diese Ansicht wird heute, wie weiter unten gezeigt wird, für die Fermente nicht mehr voll aufrecht erhalten.

Auf jeden Fall ist die Voraussetzung für jede Art von katalytischer, d. h. also auch für jede Fermentwirkung, daß die betreffenden Reaktionen auch thermodynamisch möglich sind. Hieraus geht hervor, daß die Gleichgewichtslage einer Reaktion durch den Katalysator nicht verändert werden kann, sondern daß eben nur die Reaktionsgeschwindigkeit eine Veränderung erfährt. Es folgt schließlich aus diesen Voraussetzungen, daß der Verlauf einer umkehrbaren Reaktion durch das Eingreifen eines Katalysators sowohl in der einen wie in der anderen Richtung beeinflußt werden muß. Das bekannteste Beispiel einer umkehrbaren Reaktion ist die Spaltung und Synthese eines Esters:

$$R \cdot COOH + HOH_2C \cdot R_1 \rightleftarrows R \cdot CO \cdot OH_2C \cdot R_1 + H_2O$$

Je nachdem, ob man von einem Gemisch von Säure und Alkohol oder ob man von dem Ester ausgeht, bekommt man eine Synthese oder eine Spaltung des Esters, wobei bei der Synthese Wasser austritt, bei der Spaltung dagegen Wasser aufgenommen wird. Unabhängig aber davon, in welcher Richtung sich die Reaktion vollzieht, bildet sich stets ein Gleichgewicht aus, das durch ein gleichbleibendes Mengenverhältnis von Säure, Alkohol, Ester und Wasser im Gleichgewichtspunkt gekennzeichnet ist.

Die katalytische Einwirkung auf die Reaktionsgeschwindigkeit kann positiv wie negativ sein, so daß man positive und negative Katalyse unterscheiden muß. Fälle der negativen Katalyse, der Reaktionsverlangsamung, sind jedoch viel seltener als der umgekehrte Vorgang. Wie an dem Beispiel des Esters gezeigt worden ist, müssen die Fermente befähigt sein, nicht nur Abbau- sondern auch Aufbauvorgänge zu vermitteln, eben dann, wenn dies mit der Gleichgewichtslage einer Reaktion vereinbar ist. In der Tat sind eine ganze Reihe von fermentativen synthetischen Vorgängen an den Baustoffen des Organismus bekannt geworden. In den meisten Fällen handelt es sich um die Synthese von Estern, jedoch kennen wir auch Synthesen von Polysacchariden, ja sogar von Eiweißkörpern.

Den Fermenten kommt eine bestimmte Spezifität zu und zwar in dem Sinne, daß für die Umsetzung an den verschiedenen Klassen von Körperbausteinen auch bestimmte Fermente notwendig sind: es gibt u. a. Fermente für den Abbau der Kohlehydrate, der Fette, der Eiweißkörper, der Nucleinstoffe usw. Damit ist die Zahl der verschiedenen Fermente jedoch keineswegs erschöpft. Vor allen Dingen ist die Spezifität der Fermente, die auf eine bestimmte Klasse von Substanzen, oder wie man sagt von Substraten, eingestellt ist, eine sehr viel größere als es nach dem bisher Gesagten erscheinen könnte. Es gibt eine Reihe von Fermenten für die Umsetzung von Eiweißkörpern und ihren Spaltprodukten und alle unterscheiden sich hinsichtlich ihres Wirkungsmechanismus, und es gibt zahlreiche Fermente für die Spaltung der verschiedenen Arten von Polysacchariden, Disacchariden und Glucosiden, die alle durch eine strenge Spezifität voneinander verschieden sind.

Die Struktur der Fermente ist, bis auf wenige Ausnahmen, in denen wir uns begründete Vorstellungen über ihren Bau machen können, völlig unbekannt. Eine Einteilung der Fermente kann also lediglich auf Grund ihrer Wirkung vorgenommen werden. Diese Wirkung ist im übrigen weitgehend asymmetrisch, d. h., daß von den beiden möglichen optischen Antipoden einer Verbindung vorzugsweise die eine auf- oder abgebaut wird. Es ist dies bemerkenswert im Zusammenhang mit der Tatsache, daß ja auch alle asymmetrischen Bausteine des Organismus nur in einer Form vorkommen und daß jeweils nur der eine der beiden optischen Antipoden von biologisch wichtigen Stoffen in der Natur sich findet.

Da die Anwesenheit eines Fermentes nur auf Grund seiner spezifischen Wirkung erschlossen werden kann, sind auch nur durch quantitative Verfolgung des Verlaufs dieser Wirkung Schlüsse auf die Menge eines Fermentes möglich. Und auch nur eine derartige Verfolgung der „Kinetik" der Fermentwirkung erlaubt letzten Endes die Unterscheidung von feineren Fermentspezifitäten. Nur in einigen Fällen ist es bisher möglich gewesen, über die wirksame Fermentmenge und ihr Verhältnis zu den umgesetzten Substratmengen direkte Aussagen zu machen. Das Ferment Katalase zerlegt z. B. bei 0^0 pro Sek. das 220fache seines Gewichtes an Wasserstoffsuperoxyd in Wasser und Sauerstoff, d. h., pro Sek. werden durch ein Katalasemolekül etwa 54000 Moleküle Wasserstoffsuperoxyd umgesetzt.

Außer durch die bisher besprochenen charakteristischen Merkmale: Bildung im belebten Organismus, starke Wirksamkeit im Verhältnis zur Masse und Spezifität sind die Fermente noch weiterhin ausgezeichnet durch die außerordentlich große Abhängigkeit ihrer Wirksamkeit von der Zusammensetzung und den Eigenschaften des Milieus, in dem sie sich befinden. Wasserstoff-Ionen-Konzentration, Temperatur, sowie Salzgehalt, und zwar sowohl in qualitativer wie in quantitativer Hinsicht, spielen für die Entfaltung ihrer vollen Wirksamkeit eine entscheidende Rolle. Schließlich bedürfen manche Fermente, damit sie überhaupt oder damit sie voll wirksam werden können, der Gegenwart bestimmter Aktivatoren oder sonstiger Ergänzungsstoffe, sogenannter Co-Fermente. Die Abb. 1 zeigt, in

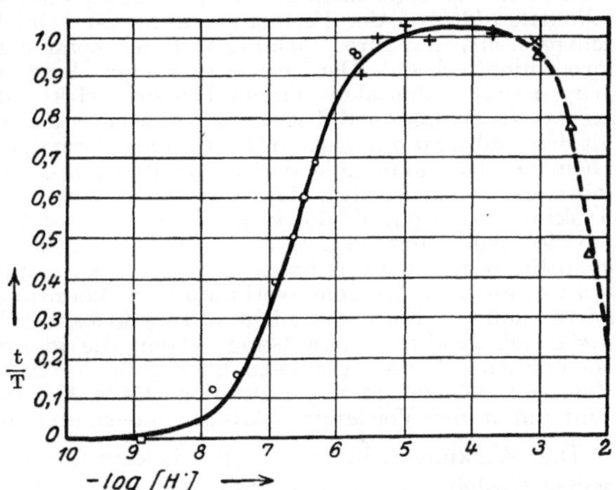

Abb. 1. Aktivitäts-p_H-Kurve der Rohrzuckerspaltung.
$\left(\dfrac{t}{T} = \text{Umsatzgeschwindigkeit}, -\log H = p_H.\right)$
(Aus RONA, P.: Praktikum der physiol. Chemie, 2. Aufl., I. Berlin: Julius Springer 1931.)

welchem Umfange die Wirkung des rohrzuckerspaltenden Fermentes, der Saccharase, vom p_H abhängig ist. Derartige Kurven werden als Aktivitäts-p_H-Kurven bezeichnet. Die Lage des p_H-Optimums mancher Fermente ist im übrigen in sehr großem Umfange von der An- oder Abwesenheit gewisser Verunreinigungen, oft auch von der Natur des Substrates abhängig. Die Bedeutung der Temperatur zeigt sich darin, daß die meisten Fermente ein Temperaturoptimum bei 40^0 haben, höhere Temperaturen, besonders solche von über 60^0, führen zu irreversibler Zerstörung, während bei niederer Temperatur die Wirkung der Fermente weitgehend abgeschwächt ist. Durch Temperaturerniedrigung um 10^0 wird die Reaktionsgeschwindigkeit von Fermentprozessen ebenso wie diejenige von chemischen Umsetzungen im allgemeinen auf etwa $^1/_2$—$^1/_3$ verringert. Verlangsamung der Lebensänderungen durch Temperaturerniedrigung findet sich bei den Kaltblütern ganz allgemein, sie ist auch an isolierten überlebenden Organen feststellbar.

Wenn auch die Struktur der Fermente nicht bekannt ist, wenn es vor allen Dingen nicht mit Sicherheit möglich ist, die Anwesenheit bestimmter Stoffe, wie Eiweißkörper oder Kohlehydrate, im Fermentmolekül anzunehmen, so wissen wir doch eins mit Sicherheit: die Fermentwirkung ist untrennbar verknüpft mit der kolloidalen Natur desjenigen Komplexes, in dem sich das Ferment befindet. Auf Grund der Bedeutung, die dem kolloidalen Zustand des gesamten Fermentkomplexes für die Fermentwirkung zukommt, hat man sich über den allgemeinen Aufbau der Fermente die Vorstellung gebildet, daß sie eine spezifische, fermentativ wirkende Gruppe besitzen, und fernerhin eine Gruppe, die zur vorübergehenden Bindung des Fermentes an sein Substrat notwendig ist. Beide Gruppen müssen an einem Träger von kolloidaler Natur verankert sein. Die chemischen Eigenschaften dieses Trägers sind dabei von mehr zufälliger Bedeutung. So ist es in einigen Fällen gelungen, die Wirkung eines Fermentes von einem Träger auf einen anderen zu übertragen.

Vor einiger Zeit ist die Gewinnung einiger Fermente (der Urease, des Pepsins und des Trypsins) in Form krystallisierter Eiweißkörper beschrieben worden. Es muß aber als noch nicht sichergestellt angesehen werden, ob diese Eiweißkörper tatsächlich die eigentlichen Fermente sind, oder ob man in ihnen nicht eben die kolloidalen Träger der Fermentwirkung zu erblicken hat. Für die Urease scheint sichergestellt, daß ihre Wirkung mit der Zerstörung der krystallisierenden Eiweißkörper nicht erlischt. Der Fermentkomplex, der nach dem eben Gesagten aus aktiver Gruppe und kolloidalem Träger besteht, wirkt allem Anschein nach in der Weise auf das zu spaltende Substrat ein, daß er vorübergehend eine Zwischenverbindung mit dem Substrat eingeht. In der Bildung derartiger Zwischenverbindungen ist wahrscheinlich das Geheimnis der Fermentwirkung zu erblicken. Es muß als ziemlich sicher angesehen werden, daß diese Zwischenverbindungen eine ganz andere innere Struktur aufweisen, als die Einzelteile vor ihrer Vereinigung. Wahrscheinlich äußert sich diese Änderung der inneren Struktur darin, daß das Substrat nunmehr mit außerordentlicher Leichtigkeit in seine Spaltstücke zerfallen kann. Die Bildung derartiger leichtzerfallender Zwischenverbindungen könnte aber auch die Erklärung dafür liefern, daß die Fermente nicht nur reaktionsbeschleunigend wirken, sondern auch tatsächlich Reaktionen in Gang setzen, die in ihrer Abwesenheit unmöglich sind. Die Fermente kommen nahezu überall in der belebten Welt vor, im Tier- wie im Pflanzenreich bzw. in den Bakterien. Beim Tier und beim Menschen finden sie sich nicht nur in den Verdauungssäften, sondern auch überall in den Zellen und Organen.

Die Wirkungsprinzipien aller bekannten Fermente lassen sich nach zwei großen Gesichtspunkten ordnen, entweder erfolgt der Angriff auf ein Substrat in der Weise, daß eine Spaltung unter Wasseraufnahme stattfindet, oder aber die Wirkung des Fermentes ist eine intensivere, es kommt zu einem tiefgehenderen Zerfall des Substrates, wobei gleichzeitig oxydative Vorgänge ablaufen. Die erste Gruppe von Fermenten bezeichnet man als hydrolytisch wirkende Fermente oder als *Hydrolasen*, die zweite Gruppe, weil ihre Tätigkeit zur Sprengung festerer Bindungen führt, als *Desmolasen*. Es sei bemerkt, daß man Fermente ganz allgemein durch Anfügung der Endsilbe -ase an ihr Substrat zu kennzeichnen pflegt. So bedeutet Carbohydrase ein kohlehydratspaltendes Ferment, Protease ein Ferment des Eiweißabbaus usw. Die beiden großen Fermentgruppen sind hinsichtlich ihrer auf bestimmte Substratgruppen gerichteten Spezifität in eine große Reihe von Untergruppen unterzuteilen, von denen hier nur einige angeführt werden sollen. Eine Besprechung zahlreicher Einzelheiten, besonders über die Verdauungsfermente und auch über die Desmolasen erfolgt an späterer Stelle.

a) Hydrolasen.

α) Esterspaltende Fermente oder *Esterasen:* z. B. Phosphatasen und Lipasen.
β) Kohlehydratspaltende Fermente oder *Carbohydrasen.*
γ) Die Bindung —N—C— spaltende Fermente:
Amidasen, z. B. Urease, Arginase,
Proteasen und *Peptidasen*, z. B. Pepsin, Trypsin, Erepsin.

b) Desmolasen.

α) Sauerstoff übertragende bzw. abspaltende Fermente: Peroxydase, Katalase, Atmungsferment.

β) Dehydrasen: z. B. Zymasekomplex.

γ) Carboxylase.

a) Hydrolasen. Unter den Esterasen sind die wichtigsten Vertreter die *Lipasen*. Im menschlichen und tierischen Verdauungstraktus finden sie sich in der Leber, im Magen und im Sekret des Pankreas. Die Magen- und die Pankreaslipase sind möglicherweise identisch, trotzdem sie ein verschiedenes p_H-Optimum besitzen, das für die Pankreaslipase im alkalischen, für die Magenlipase im sauren Gebiet liegt; jedoch gelingt es durch zweckmäßige Reinigung, das p_H-Optimum der Magenlipase ebenfalls ins alkalische zu verschieben.

In der Gruppe der *Carbohydrasen* ist die Spezifität der einzelnen Fermente besonders weitgehend ausgebildet. Zunächst gibt es Fermente für den Abbau der verschiedenen Polysaccharide zu niederen Zuckern: Polyasen (Cellulase für die Spaltung der Cellulose, Amylase oder Diastase zur Aufspaltung des Glykogens und der Stärke, in jedem Fall bis zur Disaccharidstufe). Des weiteren sind eine Reihe von Fermenten bekannt, die den Abbau der Disaccharide und der Glucoside vermitteln. Hierbei ist die Art des wirkenden Fermentes abhängig vom Bau des Substrates und zwar sowohl hinsichtlich seines Aufbaus aus Glucose, Fructose, Galaktose usw., aber auch ebenso abhängig davon, ob die *α*- oder die *β*-Formen dieser Zucker vorliegen. So gibt es z. B. eine *α-Glucosidase*, auch *Maltase* genannt, die gewöhnlich in Begleitung der Amylase vorkommt und die die Fähigkeit besitzt, Maltose zu Glucose abzubauen. Es gibt aber auch *β*-Glucosidasen, deren bekannteste das *Emulsin* ist, das sich in den bitteren Mandeln findet und das ein Glucosid, das ebenfalls in den bitteren Mandeln vorkommt, das Amygdalin, in zwei Moleküle *β*-Glucose, in Benzaldehyd und in Blausäure spaltet. Schließlich ist noch zu erwähnen das rohrzuckerspaltende Ferment *Saccharase* oder Invertin, das Rohrzucker unter Bildung von Traubenzucker und Fruchtzucker aufspaltet.

Von den Amidasen sei die *Urease* erwähnt, ein Ferment, das Harnstoff zu Kohlendioxyd und Ammoniak abbaut:

$$O = C \begin{cases} NH_2 \\ NH_2 \end{cases} + H_2O = CO_2 + 2\,NH_3$$

Die Urease kommt im tierischen Organismus nicht vor, dagegen in großer Menge in bestimmten Leguminosen (Soja- und Jackbohne) und ebenso auch in vielen Bakterien. Die Wirkung der *Arginase* ist bereits früher besprochen worden (s. S. 19).

Bei der nächsten Gruppe der hydrolytisch wirkenden Fermente sind zu unterscheiden diejenigen Fermente, welche eigentliche Eiweißkörper abbauen, die *Proteasen*, und diejenigen, deren Wirkung sich auf Peptide erstreckt, *Peptidasen*, und zwar je nach der Art ihres Substrates *Poly-* und *Dipeptidasen*. Die wichtigsten eiweißspaltenden Fermente des Tierkörpers sind das *Pepsin* und das *Trypsin*. Sie gehören gleichzeitig zu den am längsten bekannten Fermenten. Während das Pepsin ein einheitlich wirkendes Ferment zu sein scheint, das Eiweißkörper bis zu hochmolekularen Spaltprodukten, den Albumosen und Peptonen (s. S. 21) abbaut, ist das Trypsin ein Gemisch verschiedener Fermente. Das *Erepsin*, das im Darmsaft enthalten ist, ist eine Peptidase.

b) Desmolasen. Die bei den Desmolasen als erste Gruppe aufgeführten sauerstoffübertragenden bzw. -abspaltenden Fermente Peroxydase, Katalase und Atmungsferment unterscheiden sich funktionell in charakteristischer Weise. Die Funktion der *Peroxydase* besteht darin, daß es peroxydartig gebundenen Sauerstoff auf andere Substrate übertragen kann und dadurch oxydierend wirkt. Die *Katalase* zerlegt Wasserstoffsuperoxyd in Wasser und Sauerstoff, während schließlich das *Atmungsferment* den reaktionsträgen Sauerstoff, der mit der Atmung dem Organismus zugeführt wird, so aktiviert, daß sich Oxydationen vollziehen können. Die drei genannten Fermente sind die einzigen, über deren chemische Natur heute etwas ausgesagt werden kann. Es handelt sich bei ihnen um eisenhaltige Komplexe, in denen das Eisen an porphyrinartige Körper gebunden ist. Die drei genannten Fermente stehen also der prosthetischen Gruppe des roten Blutfarbstoffs, dem Hämin, nahe.

Unter der Bezeichnung *Dehydrasen* wird eine Gruppe von Fermenten zusammengefaßt, die den Wasserstoff ihrer Substrate reaktionsfähiger machen, so daß er bei Anwesenheit geeigneter wasserstoffbindender Stoffe, sog. Wasserstoffacceptoren, aus

dem Substrat, das dabei oxydiert wird, herausgelöst werden kann. Oxydation und
Reduktion sind also aufs engste miteinander verknüpft. Ein besonders bekanntes
und vielseitig untersuchtes Beispiel eines derartigen Fermentes ist die Succino-
dehydrase, deren Wirkung in der Oxydation der Bernsteinsäure (Acid. succinicum)
zur Fumarsäure besteht. Als Wasserstoffacceptor dient der Farbstoff Methylenblau
(Mb), der zu farblosem Leucomethylenblau (Leuco-Mb) reduziert wird.

$$\underset{\text{Bernsteinsäure}}{\begin{matrix} COOH \\ | \\ CH_2 \\ | \\ CH_2 \\ | \\ COOH \end{matrix}} \quad \overset{\text{(Succinodehydrase)}}{+ Mb \longrightarrow} \quad \underset{\text{Fumarsäure}}{\begin{matrix} COOH \\ | \\ CH \\ \| \\ CH \\ | \\ COOH \end{matrix}} \quad + Mb\text{-}H_2 \ (\text{Leuco-Mb})$$

Über die Bedeutung der Dehydrasen für die Oxydationsvorgänge im Gewebe
soll später noch ausführlicher gesprochen werden. Hier sei noch erwähnt, daß eine
Oxydation sich mit Hilfe der Dehydrase auch vollziehen kann, wenn der Wasserstoffacceptor durch bestimmte Substanzen im Gewebe selbst gegeben ist. Es ist dann
die Oxydation des einen mit der Reduktion eines anderen körpereigenen Moleküls
verbunden, so daß man von oxydoreduktiven Vorgängen oder Oxydoreduktionen
spricht. Ein solcher Vorgang kann sich sogar an der gleichen Molekülart vollziehen,
wie es bei der CANNIZZAROschen Umlagerung der Aldehyde der Fall ist. Auf diese
Weise entsteht z. B. aus zwei Molekülen Acetaldehyd je ein Molekül Essigsäure und
Äthylalkohol:

$$\begin{matrix} CH_3COH \\ + \\ CH_3COH \end{matrix} \quad \begin{matrix} H_2 \\ \\ O \end{matrix} \longrightarrow \begin{matrix} CH_3CH_2OH \\ + \\ CH_3COOH \end{matrix}$$

Ein Gemisch von Dehydrasen oder oxydoreduktiv wirkenden Fermenten mit
anderen Fermenten, z. B. mit Phosphatase, ist das als *Zymase* bezeichnete Fermentsystem der Hefe. Die Wirkung der Carboxylasen oder *Decarboxylasen* besteht in
der Abspaltung von Kohlendioxyd aus organischen Säuren. Von besonderer Wichtigkeit ist das Ferment, das Brenztraubensäure — eine Säure, die beim Abbau der Zucker
eine bedeutende Rolle spielt — in Acetaldehyd umwandelt:

$$CH_3.C:O.COOH \longrightarrow CH_3COH + CO_2$$

Bei der Oxydation der C-haltigen Bausteine des Organismus wird der Kohlenstoff letzten Endes zu CO_2 oxydiert. Es besteht eine große Wahrscheinlichkeit
dafür, daß diese Oxydation des Kohlenstoffs nicht in direkter Weise erfolgt,
sondern so vor sich geht, daß er im Verbande des Moleküls bis zur Carboxylgruppe oxydiert und die Kohlensäure erst sekundär durch die Wirkung der
Carboxylase in Freiheit gesetzt wird. Es würde also die Kohlensäureausscheidung
bei der Atmung auf die Wirkung der Carboxylase zurückzuführen sein.

III. Nerv- und Muskelphysiologie.

Bei einzelligen Tieren (z. B. einer Amöbe) und auch noch bei niederen Metazoen
mit wenig differenzierten Zellen (z. B. bei Schwämmen) finden wir, daß das
Protoplasma aller Zellen oder fast aller Zellen imstande ist, auf Reize der Außenwelt durch Veränderungen zu reagieren, die schließlich zu einer Gesamtreaktion
des betroffenen Organismus, z. B. zur Fortbewegung führen können. Wir verstehen
dabei unter Reizen mehr oder minder plötzliche Veränderungen der für uns
erkennbaren physikalischen und chemischen Bedingungen der Umwelt. Es zeigt
sich weiterhin, daß nicht nur die direkt vom Reiz betroffenen Protoplasmateile
(oder Zellen) an der Reaktion beteiligt sind, sondern daß auch entfernt gelegene
Protoplasmapartien (oder Zellen) an der Ausführung der Reaktion teilnehmen,

oder gar diese allein vollziehen. Im letzteren Fall erleiden die Teile des Organismus, die den Reiz der Außenwelt empfingen, sowie die dazwischenliegenden Teile keine nach außen sichtbare Veränderung. Aber nicht nur die Logik zwingt uns anzunehmen, daß dennoch irgendwelche Veränderungen in diesen Protoplasmapartien (oder Zellen) eingetreten sind, sondern wir besitzen auch Methoden, feinste, schnell ablaufende, der äußeren Betrachtung sich entziehende Veränderungen physikalischer und chemischer Natur in denselben festzustellen. Man bezeichnet diese Veränderung des Protoplasmas (oder der Zelle) als *Erregung* und spricht von einer *Erregungsleitung*, da der in demjenigen Protoplasmateilchen, das von dem Reiz getroffen wurde, vorübergehend entstandene Erregungszustand vor seinem Erlöschen in den benachbarten Teilchen ebenfalls eine Erregung auslöst. Die Erregung teilt sich dann immer wieder dem nächst benachbarten Teilchen mit, bis sie das Protoplasmateilchen (oder die Zelle) erreicht, an dem eine nach außen sichtbare Reaktion erfolgt. Es ist nun für einzellige Tiere und für wenig differenzierte Metazoen nicht nur typisch, daß alle Teile des Protoplasmas (oder alle Zellen) mehr oder minder auf alle Arten von Reizen der Außenwelt reagieren, sondern daß sie auch je nach den äußeren Umständen sowohl der Erregungsleitung als auch der Ausführung der Reaktion dienen können. Beim höher organisierten Tier hingegen, bei dem wir ganz entsprechend ebenfalls die Umwandlung eines Reizes der Außenwelt über (biologische) Erregung und Erregungsleitung in eine Reaktion beobachten, kann nicht mehr ein und dasselbe Protoplasma (resp. dieselbe Zelle) alle diese Funktionen erfüllen. Es ist vielmehr eine so weitgehende Differenzierung eingetreten, daß bestimmte Zellen (oder Zellkomplexe) vorwiegend, wenn nicht ausschließlich, nur eine der drei Aufgaben erfüllen. Zellen und Organe, die in erster Linie der Umwandlung eines Reizes der Umwelt in eine Erregung dienen, bezeichnet man als *Receptoren* oder *Receptionsorgane*, meist fälschlich Sinneszellen oder Sinnesorgane genannt. Ausschließlich der Erregungsleitung dienen beim höheren Organismus die peripheren Nerven, während die Tätigkeit des zentralen Nervensystems am einfachsten umschrieben wird als Steuerung oder Umschaltung der Erregungsleitung nach den verschiedenen effektorischen Zellen oder Organen, d. h. den Stellen, an denen die sichtbare Reaktion auftritt. Solche effektorischen Organe sind nicht nur die Skeletmuskeln und die Drüsen mit äußerer Sekretion, sondern alle Zellen und Organe, deren Tätigkeit oder Zustand durch die Nervenerregung verändert wird, z. B. Herz, Blutgefäße, Magendarmkanal, Drüsen mit innerer Sekretion usw.

A. Peripherer Nerv.

Aus dem bisher Gesagten ergibt sich schon, daß dem peripheren Nerven physiologisch zwei Aufgaben zukommen, einmal Erregungsleitung vom Receptionsorgan zum Zentralnervensystem (receptorische, afferente oder zentripetale Bahnen, fälschlich auch als sensible bezeichnet) und zweitens Erregungsleitung vom nervösen Zentralorgan zu den effektorischen Organen (effektorische, efferente oder zentrifugale Bahnen). Das Schema der Abb. 2 weist einen Teil der verschiedenen Bahnen, die ein peripherer Nerv enthalten kann, auf und läßt erkennen, daß im allgemeinen nur in der Peripherie zwischen rein motorischen und rein receptorischen Nerven unterschieden werden kann. Das Schema zeigt aber weiterhin, daß der Begriff des „peripheren Nerven" ein rein anatomischer ist und daß mit dieser Bezeichnung keineswegs ein Organ im physiologischen Sinn gemeint wird. Der periphere Nerv enthält vielmehr nur die einander ähnlichen, langgestreckten Teilstücke an und für sich verschiedener physiologischer

Einheiten. Als eine solche physiologische Einheit ist zu betrachten die motorische Vorderhornzelle im Rückenmark mit dem dasselbe verlassenden Achsenzylinder sowie die Muskelfasern, die von diesem Nervenfortsatz versorgt werden. Eine andere Einheit bildet die in der Haut gelegene Sinneszelle und der receptorische Nervenfortsatz, seine im Spinalganglion gelegene Nervenzelle und die Aufspaltung des Nervenfortsatzes im Rückenmark. Eine Ganglienzelle mit ihren Dendriten (kurze Protoplasmafortsätze) und ihrem Neurit (langer Protoplasmafortsatz, Achsenzylinder) wird anatomisch und auch physiologisch als ein *Neuron* bezeichnet; biologisch ist dieses Gebilde als *eine* Zelle zu betrachten.

Daß es sich wirklich um physiologische Einheiten handelt, ergibt sich aus den Folgeerscheinungen der Durchschneidung solcher Einheiten bei einem Versuchstier oder auch an den Folgen von Nervenverletzungen beim Menschen. Wird der Nerv an der in Abb. 2 mit A_1 oder A_2 bezeichneten Stelle durchtrennt, so degeneriert der mit der zugehörigen Nervenzelle nicht mehr im Zusammenhang stehende Teil des Achsenzylinderfortsatzes in wenigen Tagen; nach einiger Zeit verfällt aber dann auch der zugehörige Muskel der Degeneration. Unter *Degeneration* versteht man den mit

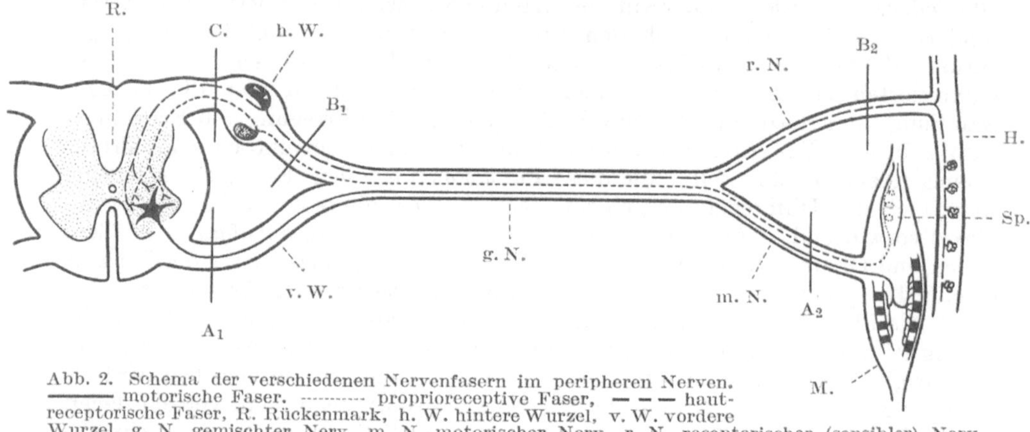

Abb. 2. Schema der verschiedenen Nervenfasern im peripheren Nerven. ———— motorische Faser. ·········· proprioreceptive Faser, — — — hautreceptorische Faser, R. Rückenmark, h. W. hintere Wurzel, v. W. vordere Wurzel, g. N. gemischter Nerv, m. N. motorischer Nerv, r. N. receptorischer (sensibler) Nerv, M. Muskel mit quergestreiften Fasern, Sp. Muskelspindel, H. Haut mit Tastkörperchen.

bestimmten Veränderungen im histologischen Bild einhergehenden, langsam eintretenden Verlust der Funktionsfähigkeit eines Organs. Die Durchtrennung einer receptorischen Bahn bei B_1 oder B_2 führt ganz entsprechend nicht nur zur Degeneration des von seiner Nervenzelle abgetrennten Nervenfortsatzes, sondern auch zur Degeneration der mit zur Einheit gehörigen Hautsinneszelle. Wenn dagegen die Durchtrennung bei C erfolgt, degeneriert nur das kurze Stück des Nervenfortsatzes von der Durchschneidungsstelle bis zum Rückenmark einschließlich seiner dort erfolgenden Aufspaltung. Auf die Dauer kann immer nur der mit der Nervenzelle im Zusammenhang gebliebene Teil der Einheit seine Funktionsfähigkeit erhalten. Es ergibt sich aus solchen Versuchen weiterhin, daß die hintere Wurzel nur zentripetale, die vordere nur zentrifugale Bahnen enthält (BELLsches Gesetz).

Physiologisch am besten erforscht, weil am einfachsten der Beobachtung zugänglich, ist das Verhalten der Achsenzylinderfortsätze der motorischen Vorderhornzellen. Soweit bisher auch andere Neuriten eingehender untersucht worden sind, ergeben sich nur geringe quantitative Unterschiede. Da jede durch die motorischen Bahnen zum Muskel gelangte Erregung an diesem eine leicht wahrnehmbare und auch in ihrer Größe leicht meßbare Tätigkeit hervorruft, ist der motorische Nerv im Zusammenhang mit seinem Muskel das klassische Objekt zum Studium, und zwar auf Grund zweier biologischer Gegebenheiten. Einmal sind wir nicht auf die natürliche Erregung (beim motorischen Achsenzylinder von der Vorderhornzelle, beim receptorischen vom Receptionsorgan herkommend) allein angewiesen, sondern wir können durch die verschiedensten künstlichen

Reize eine Stelle des peripheren Nerven in Erregung versetzen; diese Erregung wird zum Muskel fortgeleitet und löst eine Verkürzung desselben aus. Ferner behalten Organe von Kaltblütern (Frosch) unter leicht einzuhaltenden Versuchsbedingungen stundenlang nach dem Tode der Tiere ihre Funktionsfähigkeit.

Jede etwas gröbere *mechanische* Behandlung des Nerven, wie z. B. Durchschneidung, plötzlicher Druck oder Zug usw., ruft eine Zuckung in den mit dem Nerven verbundenen Muskeln hervor. Als *thermische* Reize bezeichnet man schnelle Temperaturänderungen, Abkühlung oder Erwärmung des Nerven, die ebenfalls Erregung auslösen. Gewisse Substanzen, wie z. B. Natriumoxalat in Berührung mit dem Nerven gebracht, erweisen sich infolge ihrer *chemischen* Eigenschaften als Erregung erzeugend. Von dem chemischen Reiz verschieden ist der *osmotische* Reiz. Wie früher geschildert (s. S. 18), besitzen alle Gewebe einen bestimmten osmotischen Druck. Durch relativ rasche Veränderungen desselben werden ebenfalls Erregungen ausgelöst. So ruft Eintauchen des Nerven in konzentrierte NaCl-Lösung Muskelzuckungen hervor, während isotonische NaCl-Lösung völlig wirkungslos ist. Auch die bei Eintrocknung eines Nerven auftretenden Erregungen sind durch den osmotischen Reiz der Wasserverarmung bedingt.

Dieser chemischen und osmotischen Reizbarkeit der Nerven kommt eine große praktische Bedeutung zu, denn wir müssen bei allen therapeutischen Einspritzungen in die Gewebe stets darauf bedacht sein, daß die zu injizierenden Flüssigkeiten weder durch ihre chemische Zusammensetzung noch durch ihren osmotischen Druck (d. h. Konzentration) die im Gewebe verlaufenden Nerven erregen und somit Schmerz erzeugend wirken.

Die größte Bedeutung speziell für die Erforschung der Physiologie der Nerven kommt der *elektrischen* Reizung zu und zwar, weil wir den elektrischen Reiz sehr leicht bezüglich seiner Einwirkungsdauer, seiner absoluten Stärke und der Geschwindigkeit mit der diese absolute Stärke erreicht wird, variieren können. So läßt sich gerade durch elektrische Reizung sehr leicht zeigen, was übrigens — wie schon angedeutet — auch für alle anderen Reizqualitäten gilt, daß der Reiz mit einer bestimmten Geschwindigkeit zur vollen Höhe anwachsen muß, um eine Erregung auslösen zu können. Derselbe Strom, der direkt in den Nerv einbrechend eine starke Zuckung des Muskels hervorruft, bleibt wirkungslos, wenn man ihn nur allmählich zur vollen Höhe durch langsames Ausschalten geeigneter, hoher Widerstände ansteigen läßt (Einschleichen des Stromes).

Infolge der Möglichkeit, einen elektrischen Reiz zu einem genau bestimmbaren Zeitpunkt einwirken zu lassen, kann die *Geschwindigkeit der Erregungsleitung* im Nerven bestimmt werden. Dazu wird der Nerv zunächst an einer dem Muskel möglichst nahen und dann an einer möglichst fern gelegenen Stelle gereizt und gemessen, um wieviel später bei der zweiten Reizung die Muskelzuckung eintritt als bei der ersten. So wurde für den Froschischiadicus die Leitungsgeschwindigkeit mit 20—30 m/sec. ermittelt. Beim Menschen als Warmblüter läuft die Erregungsleitung im Nerven wesentlich rascher ab; die experimentell gefundenen Werte schwanken zwischen 70—120 m/sec.

Bei Abstufung der Stärke der elektrischen Reizung ergibt sich, daß bis zu einer gewissen Stärke die Reize unwirksam bleiben (*unterschwellige Reize*). Der Reiz, der gerade stark genug ist, eine Erregung auszulösen, die zur schwächsten Zuckung des Muskels führt, wird als *Schwellenreiz* bezeichnet. Mit weiterer Verstärkung der Reize verkürzt sich der Muskel immer mehr, bis von einer bestimmten Reizstärke an (*maximaler Reiz*) die Verkürzung konstant bleibt. Reize, die zwischen dem Schwellenreiz und dem maximalen Reiz gelegen sind, werden *untermaximale Reize* genannt; während man als *übermaximale Reize* solche bezeichnet, die stärker sind als der zur Auslösung der maximalen Zuckung be-

nötigte. Die für untermaximale Reize bestehende Abhängigkeit der Erregungsgröße von der Reizstärke ist aber wohl nur eine scheinbare. Führt man entsprechende Versuche an einem Nervmuskelpräparat durch, bei dem der Nerv nur
eine einzige motorische Faser enthält (z. B. durch künstliche Auffaserung des
Froschischiadicus, so daß das gereizte Nervenstück nur durch eine Faser mit dem
Muskel in Verbindung steht), so zeigt sich, daß der Schwellenreiz schon maximaler
Reiz ist. Selbstverständlich ist die auftretende Zuckung, die zugleich Schwellenzuckung wie maximale Zuckung ist, sehr klein, da von einer Faser nur ein kleiner
Teil des Muskels versorgt wird. Es gilt also für den einzelnen Achsenzylinder das
„Alles-oder-Nichts-Gesetz", d. h. ein Reiz ist entweder so stark, daß er volle
Wirkung hervorruft, oder er ist unwirksam. Das andersartige Verhalten des aus
mehreren Fasern bestehenden Nerven findet seine Erklärung durch den Befund,
daß die einzelnen Fasern verschieden empfindlich sind, d. h. verschieden hohe
Reizschwellen besitzen; außerdem werden die einzelnen Fasern, da der Nerv
eine gewisse Dicke besitzt, nicht gleichmäßig von dem durchgesandten Strom
getroffen. Der Reiz, der am gewöhnlichen Nerv Schwellenreiz zu sein scheint, ist
stark genug, um gerade die empfindlichsten Fasern des Nerven (maximal) zu
erregen; erst mit zunehmender Reizstärke werden immer mehr Fasern erregt,
bis schließlich bei sogenannter maximaler Reizung des Nerven alle Fasern, auch
die mit der höchsten Schwelle antworten. Da mit jeder neu erregten Nervenfaser
eine weitere Anzahl von Muskelfasern in Tätigkeit tritt (s. motorische Einheit
S. 55), nimmt die Tätigkeit des Muskels entsprechend der Reizstärke zu. Diese
eben geschilderten Versuche zeigen weiter, daß die Erregung in einer Nervenfaser
nie auf eine parallel verlaufende Faser überspringt (Gesetz der isolierten Leitung).

Erregbarkeit und Leitfähigkeit der Nerven *sind leicht beeinflußbar.* Mit sinkender
Temperatur nimmt die Erregbarkeit und die Leitungsgeschwindigkeit ab und kann
schließlich ganz erlöschen, um, wenn die tiefen Temperaturen (beim Frosch um 0^0,
beim Säugetier etwa 15^0) nicht zu lange eingewirkt haben, beim langsamen Erwärmen
wiederzukehren. In ähnlicher Weise wirken gewisse chemische Substanzen, die
Narcotica, sowohl in gasförmigem (Äther, Chloroform) wie in gelöstem Zustand
(Cocain, Novocain) auf den Nerven ein. Die auftretenden Lähmungserscheinungen
sind bei richtiger Dosierung der Narcotica nach Entfernung derselben völlig reversibel,
d. h. es tritt allmählich wieder normale Erregbarkeit und Leitfähigkeit ein. Solche
Narkoseversuche zeigen weiterhin, daß es sich bei der Umwandlung eines Reizes in
eine Erregung um einen anderen Mechanismus handeln muß als bei der Fortpflanzung
der Erregung. Eine nicht zu tief narkotisierte Nervenstrecke, die schon völlig unerregbar ist, kann trotzdem noch eine aus einer nicht narkotisierten Nervenstrecke ankommende Erregung weiterleiten. Auch aus Narkoseversuchen ergibt sich, daß die
einzelne Faser des Nerven dem Alles-oder-Nichts-Gesetz unterliegt. Die scheinbaren
Abweichungen von diesem Gesetz, z. B. wenn bei einer Leitungsanästhesie die Empfindlichkeit der Haut nicht schlagartig, sondern allmählich verschwindet, werden
durch verschiedene Narkoseempfindlichkeit der einzelnen Fasern und auch durch
die verschiedene Zeit, die das Narcoticum zum Erreichen der einzelnen Fasern des
Nerven benötigt, erklärt. Die verschiedene Narkoseempfindlichkeit der Nervenfasern zeigt sich auch darin, daß motorische Fasern erst durch viel höhere Cocain-Konzentrationen leitungsunfähig gemacht werden als sensible Nervenfasern, ein Tatbestand, der für die Lokalanästhesie von großer praktischer Bedeutung ist.

Auch der *elektrische Strom* kann einen *Einfluß auf die Erregbarkeit* bzw. Leitfähigkeit des Nerven ausüben. An der Eintrittsstelle des Stromes in den Nerven
(an der Kathode) wird die Erregbarkeit und die Leitfähigkeit erhöht, an der Austrittsstelle (an der Anode) herabgesetzt, wenn nicht aufgehoben. Nach Unterbrechung
der elektrischen Durchströmung sind für kurze Zeit, bis zur Herstellung normaler
Erregbarkeits- und Leitfähigkeitsverhältnisse, die Veränderungen gerade umgekehrt,
aber schwächer als während der Durchströmung. Hiermit steht im Zusammenhang,
daß bei Reizung mit länger dauernden Stromstößen Schließung des Stromes eine
Erregung an der Kathode auslöst, während bei Öffnung des Stromes eine weniger
wirksame Erregung an der Anode entstehen kann. Da die entstandenen Erregungen,
bevor sie den Muskel erreichen, bei bestimmter Anordnung der Elektroden die eine

Elektrode passieren müssen, kommt es zu der merkwürdigen Erscheinung, daß infolge Aufhebung der Leitfähigkeit an dieser zwischenliegenden Elektrode die Erregung nicht zum Muskel gelangen kann. Auf diese Art kann mit stärkeren Strömen eine Reizung scheinbar weniger wirksam sein als eine solche mit schwächeren (*Pflügersches Zuckungsgesetz*).

Die erregbarkeitsteigernde und -mindernde Wirkung der Kathode bzw. der Anode bei elektrischer Durchströmung findet therapeutische Verwendung bei der sogenannten kathodischen oder anodischen „Galvanisation" (Lähmungen, Trigeminusneuralgien usw.).

Welche *Stoffwechselvorgänge der Erregungsleitung* im Nerven zugrunde liegen, wissen wir bisher nicht genau. Die neuesten Untersuchungen ergaben, daß eine gewisse Ähnlichkeit aber keineswegs Identität mit dem Tätigkeitsstoffwechsel des Muskels vorliegt (s. S. 40). Mit Sicherheit ergab sich, daß der Gesamtstoffumsatz bei der einzelnen Erregungsleitung sehr klein ist. Dieser Befund war zu erwarten, da einmal die Blutversorgung der Nerven eine relativ geringe ist und es schon lange bekannt war, daß der periphere Wirbeltiernerv außerordentlich schwer ermüdbar ist.

Die elektrischen Begleiterscheinungen der Erregungsleitung im Nerven (s. S. 43) und das Verhalten des Nerven gegenüber ihm zugeführten elektrischen Kräften legen es nahe, die Erregungsleitung elektrochemisch zu erklären. Sicher ist, daß es sich nicht um eine einfache Elektrizitätsentstehung und Weiterleitung handeln kann, denn die Durchschneidungsstelle eines Nerven ist, auch wenn die beiden Schnittenden noch so gut aneinander gelegt werden, ein unüberwindbares Hindernis für die Erregung.

Ein im Organismus durchschnittener und dann wieder genähter Nerv gewinnt nie wieder direkt seine Leitfähigkeit. Die Wiederherstellung der Funktion, die sich nach Wochen und Monaten zeigt, beruht auf dem Auswachsen der Achsenzylinder aus dem zentralen Stumpf des Nerven in den inzwischen degenerierten peripheren Stumpf, und erst, wenn die auswachsenden Fasern, die ja mit der Nervenzelle in Verbindung stehen, das effektorische Organ oder das Receptionsorgan erreicht haben, besteht wieder Funktionsmöglichkeit. Dieses Auswachsen und Wiedergewinnen des Anschlusses an das periphere Organ kann auch dann stattfinden, wenn der periphere Stumpf völlig entfernt worden war. Die Funktionsherstellung benötigt dann aber eine viel längere Zeit und ist meist unvollkommener, als wenn durch Nervennaht das degenerierende periphere Ende den auswachsenden Fasern als Leitband dienen kann.

Die Zusammensetzung des gemischten Nerven aus zentripetalen und zentrifugalen Fasern zeigt schon, daß die Erregung im Nerven nach beiden Richtungen geleitet wird. Die Untersuchung der elektrischen Begleiterscheinungen der Nervenerregung zeigt aber weiterhin, daß auch beim künstlich gereizten, nicht gemischten Nerven die Erregung in einer Nervenfaser sich nach beiden Seiten gleichmäßig fortpflanzt (*Gesetz der doppelsinnigen Leitung*). Es ist aber bisher kein einwandfreies Beispiel dafür aufgewiesen worden, daß das doppelsinnige Leitvermögen der spinalen Nerven auch vom Organismus ausgenutzt wird. Im Gegenteil, es läßt sich sehr leicht zeigen, daß selbst wenn in einer Nervenfaser durch künstlichen Reiz eine doppelsinnige Erregungsleitung erzeugt wird, dieselbe nicht auf das nächste leitende Element überspringen kann, denn die Verbindungen der leitenden Elemente (Synapsen, s. S. 46) besitzen Ventilwirkung, d. h. sie lassen die Erregung nur in *einer*, der biologischen Richtung passieren. So kann z. B. die Erregung von der motorischen Nervenfaser zum Muskel gelangen, nie aber eine im Muskel entstandene Erregung auf die motorische Faser übergehen. Eine rückläufige, durch künstlichen Reiz gesetzte Erregung in einer motorischen Faser erreicht zwar nachweislich die Vorderhornzelle, kann aber von dort nicht auf ein anderes Neuron — von dem seinerseits eine Erregung leicht an diese motorische Vorderhornzelle abgegeben wird — überspringen.

B. Muskel- und Elektrophysiologie.

Man unterscheidet nach dem histologischen Bild bei den Wirbeltieren zwischen *quergestreiften* und *glatten* Muskeln. Erstere werden, da sie fast ausschließlich Skeletteile miteinander verbinden, auch Skeletmuskeln genannt und dienen vor allem der Bewegung von Gliedern und somit auch der Fortbewegung des Organismus. Die glatten Muskelfasern sind im allgemeinen nicht wie die quergestreiften zu einheitlichen abgeschlossenen Organen zusammengefaßt, sondern bilden zusammen mit anderen Geweben die Wände von Organen, die Hohlräume umschließen. Die Aufgabe der in diesen Organen vorhandenen glatten Muskelschichten ist es, den umschlossenen Hohlraum zu verkleinern oder auch den Inhalt desselben fortzubewegen und schließlich auszustoßen. Infolge der verschiedenen Aufgaben, die den Skeletmuskeln und den glatten Muskeln zukommen, ist es nicht erstaunlich, daß sie sich in ihrem physiologischen Verhalten wesentlich unterscheiden. Gemeinsam ist ihnen aber der Aufbau der Faser aus doppeltbrechenden Substanzen, die als das Substrat für das Kontraktionsvermögen der Muskeln angesehen werden.

1. Skeletmuskeln.

Reizt man einen ausgeschnittenen Skeletmuskel des Frosches in ähnlicher Weise, wie es vorher für den Nerven geschildert wurde, so findet man, daß Muskelverkürzung durch direkte *mechanische, thermische, chemische, osmotische oder elektrische* Reizung auslösbar ist. Von untergeordneter Bedeutung bleibt es, daß der Muskel schwerer erregbar ist als der Nerv, d. h., daß bei gleichartigem Reiz die Reizstärke bei direkter Einwirkung auf den Muskel stärker sein muß als bei indirekter Reizung durch den zugehörigen Nerven. Nur bei den chemischen Reizen kennen wir Substanzen, die nicht im gleichen Sinn auf den Muskel und den Nerv einwirken. So tötet Ammoniak, ohne erregend zu wirken, den Nerven ab, ruft aber, mit dem Muskel in Berührung gebracht, stärkste Verkürzung hervor. Schon dieser Versuch zeigt, daß die Muskelsubstanz wirklich selbst erregbar ist und daß nicht etwa nur die noch im Muskel verlaufenden feinen Aufsplitterungen der motorischen Nerven gereizt werden. Die echte eigene Irritabilität der Muskelsubstanz wird ferner erwiesen durch Reizung sicher nervenfreier Muskelteile (proximales Drittel des Froschsartorius) oder von Muskeln, bei denen die Möglichkeit einer Reizung über den Nerven durch Curare-Vergiftung ausgeschaltet ist.

Curare (südamerikanisches Pfeilgift) lähmt schon, wenn nur kleinste Dosen in den Blutkreislauf oder in die Lymphbahnen gelangen, alle willkürlichen Bewegungen der Versuchstiere. Auf direkte Reizung verkürzen sich aber noch die Muskeln, während Reizung der Nerven vollkommen wirkungslos bleibt. Eingehendere Analyse der Vergiftungserscheinungen ergibt, daß bei Reizung der Nerven in diesen dennoch eine Erregung entsteht. Sie läuft bis zur Muskelfaser hinab, kann aber nicht auf dieselbe übergehen. Die Nervenendplatte, die Verbindung zwischen Achsenzylinder und Muskelfaser, ist nach Curarevergiftung nicht nur wie normalerweise in der Richtung vom Muskel zum Nerv gesperrt (s. S. 35), sondern überhaupt für jede Erregung undurchgängig.

Werden direkte Reizungen an langgestreckten, parallelfaserigen Muskeln ausgeführt, so läßt sich sehr leicht, z. B. durch kinematographische Zeitlupenaufnahme, zeigen, daß die Kontraktion nicht schlagartig den ganzen Muskel erfaßt, sondern daß von der gereizten Stelle aus die Kontraktion nach beiden Seiten gleichmäßig fortschreitet. Die Geschwindigkeit der Ausbreitung des Kontraktionsvorganges — dem eine Erregungsleitung im Muskel zugrunde liegt — beträgt nur $^1/_5$ bis $^1/_6$ der Erregungsleitung im motorischen Nerven (Froschmuskel 5—6 m/sec., menschliche Muskeln 10—15 m/sec.). Diese Geschwindigkeit ist aber groß genug, um zu vermeiden, daß bei den kürzesten Kontraktionen das gereizte

Stück selbst der längsten Muskelfaser schon wieder erschlafft ist, bevor die Enden der Muskelfaser in Tätigkeit treten.

Da, ähnlich wie der Nerv aus Nervenfasern, der Skeletmuskel aus Muskelfasern als selbständigen Elementen aufgebaut ist, nimmt auch bei direkter *abgestufter Reizung* die eintretende Kontraktion von einem *Schwellenreiz* bis zur Erreichung eines *maximalen Reizes* an Größe zu. Aber auch für die einzelne Muskelfaser gilt bei Anwendung kurzdauernder elektrischer Reize genau so wie für die einzelne Nervenfaser das *Alles-oder-Nichts-Gesetz*. Die Erregung einer Muskelfaser springt wie bei Nervenfasern nie auf eine andere Faser über.

Zum genauen Studium der Muskelkontraktion ist es üblich, mit Hilfe eines feinen Hebels die eintretende Verkürzung auf einer mehr oder minder schnell rotierenden Trommel aufzuschreiben (Abb. 3a). Meist werden noch außer der

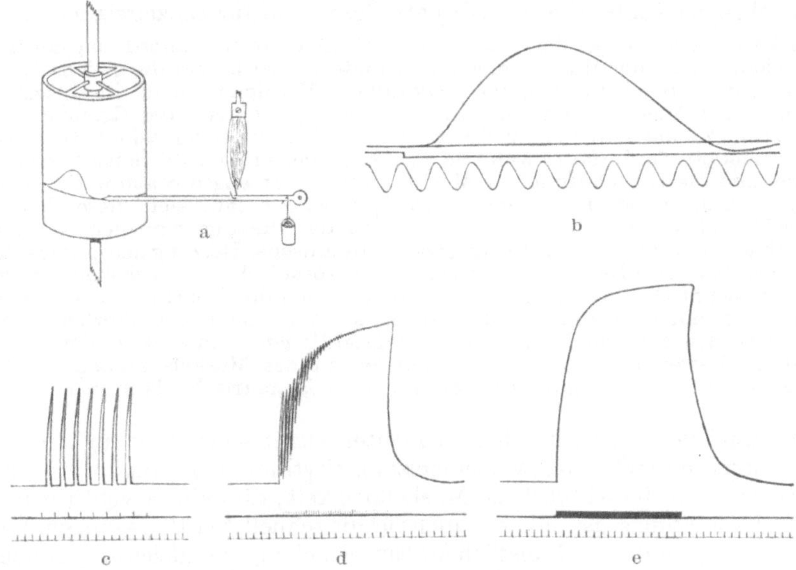

Abb. 3. Muskelkontraktionskurven. a Technik der Registrierung. b Einzel-Zuckung, untere Kurve Stimmgabel $^1/_{50}$ Sekunden, mittlere Kurve Reiz (Abfall). c bis e Mehrfachreizung, Zeit in $^1/_5$ Sekunden. d Unvollkommener Tetanus. e Vollkommener Tetanus.

Muskelverkürzung die Reizmomente und der Zeitablauf registriert. Eine auf einen sehr kurz dauernden Reiz erfolgende Kontraktion, eine sog. **Einzel-Zuckung,** zeigt die Abb. 3b. Man erkennt, daß die Verkürzung des Muskels nicht sofort im Augenblick der Reizung beginnt, sondern deutlich später. Die für die Umsetzung des Reizes über Erregung in Verkürzung benötigte Zeit beträgt gegen $^1/_{100}$ Sekunde und wird als *Latenzzeit* bezeichnet. Der eigentliche Ablauf der Zuckung dauert etwa $^1/_{10}$ Sekunde. Latenzzeit und Zuckungsdauer sind für die Muskeln verschiedener Tierarten und sogar für die verschiedenen Muskeln ein und desselben Tieres nicht gleich. Die angegebenen Zeiten treffen aber zufällig als Mittelwerte für die meisten Froschmuskeln wie auch für menschliche Muskeln zu. Wie aus der Kurve der Einzelzuckung ersichtlich, beginnt die Verkürzung erst mit geringer Geschwindigkeit, erreicht ihr Maximum, wenn ungefähr $^2/_3$ der Zuckungshöhe erreicht ist, dann nimmt sie ab, und schließlich verlängert sich der Muskel wieder. Meist dauert die Erschlaffung etwas länger als die Verkürzung. Bei einem durch häufige Reizung ermüdeten Muskel nimmt die Zuckungsdauer zu und zwar vor allem durch Verzögerung der Erschlaffung. Durch Erniedrigung der Temperatur kann ebenfalls eine wesentliche Verlängerung der Zuckungsdauer eintreten; diese Verlängerung betrifft dann Anstieg und Abstieg der Zuckung ziemlich gleichmäßig.

Wird ein Muskel von mehreren (maximalen) Reizen in Zeitabständen, die größer sind als einer Zuckungsdauer entspricht, getroffen, so erfolgen nacheinander eine Reihe von normalen Zuckungen (Abb. 3c). Werden die Abstände zwischen den Reizen verkürzt, so kann der Muskel in den Zwischenpausen nicht mehr völlig erschlaffen; er zeigt eine Dauerverkürzung mit aufgesetzten Zacken (*unvollkommener Tetanus* Abb. 3d). Die glatte Dauerverkürzung, die bei hoher Reizfrequenz auftritt, wird *vollkommener* **Tetanus** genannt (Abb. 3e). Bei diesen Tetani ist die Muskelverkürzung stärker als der Zuckungshöhe der maximalen Einzelzuckung entspricht. Die gleiche Summation kommt auch bei frequenter Reizung einer einzigen Muskelfaser zur Beobachtung; es ist daher ersichtlich, daß das oben erwähnte Alles-oder-Nichts-Gesetz nur für Einzelreizung gültig ist.

Man bezeichnet die bei der bisher besprochenen Versuchsanordnung auftretende Kontraktion, bei der der Muskel seine Länge ändert, aber immer die gleiche Spannung (Belastung) aufweist, als *isotonische Kontraktion*. Verhindert man durch festes Einklemmen beider Muskelenden eine Längenänderung, so tritt bei Reizung eine *isometrische Kontraktion* auf, d. h. der von dem Muskel auf seine beiden Befestigungspunkte ausgeübte Zug erfährt während des eigentlichen Kontraktionsvorganges eine Zunahme, und die Erschlaffung des Muskels läßt die erzeugte Spannung wieder zum Ausgangswert absinken. Durch geeignete Apparaturen läßt sich diese Spannungsänderung ähnlich wie die Längenänderung registrieren. Die so gewonnenen isometrischen Kurven ähneln sowohl bei Einzelreizung wie bei tetanischer Reizung den entsprechenden isotonischen Kurven. Reine isometrische oder isotonische Versuchsbedingungen zu erzielen ist technisch schwierig; meist handelt es sich um Kontraktionsvorgänge, die nur mehr oder minder isotonisch oder isometrisch sind. Bei der willkürlichen Muskeltätigkeit des Menschen sind reine Versteifungsaktionen isometrische Kontraktionen, während bei Bewegungsaktionen die Kontraktion des Muskels anfänglich, bis die Masse des Gliedes in Bewegung geraten ist, mehr isometrisch, dann mehr isotonisch erfolgt.

Nicht nur die künstliche, bei frequenter elektrischer Reizung auftretende Muskelverkürzung stellt eine Verschmelzung rhythmischer Vorgänge im Muskel dar, sondern auch die willkürliche Muskeltätigkeit; dies gilt sowohl für lang andauernde Verkürzungszustände wie auch für die schnellsten Bewegungen. Letztere sind keineswegs mit der künstlichen Einzelzuckung vergleichbar, sondern es handelt sich dabei immer um mehrere Erregungen, die vom Nerv her zum Muskel gelangen. Eine Ausnahme hiervon sind die Eigenreflexe (s. S. 46), bei denen in der Tat eine Einzelerregung zum Muskel gelangt. Am klarsten läßt sich der Nachweis des rhythmischen Aufbaus der Willkürbewegung durch Aufzeichnung der elektrischen Begleiterscheinungen der Muskelverkürzung führen (Abb. 12). Im gleichen Sinne spricht auch die Existenz des *Muskeltons*, der durch das rhythmische An- und Abschwellen der Muskelspannung zustande kommt. Man kann diesen Ton unter günstigen akustischen Bedingungen ohne weitere Hilfsmittel hören; z. B. beim festen Zusammenbeißen der Zähne oder auch bei fester Umklammerung eines den äußeren Gehörgang verschließenden Holzstabs.

Ob alle Erscheinungen der Skeletmuskeltätigkeit im Wirbeltierorganismus auf mehr oder minder starke tetanische Kontraktion der Muskelfasern zu beziehen sind, oder ob neben dieser oszillatorischen Tätigkeit — wie wir sie am ausgeschnittenen Muskel durch künstliche Reizung nachahmen können — Verkürzungszustände vorkommen, die nicht oszillatorischer Natur sind, entzieht sich bisher dem exakten Nachweis. Gewisse Erscheinungen, die wir im Abschnitt „Koordination der Muskelbewegung" kennen lernen werden und die man als **Tonus** der Muskeln bezeichnet — ohne daß diesem Wort ein prägnanter Begriff zugeordnet ist — machen es wahrscheinlich, daß der Wirbeltierskeletmuskel auf Nerveneinfluß noch Zustandsänderungen erleidet, die in Parallele zu setzen sind zu den Dauerverkürzungen glatter Muskeln, wie sie besonders ausgeprägt bei gewissen wirbellosen Tieren vorkommen (s. S. 42).

Mißt man die Kraft, die wir willkürlich mit unseren Muskeln ausüben können, oder die Spannung, die ein isolierter Muskel auf Reizung hin erzeugt, so zeigt sich, daß diese abhängig ist von der Ausgangslänge des ruhenden Muskels. Im allgemeinen gilt die Gesetzmäßigkeit, daß je größer die Ruhelänge ein und desselben Muskels ist, um so größer auch die Kraft ist, die er in erregtem Zustande ausüben kann. Die **maximale Kraftleistung**, die ein bestimmter Muskel bei optimaler Ausgangslänge entwickelt, ist selbstverständlich von der Größe des Muskels abhängig. Eine einfache Überlegung zeigt, daß — für die annähernd immer gleich dicken Muskelfasern gleiche Kraftleistung vorausgesetzt — die Anzahl der Muskelfasern für die maximal entwickelte *Kraft* eines Muskels maßgebend ist; hingegen bestimmt die Länge der Muskelfasern die Verkürzungsgröße oder *Hubhöhe*. Nur bei parallelfaserigen Muskeln stellt der größte Querschnitt senkrecht zur Zugrichtung (*anatomischer Querschnitt*) ein Maß der Faserzahl dar. Bei gefiederten Muskeln ist nicht der anatomische Querschnitt, sondern der Querschnitt senkrecht zur Faserrichtung (*physiologischer Querschnitt*) proportional der Faserzahl. Berechnet

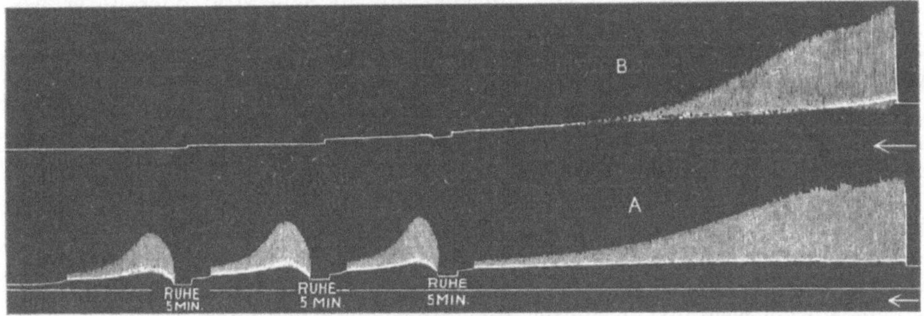

Abb. 4. Erholung eines Muskels nach vorheriger Ermüdung durch andauernde Einzelreize A in Sauerstoff, B in Stickstoff (Ausbleiben der Erholung). Nach FLETCHER. (Aus BAYLISS, W. M.: Grundriß der allgemeinen Physiologie. Berlin: Julius Springer 1926.)

man auf Grund der gefundenen Kraftleistung und unter Berücksichtigung der Faserrichtung für verschiedene Muskeln eines Wirbeltieres die maximal geleistete Kraft pro Quadratzentimeter physiologischen Querschnitts, also für gleiche Faserzahl, so erhält man ziemlich gleiche Werte. Die pro Quadratzentimeter ausgeübte Kraft, meist als *absolute Muskelkraft* bezeichnet, beträgt für den Menschen 8—12 kg, für den Frosch 2—3 kg. Aus dem Gesagten ergibt sich schon, daß bei gleicher Muskelmasse ein gefiederter Muskel zwar eine größere Kraftentfaltung aber eine geringere Hubhöhe besitzt als ein parallelfaseriger Muskel. Wir finden dem entsprechend im Organismus da, wo die Muskeln große Kraftleistungen vollbringen müssen, gefiederte Muskeln, und dort, wo eine große Verkürzung erreicht werden soll, mehr oder minder parallelfaserige Muskeln (M. masseter als Kraftschließer des Kiefers, M. temporalis als Kieferheber).

Wir wissen aus der täglichen Erfahrung, daß wir nach mehrmaliger starker Kraftentfaltung nicht nur ein deutliches subjektives Ermüdungsgefühl in den betätigten Muskeln haben, sondern daß auch objektiv die **Ermüdung** durch Abnahme der Arbeits- oder Kraftleistung zu erkennen ist. Ebenso tritt Ermüdung deutlich bei Reizung eines ausgeschnittenen Muskels auf (Abb. 4), und hier läßt sich der Nachweis leicht führen, daß Erholung nur dann eintreten kann, wenn dem Muskel Sauerstoff zur Verfügung steht. Aber auch am Menschen läßt sich dies zeigen, wenn man mit einer geeigneten Apparatur (z. B. Mossoscher Ergograph) aufschreibt, wie hoch durch rhythmische Bewegung eines Fingers ein Gewicht jedesmal gehoben wird. Die Hubhöhen vermindern sich stetig durch Ermüdung und werden, wenn das Gewicht groß genug ist, bald unmeßbar klein. Ruht dann der Finger nur für wenige Sekunden, so kann das Gewicht wiederum mehrmals beträchtlich gehoben werden. Wird aber der gleiche Versuch nach Abklemmung der Blutzufuhr am Oberarm ausgeführt, so tritt zwar die Ermüdung kaum schneller ein; aber auch die längste Ruhepause gibt uns nicht mehr die Möglichkeit, das Gewicht zu heben. Wird, wenn auch nur für kurze Zeit, die Blutzufuhr freigegeben, so tritt deutliche Erholung des Muskels ein, da das Blut dem Muskel Sauerstoff zuführt.

Wird der oben beschriebene Versuch am ausgeschnittenen Muskel mit größter Sorgfalt ausgeführt, so läßt sich weiterhin zeigen, daß die Arbeitsfähigkeit des nicht in einer Sauerstoffumgebung befindlichen Muskels nicht etwa auf einen im Muskel gespeicherten Sauerstoffvorrat zurückzuführen ist, sondern daß wirklich zum Zustandekommen der Arbeitsleistung des Muskels kein Sauerstoff benötigt wird. Es verläuft also der der Muskelverkürzung zugrundeliegende Stoffwechselvorgang anaerob, der Stoffwechsel des Erholungsvorgangs dagegen aerob.

Chemische Untersuchungen von Muskeln, die in Sauerstoff oder unter Abschluß vom Sauerstoff ermüdet wurden, haben seit Beginn dieses Jahrhunderts die Natur der **Stoffwechselvorgänge bei der Muskelkontraktion** anscheinend weitgehend aufgeklärt. Während der Zuckungsreihen nimmt der Glykogengehalt des Muskels ab, der Milchsäuregehalt zu. Dieser Vorgang wird keineswegs durch die An- oder Abwesenheit von Sauerstoff beeinflußt. Hingegen verschwindet nach Beendigung der Zuckungsreihe die im ermüdeten Muskel angehäufte Milchsäure nur in Gegenwart von Sauerstoff und gleichzeitig nimmt dann der Glykogengehalt des Muskels wieder zu, erreicht aber nicht wieder den Ausgangswert. Bei Versuchen am Gesamtorganismus sind diese Verhältnisse im wesentlichen bestätigt worden; nur findet dort, da das Blut einen Teil der gebildeten Milchsäure aus dem Muskel wegführt (erhöhter Milchsäureblutspiegel nach Arbeitsleistung) auch Resynthese von Milchsäure zu Glykogen in der Leber statt. Versuche, bei denen durch Messung der Wärmebildung am isolierten Muskel die Größe des Tätigkeitsstoffwechsels bestimmt wurde, zeigten, daß für gleiche Kraftleistung — unabhängig davon, ob Sauerstoff zur Verfügung steht oder nicht — der gleiche Stoffumsatz während der Kontraktion erfolgt. Aber nur dann, wenn Sauerstoff zur Verfügung steht, folgt nach der Kontraktion ein weiterer, sehr langsam verlaufender Stoffwechselvorgang, dessen Gesamtumfang etwa dem während der Kontraktion erfolgenden entspricht.

Aus diesen und anderen Versuchen hatte sich folgende Theorie des Chemismus der Muskelkontraktion entwickelt: auf den Reiz hin erfolgt im Muskel anaerober Zerfall von Glykogen, jedoch nicht direkt, sondern wahrscheinlich unter intermediärer Bildung einer Hexosemonophosphorsäure, Lactacidogen, die in Phosphorsäure und Milchsäure gespalten wird. Die dabei freiwerdende potentielle Energie verwandelt sich z. T. in mechanische Energie (Arbeitsleistung des Muskels), der Rest wird als Wärme zerstreut. Während die gebildete Phosphorsäure sehr schnell, solange der Muskel noch Glykogen enthält, wiederum Lactacidogen bilden kann, häuft sich die Milchsäure an und wird nur langsam durch einen oxydativen Prozess im Muskel beseitigt. Ungefähr $^1/_4$ bis $^1/_6$ der gebildeten Milchsäure wird zu Wasser und Kohlensäure verbrannt. Die hierbei freiwerdende Energie erscheint nur teilweise als Wärme. Die restliche Energie dient zur Resynthese der übrigen Milchsäure zu Glykogen, wird somit in potentielle Energie zurückverwandelt und steht dem Muskel zu weiterer Arbeitsleistung zur Verfügung. So erklärt sich auch der günstige Nutzeffekt von etwa 30%, den wir erhalten, wenn wir einen solchen für den Muskel in gleicher Weise wie für eine Maschine aus dem Verhältnis der geleisteten Arbeit zum Gesamtenergieumsatz errechnen.

Von einigen Forschern war die entstehende Milchsäure als die eigentliche Ursache der Verkürzung der Muskelfasern betrachtet worden. Die auftretende Verkürzung sollte auf einer Säurequellung der Muskelfibrillen beruhen. Nach neueren Untersuchungen ist aber die Milchsäurebildung weder zum Zustandekommen der Kontraktion erforderlich, noch stellt sie zeitlich den primär erfolgenden chemischen Vorgang bei der Kontraktion dar. Sie ist aber für den normalen Muskel letzten Endes die energieliefernde Reaktion, indem sie die Resynthese anaerober exothermer Spaltungsprozesse an anderen Substanzen, die der Milchsäurebildung vorausgehen, ermöglicht. Als solche initialen chemischen Vorgänge bei der Muskelkontraktion sind bisher bekannt: der Zerfall von Kreatinphosphorsäure (Phosphagen) in Phosphorsäure und Kreatin, die Umwandlung der Adenosintriphosphorsäure, einer Additionsverbindung aus Adenylsäure und Pyrophosphorsäure, unter Bildung von o-Phosphorsäure und unter Desaminierung der Adenylsäure, wobei Ammoniak und Inosinsäure entstehen.

Der Zerfall von Kreatinphosphorsäure und Adenosintriphosphorsäure erfolgt unter Freiwerden erheblicher Energiemengen. Der Wiederaufbau dieser Substanzen, der während der Erholung, z. T. bereits während der Fortdauer der Kontraktion erfolgt, erfordert also eine entsprechende Energiezufuhr, wahrscheinlich letzten Endes durch Oxydation von Kohlehydrat.

Ein Teil der hier für die normale Kontraktion geschilderten Vorgänge spielt auch für die Entstehung der *Totenstarre* eine große Rolle. Es ist eine altbekannte Tatsache, daß bei plötzlichem Tod nach vorhergegangener starker Muskeltätigkeit (z. B. gehetztes Wild) die Totenstarre der Skeletmuskeln sehr schnell, unter Umständen nach wenigen Minuten eintritt, während sie sich normalerweise Stunden nach dem Tod entwickelt, um sich erst bei dem Beginn von Zersetzungsvorgängen im Muskel wieder zu lösen. Ursache für die Totenstarre ist wohl, daß zwar die initialen chemischen Vorgänge, die mit normaler Kontraktion verbunden sind, nach dem Tode noch erfolgen, daß aber die spontan ablaufenden, komplizierteren Resynthesevorgänge nicht mehr zustande kommen können.

2. Glatte Muskeln.

Ein ausgeschnittenes Organstück, das reichlich glatte Muskelfasern enthält (Darm, Uterus usw.), unterscheidet sich in seinem Verhalten wesentlich vom ausgeschnittenen Skeletmuskel. So können solche glatten Muskelfasern, auch wenn sie von Nervengewebe vollständig befreit sind, zuweilen spontan einsetzende und langsam abklingende Verkürzungen ausführen. Wir bezeichnen dies als ein Vermögen der inneren Reizerzeugung (*Automatie*). Diese spontanen Verkürzungen treten aber viel zahlreicher und stärker auf, wenn die glatten Muskelfasern noch im Zusammenhang mit dem sie meist umgebenden Nervengeflecht stehen (Abb. 48). Durch Reizung der zum glattmuskeligen Organ und somit zu dessen Nervengeflecht führenden Nerven wird meist nicht wie beim Skeletmuskel eine mehr oder minder langdauernde Verkürzung erzielt, sondern nur eine Verstärkung oder Verminderung der Zahl und der Stärke der vorhandenen Spontanverkürzungen (s. Abb. 49 und 50).

Prüfen wir an glatten Muskeln die verschiedenen am Skeletmuskel und am spinalen Nerv als wirksam erwiesenen Reizqualitäten, so lösen sie auch hier Kontraktionen aus. Es fällt aber auf, daß der glatte Muskel außerordentlich empfindlich für mechanische Reizung ist und zwar besonders für Dehnung in der Längsrichtung. Die auf künstlichen Reiz hin erfolgenden Kontraktionen sind ebenso langsam wie die spontan erfolgenden. Während beim Skeletmuskel die Erschlaffung kaum länger dauert als die eigentliche Verkürzung, beansprucht beim glatten Muskel der Erschlaffungsvorgang relativ lange Zeit. Mit zunehmender Reizstärke nimmt allgemein die Größe und die Dauer der Verkürzung des glatten Muskels zu. Es besteht keineswegs für die glatte Muskelfaser ein „Alles-oder-Nichts-Gesetz". Entsprechend läßt sich auch kein Anhalt dafür finden, daß selbst die längstdauernden Verkürzungen glatter Muskeln eine Verschmelzung rhythmischer Einzelgeschehnisse darstellen. Der Stoffwechsel der tätigen glatten Muskeln ist verglichen mit dem der Skeletmuskeln bei gleich großer und gleich lang dauernder Spannungsleistung außerordentlich gering. Daher ist uns auch über die energetischen Stoffwechselvorgänge in den glatten Muskelfasern noch viel weniger bekannt als über die im Skeletmuskel. Sicher ist nur, daß sich z. T. dieselben Stoffwechselprodukte wie bei diesen nachweisen lassen.

Einige Untersucher nehmen an, daß der Kontraktionsmechanismus beider Muskelarten identisch ist und der geringere Energieumsatz bei den glatten Muskeln einzig und allein darauf zurückzuführen ist, daß sich alle Vorgänge in demselben wesentlich langsamer als im Skeletmuskel abspielen. Die Gegner dieser Ansicht weisen wohl mit Recht darauf hin, daß die Langsamkeit der mechanischen Reaktion keineswegs immer ausreicht, den geringen Energieaufwand zu erklären. Dies gilt z. B. bei den Wirbeltieren für die Spannungsleistung der glatten Muskelfasern der Arterien; denn nicht die elastischen Fasern, sondern die glatten Muskelfasern derselben halten dem Blutdruck das Gleichgewicht. Für viele glatten Muskeln wirbelloser Tiere tritt offenkundig zu Tage, daß es sich hier um ganz andere Mechanismen als beim Skeletmuskel handelt. So zeigt z. B. ein Teil der Schließmuskeln der Muscheln einen sogenannten „*Sperrtonus*", d. h. bei der aktiven Verkürzung wird von dem Muskel nur eine ganz geringe Spannung entwickelt, der passiven Dehnung wird aber im verkürzten Zustand ein außerordentlich starker, lang anhaltender Widerstand entgegengesetzt, zu dessen Aufrechterhaltung gar kein oder nur ein ganz geringer Stoffwechsel benötigt wird. Plötzlich kann die Muschel den Zustand des Muskels so ändern, daß jetzt die elastische Kraft der Schalenbänder genügt, den Schließmuskel zu dehnen.

3. Elektrophysiologie.

Zur Elektrophysiologie im weiteren Sinn gehören nicht nur die aktiven elektrischen Erscheinungen, d. h. die Elektrizitätsproduktion biologischer Objekte, sondern auch die passiven elektrischen Erscheinungen, d. h. die Reaktionen des Organischen auf zugeführte elektrische Energie. Die Reizbarkeit von Nerven und Muskeln durch den elektrischen Strom stellt die wesentlichste dieser Erscheinungen dar. Auf die Veränderung der Erregbarkeit des Nerven (und auch des Muskels) unter dem Einfluß lang anhaltender elektrischer Durchströmung ist schon hingewiesen worden (s. S. **34**). Auch das Zentralnervensystem kann durch den elektrischen Strom erregt werden. Anderseits hat es sich gezeigt, daß Durchleitung von rasch aufeinander folgenden, unterschwelligen, rechteckigen Stromstößen durch den Schädel eines Tieres anscheinend schmerzlos Betäubung hervorruft, die sofort nach Aufhören der Elektrizitätseinwirkung verschwindet.

In neuerer Zeit hat die quantitative Beziehung zwischen der zur Erregung benötigten Durchströmungszeit und der Durchströmungsstärke zur Kennzeichnung der verschiedenen Erregbarkeit organischer Gebilde eine gewisse Bedeutung gewonnen. Je kürzer ein elektrischer Reiz einwirkt, um so größer muß seine Stärke sein, wenn er noch Erregung auslösen soll. Die zur Erregung notwendige Elektrizitätsmenge (d. h. das Produkt aus der Durchströmungszeit und der Durchströmungsstärke) ist aber nicht etwa konstant, sondern mit abnehmender Reizzeit mindert sich annähernd gleichmäßig auch die benötigte Elektrizitätsmenge. Der Grad dieser Minderung ist aber für verschiedene biologische Gebilde sehr verschieden. Sie ist für glatte Muskeln eine wesentlich geringere als für quergestreifte. Der Unterschied ist so groß, daß für länger dauernde Reize bei glatten Muskeln eine geringere Stromstärke erforderlich ist als beim Skeletmuskel, während für sehr kurze Reize letzterer der geringeren Stromstärke bedarf. Als einfachstes Mittel zur Ermittlung der bei einem bestimmten Objekt bestehenden Abhängigkeit der zur Reizung notwendigen Stromstärke von der Durchströmungszeit dient die Bestimmung der *Chronaxie*, einer Zeitkonstanten, die unabhängig von den äußeren Versuchsbedingungen ist. Man bestimmt für das zu untersuchende Objekt erst den Schwellenreiz für praktisch unendlich lange Durchströmung. Dann verdoppelt man die so gefundene Stromstärke, die auch *Rheobase* genannt wird. Die Mindestzeit, die die verdoppelte Rheobase einwirken muß, um Erregung auszulösen, ist die Chronaxie des untersuchten Objekts.

Nicht nur die elektrischen Fische sind imstande Elektrizität zu produzieren, sondern mehr oder minder kommt diese Fähigkeit allen Organismen zu. Vor allem die Muskeln, die Nerven und die Drüsen der Wirbeltiere lassen eine deutliche, mit den heute so sehr verfeinerten elektrischen Meßmethoden leicht erfaßbare Elektrizitätsentstehung erkennen. Wenn es sich bei letzteren auch nur um Spannungen von maximal 0,1 Volt handelt, während die Spannung bei gewissen Arten von elektrischen Fischen bis zu mehreren hundert Volt betragen kann, so besteht heute kein Zweifel, daß es sich um die gleichen Grundvorgänge handelt. Das Studium der embryonalen

Entwicklung der elektrischen Fische hat gezeigt, daß die elektrischen Organe aus Muskeln oder Drüsen entstanden sind, die ihre Hauptfunktion verloren haben und jetzt nur noch der ehemaligen Nebenerscheinung der Elektrizitätsbildung dienen. Die Elektrizitätsproduktion in der Einheit eines solchen elektrischen Organs, die einer Muskelfaser entspricht, und als elektrische Platte bezeichnet wird, ist ebenfalls recht gering. Erst durch Addition der Spannungen von mehreren Tausenden solcher in einem elektrischen Organ vorhandenen Platten werden, ähnlich wie bei hintereinandergeschalteten Elementen, die großen Spannungen erzielt.

Untersucht man die Oberfläche eines frisch, ohne jegliche Verletzung freigelegten Muskels oder Nerven, so läßt sich meist nicht das geringste Anzeichen für das Vorhandensein von elektrischen Kräften finden. Verletzen wir aber mechanisch, chemisch oder durch starke Wärmeeinwirkung eine Stelle der Muskel- oder der Nervenoberfläche und leiten dann von einer verletzten und einer unverletzten Stelle unter Verwendung unpolarisierbarer Elektroden zu einem empfindlichen Galvanometer ab, so zeigt dieses einen beträchtlichen Dauerausschlag, dessen Richtung angibt, daß die verletzte Stelle gegenüber der unverletzten negativ ist. Am stärksten werden diese **Verletzungsströme,** wenn ein Muskel oder Nerv quer durchschnitten wird, und Querschnitt und unverletzte Oberfläche (in der Elektrophysiologie auch Längsschnitt genannt) über ein Galvanometer miteinander verbunden werden. Auch andere Organe können, wenn auch meist in einem geringeren Maße, solche Verletzungsströme aufweisen.

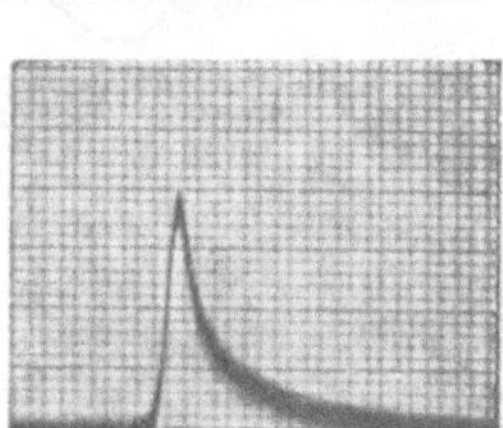

Abb. 5. Einphasischer Aktionsstrom eines verletzten Froschsartorius auf Einzelreiz. Nullage des Galvanometers oben außerhalb der Abbildung, da infolge Ableitung vom verletzten Ende negative Dauerablenkung (Verletzungsstrom). Unten Zeit in $^1/_{60}$ Sekunde, darüber Reizsignal. Nach DITTLER. (Aus HOFFMANN, P.: Ruhe und Aktionsströme von Muskeln und Nerven. Handb. der norm. u. pathol. Physiologie, Bd. VIII/2. Berlin: Julius Springer 1928.)

Das Zustandekommen dieser Potentialdifferenzen wird auf die Semipermeabilität der Zellmembranen für Anionen oder Kationen zurückgeführt. So können die Membranen der Muskelfasern leicht von den in der Faser eingeschlossenen Kationen passiert werden, nicht aber von den Anionen. Es lädt sich daher die äußere Seite der Muskelmembran positiv, die innere Seite negativ auf. Bei Ableitung von zwei unverletzten Muskelstellen berühren wir zwei Punkte von gleichem positiven Potential; der Muskel ist stromlos. Legen wir aber die eine Elektrode an eine verletzte Stelle, so steht diese nicht mehr mit der positiven Außenseite der Membran, sondern mit der negativen Innenseite in Verbindung: der Muskel zeigt einen Verletzungsstrom. Bei den anschließend besprochenen Aktionsströmen entsteht eine relative Negativität an der einen Elektrode durch eine vorübergehende Aufhebung der Semipermeabilität infolge der Erregung.

Wichtiger als die Verletzungsströme sind die **Aktionsströme,** die deshalb so genannt werden, weil sie bei der Tätigkeit von Organen auftreten. Legen wir eine Elektrode auf die Mitte eines Muskels, die andere an das eine verletzte Ende desselben, so erhalten wir einen Dauerausschlag des Galvanometers, den Verletzungsstrom. Reizt man nun am anderen unverletzten Muskelende, so tritt vorübergehend eine Minderung des Verletzungsstroms auf (Abb. 5). Durch genauen zeitlichen Vergleich zwischen Reizmoment, Fortpflanzung der Erregungswelle und Auftreten des *einphasischen* Aktionsstroms ergibt sich, daß die Mitte des Muskels für die kurze Zeit, in der die Erregungswelle über sie hinweggeht, negativer wird, so daß sich der Unterschied zwischen ihr und der Elektrode am verletzten Ende verringert. Legt man die zweite Elektrode nicht an eine verletzte Stelle, sondern ebenfalls auf eine unverletzte Stelle, so wird aus dem einphasischen Aktionsstrom ein *zweiphasischer* (s. Abb. 6). In ganz entsprechender Weise kommen die Aktionsströme der Nerven zustande. Bei Drüsen erweisen sich die tätigen Zellen als negativ gegenüber den untätigen und gegenüber dem nichtdrüsigen Bindegewebe. Die Größe der auftretenden Negativität ist von der Stärke des Tätigkeitszustandes der Drüsenzellen abhängig.

Die auftretenden Aktionsströme geben somit ein gutes Bild der sich abspielenden Erregungsvorgänge. Da sich in ähnlicher Weise wie am ausgeschnittenen

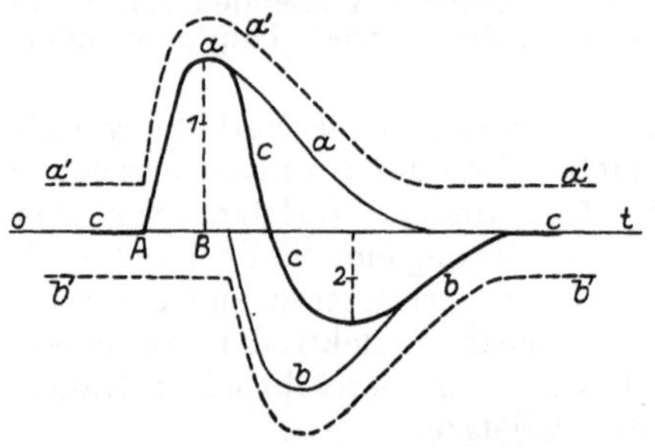

Organ die Aktionsströme der Organe auch während des Lebens registrieren lassen, so können auf Grund der Aktionsstrombilder Aufschlüsse über die Tätigkeit der Organe gewonnen werden. So erkennt man aus dem Aktionsstrombild des Muskels bei willkürlicher Bewegung die Art der stattfindenden Innervation (Abb. 12). Entsprechend läßt das Elektrokardiogramm genannte Aktionsstrombild des Herzens das zeitliche Zusammenarbeiten der einzelnen Herzabschnitte am Lebenden erkennen (Abb. 20). Über das Geschehen in einem Teil der Receptionsorgane haben wir erst durch

Abb. 6. Konstruktion des diphasischen Stromes (c) bei Ableitung von zwei unverletzten Stellen des Muskels durch Addition zweier entgegengesetzt gerichteter einphasischer Ströme (a′ und b′). Nach HERRMANN aus P. HOFFMANN.

das Aktionsstrombild des entsprechenden afferenten Nerven Kenntnis erhalten (Abb. 72).

C. Zentralnervensystem.

Das Zentralnervensystem gliedert sich anatomisch in Rückenmark, verlängertes Mark, Hirnstamm, Kleinhirn und Großhirn. Histologisch sind alle diese Teile aus weißer und grauer Substanz aufgebaut. Die weiße Substanz, die aus zusammengedrängten Nervenfortsätzen besteht, welche nur z. T. aus der Peripherie stammen oder dorthin gehen, dient ausschließlich der Leitung sowohl innerhalb eines einzelnen Abschnittes wie als Verbindung zwischen den verschiedenen Teilen des Zentralnervensystems. Die graue Substanz hingegen ist ein kompliziertes Flechtwerk aus verschiedenartigen Nervenzellen, aus deren Dendriten und den Anfangsteilen der dazugehörigen Neuriten, sowie aus den feinen Aufspaltungen fremder Neuriten, die von der weißen Substanz her sich im Grau verzweigen.

Die histologische Forschung hat uns die vielgestaltigen Formen von Ganglienzellen und ihren Dendritenverästelungen kennen gelehrt, und somit auch den verschiedenen Aufbau der grauen Substanz der einzelnen Abschnitte des Zentralnervensystems. Dennoch sind wir bisher nicht in der Lage, verschiedenartige physiologische Funktionen bestimmten histologischen Strukturbildern zuzuordnen. Auch über die Verknüpfung der einzelnen Teile untereinander und mit der Peripherie gibt uns das histologische Bild nur beschränkte Auskunft, da die üblichen Methoden zur mikroskopischen Darstellung der nervösen Leitungselemente uns keine Gewähr bieten, daß dieselben in ihrer ganzen Ausdehnung zur Darstellung gelangen.

Die besten Aufschlüsse über die Leistungen des Zentralnervensystems gibt die Untersuchung nach vorausgegangener Durchschneidung von Leitungsbahnen, wo deutlich der mit der ernährenden Nervenzelle nicht mehr zusammenhängende Teil des Neuriten durch Degeneration erkennbar wird. Im übrigen sind wir auf den experimentellen Vergleich von normalen Versuchstieren mit solchen Tieren angewiesen, bei denen entweder ganze Teile des Zentralnervensystems entfernt oder kleinere Defekte an demselben gesetzt sind. So außerordentlich interessant und aufschlußreich auch die gewonnenen Resultate sind, so gestatten sie doch häufig keine bindenden Schlüsse über Leitungsweg und Lokalisation einer bestimmten Funktion beim normalen Tier. Wir erkennen immer mehr, wie gerade das Zentralnervensystem, dessen Aufgabe es in Verbindung mit den peripheren Nerven ist, die einzelnen Teile des Organismus miteinander in „plangemäße" Zusammenarbeit zu bringen (*nervöse Correlation*), selbst „plangemäß" auf Ausfälle seiner Substanz mit Ersatzleistungen reagiert. Ist eine für eine bestimmte Funktion normalerweise benutzte Bahn oder eine Stelle des Graus nicht funktionstüchtig, so können unter Umständen andere Bahnen oder andere Nervenzellenanhäufungen in Funktion treten, und es resultiert immer noch eine mehr oder minder plangemäße Leistung des geschädigten Organismus. Wir wissen daher bei unseren „Ausfall"-Versuchen nie, ob der ausgeschaltete Teil tatsächlich nur das leistet, was im Augenblick als Ausfall erscheint oder ob sein Anteil am normalen Geschehen nicht größer ist, d. h., ob nicht im Ausfallversuch andere Teile Leistungen vollbringen, die ihnen beim normalen Tier nicht oder nicht in diesem Ausmaß zukommen.

1. Rückenmark.

Schneidet man einem Frosch durch einen raschen Scherenschnitt den Kopf ab, so erhält man einen sog. *Rückenmarksfrosch*, der als einzigen nervösen Zentralteil das Rückenmark besitzt. Hängt man ein solches Präparat am kranialen Ende auf und hält äußere Reize fern, so verbleibt es vollkommen in Ruhe. Kneifen wir jedoch kurz einen Fuß, so wird das zugehörige Bein vorübergehend angezogen. Bei Verstärkung des Reizes wird die eintretende Beinbewegung größer und kann länger anhalten. Zum Zustandekommen dieser Bewegungserscheinung ist die Verbindung mit dem Rückenmark nötig, denn sie bleibt aus, wenn der Ischiadicusnerv durchschnitten wird. Die in der Peripherie gesetzte Erregung wird anscheinend vom Rückenmark wieder zurückgesandt (wie von einem Spiegel reflektiert). Man nennt deshalb diese Erscheinung einen **Reflex.** Selbstverständlich muß der Reflex gemäß dem BELLschen Gesetz (s. S. 32) ausbleiben, wenn die vorderen motorischen Wurzeln durchschnitten sind, weil dann die vom Rückenmark zurückkehrende Erregung nicht zum Muskel gelangen kann. Ebenso muß der Reflex bei alleiniger Durchschneidung der hinteren (receptorischen) Wurzeln fehlen, da die Erregung das Rückenmark nicht erreichen kann. Die entstehende Reflexbewegung ist nicht das Resultat der Verkürzung eines einzigen Muskels, sondern es handelt sich um ein Zusammenspiel aller für die betreffende Gliedbewegung benötigten Muskelgruppen (Synergisten). Aber nicht nur diese verkürzen sich, sondern häufig gelingt der Nachweis, daß sich gleichzeitig die antagonistischen Muskeln aktiv unter Nerveneinfluß verlängert haben. Unter Antagonisten faßt man solche Muskeln zusammen, deren Verkürzung die gegensinnige Gliedbewegung wie die Synergisten hervorruft. Zum Zustandekommen eines solchen „einfachen" Reflexes ist nicht das ganze Rückenmark notwendig, sondern er tritt noch auf, wenn das Rückenmark bis auf die drei bis vier Lumbalsegmente verkürzt wird, von denen die Beinnerven ausgehen. Es hat sich die Vorstellung entwickelt, daß bestimmte lokalisierte Stellen im Grau des Rückenmarks als *Zentren* solcher Reflexe aufzufassen sind. Im Zentrum soll die Erregung von der receptorischen Bahn auf die motorische übergehen. Man muß sich hüten, diese Zentren als scharf umgrenzte anatomische Bezirke aufzufassen, oder sie gar mit bestimmten Ganglienzellen zu identifizieren. Wir wissen, daß zum mindesten bei niederen Tieren (Krebsen) die Nervenzelle als solche beim Reflex nicht benötigt wird, sondern nur das Flechtwerk der Dendriten und Neuriten. Das gesamte an einem Reflex beteiligte anatomische Substrat wird als *Reflexbogen* bezeichnet. Er besteht aus der zentripetalen Bahn, dem Zentrum und der zentrifugalen Bahn.

Ein Reflex der oben geschilderten Art braucht aber nicht auf das gereizte Bein beschränkt zu bleiben. Bei genügender Verstärkung des Reizes erstreckt er sich auch auf das Hinterbein der anderen Seite, und schließlich können auch die Vorderbeine an diesem Abwehrreflex beteiligt sein. Auch hieraus ersieht man, daß es keine engumgrenzten Reflexzentren gibt, sondern daß mit zunehmender Erregung in der Peripherie ein immer größerer Abschnitt des Rückenmarks in das Reflexgeschehen hereingezogen wird. Es braucht sich hierbei nicht um die Reizung einer größeren peripheren Zone (receptorisches Feld) zu handeln, sondern die Abhängigkeit der Reflexausbreitung von der Reizstärke tritt auch dann auf, wenn wir einen einzelnen freigelegten receptorischen Nerven künstlich reizen. Bei dieser Versuchsanordnung läßt sich leicht zeigen, daß es sich beim Reflex nicht um ein einfaches Überspringen der Erregung vom receptorischen Anteil des Nervensystems auf den motorischen handeln kann, sondern daß die im Zentrum ankommende Erregung dort ein neues Geschehen auslöst. In der motorischen Bahn verläuft nämlich auch dann, wenn die Reflexauslösung durch einen Einzelreiz geschieht, keineswegs eine einmalige Erregung, sondern es folgen rasch hintereinander, wie die Aktionsströme lehren, mehrere an Stärke abnehmende Impulse. Man spricht daher auch von der oszillatorischen Entladung der motorischen, im Vorderhorn der grauen Rückenmarkssubstanz gelegenen Nervenzelle.

Nicht oszillatorischer Natur ist die Erregung nur bei den **Eigenreflexen**. Unter Eigenreflex wird die reflektorische Verkürzung eines Muskels verstanden, bei der der auslösende Reiz am Muskel selbst ansetzt. So ist z. B. das Kniephänomen, auch Patellarreflex genannt, — ein rasches Schleudern des Unterschenkels nach kurzem Schlag auf die Sehne unterhalb der Kniescheibe — eine Verkürzung des Quadriceps infolge kurzer Dehnung desselben durch den Schlag auf seine Sehne. Die den Reiz aufnehmenden Receptionsorgane sind die im Muskel gelegenen „Muskelspindeln", von denen der Reiz durch zentrifugale Nervenfasern (s. Abb. 2, S. 32) durch die hinteren Wurzeln zum Rückenmark gelangt. Für den Ablauf einer großen Anzahl von Bewegungsvorgängen besitzen die Eigenreflexe eine biologische Bedeutung.

Wir sahen schon am Rückenmarksfrosch, daß durch Reizung einer Körperhälfte Reflexe nicht nur auf dieser, sondern auch auf der anderen Seite auftreten können. Deutlicher kann man am warmblütigen Rückenmarkstier oder an Warmblütern, bei denen das Rückenmark oder der größte Teil desselben durch einen Schnitt vom übrigen Zentralnervensystem abgetrennt ist, an sog. „spinalen Tieren", Unterschiede zwischen gleichseitigen und gekreuzten Reflexbewegungen erkennen. Reizung gewisser Hautstellen löst im gleichseitigen Bein eine Beugebewegung und im gegenseitigen Bein eine Streckbewegung aus. Bei geeigneter Reizsetzung an der Fußsohle eines spinalen Hundes kann es zur rhythmischen Wiederholung solcher Reflexbewegungen kommen, und es resultiert ein Zusammenarbeiten beider Beine, das schon weitgehend der normalen Laufbewegung ähnelt. Man spricht dann von einem *„wohlgeordneten" Reflex*, zu dessen Zustandekommen das Rückenmark keineswegs soweit verkürzt werden darf, wie beim „einfachen" Reflex. Weitere Beispiele für wohlgeordnete Reflexe sind der Kratzreflex des spinalen Hundes und der Wischreflex des Rückenmarksfrosches. Mit geradezu verblüffender Sicherheit kratzt sich der spinale Hund an jeder entsprechend gereizten Hautstelle, soweit diese mit dem Rückenmark noch in Verbindung steht. Vielleicht noch erstaunlicher ist die Gewandtheit mit der der Rückenmarksfrosch auf die Bauch- oder Rückenhaut gebrachte Säure mit dem gleichseitigen Hinterbein abwischt, aber wenn dieses durch Festhalten oder Abschneiden behindert ist, prompt das andere benutzt. Das weitere Studium solcher Reflexe hat einige Gesetzmäßigkeiten ergeben, die nicht nur für die Tätigkeit des Rückenmarks, sondern auch mehr oder minder für die der anderen Abschnitte des Zentralnervensystems Gültigkeit besitzen. Die als *Synapse* bezeichnete Verbindung zwischen zwei Neuronen ist für die Erregung stets nur in einer Richtung durchgängig (s. S. 35). Werden zwei Stellen der receptorischen Oberfläche, von denen die gleiche Reflexbewegung ausgelöst werden kann, gleichzeitig gereizt, so tritt ein stärkerer Reflex auf als bei Reizung nur einer Stelle. Wenn beide Stellen so schwach gereizt werden, daß bei getrennter Reizung der Reflex ausbleibt, so tritt dennoch *zentrale Reflexsummation* auf, und die Reflexbewegung wird ausgeführt. Wird ein Reflex mehrmals hintereinander durch Reizung derselben Stelle ausgelöst, so wird bei den späteren Reizungen zur Erzielung der gleichen Reflexhöhe eine geringere Reizstärke benötigt. Außer dieser *direkten* **Bahnung** kennen wir noch die *indirekte* Bahnung, worunter wir Minderung der Reizschwelle für einen bestimmten Reflex durch mehrmalige Auslösung eines anderen Reflexes verstehen, der sich in eng benachbarten Teilen des Rückenmarks abspielt.

Neben dieser Förderung einer bestimmten Reflextätigkeit durch Reizung anderer receptorischer Stellen kennen wir auch das Gegenteil, die Minderung der Reflextätigkeit. Eine solche **Hemmung** des durch Reizung eines bestimmten Nerven zu erzielenden Reflexes infolge gleichzeitiger Reizung bestimmter anderer Nerven läßt sich besonders leicht am Rückenmarks-Warmblüter nachweisen. Diese Hemmung ist meist nur eine relative, d. h. die Größe der Reflexbewegung ist bei gleichzeitiger hemmender Reizung lediglich geringer als ohne diese, es kann aber, wenn auch seltener, der Reflex völlig unterbleiben. Der Nachweis der Erscheinung der Hemmung am Rückenmark ist deshalb von Bedeutung, weil gerade auch durch Annahme derartiger Hemmungen die Tätigkeit der höheren Abschnitte des Zentralnervensystems eher verständlich wird.

Neben den bisher besprochenen Reflexen des Rückenmarks auf den Bewegungsapparat kennen wir eine ganze Reihe von Geschehnissen an anderen Organen, die beim spinalen Tier vom Rückenmark gesteuert werden. Am wichtigsten sind die *Reflexe auf innere Organe.* Im unteren Teil des Rückenmarks liegen Zentren für die Harn- und Kotentleerung. Als auslösender Reiz wirkt der durch die Füllung erreichte Spannungszustand der Blase, bzw. der Übertritt von Kotmassen vom Sigmoideum ins Rectum. Die Unterdrückung dieser Reflexe bei dem Erwachsenen oder beim stubenreinen Hund beruht auf hemmenden Einflüssen, die normalerweise auf Grund der Erziehung vom Großhirn auf diese Reflexzentren ausgeübt werden. Weiter ist in den letzten Segmenten des Rückenmarks der Sitz der Zentren für die Bewegung der Genitalapparate. Es kann daher bei einer spinalen Hündin der Gebärakt noch völlig normal verlaufen.

Im ganzen Rückenmark verbreitet liegen Zentren für die Regulierung der Weite der Blutgefäße und für die Schweißsekretion. Verletzung des Rückenmarks in der Höhe des 8. Cervical- bis 3. Thoracalsegments haben Störungen der Regulierung der Pupillenweite des Auges und der Weite der Lidspalte zur Folge, da aus diesen Segmenten die diese Funktion übermittelnden Fasern das Rückenmark verlassen, um über den Grenzstrang zum Auge zu gelangen.

Die im Rückenmark liegenden Leitungsbahnen lassen sich in zwei Gruppen, in die auf- und in die absteigenden, gliedern. In beiden Gruppen finden wir neben kurzen Bahnen, die nur der Verbindung innerhalb des Rückenmarks dienen, sog. lange Bahnen, die die Verbindung mit den anderen Abschnitten des Zentralnervensystems herstellen. Die *absteigenden Bahnen* dienen der Vermittlung motorischer Impulse auf die Vorderhornzellen im Rückenmark. Sie kommen entweder von der Großhirnrinde, vom roten Kern in der Vierhügelregion oder vom DEITERSschen Kern unterhalb des Kleinhirns. Die Bahnen liegen je nach Ursprung gesondert in bestimmten Bezirken der weißen Substanz des Rückenmarksquerschnittes und erfahren auf verschiedener Höhe ihres Verlaufes eine Kreuzung von einer Seite des Rückenmarks auf die andere. Die *aufsteigenden langen Bahnen* leiten indirekt receptorische Impulse nach dem Groß- und Kleinhirn. So gelangen Fortsätze der Nervenzellen der Spinalganglien ungekreuzt zu den Hinterstrangkernen im verlängerten Mark. Von dort führt ein zweites Neuron, das gekreuzt verläuft, zu der als Thalamus opticus bezeichneten großen Grauanhäufung im Hirnstamm; von hier leitet ein weiteres Neuron die Impulse zur Großhirnrinde. Ein anderer Weg, der auch zum Thalamus führt, sind die hier endigenden, gekreuzten Bahnen, die von Neuriten gebildet werden, deren Nervenzellen in den dorsalen Teilen des Rückenmarksgrau liegen und dort Impulse von Aufsplitterungen solcher Neurone erhalten haben, welche durch die hinteren Wurzeln eintreten. Ferner kennen wir Bahnen, die aus den verschiedensten Teilen des dorsalen Graus kommen und teils gekreuzt, teils nicht gekreuzt zum Kleinhirn verlaufen.

2. Verlängertes Mark.

Das verlängerte Mark (Medulla oblongata) verbindet das Rückenmark mit dem Hirnstamm und enthält neben den Leitungsbahnen eine große Anzahl mehr oder minder langgestreckter Anhäufungen von grauer Substanz, die als *Kerne* bezeichnet werden. Zum Teil entsprechen diese Kerne dem ventralen Grau des Rückenmarks, denn sie enthalten die Nervenzellen der effektorischen Neuriten, die mit dem 6.—12. Gehirnnerven das verlängerte Mark verlassen. Andere Kerne bestehen aus Nervenzellen, die zu Fasern gehören, die als mittlere Neurone in den Weg der effektorischen und receptorischen Verbindungen zwischen Rückenmark und Großhirn oder Kleinhirn eingeschaltet sind. Es zeigt also allein der anatomische Aufbau, daß in diesem Gebiet die Zerstörung schon kleinster Bezirke starke Ausfallserscheinungen hervorrufen muß. Aber die experimentelle Forschung wie die Erfahrung am Krankenbett zeigen noch darüber hinaus, daß das Grau der Medulla oblongata außerdem noch der Sitz lebenswichtiger Reflexzentren ist.

Das bedeutendste dieser Zentren ist das **Atemzentrum,** von dem über die entsprechenden Kerne der motorischen Nerven die Impulse zu allen an der Atemmechanik beteiligten Muskeln gelangen. Das Atemzentrum ist aber kein gewöhnliches Reflexzentrum, das nur in Tätigkeit tritt, wenn ihm Erregungen zufließen, es besitzt vielmehr die Eigenschaft der Automatie, d. h. der Selbsttätigkeit, die ihren Ausdruck darin findet, daß die rhythmische Aussendung von Impulsen auch noch andauert, wenn keinerlei receptorische Erregungen zu dem Zentrum gelangen. Die dem Zentrum zufließenden Erregungen sind nur imstande, den Rhythmus und die Stärke der abgehenden Impulse zu verändern. Außer dieser nervösen Beeinflußbarkeit der Automatie des Atemzentrums kennen wir die erregende, d. h. beschleunigende und die lähmende, d. h. verlangsamende Wirkung, welche Kohlensäurereichtum, resp. Kohlensäurearmut des umspülenden Blutes auf das Atemzentrum ausüben.

Andere Zentren, denen eine gewisse Automatie zukommt, sind die *Herzhemmungszentren,* von denen dauernd durch die Vagi mehr oder minder starke, die eigene Automatie des Herzens hemmende Impulse ausgesandt werden. Ähnlich müssen wir uns die Tätigkeit des die Blutgefäßweite regulierenden Zentrums (*Vasomotorenzentrum*) der Medulla vorstellen, das den entsprechenden Zentren im Rückenmark übergeordnet ist. Die Bedeutung eines Teils der nicht automatischen Zentren ist aber kaum eine geringere als die der automatischen, da ihr Ausfall — wenn auch nicht so schnell wie der des Atemzentrums — unweigerlich zum Tode führt. Dies gilt in erster Linie für das *Schluckzentrum* und für die Zentren für das Kauen oder für das Saugen des Säuglings. Infolge verschiedenartiger Erkrankungen kann es zu einer Lähmung dieser Zentren kommen, wobei der Tod eintritt, weil die Nahrungsaufnahme fast völlig unmöglich geworden ist oder aber weil wegen der Störung der Koordination der Schluckbewegungen Speisebrei in die Lungen gerät und eine Lungenentzündung sich entwickelt (Schluckpneumonie).

Weitere Zentren kennen wir für die *Speichelsekretion*, für die *Tränensekretion*, für das *Nießen* und *Husten*, sowie für den *Brechakt*. Auch Stoffwechselvorgänge werden durch im verlängerten Mark gelegene Zentren beeinflußt; am wichtigsten von diesen ist das *Zuckerzentrum*, bei dessen Verletzung (Zuckerstich) der Blutzucker ansteigt und Zucker mit dem Harn ausgeschieden wird.

3. Hirnstamm.

Der Hirnstamm, worunter wir vereinfachend Brücke, Mittelhirn und Zwischenhirn verstehen, stellt z. T. eine Verlängerung der Medulla dar. Außer den Leitungsbahnen, die zu oder vom Groß- und Kleinhirn führen, sowie den diese Gehirnteile miteinander verbindenden Bahnen enthält er die effektorischen Kerne des 3.—5. Gehirnnerven. In der Vierhügelregion befinden sich Zentren für die Pupillenbewegung. Die hier noch liegenden weiteren Kerne stehen in Beziehung zum Sehen und zum Hören. Die weiter nach vorne gelegenen grauen Massen, Stammganglien genannt, spielen, soweit sie nicht wie der Thalamus opticus mit zum Sehapparat gehören, eine wesentliche Rolle bei der Bewegungstätigkeit.

Hier dürften die Zentren für einen Teil der unter Vermittlung der Labyrinthe und des Kleinhirns zustande kommenden **Stell- und Lagereflexe** liegen. Wir verstehen unter diesen das Einnehmen verschiedenartiger Stellungen der Glieder eines Versuchstiers, ausgelöst durch die Lage des Kopfes im Raum, sowie seine Stellung zum Rumpf. Bei Erkrankungen des Pallidum oder des Striatum sehen wir eine gewisse Armut und Verlangsamung der Bewegungsabläufe, bzw. einförmige Wiederholungen von Bewegungen auftreten. Tierversuche zeigen, daß, falls das Großhirn und der vordere Teil des Hirnstamms vor dem unter der Vierhügelregion gelegenen „roten Kern" abgetrennt werden, die auftretenden Bewegungsreaktionen mehr oder minder den normalen ähneln. Wird aber hinter dem roten Kern durchtrennt, so tritt eine Versteifung des Tierkörpers infolge langanhaltender tetanischer Verkürzung mehr oder minder aller Muskeln ein, die als *Enthirnungsstarre* bezeichnet wird, und während der keine normalen Bewegungen ausgeführt werden können. Trennt man aber den Rest des Hirnstamms durch einen weiteren Schnitt von der Medulla ab, so verschwindet die Starre, und es lassen sich wieder die schon früher geschilderten Rückenmarksbewegungsreflexe auslösen.

4. Großhirn.

Schon seit langem wird das Großhirn, besonders das *Grau der Rinde*, als dasjenige Organ betrachtet, in dem sich die Vorgänge abspielen, deren *psychisches Korrelat* wir mit *Bewußtsein, Gefühl* und *Willen* bezeichnen. Vielfältige Erfahrung an Patienten mit herdförmigen Erkrankungen der Großhirnrinde zeigte, daß die Art und Stärke der während des Lebens aufgetretenen Störungen weitgehend von der bei der Sektion festgestellten Lage und Größe der Läsion abhängig sind. Um so mehr ist es daher erstaunlich, daß Tiere, denen beide Großhirnhemisphären unter möglichster Schonung der übrigen Hirnteile entfernt wurden, bei oberflächlicher Beobachtung sich in ihrem Verhalten nicht wesentlich von normalen Tieren unterscheiden. Bei den einzelnen Wirbeltierarten ist das Verhalten der *großhirnlosen Tiere* verschieden. Im allgemeinen gilt die Regel, daß je höher organisiert die Tierart, um so größer der Ausfall ist. Hier sei nur kurz das Verhalten großhirnloser Hunde geschildert, die bis zu 3 Jahren die Operation überlebt haben, dann aber trotz genügender Nahrungszufuhr infolge Abmagerung eingingen. Ein solcher großhirnloser Hund bewegt sich schon mehrere Wochen nach der Operation völlig wie ein normaler. Nur bei sorgfältigster Beobachtung sieht man, daß er auf glattem Boden sehr viel leichter ausrutscht. Hindernisse kann er geschickt umgehen, obwohl sich bei Prüfung des Sehvermögens zeigt, daß es weitgehend gestört ist, so daß er z. B. seinen Herrn nicht mehr erkennt. Ähnliches gilt für Gehör und Geschmack, die keineswegs aufgehoben sind, denen aber jedes feinere Unterscheidungsvermögen mangelt. Hiermit dürfte im Zusammenhang stehen, daß er seiner Umgebung gegenüber völlig teilnahmslos ist und nur auf wesentlich stärkere, seine Sinnesorgane treffenden Reize reagiert als der normale Hund. Ähnlich ist wohl die auffallende Armut an spontanen Bewegungen zu erklären. Da mit der Großhirnexstirpation auch die Lobi olfactorii entfernt wurden, fehlt ihm das Riechvermögen, und da auch das Sehvermögen gestört ist, findet er nicht von selbst seinen Futternapf. Stößt er aber durch Zufall mit seiner Schnauze auf diesen, so frißt oder säuft er wie ein normaler Hund.

Die verschiedensten Reflexe lassen sich am großhirnlosen Tier leichter und mit größerer Sicherheit auslösen als am Tier mit Großhirn. Man nimmt daher an, daß das Großhirn hemmende Einflüsse auf die Reflexzentren ausübt. So quakt ein großhirnloser Frosch jedesmal, wenn man ihm leicht mit einem Finger über die Rückenhaut fährt (Quakreflex), während beim normalen Tier diese Reaktion keineswegs jedesmal eintritt. Wird aber dem großhirnlosen Frosch ein Faden fest um ein Hinterbein gezogen, so bleibt der Reflex aus und kehrt erst nach Lösung der Schlinge wieder. Der auf die Haut des Schenkels ausgeübte Reiz hemmt den Reflex. Ähnlich stellt man sich die hemmende Wirkung des Großhirns vor.

Versuche mit Entfernung bestimmter kleiner Rindenbezirke oder künstliche Reizung dieser Bezirke — Versuche, die wiederum vorwiegend am Hunde ausgeführt wurden — ergaben in Übereinstimmung mit den Erfahrungen an Kranken, daß einzelne Bezirke der Rinde vorwiegend an dem Zustandekommen ganz bestimmter Funktionen sich beteiligen und daß direkte Einwirkungen auf die Rinde nicht mit Schmerzempfindungen an ihr verbunden sind. Die Hemisphären stehen entsprechend dem anatomischen Befund der Kreuzung der Leitungsbahnen in Beziehung zur gegenseitigen und nicht zur gleichseitigen Körperhälfte. Die hinteren Pole beider

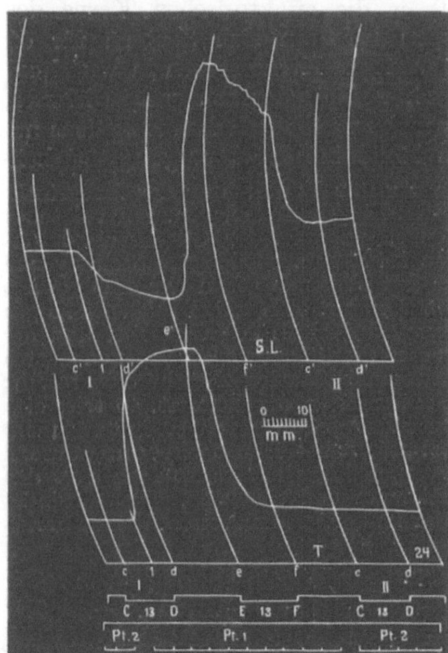

Abb. 7. Reizung zweier Stellen der motorischen Großhirnrinde des Affen. Bei Reizung der einen Stelle (C—D) tritt Streckung ein, d. h. Verkürzung des Triceps (untere Kurve) und Verlängerung des Supinator longus (obere Kurve). Bei Reizung der anderen Stelle (E—F) tritt Beugung auf, Verlängerung des Triceps und Verkürzung des Supinator longus. Nach G. BROWN. (Aus BROWN, G.: Die Großhirnhemisphären. Handbuch der norm. u. pathol. Physiologie, Bd. X. Berlin: Julius Springer 1927.)

Hemisphären sind aufs engste mit dem Sehakt verknüpft, Teile beider Temporallappen mit dem Hören, wie überhaupt die hinter dem Sulcus centralis gelegene Rinde wohl fast ausschließlich der *Sinneswahrnehmung* dient. Die direkt vor dem genannten Sulcus gelegene Gehirnwindung steht in Beziehung zu den *Bewegungsabläufen*. Reizung bestimmter Stellen derselben führt zu ganz spezifischen Bewegungen. Es handelt sich dabei nicht um Erregung isolierter Muskeln, sondern um Auslösung einer koordinierten Zusammenarbeit von Agonisten und Antagonisten (Abb. 7), wie sie schon bei der Schilderung der Reflextätigkeit erwähnt worden ist. Wir kennen solche motorischen Großhirnzonen nicht nur für die Bewegung der Glieder, des Rumpfes und des Kopfes, sondern auch für den Kauakt. Beim Menschen findet man außer den schon genannten Zonen solche, die der Motorik des Sprechens (motorisches Sprachzentrum, 3. Stirnwindung) und dem Verständnis für das Gesprochene (sensorisches Sprachzentrum, innerhalb der akustischen Zone) dienen. Diese Sprachzentren scheinen häufig nur auf einer Gehirnseite und zwar auf der linken ausgebildet zu sein.

Nach Exstirpation von *motorischen Zonen* sind die betreffenden Bewegungen keineswegs, wie schon die Erfahrung am großhirnlosen Tier zeigt, dauernd stark gestört. Bei Versuchen an Affen konnten nur komplizierte, erlernte Bewegungskombinationen nach der Operation nicht mehr ausgeführt werden, aber trotz des Großhirndefektes konnten diese Bewegungskombinationen von den Affen wieder erlernt werden bei kaum geminderter Präzision der Ausführung. Reizversuche am Großhirn ergaben ferner, daß in seinem Funktionsmechanismus ganz besonders deutlich Erregungssummation, direkte und indirekte Bahnung auftraten. Man kann dies als einen Fingerzeig dafür auffassen, wie man sich etwa das Erlernen komplizierter Bewegungsübungen vorstellen darf.

5. Kleinhirn.

Erkrankungen des Kleinhirns beim Menschen wie Exstirpationsversuche am Tier weisen darauf hin, daß das Kleinhirn die Körperbewegungen reguliert und vor allem zur Verarbeitung der von den Receptionsorganen vermittelten Lage- und Bewegungseindrücke dient. Es enthält aber nicht etwa eigentliche Reflexzentren für Bewegungsabläufe, denn selbst totale Exstirpation führt keineswegs zu Lähmungen, sondern nur zur Störung feinster Koordinationen und zu vorübergehender anormaler Spannungszunahme aller Skeletmuskeln (Tonus). Weit störender machen sich einseitige Erkrankungen oder Verletzungen bemerkbar, da sie zu Asymmetrien in der Körperhaltung und in der Bewegung führen. Eine Lokalisation bestimmter Funktionen im Kleinhirn ist bisher kaum gelungen. Mit Sicherheit dürfte nur erwiesen sein, daß bei Reizung des Kleinhirns die Effekte meist gleichseitig auftreten, was im Einklang steht mit der anatomischen Tatsache, daß ein Teil der aus mehreren Neuronen zusammengesetzten Leitungswege zwischen Kleinhirn und motorischen Vorderhornzellen im Rückenmark ungekreuzt oder zweimal gekreuzt verlaufen.

D. Autonomes Nervensystem.

Außer dem bisher besprochenen *animalischen* Nervensystem gehört zum nervösen Gesamtsystem noch das *vegetative* oder *autonome* Nervensystem. Der Name drückt bereits aus, daß es die vegetativen Vorgänge, also Kreislauf, Stoffwechsel, einschließlich Drüsentätigkeit usw. regelt, während wir bisher nur die Regelung der animalischen Funktionen, Aufnahme der Reize der Außenwelt, Regulierung der Bewegungsabläufe usw. erwähnt haben. Als autonom wird es bezeichnet, weil es einen Teil seiner Funktionen noch erfüllen kann, nachdem es völlig vom übrigen Nervensystem getrennt ist, vorwiegend aber wohl deshalb, weil seine Tätigkeit sich unabhängig von unserem Willen vollzieht und auch meist unserer direkten Wahrnehmung entgeht. Man unterteilt sowohl nach anatomischen wie nach physiologisch-pharmakologischen Gesichtspunkten das autonome Nervensystem in das **sympathische** und das **parasympathische**. Beiden ist gemeinsam, daß ihre effektorischen peripheren Fasern nicht direkt mit dem Zentralnervensystem in Verbindung stehen. Vielmehr entsenden die das Zentralnervensystem verlassenden (präganglionären) Fasern ihre Endaufspaltungen zunächst zu Nervenzellen innerhalb des Tierkörpers, und erst die Neurite dieser Ganglienzellen erreichen als postganglionäre

4*

Fasern die versorgten Organe. Die Nervenzellen dieser zweiten Neurone sind zu Ganglien (Nervenknoten) vereinigt. Letztere sind, soweit sie dem sympathischen System angehören, die den Grenzstrang (Sympathicus) bildenden Vertebral-

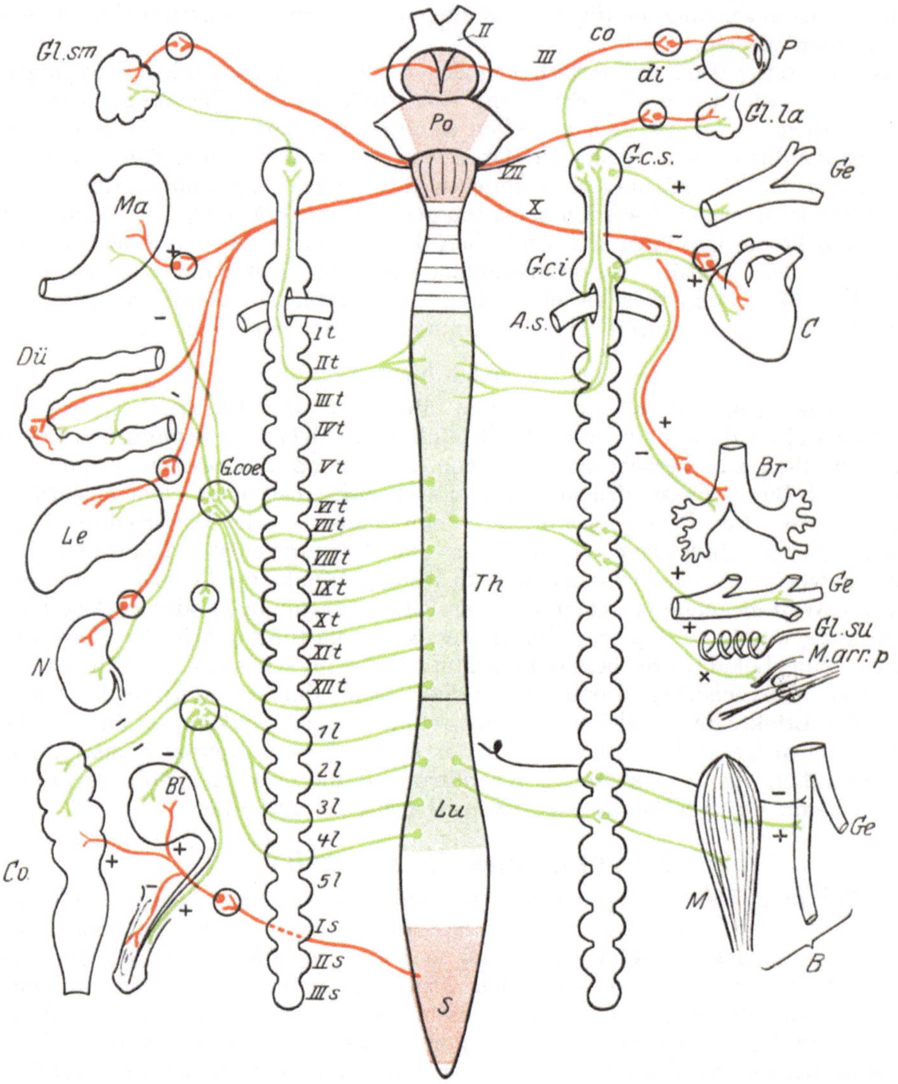

Abb. 8. Schema des autonomen Nervensystems (sympathisches grün, parasympathisches rot). II—X Gehirnnerven. It—XIIt Thoracalganglien, 1l—5l Lumbalganglien, Is—IIIs Sakralganglien des Grenzstrangs. A. s. Arteria subclavia, B Bein, Bl. Blase, Br Bronchien, C Herz, co Pupille verengernd, Co Colon, di Pupille erweiternd, Dü Dünndarm, G. c. i. Ganglion cervicale inf., G. coe. Gangl. coelic., G. c. s. Gangl. cerv. super., Ge Gefäße, Gl. la Tränendrüse, Gl. sm. Unterkiefer-speicheldrüse, Gl. su. Schweißdrüsen, Le Leber, Lu Lumbalmark, M Muskel, M. arr. p. Musc. arrect. pilor., Ma Magen, N Niere, P Pupille, Po Brücke, S Sacralmark, Th Thoracalmark. Nach MEIER-GOTTLIEB und BETHE. (Aus CLAUS-GROBBEN-KÜHN: Lehrbuch der Zoologie, 10. Auflage. Berlin: Julius Springer 1932.)

ganglien und die im Mesenterium liegenden Prävertebralganglien, während die Ganglien des parasympathischen Systems meist kleiner sind, und ganz in der Nähe der versorgten peripheren Organe oder sogar in diesen selbst liegen (Abb. 8).

Die peripheren, zentrifugal leitenden Fasern beider Systeme wirken auf manche Organe nicht erregend, sondern hemmend ein. Hierzu ist aber nur deshalb die Möglichkeit gegeben, weil die autonom innervierten Organe ihre eigene Automatie besitzen, die verstärkt oder vermindert werden kann. So hemmen die parasympathischen Fasern des Vagus den Herzschlag (Abb. 21), die sympathischen Fasern die Darmbewegungen (Abb. 50). Die Hemmungswirkung beruht anscheinend nicht auf einer besonderen Art der Erregung in diesen Fasern, sondern allein auf dem Mechanismus, der die Nervenendigungen mit der Stelle des Ursprungs der Automatie verknüpft. Die große Unabhängigkeit des autonomen Systems vom Zentralnervensystem, die in mancher Hinsicht besteht, beruht wohl darauf, daß die Nervenzellen der letzten effektorischen Neurone außerhalb des Zentralnervensystems liegen, so daß auch noch nach Ausschaltung desselben reflektorische Regulationen bestehen bleiben. Erleichtert werden diese anscheinend noch durch die Tatsache, daß die letzten autonomen Neurone sich weit in der Peripherie verzweigen und daß sie auch im biologischen Verband Impulse in gleicher Weise zentrifugal wie zentripetal leiten können; es kann sich daher schon innerhalb eines Neurons ein reflexähnliches Geschehen (Axonreflex) abspielen.

Eine schematische Übersicht der *Versorgung der einzelnen Organe durch das autonome Nervensystem* gibt die Abb. 8, der die wesentlichsten Einzelheiten entnommen werden können. Die präganglionären sympathischen Fasern kommen nur aus den thorakalen Segmenten des Rückenmarks, während die parasympathischen präganglionären Neuriten aus dem Mittelhirn, aus dem verlängerten Mark und aus dem sakralen Teil des Rückenmarks stammen und mit den Gehirn-, resp. mit den letzten Spinalnerven bis in die Nähe der Erfolgsorgane verlaufen (s. z. B. für die Speicheldrüsen Abb. 51). Die postganglionären sympathischen Fasern ziehen meist in Gestalt eines Nervengeflechts entlang den Arterien nach den peripheren Organen. Aus dem Schema der autonomen Innervation (Abb. 8) ist gut ersichtlich, daß die meisten Organe gleichzeitig von beiden Systemen innerviert werden. Wo eine solche doppelte Versorgung vorliegt, ist der Erregungseffekt beider Systeme ein unterschiedlicher (s. z. B. bei den Speicheldrüsen), ja er kann häufig als ein gegensätzlicher bezeichnet werden. Dies ist in dem Schema durch + und — angedeutet, wobei + Erregung (oder Kontraktion), — Hemmung (oder Erschlaffung) bedeutet.

Mit diesem *Antagonismus* zwischen sympathischer und parasympathischer Wirkung steht die Reaktionsweise des autonomen Systems auf Gifte und auch auf körpereigne Substanzen im engsten Zusammenhang. Während gewisse Gifte wie z. B. Nikotin alle autonomen Ganglienzellen erst erregt und dann lähmt, wirken andere Substanzen spezifisch nur auf die Nervenendigungen des einen oder des anderen Anteils des Systems. So werden durch Atropin (Tollkirsche) alle parasympathischen Innervationen gelähmt, während nach Einspritzung von Physostigmin die Organe sich so verhalten, als ob alle parasympathischen Nerven gleichzeitig gereizt würden (Erregung der parasympathischen Nervenendigungen). Ähnlich ruft das Hormon Adrenalin rein sympathische Erregungseffekte hervor. Bei den einzelnen Organen ist nicht durchweg die pharmakologische Wirkung gleichmäßig, auch kann häufig bei ein und demselben Organ durch Stoffwechseleinflüsse die Wirkung verändert sein. Dennoch gilt im großen ganzen das in Abb. 9 für die Speicheldrüsen gegebene Schema.

So wichtig auch die Funktion des autonomen Nervensystems ist, so konnte dennoch in den letzten Jahren gezeigt werden, daß Funktionsausfall großer Teile desselben keineswegs das Leben unmöglich macht. Katzen, denen beiderseits der Grenzstrang restlos exstirpiert worden war, lassen den ungeübten Beobachter auf den ersten Blick keinen Unterschied gegenüber normalen Tieren erkennen. Sie bedürfen aber sorgfältigster Pflege und Wartung zwecks Abhaltung schädlicher Einflüsse, da vor allem infolge Ausfalls der Gefäßinnervation ihre Kreislauf- und Wärmeregulation großen Ansprüchen nicht mehr gewachsen ist. An solchen Tieren ist weiterhin zu erkennen, wie der Organismus die ausfallende nervöse Regulation durch die humoral-hormonale ersetzen kann. Wird eine grenzstranglose Katze etwa durch den Anblick eines Hundes erregt, so tritt — wenn auch nicht so stark wie am normalen Tier — deutlich Herzbeschleunigung sowie Minderung der Motorik und der Sekretion des Magendarmkanals auf, die auf vermehrter Adrenalin-Ausschüttung der Nebenniere beruht. Das Ausbleiben des bei der normalen Katze noch auftretenden Haarsträubens erklärt sich durch die Adrenalinunempfindlichkeit der anatomisch als sympathisch anzusprechenden Nervenendigungen an den glatten Muskeln der Haare.

Ähnlich wie an der normalen Katze durch receptorische Erregungen im animalischen Nervensystem effektorische Wirkungen am autonomen ausgelöst werden, ist auch beim Menschen der Erregungsablauf im autonomen System reflektorischen Einflüssen seitens des animalischen Systems unterworfen und außerdem von der Psyche abhängig. Es gibt vereinzelt Menschen, die durch lebhafte psychische Vorstellungen an und für sich unwillkürliche Reaktionen auf diesem Umweg hervorrufen können, z. B. Verlangsamung des Herzschlags durch Angstvorstellungen, Haarsträuben (Gänsehaut) durch Vorstellung stärkster Kälteeinwirkung. Andererseits kann das Geschehen im autonomen Nervensystem auf das Zentralnervensystem zurückwirken. So soll die Herabsetzung der Empfindlichkeit der Sinnesempfindungen, die zum Eintritt des Schlafes nötig ist, durch komplizierte Wechselwirkungen zwischen Stoffwechselvorgängen, autonomem Nervensystem und Zentralnervensystem mitbedingt sein.

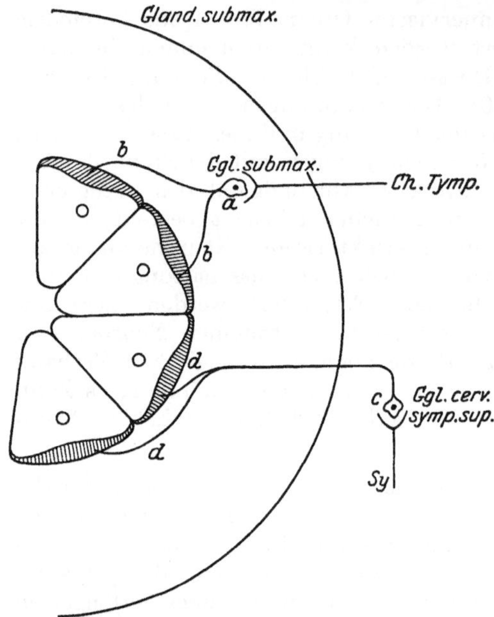

Abb. 9. Schema der Angriffspunkte von Giften auf die Glandula submaxillaris. Nach DIXON u. BABKIN. a Nervenzelle, d parasympath. Nerven, b Nervenendigungen in der Drüse, Ch. tymp. Chorda tympani, c Nervenzelle des sympath. Nerven, d Nervenendigungen in der Drüse, Sy sympathischer Nerv (prägangl. Faser).
+ bedeutet Reizung und — Lähmung

a und c	b	d
Nicotin (+) —	Pilocarpin +	Adrenalin +
Lobelin (+) —	Physostigmin +	
	Atropin —	

Die Wirkung von Giften auf a, c und d wird durch Atropin nicht aufgehoben. (Aus BABKIN, B. P.: Die äußere Sekretion der Verdauungsdrüsen, 2. Aufl. Berlin: Julius Springer 1928.)

E. Koordination der Muskelbewegung.

Unter den Bewegungen des Organismus versteht man die Änderung der Lagebeziehungen einzelner Teile zueinander (*Gliederbewegung*), die schließlich auch zu einer Ortsveränderung des Organismus (*Fortbewegung*) führen kann. Nicht immer ist aber eine Bewegung durch aktive Muskeltätigkeit bedingt; denn außer den Muskelkräften wirkt auch die Schwerkraft ständig auf die einzelnen Teile des Körpers ein. Häufig ist es die alleinige Aufgabe der Muskeln, der Schwerkraft das Gleichgewicht zu halten, z. B. beim Stehen und Sitzen. Lassen wir alle Muskeln eines erhobenen Armes plötzlich erschlaffen, so folgt die Senkung des Armes allein durch die Schwerkraft. Ähnlich erfolgt Senkung des Unterkiefers nach Öffnung der Mundspalte vorwiegend durch die Schwere. Abgesehen von diesen oder entsprechenden Beispielen ist aber Bewegung eine direkte Folge von Muskeltätigkeit.

Je nach der anatomischen Anordnung unterscheiden wir nach der Zahl der vom Muskel überbrückten Gelenke *eingelenkige* und *mehrgelenkige* Muskeln. Nur bei den ersteren, zu denen auch die Kaumuskeln gehören, muß immer die dem Gelenk durch die Tätigkeit ein und desselben Muskels erteilte Bewegung die gleiche Richtung haben. Bei den mehrgelenkigen Muskeln ist hingegen die Wirkung auf das Gelenk häufig abhängig von der Lage, in der dieses sich infolge der Tätigkeit anderer Muskeln gerade befindet.

Aus der Größe und der Kraft einer Gliedbewegung läßt sich nicht ohne weiteres auf die Größe der Verkürzung und der Kraftentfaltung der beteiligten Muskeln schließen. Die Kraft einer Gelenkbewegung wird gewöhnlich als **Drehmoment** gemessen, worunter man diejenige Gegenkraft versteht, die in 1 cm Abstand vom Gelenkmittelpunkt senkrecht am bewegten Glied angreifen muß, um den auf das Glied einwirkenden Muskelkräften das Gleichgewicht zu halten. Wir haben früher gesehen, daß die von einem bestimmten Muskel ausgeübte Kraft bis zu einem gewissen Grad von der Länge, die der Muskel jeweils einnimmt, abhängig ist. Hieraus folgt aber nicht, daß das Drehmoment eines Gliedes ent-

sprechend von der Muskellänge beeinflußt wird, etwa derart, daß von einem Beugemuskel mit dem Kleinerwerden des Gelenkwinkels ein geringeres Drehmoment ausgeübt wird. Das wäre nur dann der Fall, wenn der Muskel immer mit demselben „wirksamen Hebelarm" am Glied angreift. Dies trifft aber nicht zu, vielmehr wird mit zunehmender Beugung der wirksame Hebelarm länger (Abb. 10). Da nach den Hebelgesetzen, das einem Hebel (Glied) erteilte Drehmoment bei gleicher Kraft proportional dem Hebelarm ist, kann die infolge Verringerung der Muskellänge vorliegende Kraftabnahme des Muskels mehr oder minder ausgeglichen werden, d. h. der Muskel erteilt dem Glied für alle Gelenk-

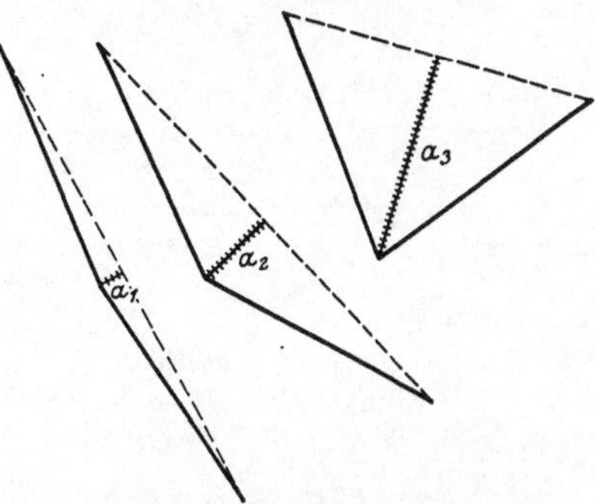

Abb. 10. Wechselnder wirksamer Hebelarm eines Beugemuskels. (Aus FISCHER, E. u. W. STEINHAUSEN: Allgemeine Wirkung der Muskeln. Handb. der norm. u. path. Physiologie, Bd. VIII/1. Berlin: Julius Springer 1925.)

stellungen annähernd das gleiche Drehmoment. Wieweit diese Konstanz der Drehmomente in Wirklichkeit erzielt wird, hängt im einzelnen von den anatomischen Verhältnissen ab.

Selbstverständlich ist die Größe des erteilten Drehmomentes abhängig von der Stärke der Erregung des Muskels, und bei der obigen Überlegung war gleichbleibende Erregung (z. B. maximale) vorausgesetzt. Nun kann aber — wie jeder aus eigener Erfahrung weiß — die Kraft der Muskeln willkürlich sehr fein abgestuft werden. Für die Willkürbewegung gilt also keineswegs ein Alles-oder-Nichts-Gesetz, wie wir es früher für die einzelne Muskel- oder Nervenfaser kennengelernt haben; dennoch wird dieses Gesetz keineswegs durchbrochen.

Vor allem durch Untersuchung der Aktionsströme ergab sich, daß auch bei der willkürlichen Erregung das Alles-oder-Nichts-Gesetz für die *motorische Einheit* gilt. Unter einer solchen versteht man die Gesamtheit der durch einen Neuriten mit einer Vorderhornganglienzelle im Rückenmark in Verbindung stehenden Muskelfasern (100—200). Da die von dieser Faserzahl entwickelte maximale Tetanusspannung gering ist (etwa 10 g), kann die Abstufung der Muskelkraft leicht durch die Anzahl der in Tätigkeit tretenden motorischen Vorderhornzellen bestimmt werden. Hinzu kommt noch, daß entsprechend den Erfahrungen an ausgeschnittenen Muskeln eine motorische Einheit nur bezüglich der Einzelerregung dem Alles-oder-Nichts-Gesetz untersteht. Die bei frequenter Erregung auftretende Tetanusspannung ist innerhalb eines gewissen Bereiches von der Erregungsfrequenz abhängig. Bei willkürlicher, nicht maximaler Tätigkeit ist die Entladungsfrequenz der Ganglienzellen geringer als bei maximaler. Bei langandauernder untermaximaler Muskelarbeit geraten die einzelnen motorischen Einheiten abwechselnd in Tätigkeit, wodurch das Eintreten der Ermüdung verzögert wird. Bei stärkerer Willkürbewegung nimmt die Zahl der gleichzeitig tätigen Einheiten zu, ihre Erregungsfrequenz wird höher, und bei maximaler Kraftleistung durchlaufen die Erregungen alle Neuronen ziemlich synchron und mit maximaler Frequenz (etwa 70—100 pro Sekunde).

Da die motorischen Nervenzellen für einen Muskel keineswegs in einem ganz engen Bereich des Rückenmarks liegen, sondern sich meist auf mehrere Segmente desselben verteilen (plurisegmentale Innervation), so kann nicht ein isoliertes Geschehen in engumgrenzten Bezirken des Zentralnervensystems für die Willkürbewegung verantwortlich sein. Hierfür spricht noch deutlicher, daß ganz entsprechend wie bei der Reflexbewegung oder bei Bewegungen infolge Reizung der motorischen Großhirnzonen im allgemeinen gar nicht *ein* Muskel allein willkürlich bewegt werden kann, sondern nur Glieder. Wir beeinflussen durch unseren Willen den Erregungszustand von Agonisten und Antagonisten gleichzeitig und zweckentsprechend derart, daß eine *koordinierte Bewegung* resultiert. Sehr schön läßt sich dies an infolge von Unfall oder Kriegsverletzung Amputierten demonstrieren, bei denen beim Versuch, das fehlende Glied zu bewegen, deutlich das Zusammenarbeiten von Agonisten und Antagonisten registriert werden kann (Abb. 11). Der Grad der eintretenden Erschlaffung eines Antagonisten ist ja selbstverständlich letzten Endes für das einem Glied erteilte Drehmoment ebenso verantwortlich wie die Spannungszunahme eines Agonisten.

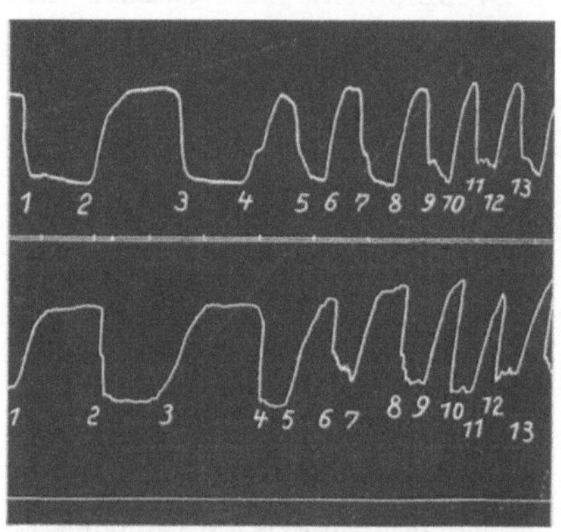

Abb. 11. Antagonistische Willkürinnervation eines Streckers (obere Kurve) und eines Beugers (untere Kurve). Oberarmamputierter. Nach BETHE u. KAST. (Aus BROWN, G.: Die Großhirnhemisphären. Handb. der norm. u. path. Physiologie, Bd. X. Berlin: Julius Springer 1927.)

Eine Erschlaffung von Muskeln ist nur möglich, wenn sie zuvor einen gewissen Spannungs- oder Verkürzungszustand aufweisen. In der Tat finden wir, daß die Skeletmuskeln im Organismus auch in scheinbarer Ruhe sich in einem Spannungszustand befinden, der meist als *Tonus* bezeichnet wird und durch die verschiedensten biologischen Einflüsse zu- oder abnimmt. Wir können deshalb auch nicht von einer bestimmten Ruhelänge des Muskels im Organismus sprechen, da ja der Tonus und somit die scheinbare Ruhelänge wechseln. Von einem Teil der Forscher wird versucht, den Tonus durch mehr oder minder starke tetanische Erregung einer geringen Anzahl motorischer Einheiten des Muskels zu erklären, während andere im Tonus eine zweite Tätigkeitsform des Skeletmuskels mit besonders geringem Stoffwechsel, ähnlich dem Tonus (Dauerverkürzung) glatter Muskeln (s. S. 42), erblicken.

Aus der oben aufgewiesenen Beziehung zwischen dem Drehmoment des Gliedes und den angreifenden Muskelkräften ergibt sich noch nicht die Größe einer etwa auftretenden Bewegung. Letztere ist nämlich abhängig von der „Masse" des zu bewegenden Körperabschnittes. Die Muskeln müssen bei ihrer Arbeitsleistung nicht nur die durch die Schwerkraft hervorgerufenen Gegenkräfte überwinden, sondern auch jene der „Trägheit". Daher ist die am Anfang einer Gliedbewegung auszuübende Muskelkraft wesentlich größer als die im weiteren Verlauf der Bewegung benötigte, wenn die bewegten Massen schon eine gewisse Geschwindigkeit erreicht haben. Anderseits können infolge der Trägheitskräfte noch Gliedbewegungen erfolgen zu einer Zeit, zu der die ursprünglich das Glied bewegenden Muskeln nicht mehr tätig sind, ja selbst dann noch, wenn die Antagonisten schon aktiv beträchtliche Gegenspannung entwickeln. Besonders deutlich tritt dies bei schnellen Hin- und Herbewegungen auf (Abb. 12).

Solche *Pendelbewegungen*, die bei komplizierten Bewegungsabläufen wie Gehen, Laufen usw. eine große Rolle spielen, lassen deutlich erkennen, daß die Steuerung der abwechselnden Impulsentsendung (Abb. 13) nicht durch einen einfachen im Zentralnervensystem gelegenen Mechanismus bedingt ist, sondern weitgehend durch Vorgänge in der Peripherie beeinflußt wird. Bei Tieren, denen die Durchschneidung der hinteren Wurzeln die periphere Receptionsmöglichkeit genommen hat, oder auch ganz ähnlich bei an Tabes erkrankten Menschen, bei denen ähnliche Receptionsstörungen auftreten, erfolgen alle Bewegungen abgehackt und ausfahrend, also schlecht koordiniert. Dies tritt besonders deutlich bei pendelartigen Bewegungen auf (Gang). Es handelt sich wohl im wesentlichen darum, daß einmal die normalerweise das Bewegungsausmaß begrenzenden, durch die „Muskelspindeln" ausgelösten Eigenreflexe der Antagonisten in Fortfall gekommen sind und daß ferner, da auch die Gelenkempfindung ausgeschaltet ist, keinerlei Impulse aus der Peripherie das Zentralnervensystem erreichen. Aber gerade diese aus der Peripherie zugeleiteten Erregungen bestimmen gewöhnlich das zentrale Geschehen mit, von dem Ausmaß und Kraft der Bewegung abhängen. Schon bei den Reflexen erkennt man, daß die Art des eintretenden Erfolges von der augenblicklichen Lage der Körperteile zueinander abhängig sein kann. Sehr schön zeigt dies ein Versuch am Schwanz einer Rückenmarkskatze (Abb. 13). Je nach der Lage des Schwanzes tritt bei gleichbleibender Reizung in Abhängigkeit von seiner Ausgangsstellung bald Bewegung nach

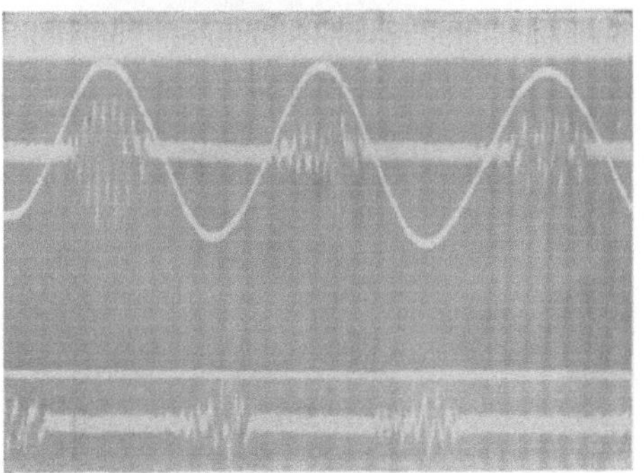

Abb. 12. Aktionsströme des Flexor carpi rad. (oben) und des Extensor carpi rad. (unten). Schnelles Hin- und Herbewegen der Hand. Bewegung nach oben: Streckung. Beachte Einsetzen der Ströme vor Bewegungsumkehr! Zeit in $^1/_{100}$ Sek. Nach WACHHOLDER. (Aus WACHHOLDER, K.: Willkürliche Haltung und Bewegung, Ergebnisse der Physiologie, Bd. 26. München: J. F. Bergmann 1928.)

links und bald nach rechts auf. In vielen Versuchen über die Abhängigkeit der Reflexbewegung von der Lagebeziehung ergab sich übereinstimmend, daß auf einen Reiz hin die Erregung vom Rückenmark meist zuerst nach den Muskelgruppen gesandt wird, die am stärksten gedehnt sind. (UEXKUELLsches Gesetz.) Werden dann aber durch die Tätigkeit dieser Muskeln die Antagonisten stark gedehnt, so laufen, falls der Erregungszustand des Rückenmarks anhält, die Erregungen jetzt zu den Antagonisten. Wiederholt sich dieses Spiel, so tritt Pendelbewegung ein. Ganz ähnliche Gesetzmäßigkeiten liegen ohne Zweifel bei der Willkürbewegung vor. Rhythmische Bewegungen können in einem ganz bestimmten natürlichen Rhythmus am leichtesten und am sichersten ausgeführt werden. Bewegungen werden am kraftvollsten, wenn in der Ausgangsstellung die zu betätigenden Muskeln stark gedehnt sind. Die gegenseitige Beeinflussung der „Zentren" für Agonisten und Antagonisten kommt auch bei willkürlichen Versteifungsreaktionen zum Ausdruck. An und für sich soll bei diesen durch gleichmäßige Tätigkeit der Strecker und der Beuger ein Gelenk in einer bestimmten Stellung festgehalten werden. Bei maximaler Anstrengung tritt aber immer deutlich ein Zittern

(Tremor) des versteiften Gliedes ein, weil die optimale Erregbarkeit zwischen Agonisten- und Antagonisten-,,Zentren" hin und her wandert. Wie im einzelnen nun der Willensimpuls, der von der Großhirnhemisphäre ausgeht

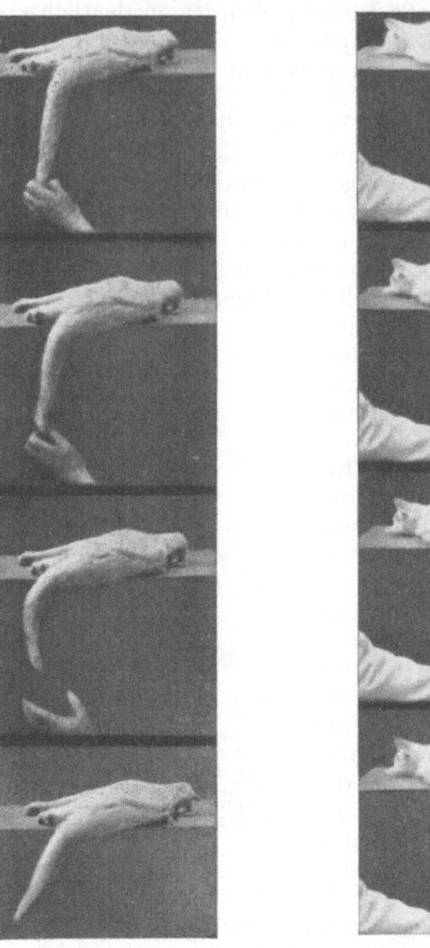

a   b

Abb. 13. Katze mit durchschnittenem Rückenmark (Höhe des 12. Brustwirbels). Kneifen des Schwanzes und Heben desselben a aus rechter Seitenlage, Hebung nach links, b aus linker Seitenlage, Hebung nach rechts. (Nach MAGNUS, R.: Körperstellung. Berlin: Julius Springer 1924.)

und auf seinem Weg durch den Hirnstamm mit dem ebenfalls in die Bewegung eingreifenden Kleinhirn in Verbindung steht, diese Grundtendenzen und Regulationsmechanismen im Rückenmark zusammenarbeiten läßt, entzieht sich vorläufig unserer Kenntnis.

IV. Blut, Kreislauf und Lymphe.

Das Blut ist eine Flüssigkeit, die im Innern des Organismus in einem zusammenhängenden System von Röhren, dem Gefäßsystem, durch die Tätigkeit eines zentralen Motors, des Herzens, in dauernder, bestimmt gerichteter Bewegung gehalten wird, die man als Kreislauf bezeichnet. Auf seinem Kreislauf erfährt das Blut mannigfache Veränderungen seiner chemischen Zusammensetzung. Es nimmt an bestimmter Stelle im Organismus, im Darmkanal, diejenigen Stoffe auf, welche durch die Verdauung der Nahrungsmittel entstehen, bei der Resorption durch die Darmwand hindurchgehen und nunmehr mit dem Blute denjenigen Organen zugeführt werden, in denen sie zu Bestandteilen des Organismus umgebaut, aufgespeichert oder unter Freisetzung von Energie abgebaut werden. Gleichzeitig nimmt aber das Blut bei seinem Kreislauf in den verschiedenen Organen Stoffwechselprodukte auf, um sie anderen Organen z. B. der Leber zur Weiterverarbeitung zuzuführen oder, falls sie für den Körper nicht weiter verwertbar sind, denjenigen Organen zuzuleiten, in denen sie ausgeschieden werden können (Niere, Lunge und Haut). Ganz besondere Bedeutung kommt dem Blut für den Gaswechsel im Organismus zu. Mit dem Blute erhalten die Organe und Zellen den für die Verbrennungsprozesse notwendigen Sauerstoff und das bei den Verbrennungen frei werdende Kohlendioxyd wird von ihm abtransportiert. Trotz der großen Zahl von Stoffen, die das Blut ständig in wechselnder Menge aufnimmt oder abgibt, bleibt dennoch die Zusammensetzung des Blutes weitgehend konstant, weil dem Organismus für die Konstanterhaltung der Blutzusammensetzung wirksame Regulationsmechanismen zur Verfügung stehen.

A. Blut und Blutfarbstoff.

Die Menge des Blutes beträgt beim Mann etwa $^1/_{13}$, bei der Frau $^1/_{14}$—$^1/_{15}$ des Körpergewichts. Bei einem mittleren Gewicht von 70 bzw. 60 kg also 5 und 4 Liter. Blutverluste, wie sie bei Verletzungen vorkommen, können bis zu etwa $^1/_3$ der Gesamtblutmenge ohne dauernden Schaden ertragen und in kurzer Zeit ersetzt werden. Betragen sie aber mehr als die Hälfte des vorhandenen Blutes, so ist eine Erholung meist nicht mehr möglich, es kommt zum Tode. Bei Blutverlusten kann man vorübergehend die verlorengegangene Flüssigkeit durch Infusion von geeigneten Salzlösungen ersetzen. Diese Salzlösungen müssen den gleichen osmotischen Druck haben wie das Blut (Gefrierpunkt — 0,56°; s. S. 8). Werden solche Lösungen als alleiniger Blutersatz zur Durchströmung isolierter Organe im Experiment verwandt, so treten, wenn nicht ganz bestimmte Mengenverhältnisse der Ionen angewandt werden, schwere Funktionsstörungen auf. Geeigneter als reine Kochsalzlösungen sind daher Lösungen, die eine Reihe von Salzen in ganz bestimmtem Mischungsverhältnis, das etwa ihrem Vorkommen im Blute entspricht, enthalten.

Eine der ältesten Blutersatzflüssigkeiten ist die RINGER-Lösung, die vor allem bei Tierversuchen vielfach angewandt wird und für den Frosch folgende Zusammensetzung hat: 0,6% NaCl; 0,01% NaHCO$_3$; 0,01% CaCl$_2$ und 0,01% KCl. Für Säugetiere wurde die LOCKEsche Lösung angegeben: 0,9% NaCl; 0,03% CaCl$_2$; 0,03% KCl und 0,02% NaHCO$_3$. Andere Blutersatzflüssigkeiten enthalten auch noch Phosphat, Magnesiumsalze, vor allem aber als Energiequelle Glucose.

Ein physiologischer Ersatz von Blutverlusten kann aber nur durch Infusion von Blut erfolgen. Hierbei ist noch fernerhin darauf zu achten, daß im Blut und zwar im Serum Stoffe enthalten sind, die sogenannten Agglutinine, welche die roten Blutkörperchen eines anderen Individuums zur Zusammenballung (Agglutination) bringen können. Die Agglutination erfolgt jedoch nicht in allen Fällen. Je nach dem Verhalten bei der Agglutination kann man vier verschiedene *Blutgruppen* unterscheiden: O, A, B, AB. Die Blutkörperchen enthalten ihrerseits die agglutinable Substanz A oder B, A und B oder keine von beiden. Im Serum ist dagegen bei Gruppe A ein gegen B, bei B ein gegen A und bei O ein gegen A und B gerichtetes Agglutinin enthalten, während Serum mit der Eigenschaft AB überhaupt keine Agglutinine enthält. Die Zusammenhänge gehen aus der folgenden Tabelle klar hervor. Es bedeutet (+) Agglutination, (−) Ausbleiben derselben.

Serum	Blutkörperchen			
	O	A	B	AB
O	−	+	+	+
A	−	−	+	+
B	−	+	−	+
AB	−	−	−	−

Diese Verhältnisse sind praktisch außerordentlich wichtig; man muß bei der Auswahl von „Blutspendern" auf sie Rücksicht nehmen, weil es sonst zu Agglutinationen der gespendeten Blutkörperchen im Blute des Blutempfängers und damit zu seinem Tode kommen kann.

Das spezifische Gewicht des Blutes beträgt 1055—1060, seine Reaktion entspricht einem p_H-Wert von 7,35—7,38 bei 38⁰, es ist also schwach alkalisch.

Das Blut ist keine einheitliche Lösung, sondern besteht aus zwei verschiedenen Bestandteilen, dem **Blutplasma**, in dem sich zellige Elemente, die **Blutkörperchen**, suspendiert befinden. Der Anteil des Plasmas im Gesamtblut beträgt etwa 56%, die zelligen Elemente machen also etwa 44% aus.

1. Blutzellen und Hämoglobin.

Man unterscheidet die roten Blutkörperchen oder Erythrocyten, die weißen oder Leukocyten und die Blutplättchen oder Thrombocyten.

Die *Erythrocyten* sind diejenigen Elemente, denen das Blut seine rote Farbe verdankt. Sie enthalten einen roten Farbstoff, das Hämoglobin. Beim Menschen und den Säugetieren sind die roten Blutkörperchen kernlos, bei den niederen Tieren dagegen kernhaltig. Sie entstehen im roten Knochenmark, haben nur eine kurze Lebensdauer von etwa 3—4 Wochen und werden anscheinend in der Milz, der Leber und im Knochenmark zerstört. Ihr charakteristischer Inhaltsstoff, das Hämoglobin, wird dabei verändert und schließlich in Gallenfarbstoff umgewandelt. Die Erythrocyten haben die Form bikonkaver Scheibchen, die beim Menschen einen Durchmesser von 8 μ, eine größte Dicke am Rande von 2—2,5 μ besitzen, in der Mitte dagegen nur 1—1,5 μ dick sind. In einem Kubikzentimeter Blut werden beim Mann 5 Millionen, bei der Frau nur 4,5 Millionen Erythrocyten gezählt. 5 Liter Blut enthalten dann 25 Billionen Erythrocyten, die nebeneinander gelegt eine Fläche von 3200 qm bedecken würden. Die Zahl der Erythrocyten ist abhängig vom Alter, beim Neugeborenen in den ersten Lebenstagen scheint sie wesentlich höher zu liegen, nimmt dann aber allmählich ab. Das Hämoglobin dient dem Sauerstofftransport und alle Umstände, die die Sauerstoffversorgung einschränken, seien es Krankheiten oder äußere Bedingungen, steigern die Zahl der Erythrocyten und damit den Hb-Gehalt des Blutes. Bekannt ist die Zunahme der roten Blutzellen im Hochgebirge, weil hier wegen des niederen Luftdrucks das Sauerstoffangebot unzureichend wird. Es stellt also die Vermehrung der Erythrocytenzahl eine zweckmäßige Anpassung dar.

Den Bau des Blutkörperchens stellt man sich so vor, daß die Zelle von einem feinen, Stroma genannten Protoplasmanetz durchzogen wird, das aus Lecithin, Cholesterin und Eiweißkörpern aufgebaut ist. Auch die Membran des Blutkörperchens hat wahrscheinlich einen ähnlichen Aufbau. Die Blutkörperchen sind schwerer als das Plasma. Das hat zur Folge, daß sie sich in aus dem Gefäßsystem entnommenem Blut, dessen Gerinnung verhindert ist, allmählich absetzen. Die *Senkungsgeschwindigkeit* der Blutkörperchen verschiedener Tierarten ist sehr verschieden. Sie erfährt durch Krankheitsprozesse bestimmte Änderungen und stellt ein wertvolles diagnostisches Hilfsmittel dar. Die Blutkörperchen haben eine bestimmte *osmotische Resistenz*. Bei Verbringen in hypertonische Lösungen nehmen sie Stechapfelformen an, in hypotonischen Lösungen Kugelformen. Weitgehende Erniedrigung der Hypotonie, bei menschlichen Blutzellen entsprechend einer 0,5%igen NaCl-Lösung, führt zum Platzen des Blutkörperchens. Der rote Farbstoff tritt aus. Das Blut, das normalerweise deckfarbig undurchsichtig ist, ist lackfarbig durchsichtig geworden. Diese Erscheinung nennt man *Hämolyse*. Außer auf osmotischem Wege kann Hämolyse herbeigeführt werden durch Hitze, Gefrieren- und Wiederauftauenlassen, sowie durch Einwirkung vieler Gifte, vor allem von Saponinen.

Der Hauptbestandteil der Erythrocyten ist das *Hämoglobin* (Hb). Daneben kommen noch eine Reihe von anorganischen Salzen und organischen Stoffen vor. Die überwiegende Bedeutung des Hämoglobins geht daraus hervor, daß die roten Blutkörperchen bei einem Wassergehalt von 57% einen Hämoglobingehalt von 34% aufweisen, daß also etwa 80%, oft auch mehr, ihrer Trockensubstanz aus Hämoglobin besteht. In 100 ccm Blut finden sich normalerweise etwa 16 g Hämoglobin. Die Bedeutung des Hämoglobins besteht in zwei Eigenschaften. Die erste ist, wie bereits erwähnt, die Fähigkeit Sauerstoff im Organismus zu transportieren. In einer sauerstoffhaltigen Atmosphäre nimmt das Hämoglobin, ausreichenden Sauerstoffdruck vorausgesetzt, pro Mol maximal 4 Mol O_2 auf oder 1 g Hämoglobin bindet 1,34 ccm O_2. (Wegen der näheren Umstände der Sauerstoffbindung siehe den Abschnitt „Blutgase".) Die Bindung des Sauerstoffs ist eine außerordentlich lockere, Herabsetzung des Sauerstoffdruckes, Durchleiten eines anderen Gases, Auspumpen des Blutes oder Einwirkung von Reduktionsmitteln verwandeln das Oxyhämoglobin mit Leichtigkeit in Hämoglobin zurück. Auf dieser Eigenschaft beruht auch die Fähigkeit des Hämoglobins zum Sauerstofftransport im Organismus. Wenn das sauerstoffhaltige (arterielle) Blut ins Gewebe gelangt, wo der Sauerstoffdruck niedrig, der Sauerstoffbedarf hoch ist, verliert das Oxyhämoglobin seinen Sauerstoff, es wird reduziert (venös). Der Unterschied zwischen arteriellem und venösem Blut geht aus der Farbe des Blutes hervor: arterielles Blut ist hellrot, venöses dunkler, bei völliger Sauerstofffreiheit, wie bei Erstickung, blaurot. Die andere bedeutungsvolle Eigenschaft des Hämoglobins ist seine Pufferwirkung.

Eine solche kommt dem Hämoglobin als Eiweißkörper an sich schon zu, sie wird aber wesentlich verstärkt dadurch, daß sowohl das Hämoglobin wie das Oxyhämoglobin Säuren sind, wobei aber die saure Natur des Oxyhämoglobins 70mal stärker ist als diejenige des Hämoglobins. Und schließlich wird die Pufferungswirkung des Hämoglobins noch dadurch gesteigert, daß die Membran des roten Blutkörperchens für Anionen in elektiver Weise permeabel ist. Die Pufferwirkung des Hämoglobins, die von der größten Bedeutung für die Aufrechterhaltung der normalen Blutreaktion ist, kommt in der folgenden Weise zustande: Das Hb ist in den Blutkörperchen als Alkaliverbindung, wahrscheinlich mit Kalium, vorhanden, es ist also als Anion ionisiert. Bei Eintritt von CO_2 ins Blut, wie er im Gewebe stattfindet, spielt sich neben der physikalischen Lösung des Kohlendioxyds im Plasma die folgende Reaktion ab: $K.Hb + CO_2 + H_2O \longrightarrow K.HCO_3 + H.Hb$. Das Hb-Anion wird also in die nichtionisierte Säure Hb verwandelt, das Kohlendioxyd zum Bicarbonat-Ion ionisiert. Das Bicarbonat-Ion kann durch die Membran des Blutkörperchens ins Plasma abgegeben werden, wenn gleichzeitig andere Anionen in das Blutkörperchen hineingehen. Dieser Austausch erfolgt gegen Cl-Ionen. Es steigt also im Plasma der Gehalt an HCO_3-Ionen; jedoch beruht, nach dem Gesagten, der höhere Gehalt des

Plasmas im venösen Blut an $NaHCO_3$ überwiegend auf der Pufferwirkung des Hämoglobins. In der Lunge findet die umgekehrte Reaktion statt. Durch die Aufnahme von O_2 wird das Hämoglobin in das stärker saure, daher weitgehender dissoziierte Oxyhämoglobin verwandelt. Es kann wieder zu einer Bindung von Alkali an Oxyhämoglobin kommen; gleichzeitig wird wegen der eingetretenen Säuerung CO_2 aus dem Blut abgegeben. Cl-Ionen treten aus den Körperchen ins Plasma über, HCO_3-Ionen wieder in die Körperchen hinein, werden hier aber, da das Hämoglobin nunmehr ionisiert ist, in CO_2 und Wasser zurückverwandelt und auch dieses Kohlendioxyd kann ausgeschieden werden. Die Bedeutung dieser Zusammenhänge für die Aufrechterhaltung der Blutreaktion geht klar daraus hervor, daß im Gewebe, wo durch die Aufnahme von CO_2 die Reaktion des Blutes an sich saurer werden müßte, die Entionisierung des Hämoglobins Alkali frei macht und gleichzeitig durch die Umwandlung des Oxyhämoglobins in reduziertes Hämoglobin seine sauren Eigenschaften abnehmen. In der Lunge, wo wegen der Abgabe der Kohlensäure eine Tendenz zur Alkalisierung besteht, wird dieser entgegengewirkt durch die Bindung der Alkali-Ionen an das Hämoglobin, weil die schwache Säure Hämoglobin in die stärkere Oxyhämoglobin übergeht.

Das Oxyhämoglobin ist nicht die einzige Verbindung des Hämoglobins mit Sauerstoff, vielmehr gibt es noch einen zweiten derartigen Körper, das *Methämoglobin*.

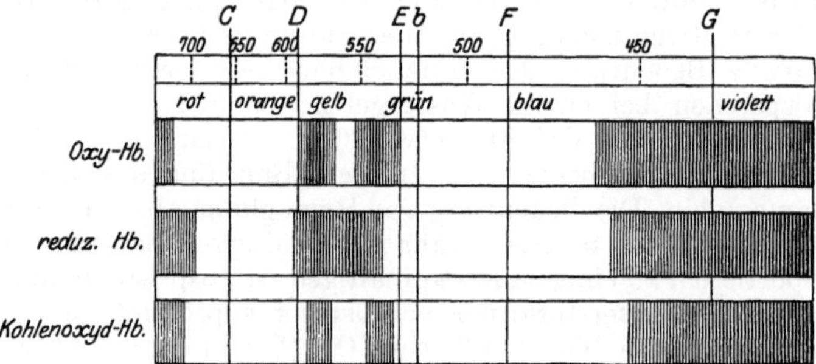

Abb. 14. Absorptionsspektren der Blutfarbstoffe. (Aus HÖBER, R.: Lehrbuch der Physiologie, 6. Aufl. Berlin: Julius Springer 1931.)

Der Unterschied besteht darin, daß der Sauerstoff im Methämoglobin in fester und nicht in leicht dissoziabeler Verbindung enthalten ist, daß er also für die Atmung nicht verwertbar ist. Das Methämoglobin entsteht aus dem Oxyhämoglobin bei Einwirkung vieler Gifte, besonders von Oxydationsmitteln, sehr leicht z. B. bei Zusatz von Ferricyankalium zu Blut. Es gibt auch Verbindungen des Hämoglobins mit anderen Gasen als mit Sauerstoff. Die wichtigste ist das *Kohlenoxydhämoglobin*. Dies entsteht mit großer Leichtigkeit, wenn Hämoglobin und Kohlenoxyd zusammenkommen, so bei Vergiftung mit dem kohlenoxydhaltigen Leuchtgas. Die Vergiftung mit Kohlenoxyd ist sehr gefährlich und zwar weil die Verbindung zwischen Hb und CO eine recht feste ist, da die Affinität des CO zum Hb etwa 140mal größer ist als diejenige des Sauerstoffs. Das hat zur Folge, daß z. B. bei einem CO-Gehalt in der Atmosphäre von etwa 0,1 % die Hälfte des verfügbaren Hämoglobins an CO gebunden ist, also der Atmungsfunktion entzogen wird. Die Vergiftungserscheinungen beruhen aber nicht allein auf der Verbindung von CO mit Hb, sondern das CO greift darüber hinaus noch viel intensiver in den Zellstoffwechsel selbst ein, vor allen Dingen durch Einwirkung auf das Atmungsferment in der Zelle.

Reine Lösungen der verschiedenen Verbindungen des Blutfarbstoffs können bereits an der Farbe der Lösungen erkannt werden, die man bei Hämolyse der Blutkörperchen in verdünnten Sodalösungen erhält. Reduziertes Hb hat eine violett-rote Farbe, $Hb\text{-}O_2$ ist scharlachrot, Met-Hb braun und Hb-CO kirschrot. Sicherer ist die Unterscheidung dieser Farbstoffe durch ihr spektroskopisches Verhalten zu treffen. Die verschiedenen Verbindungen des Blutfarbstoffs sind durch die charakteristische Lage ihrer Adsorptionsbanden im Spektrum gekennzeichnet, wie dies Abb. 14 zeigt. $Hb\text{-}O_2$ hat zwei Adsorptionsstreifen zwischen den FRAUNHOFERschen Linien D und E, Hb etwa an gleicher Stelle einen breiten verwaschenen Streifen, während Hb-CO zwei Streifen in ähnlicher Lage wie das Oxyhämoglobin aufweist. Diese sind aber etwas nach rechts, d. h. nach dem kurzwelligen Ende des Spektrums verschoben. Die Unterscheidung zwischen Hb-O_2 und Hb-CO ist aber leicht zu treffen, weil bei Einwirkung von Reduktionsmitteln auf Blut das Spektrum des Oxyhämoglobins in dasjenige des Hämoglobins übergeht, während das CO-Hb-Spektrum unverändert bleibt.

Das Hämoglobin ist ein zusammengesetzter Eiweißkörper, dessen Eiweißanteil als Globin bezeichnet wird und zu den Albuminen gehört; es ist sehr reich an Histidin. Als prosthetische Gruppe des Hämoglobins wurde früher das Hämochromogen, als diejenige des Oxyhämoglobins das um 1 Mol Sauerstoff reichere Hämatin angesehen (s. aber weiter unten).

Die Spaltung des Hämoglobins in Globin und Hämatin ist leicht durchzuführen und kann zum Nachweis des Blutes benutzt werden, da der salzsaure Ester des Hämatins, das Hämin, sehr leicht krystallisiert (TEICHMANNsche Häminkrystalle s. Abb. 15). Zum Nachweis geringer Blutmengen bedient man sich dagegen einer anderen Methode, die auf der Eigenschaft des Hämoglobins beruht, wie eine Peroxydase peroxydartig gebundenen Sauerstoff auf andere, oxydierbare Substanzen zu übertragen. Auf diesem Prinzip beruht die Guajakprobe. Zu der bluthaltigen Lösung wird (peroxydhaltiges) Terpentinöl und Guajakharz hinzugesetzt. Letzteres wird zu einem blauen Farbstoff oxydiert.

Die Konstitution der prosthetischen Gruppe des Hämatins ist in den letzten Jahren aufgeklärt worden. Es hat sich gezeigt, daß es ein Abkömmling eines aus vier Pyrrolkernen zusammengesetzten Ringsystems, des Porphins, ist. Durch Einführung bestimmter Seitenketten kann man aus dem Porphin Substanzen bilden, die als Porphyrine bezeichnet werden. Derartige Porphyrine sind z. B. das Koproporphyrin, das Uroporphyrin und das Protoporphyrin. Koproporphyrin und Uroporphyrin werden auch im Organismus gebildet, in besonders großen Mengen bei Vergiftung mit Sulfonal, wenn der Organismus gleichzeitig dem Licht ausgesetzt ist. Das Protoporphyrin ist diejenige Substanz, aus der durch Einführung von Eisen das *Hämin* entsteht. Das Protoporphyrin ist 1.3.5.8-Tetramethyl-2.4-divinyl-6.7-dipropionsäureporphin. Nach dem Formelbild sind die Hämine Eisensalze des Protoporphyrins mit dreiwertigem Eisen.

Abb. 15. TEICHMANNsche Häminkrystalle. (Aus HÖBER, R.: Lehrbuch der Physiologie, 6. Aufl. Berlin: Julius Springer 1931.)

Porphin

Oxyhämin

Durch Reduktion zum zweiwertigen Eisen entsteht das *Häm*, welches außerordentlich leicht oxydiert wird, während Hämin gegen Sauerstoff sehr beständig ist. Von den drei Wertigkeiten des Hämin-Eisens sind zwei an Stickstoffatome der Pyrrolringe gebunden, an die dritte können andere Ionen angelagert werden, z.B. OH = Oxyhämin, Cl = Chlorhämin. Aus dem Häm entstehen durch Anlagerung von Stoffen, die mit Eisen Komplexe bilden, insbesondere von Basen, die Hämochromogene. So ist das Hämoglobin ein Komplex aus Häm und Globin. Es kann O_2 addieren. Diese Fähigkeit beruht auf der Anwesenheit des Globins im Molekül. Das Methämoglobin enthält im Gegensatz zum Hämoglobin dreiwertiges Eisen, ist also ein Oxyhämin. (Die neuere Nomenklatur für die Abkömmlinge der prosthetischen Gruppe des Hämoglobins ist also von der älteren oben wiedergegebenen verschieden.)

Eine nahe Verwandtschaft weist der Bau des Hämins mit demjenigen des Chlorophylls, des Blattfarbstoffs, auf. Auch in ihm finden sich vier Pyrrolgruppen, statt Eisen enthält es aber Magnesium, außerdem bestehen Unterschiede in den Seitenketten.

Die *Leukocyten:* 1 cmm Blut enthält etwa 5000—6000 Leukocyten, die aber nicht einheitlich sind, sondern in polymorphkernige (neutrophile), acidophile (eosinophile) und basophile Leukocyten, in Monocyten und in Lymphocyten unterschieden werden. Die Einteilung der Leukocyten erfolgt nach ihrer Färbbarkeit

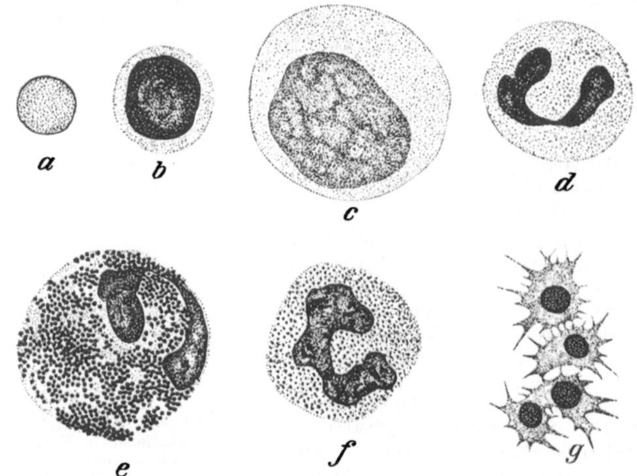

Abb. 16. Formelemente des menschlichen Bluts (1100×vergrößert), a rotes Blutkörperchen, b Lymphocyt, c Monocyt, d neutrophiler, e eosinophiler und f basophiler Leukocyt, g Thrombocyten. Nach SOBOTTA. (Aus CLAUS-GROBBEN-KÜHN.)

mit sauren und basischen Farbstoffen. Der Anteil der verschiedenen Zellformen an der Gesamtleukocytenzahl ist folgender: Neutrophile Leukocyten: 65—70%, Eosinophile 2—4%, Basophile 0,5%, Monocyten 6—8%, Lymphocyten 20—25%. Die Funktion der Leukocyten scheint in der Beseitigung in den Organismus hineingelangter Fremdkörper, wie z. B. fremdartiger Zellen, Protozoen und Bakterien zu bestehen. Sie sind durch amöboide Beweglichkeit ausgezeichnet, die sie z. B. in Stand setzt, durch die Gefäßwandungen auszutreten und sich als Wanderzellen im Gewebe zu bewegen. Dabei können sie die fremden Zellen in sich aufnehmen (Phagocytose). Sie sind bei der lokalen Entzündung das wirkungsvollste Mittel des Organismus zur Bekämpfung der eingedrungenen schädlichen Keime.

Die verschiedenen Formen der weißen Blutzellen sind in Abb. 16 wiedergegeben. Die *neutrophilen* Zellen haben lange, schmale eingeschnürte Kerne und feine Granulation des Protoplasmas. Sie sind der Hauptbestandteil des Eiters und enthalten zahlreiche Fermente, z. B. Protease, Amylase und Katalase. Ihre Größe beträgt 9—12 μ. Die *eosinophilen* Zellen sind 12—15 μ groß und enthalten auch in ungefärbtem Zustande stark lichtbrechende Granula. Die *basophilen* Leukocyten haben einen Durchmesser von 8—10 μ; sie besitzen einen großen Kern und zeigen verschwommene Granulation. Sie werden auch als Mastzellen bezeichnet. Die *Monocyten* sind 10—20 μ groß, haben runde oder ovale, auch nierenförmige Kerne und feine Granulation.

Die *Lymphocyten* sind die kleinsten weißen Blutzellen mit einem Durchmesser von 7—9 μ und einem runden Kern, der fast die ganze Zelle einnimmt.

Als dritte Gruppe von korpuskulären Elementen finden sich im Blute die *Blutplättchen* oder *Thrombocyten*. Sie sind farblos, haben unregelmäßige spindelförmige Gestalt und eine Größe von 2—5 μ. Die Frage, ob sie einen Kern besitzen, ist ebenso wie die nach dem Mechanismus ihrer Entstehung ungeklärt. Ihre Lebensdauer scheint nur einige Tage zu betragen. Die Feststellung ihrer Zahl ist methodisch schwierig, da sie außerordentlich rasch zerfallen. Die angegebenen Zahlen schwanken zwischen 200000 und 1000000 pro cmm. Ihre Bedeutung liegt in der Beteiligung an der Blutgerinnung. Außer der eigentlichen Förderung des Gerinnungsvorganges selbst scheinen sie sich an der Schließung vor allem kleinerer Wunden auch aktiv zu beteiligen, indem sie sich an den Wundrändern festsetzen, hier, da sie leicht verkleben, einen Pfropf bilden, und so die Wunde verschließen. Während dieser Zeit zerfallen sie wohl auch und wirken dadurch bei der völligen Gerinnung des Blutes mit.

2. Blutgerinnung.

Die Blutgerinnung äußert sich darin, daß das aus einem Gefäß austretende Blut nach kurzer Zeit zu einer gelatinösen Masse erstarrt. Die Blutgerinnung innerhalb der Wunde verhindert bei Verletzungen größere Blutverluste. Sie ist ein absolut lebenswichtiger Vorgang, ihr Fehlen bei der Hämophilie (s. unten) eine lebensgefährliche Erkrankung. Fängt man das aus einem Blutgefäß austretende Blut in einem Glasgefäß auf, so lassen sich verschiedene Phasen der Gerinnung feststellen, die in Abb. 17 wiedergegeben sind. In der ersten Phase ist das Blut noch flüssig (a), in der zweiten erstarrt es zu einem Blutkuchen (b), während es in der dritten Phase zu einer Retraktion des Blutkuchens von der Wand kommt, wobei gleichzeitig eine klare, gelbgefärbte Flüssigkeit aus ihm ausgepreßt wird, das *Serum* (c). Das Serum hat in seiner Zusammensetzung mit dem Plasma die größte Ähnlichkeit. Jedoch fehlt ihm eben der Stoff, der das Gerüst für den Blutkuchen bildet, das *Fibrin*, das sich im Plasma in einer Vorstufe, dem *Fibrinogen*, findet. Da-

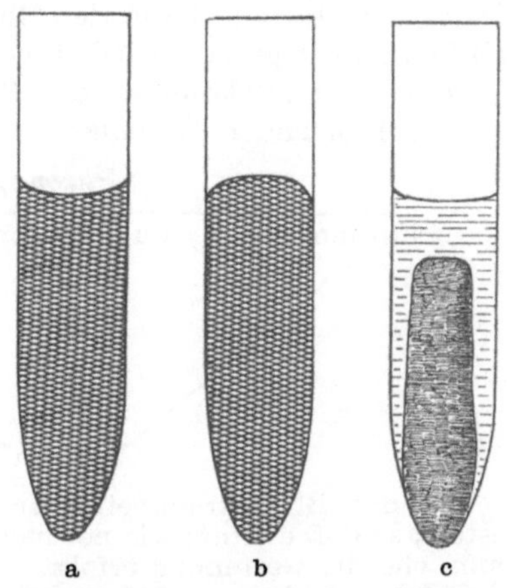

Abb. 17. Die drei Phasen der Blutgerinnung. a flüssiges Blut, b frisch geronnen, c Retraktion des Koagulums und Auspressen des Serums. (Aus FONIO, A.: Die Gerinnung des Blutes. Handb. der norm. u. pathol. Physiologie, Bd. 6/1. Berlin: Julius Springer 1928.)

gegen enthält das Serum *Thrombin*, das dem Plasma fehlt. Der Blutkuchen besteht aus einem Fibrinnetzwerk, in das die zelligen Elemente des Blutes und zwar vorwiegend die Erythrocyten und die Blutplättchen eingelagert sind. Die Leukocyten, die spezifisch leichter sind als die roten Zellen, setzen sich erst später ab und bilden vor allem, wenn die Gerinnung langsam erfolgt, auf dem Blutkuchen eine weißliche Schicht, die sog. Speckhaut. Von dem Fibrinnetz ist zunächst auch das Serum umschlossen, bis es schließlich in der letzten Gerinnungsphase ausgepreßt wird. Nach ähnlichen Gesetzen erfolgt auch die unter pathologischen Verhältnissen auftretende Blutgerinnung im Gefäße selbst; dabei bezeichnet man den sich bildenden Blutpfropf, der das Gefäß verschließt, als Thrombus.

Für die Umwandlung des Fibrinogens in Fibrin sind eine Reihe von Faktoren notwendig. Hinweise auf deren Natur ergeben sich teilweise aus der Tatsache, daß die Gerinnung des Blutes durch Zusatz bestimmter Substanzen verzögert oder aufgehoben werden kann. Gerinnungshemmend wirken z. B. Fluoride und Oxalate, ferner eine organische Substanz, die in der Munddrüse des Blutegels gebildet wird, das Hirudin, und schließlich ein Stoff, den man aus der Leber extrahieren kann, das Heparin. Die gerinnungshemmende Wirkung der Oxalate und Fluoride beruht darauf, daß sie das ionisierte Calcium ausfällen. Jedoch müssen für das Eintreten der Gerinnung noch weitere Bedingungen erfüllt sein. Zunächst ist für das prompte Eintreten der Gerinnung eine rauhe Beschaffenheit der Gefäßoberfläche erforderlich. Wenn man Blut in paraffinierten Gefäßen oder Gefäßen mit einer möglichst glatten Oberfläche auffängt, so tritt die Gerinnung nur sehr verzögert ein. Umgekehrt kann man durch Schlagen von Blut mit einem Holzstab in kurzer Zeit das gesamte Fibrin als Fibringerinnsel zur Abscheidung bringen und erhält auf diese Weise defibriniertes Blut. Der unerläßliche Faktor für die Blutgerinnung ist aber die Anwesenheit des Gerinnungsfermentes, des Thrombins. Das *Thrombin* ist im strömenden Blut überhaupt nicht oder nur in kleinster Menge vorhanden, es entsteht erst im entnommenen Blut aus einer Vorstufe, dem *Thrombogen.* Die Umwandlung des Thrombogens in Thrombin geht nur in Gegenwart von Calcium-Ionen sowie eines Aktivators, der *Thrombokinase*, von statten, die in den Blutplättchen enthalten ist und durch deren Zerfall in Freiheit gesetzt wird. Das Zusammenwirken der verschiedenen Faktoren, die zum Zustandekommen der Blutgerinnung erforderlich sind, ergibt sich aus dem nachfolgenden Schema:

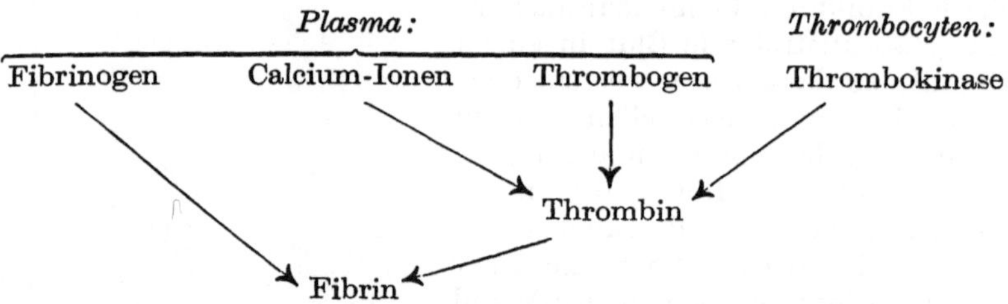

Bei der Bluterkrankheit, der *Hämophilie,* ist dieser Gerinnungsmechanismus gestört, so daß es statt wie normalerweise wenige Minuten, Stunden bis Tage dauern kann, ehe die Gerinnung erfolgt. Schon geringste Verletzungen, wie Schnittwunden oder Zahnextraktionswunden, können die Ursache unstillbarer Blutungen werden. Die Ursache dafür ist anscheinend eine Verzögerung der Thrombinbildung durch im Plasma vorkommende Hemmungskörper. Die Hämophilie ist eine vererbbare Krankheit und zwar tritt sie lediglich bei Männern auf, wird aber durch die weiblichen Mitglieder einer Familie auf die Nachkommenschaft übertragen (geschlechtsgebundene recessive Vererbung).

3. Plasma und Serum.

Wie bereits oben gesagt, unterscheidet sich die genuine Blutflüssigkeit, das Plasma, von dem Serum dadurch, daß es die Vorstufe des Faserstoffs, das Fibrinogen enthält, daß es dagegen frei von Gerinnungsferment, von Thrombin, ist. Im übrigen ist die Zusammensetzung von Plasma und Serum kaum sehr verschieden. Die Farbe des menschlichen Plasmas und Serums ist hellgelb. Dies beruht auf einem geringen Gehalt an Gallenfarbstoff sowie an Lipochromen. An Ionen finden sich hauptsächlich: Chloride 355 mg, Bicarbonat 160 mg, Phosphat 10 mg, Natrium 300 mg, Kalium 20 mg, Calcium 10 mg pro 100 ccm Serum.

An Eiweißkörpern enthält das Serum nach der Abscheidung des Fibrinogens noch das *Serumalbumin* und das *Serumglobulin,* deren allgemeine Eigenschaften

denjenigen der Albumine und Globuline entsprechen (s. S. 20). Der Gesamt-
eiweißgehalt des Plasmas beträgt 6—8%. Diesen Eiweißkörpern kommt ebenso
wie dem Hämoglobin der Blutkörperchen, wenn auch in viel geringerem Grade,
die Fähigkeit der Reaktionsregulierung durch die auf ihrer Ampholytnatur
beruhende Pufferung zu. Außer dem Eiweißstickstoff enthält das Blut noch
Stickstoff in anderer Form, der aus verschiedenen Substanzen stammt, und in
der Fraktion des *Rest-N* zusammengefaßt wird.

Er beträgt normalerweise 20—40 mg%, wovon auf Harnstoff 13—30 mg%,
auf Aminosäuren 6—7 mg%, auf Kreatin und Kreatinin 8 mg% und auf Harnsäure
3 mg% entfallen. Außerdem kommen noch Ammoniak und Indikan in sehr geringen
Mengen vor. Der Rest-N kann besonders bei Nierenkrankheiten auf sehr hohe Werte
ansteigen. Die verschiedenen den Rest-N ausmachenden Stoffe sind im allgemeinen
Endprodukte des Stoffwechsels, lediglich die Aminosäuren sind wohl als Nährstoffe
für die Zellen aufzufassen. Im Plasma finden sich ferner Fett, Cholesterin und Phosphatide, vor allem Lecithin. Der organische P ist fast ausschließlich als Phosphatid-P
vorhanden, im Serum übrigens in geringerer Konzentration als der anorganische P,
während für die Blutkörperchen das Gegenteil gilt. Von besonderer Wichtigkeit
ist der Gehalt des Blutes an *Traubenzucker*. Der Blutzuckerspiegel liegt normalerweise zwischen 0,07 und 0,11%. Er ist für ein und dasselbe Individium praktisch
konstant. Nach starker Arbeitsleistung kann er vorübergehend absinken. Bei der als
Diabetes mellitus (Zuckerkrankheit) bezeichneten Stoffwechselstörung nimmt der
Blutzuckerspiegel wesentlich höhere Werte an. Beim Menschen findet sich der Blutzucker in annähernd gleicher Konzentration in den Erythrocyten und im Plasma,
bei manchen Tieren sind die Erythrocyten völlig zuckerfrei. Beim Stehen des Blutes
wird der Blutzucker durch den als Glykolyse bezeichneten Vorgang abgebaut und
geht in *Milchsäure* über, die ein normaler Bestandteil des Blutes ist und in ihm gewöhnlich in Konzentrationen von 10—15 mg% vorkommt.

Das Blutplasma enthält eine Reihe von Fermenten wie Lipase, Diastase, Maltase
und Katalase. Andere Fermente treten im Blut auf, wenn blutfremde Substanzen
ins Blut hineingelangen. Sie werden als Schutz- oder Abwehrfermente bezeichnet.
Auf die Leukocytenfermente wurde schon hingewiesen.

Schließlich finden sich im Plasma noch Substanzen, deren chemische Natur
völlig unbekannt ist und die man nur an ihren Wirkungen erkennen kann, die sog.
Antikörper. Wenn artfremde Substanzen ins Blut hineingelangen, wie Bakterien,
Blutkörperchen einer anderen Tierart oder Eiweißkörper (Antigene), so bilden sich
gegen diese eingedrungenen Stoffe Schutzstoffe, eben die Antikörper. Ihre Funktion
zeigt sich darin, daß sie diejenigen Zellen, nach deren Eindringen ins Blut sie entstehen, zu agglutinieren (zusammenzuballen) oder aufzulösen oder, wenn es sich um
Gifte handelt, zu entgiften vermögen. Man spricht von *Agglutininen*, *Lysinen* (Hämo-
lysine, Bakteriolysine) und von *Antitoxinen*. Allen diesen Stoffen kommt die größte
Bedeutung für die Bekämpfung und Überwindung vieler Infektionskrankheiten zu.

B. Herz.

Einziger Motor der Kreislaufbewegung des Blutes ist das Herz. Selbst vorübergehender Herzstillstand führt infolge Anhäufung von Stoffwechselprodukten in
den Geweben zur Schädigung lebenswichtiger Organe, vor allem der Zentren in
der Medulla oblongata (s. S. 48) und kann daher, auch wenn das Herz nach
wenigen Minuten wieder regelmäßig zu schlagen anfängt, den Tod bedingen. Entsprechend dieser Bedeutung des Herzens für den Gesamtorganismus ist es ein
Organ, das sich den verschiedenen Ansprüchen weitgehend anpassen und auch
noch unter äußerst ungünstigen Bedingungen seine Tätigkeit aufrechterhalten
kann. Hiermit steht wohl auch im Zusammenhang, daß Herzen sehr lange außerhalb des Tierkörpers schlagen und auch noch Arbeit leisten können (bei geeigneten
Versuchsbedingungen bis zu 3 Tagen) und so die experimentelle Voraussetzung
für die genaue Erforschung der Physiologie des Herzens bieten. Die Tätigkeit
des Herzens wird am einfachsten mit einer Pumptätigkeit, und zwar derjenigen
einer Druckpumpe verglichen. Die sog. Herzkammer, ein hohlmuskuläres Gebilde,

kontrahiert sich rhythmisch und preßt bei der Kontraktion das während der Erschlaffung der Muskelwände vom Vorhof her einströmende Blut aus dem Herzen heraus. Da eine dünne, sehnige Klappe (Atrioventricularklappe) zwischen Vorhof und Kammer ähnlich wie ein Ventil den Rückfluß von Blut nach dem Vorhof verhindert, kann das Blut die Herzkammer nur in der Richtung nach dem arteriellen Gefäßsystem verlassen. Die an der Grenze zwischen Kammer und Arteriensystem befindlichen Semilunarklappen verhindern durch ihre Ventilwirkung einen Rückfluß von Blut aus dem arteriellen Gefäßsystem in die Herzkammer, wenn diese erschlafft. Bei den Säugetierherzen finden wir einen doppelten Pumpmechanismus zu einem einzigen Organ vereinigt. Die rechte Herzkammer mit schwächerer Muskelwandung dient als Motor für den kleinen Kreislauf, d. h., das aus der rechten Kammer ausgetriebene Blut gelangt durch die Pulmonararterien zur Lunge und von dort durch die Lungenvenen zurück zum linken Vorhof. Die linke Kammer, deren Wände wesentlich dicker sind, ist der Motor des großen Kreislaufs und treibt das vom rechten Vorhof empfangene Blut in die Hauptschlagader. Von dort verteilt es sich durch die verschiedenen Arterien auf den Gesamtkörper (mit Ausnahme der Lungen) und kehrt dann durch die Venen zum rechten Vorhof zurück (Abb. 18).

Beobachtet man ein freigelegtes Froschherz, das zwei Vorhöfe und eine Kammer besitzt, so sieht man deutlich, wie bei seiner rhythmischen Arbeit während der „Pausen" die Kammer von dem einströmenden Blut immer mehr gefüllt wird, bis mit beginnender Systole die Muskelwände sich kontrahieren, so daß das eingeschlossene Blut unter Druck gesetzt wird. Das bedingt den Schluß der Atrioventrikularklappen. Im Verlauf der Systole steigt der Druck in der Herzkammer, bis er den Druck in der Aorta übertrifft. In diesem Zeitpunkt erfolgt die Öffnung der Semilunarklappen. Man kann deutlich sehen, wie das kontrahierte Herz sich verkleinert und das Blut in die Aorta übertritt. Für einen kurzen Augenblick bleibt die Kammer stark kontrahiert und blutleer; die Systole ist beendet. Es setzt nun der Erschlaffungsvorgang des Herzmuskels, die Diastole, ein, an die sich dann die Füllung der Herzkammer während der Pause anschließt. Beobachten wir die Vorhöfe, so sehen wir an ihnen das gleiche Spiel, nur geht ihre Tätigkeit zeitlich der Kammertätigkeit voraus, so daß die Vorhöfe schon in die Diastole übergehen, wenn die Kammersystole einsetzt.

Schneidet man ein Froschherz im Zusammenhang mit den großen zu- und abführenden Gefäßen heraus, so folgen sich noch mit gleicher Regelmäßigkeit die „Herzrevolutionen" wie bei der Tätigkeit im ganzen Tier, und es besteht

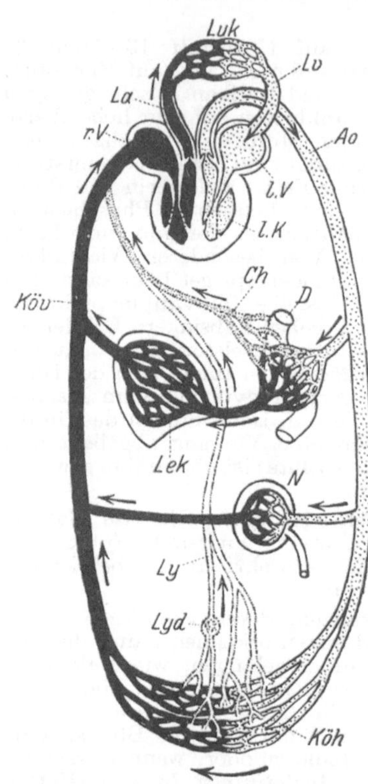

Abb. 18. Schema des Blutkreislaufs des Menschen. Venöses Blut schwarz. Ao Aorta, Ch Chylusgefäße, D Darm, Köh Körperkapillaren, Köv Körpervenen, La Lungenarterie, Lek Leberkapillaren, Luk Lungenkapillaren, Lv Lungenvene, Ly Lymphgefäße, Lyd Lymphdrüse, l. K. linke Kammer, l. V. linke Vorkammer, N Niere, r. V. rechte Vorkammer. Nach KÜHN. (Aus CLAUS-GROBBEN-KÜHN: Lehrbuch der Zoologie, 10. Auflage. Berlin: Julius Springer 1932.)

auch noch dieselbe Phasenverschiebung zwischen Vorhof und Kammer. Es steht somit fest, daß der Herzschlag nicht durch zugeleitete Nervenimpulse ausgelöst wird, sondern daß das Herz „Automatie" besitzt, d. h. die Reize für seine Tätigkeit in sich selbst erzeugt.

Es ist ein leichtes, die Schläge des isolierten Herzens zu registrieren und ihre Frequenz festzustellen. Wird ein solcher Versuch bei verschiedenen Temperaturen ausgeführt, so zeigt sich, daß innerhalb des für den Frosch physiologischen Bereichs von $5-25^0$ C die Herzfrequenz mit zunehmender Temperatur steigt. Dies ist nach dem, was über die Abhängigkeit biologischer Vorgänge von der Temperatur gesagt wurde, (s. S. 27) nicht erstaunlich. Beim Herzen kommt aber solchen Temperaturversuchen deshalb besondere Bedeutung zu, weil es technisch sehr leicht möglich ist, ganz umschriebenen kleinen Herzbezirken eine veränderte Temperatur zu erteilen. Dabei ergibt sich, daß die Herzfrequenz maßgeblich beeinflußt wird durch die Temperatur, die an einem ganz engumgrenzten Bezirk, der vor dem rechten Vorhof gelegenen Vereinigungsstelle der großen Venen (Sinus venosus), herrscht. Wird dieser Venenansatz vom Vorhof abgetrennt, so schlägt der Sinus venosus im alten Rhythmus weiter, während Vorhof und Kammer nach kurzem Stillstand in einem neuen etwas langsameren Rhythmus mit gleicher zeitlicher Aufeinanderfolge zwischen Vorhof und Kammersystole zu schlagen beginnen. Werden durch einen weiteren Schnitt Vorhof und Kammer voneinander getrennt, so verharrt ersterer im gleichen Rhythmus wie vor der Durchschneidung. Die Kammer bleibt vorübergehend stehen, aber nach einiger Zeit schlägt sie wieder regelmäßig weiter, allerdings mit noch geringerer Frequenz als der Vorhof. Im Froschherzen entstehen somit normalerweise die Reize im Sinus venosus und werden nach dem Vorhof und nach der Kammer weitergeleitet, so daß diese den Rhythmus des Sinus widerspiegeln. Erst wenn die Erregungsleitung zwischen dem „führenden Herzabschnitt" und den anderen Herzteilen unterbrochen ist, gewinnt der folgende Abschnitt Automatie.

Auch beim Säugetierherzen läßt sich experimentell nachweisen, daß die Reizerzeugung, die „Automatie", auf eine örtlich beschränkte Stelle, den kleinen Bezirk zwischen den Einmündungsstellen der großen Hohlvenen in den rechten Vorhof, beschränkt ist. Anatomisch-histologisch finden wir an dieser Stelle den KEITH-FLACKschen Knoten, eine Anhäufung und Verflechtung von besonders protoplasmareichen, fibrillenarmen und nur schwach quergestreiften Herzmuskelfasern, in denen sich auch zahlreiche Nervenfasern und Ganglienzellen befinden. Wir müssen annehmen, daß von diesem Ort der Reizentstehung die Erregung auf die Vorhofmuskulatur übertragen wird. Im unteren Abschnitt der Scheidewand zwischen beiden Vorhöfen liegt ein ähnlich aufgebauter Knoten, der ASCHOFF-TAWARAsche, von dem jene besonders gearteten Herzmuskelfasern, die in ihrer Gesamtheit als **Reizleitungssystem** bezeichnet werden, sich als HISsches Bündel, zuletzt in zwei getrennten Schenkeln, nach beiden Kammern fortsetzen und dort mit den gewöhnlichen Herzmuskelfasern in Verbindung treten. Erfahrungen am Krankenbett wie auch das Tierexperiment haben gelehrt, daß pathologische Veränderungen oder Verletzungen des Reizleitungssystems die zeitliche Koordination von Vorhof- und Kammertätigkeit verschieben. Wenn nur ein Schenkel des Reizleitungssystems geschädigt ist, so wird der normale Synchronismus der linken und der rechten Herzkammer aufgehoben; die Kammer der geschädigten Seite schlägt verspätet oder gar nicht. Auf der relativ langsamen Erregungsleitung im Reizleitungssystem beruht die zeitliche Verschiebung zwischen Vorhof- und Kammersystole. Innerhalb der Muskulatur der einzelnen Herzabschnitte erfolgt aber die Ausbreitung der Erregung ziemlich rasch, so daß sich der einzelne Abschnitt praktisch einheitlich kontrahiert. Dies wird wohl einmal durch das die ganze Herzmuskulatur durchsetzende Nervennetz begünstigt, dann aber auch durch den Aufbau der Herzmuskulatur selbst. Während der Skeletmuskel aus Fasern besteht, die selber eine histologische und physiologische Einheit darstellen, sind im Herzen die Fasern netzartig zu einem zusammenhängenden „Syncytium" verschmolzen.

In seinem physiologischen Verhalten bietet der Herzmuskel einige Besonderheiten. In gleicher Weise wie andere Muskelarten, kann auch ein ruhendes Herz durch die verschiedensten Reize zur Kontraktion gebracht werden. Bei Verwendung wechselnder Reizstärken sind die eintretenden Kontraktionen immer gleich groß, d. h. unabhängig von seiner Stärke ruft ein Reiz, wenn er überhaupt wirksam ist, den maximalen Effekt hervor (Alles-oder-Nichts-Gesetz s. S. 34). Machen wir aber einen solchen Versuch, etwa mit gleichstarken elektrischen Reizen an einem ausgeschnittenen, spontan schlagenden Herzen (s. Abb. 19), so erweist sich nicht jeder der gesetzten Reize als wirksam. Während einer Systole und während des Beginns einer Diastole bleibt das Herz unerregbar. Es befindet sich in dem sog. *„Refraktärstadium"*, das durch die vorhergehende Systole bedingt ist. Die Erscheinung des Refraktärstadiums ist an und für sich allen erregbaren Gebilden eigen, spielt aber bei Skeletmuskeln und Nerven praktisch keine Rolle. Das Refraktärstadium ist bei diesen Organen außerordentlich kurz, während es beim Herzen mehrere Zehntel Sekunden dauert. Der Skeletmuskel kann daher, wie schon gezeigt wurde, durch rasch aufeinanderfolgende Reize zu einer langanhaltenden Verkürzung (Tetanus) gebracht werden,

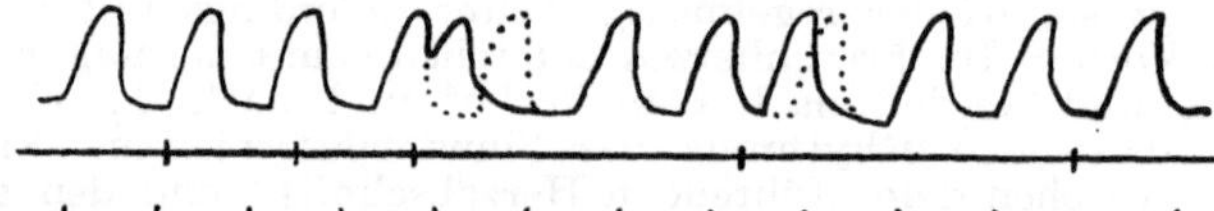

Abb. 19. Refraktärstadium, Extrasystole und kompensatorische Pause. Isoliertes Froschherz. Mitte Reizmarkierung, unten Zeit in Sekunden.

während beim Herzmuskel die lange refraktäre Phase die Entstehung eines Tetanus verhindert; denn ein Reiz wird erst dann wirksam, wenn der Herzmuskel schon wieder weitgehend erschlafft ist. Eine weitere Folge dieses langen refraktären Stadiums besteht beim spontan schlagenden Herzen darin, daß eine durch künstlichen Reiz der Kammer ausgelöste Systole, die als *Extrasystole* bezeichnet wird, von einer besonders langen Herzpause, der *kompensatorischen Pause*, gefolgt wird. Zu dieser kompensatorischen Pause kommt es deshalb, weil der nächste vom Vorhof her übermittelte natürliche Reiz noch in die von der Extrasystole bedingte refraktäre Phase der Kammer fällt, und daher erst der übernächste ankommende Reiz wirksam sein kann. Deshalb ist auch der Abstand zwischen der letzten normalen und der ersten auf die Extrasystole folgenden Systole genau doppelt so groß wie der Abstand von zwei aufeinanderfolgenden normalen Systolen. Durch die kompensatorische Pause wird die „physiologische Reizperiode" aufrecht erhalten.

Extrasystolen können aber auch ohne erkennbare äußere Ursachen spontan auftreten. Sie spielen in der Pathologie des menschlichen Herzens eine wichtige Rolle. Treten solche Extrareizbildungen im KEITH-FLACKschen Knoten auf, so werden die Extraerregungen wie normale Erregungen vom Vorhof nach der Kammer übergeleitet. Kommt es aber zur Extrasystole infolge Wirksamwerden sekundärer Reizbildungszentren im Reizleitungssystem, so bleibt die Extrasystole auf die Herzkammer beschränkt. Dementsprechend unterscheidet man je nach dem Sitz ihres Ursprungs Vorhof- und Kammerextrasystolen. Weiter spielt in der Pathologie des Herzens eine bedeutende Rolle die als „Block" bezeichnete Erscheinung: trotz normaler Reizentstehung im führenden Zentrum wird nicht jeder Reiz vom Vorhof zur Kammer geleitet. Häufig erfolgt das Ausbleiben der Reizleitung dann derart regelmäßig, daß etwa jede vierte oder dritte Kammersystole ausbleibt. Zum genauen Erkennen der Art dieser und anderer Störungen im Reizbildungs- und Reizleitungssystem dient das *Elektrokardiogramm*, d. h. die Aufzeichnung der mit dem Erregungszustand des Herzens einhergehenden elektrischen Veränderungen. Die Kurve des

Elektrokardiogramms (s. Abb. 20) wird allgemein so gedeutet, daß die P-Zacke dem Beginn einer Vorhofkontraktion entspricht, der Komplex QRS dem Beginn und die Zacke T dem Ende der Kammersystole. In Übereinstimmung hiermit finden wir das Verhalten der gleichzeitig in Abb. 20 mitregistrierten Pulskurve, die erst ansteigen kann, wenn das Blut aus der Kammer in das Arteriensystem gepreßt worden ist.

Eine noch größere Bedeutung als die Elektrokardiographie besitzt für die Erkennung der Herzkrankheiten die „Auskultation" (Behorchen des Herzens mit dem Stethoskop, Höhrrohr). Normalerweise hört man an den Teilen der Brustwand, die direkt über dem Herzen liegen, bei jedem Herzschlag zwei kurze, aufeinanderfolgende Töne. Der erste Herzton, der zeitlich mit dem Beginn der Kammersystole zusammenfällt, soll z. T. durch das Schließungsgeräusch der Atrioventrikularklappen, z. T. durch die plötzliche Spannungszunahme der Ventrikelwand (Muskelton) bedingt sein. Der zweite Herzton zu Beginn der Diastole wird auf den Schluß der Semilunarklappen zurückgeführt. Bei dieser Entstehungsweise der normalen Herztöne ist es selbstverständlich, daß sie an den Brustwandstellen, die über den Herzklappen gelegen sind, besonders deutlich gehört werden. Noch mehr gilt dies von pathologischen Herztönen und -geräuschen, die meist durch ungenügenden Schluß oder

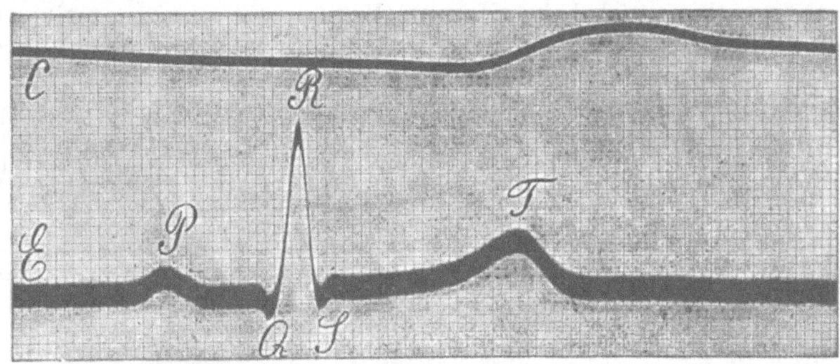

Abb. 20. Menschliches Elektrokardiogramm (E). Oben Pulskurve (C) der Carotis. Zeit in $^1/_{100}$ Sek. (Aus ↓EINTHOVEN: Die Aktionsströme des Herzens. Handb. der norm. u. path. Physiologie. Bd. VIII/2. Berlin: Julius Springer 1928.)

schlechte Öffnungsmöglichkeit der Klappen infolge von Verwachsungen usw. bedingt sind. Durch genaue Feststellung der Stelle des deutlichsten Auftretens eines pathologischen Herzgeräusches kann daher der Sitz einer krankhaften Veränderung ermittelt werden. Für die Herzdiagnostik ist weiterhin wichtig die Feststellung der Herzgröße durch „Perkussion" (Beklopfung) der Brustwand und die Bestimmung der Lage des Herzspitzenstoßes. Der Schall, der beim Abklopfen der Brustwand entsteht, ist verschieden, je nachdem, ob sich direkt unter der beklopften Brustwandstelle lufthaltiges Gewebe (Lunge) oder eine kompakte Masse (bluthaltiges Herz) befindet. Der Herzspitzenstoß entsteht bei der Systole der Herzkammern dadurch, daß sich das systolische, harte Herz infolge seiner topographischen Lage und der Aufhängung seiner Basis an den großen Gefäßen „aufbäumt" und gegen die Thoraxwand schlägt. Man fühlt normalerweise den Spitzenstoß meist links, einwärts der Mammillarlinie im fünften Intercostalraum.

Während das isolierte Herz mit erstaunlicher Präzision über lange Zeiträume mit immer gleichbleibender Frequenz und Leistung arbeitet, finden wir, daß das Herz im Organismus wechselnde Frequenz und Arbeitsleistung aufweist. Geschehnisse in anderen Teilen des Organismus wirken sich auf das Herz aus. In erster Linie handelt es sich hierbei um durch die **Herznerven** vermittelte Einflüsse. Das Herz steht in ähnlicher Weise wie viele andere innere Organe mit beiden Teilen des autonomen Nervensystems in Verbindung. Die parasympathische Innervation erfolgt durch die Herzzweige der beiden Nn. vagi, die sympathische Innervation durch die Nn. accelerantes, deren Fasern aus den Ganglia stellata beider Grenzstränge stammen. Durchschneidet man bei einem Versuchstier gleichzeitig beide Vagi, so tritt deutliche Vergrößerung der Herzschlagfrequenz auf.

Umgekehrt führt alleinige Ausschaltung beider Nn. accelerantes zu einer Minderung der Frequenz. Reizversuche an den peripheren Nervenstümpfen bestätigen, daß eine durch den Accelerans zum Herzen geleitete Erregung dort die autonome Reizerzeugung steigert, während umgekehrt Vagusreizung die Automatie des Herzens hemmt, d. h. die Frequenz mindert, unter Umständen bei stärkster Reizung sogar die Reizentstehung mehr oder minder völlig unterdrückt (Abb. 21).

Die Einflüsse der Herznerven, die, wie wir später sehen werden, bei der Regulierung des Kreislaufes eine große Rolle spielen, beschränken sich nicht allein auf die Frequenz. Dieser Einfluß ist nur technisch am einfachsten zu demonstrieren. Es lassen sich genau so Einflüsse auf die beim Herzschlag entwickelte Kraft, auf die Reizüberleitung vom Vorhof zur Kammer und auf die Erregbarkeit des Herzmuskels nachweisen. Entsprechend der beim autonomen Nervensystem zu beobachtenden allgemeinen Gesetzmäßigkeit ist die Wirkung von Vagus- bzw. Sympathicusreizung bezüglich dieser verschiedenen Effekte am Herzen immer eine antagonistische, d. h. eine gegensätzliche. Die Wirkung des Parasympathicus ist beim Herzen (Vagus) stets eine negative, d. h. die Tätigkeit mindernde oder hemmende, während die des Sympathicus (Accelerans)

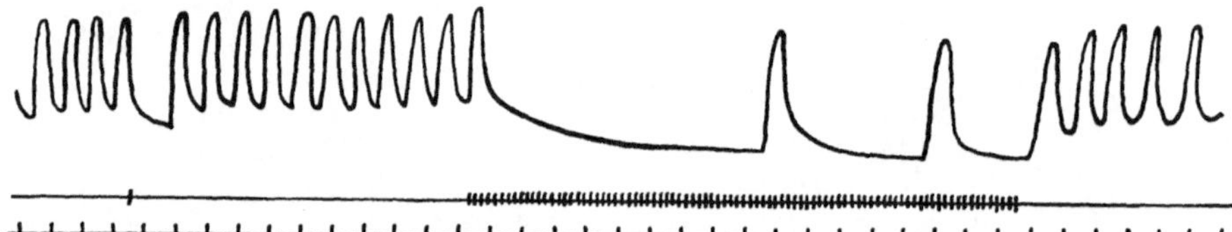

Abb. 21. Vagusreizwirkung beim Aalherzen. Mitte Reizmarkierung, unten Zeit in Sekunden.

eine positive, d. h. eine steigernde oder fördernde ist. Reflektorisch ausgelöste Vagus- und Acceleranswirkungen spielen, wie wir noch sehen werden, bei der Kreislaufregulation eine große Rolle. Daneben können aber von der Körperoberfläche und von den Eingeweiden als receptorischen „Feldern" durch starke mechanische Einwirkungen (z. B. Stoß vor den Bauch) Vagusreflexe und damit Herzstillstand oder Verlangsamung ausgelöst werden. Auch das Großhirn ist nicht ohne Einfluß auf die Herztätigkeit; uns allen ist die Herzverlangsamung bei Schreckerlebnissen bekannt. Es gibt vereinzelt Menschen, die willkürlich durch lebhafte Vorstellung von Schrecksituationen indirekt ihre Herztätigkeit beeinflussen können.

Neben dieser Wirkung der Herznerven wird aber die Herztätigkeit noch auf andere Weise durch das Geschehen in anderen Teilen des Organismus beeinflußt und zwar durch den Transport von dort entstandenen Stoffwechselprodukten (Kohlensäure, Acetylcholin, Histamin usw.) mit dem Blut nach dem Herzen, wo sie direkt ihre Wirkung entfalten können. Am besten bekannt und von größter Bedeutung ist die Wirkung des in dem Nebennierenmark gebildeten Hormons Adrenalin (s. d.), dessen Wirkung auf das Herz weitgehend einer Sympathicusreizung ähnelt.

Infolge aller dieser Einflüsse sind Frequenz wie Arbeitsleistung des Herzens durchaus wechselnde. In der Ruhe gelten als normale menschliche Herzfrequenz 70 Schläge pro Minute beim Mann, 80 bei der Frau. Es besteht Abhängigkeit vom Lebensalter (beim Neugeborenen etwa 150, Kind von einem Jahr 125, bei 10 Jahren 90, bei 15 Jahren 80 Schläge pro Minute). Die mit einem Herzschlag unter normalen Verhältnissen während der Ruhe von jeder Kammer ausgeworfene Blutmenge (*Schlagvolumen*) beträgt im Mittel 65 ccm, demzufolge das

Minutenvolumen, d. h. die in einer Minute von einer Kammer geförderte Blutmenge, ungefähr 4 Liter. Da diese Blutmenge nur wenig geringer ist als die gesamte Blutmenge, so ergibt sich, daß die mittlere Umlaufzeit des Blutes nicht viel mehr als eine Minute betragen kann, d. h., daß in dieser Zeit als Mittelwert ein Blutkörperchen sowohl seinen Weg durch den großen wie durch den kleinen Kreislauf nimmt.

C. Gefäßsystem.

Das aus dem Herzen austretende Blut legt seinen Kreislauf bei den Wirbeltieren in einem geschlossenen Gefäßsystem, das aus Röhren verschiedener Weite und verschiedener Wandbeschaffenheit besteht, zurück. Man unterscheidet die vom Herzen fortführenden Arterien, in denen das Blut unter hohem Druck steht, die daher dickwandig und elastisch sind, von den Venen, die, dünnwandig und leicht dehnbar, das Blut nach dem Herzen zurückleiten. Zwischen dem Arteriensystem und dem Venensystem ist ein Netz feinster Haargefäße, das Capillarsystem, eingeschaltet, dessen Funktion im Mittelpunkt aller Kreislaufvorgänge steht; denn hier findet der Stoffaustausch mit den Geweben statt. Obwohl das gesamte Gefäßsystem sich nicht aktiv an der Fortbewegung des Blutes beteiligt, spielt der wechselnde Funktionszustand des ganzen Systems oder einzelner Bezirke desselben eine große Rolle für die Blutversorgung der verschiedenen Teile des Organismus. Sieht man von der wechselnden Weite der einzelnen Gefäße und von der Tatsache ab, daß die Gefäße *elastische* Röhren sind, so gelten für den Kreislauf die gleichen Gesetze wie für ein starres Röhrensystem, das etwa von einer Pumpstation oder von einem Hochbehälter Flüssigkeit erhält und verteilt. Gleichbleibende Rohrweiten vorausgesetzt muß infolge des Reibungswiderstandes an den Wänden mit der Entfernung vom Ausgangspunkt der im Rohr herrschende Druck abnehmen. Da der Widerstand von der Weite der Röhren abhängt, ist diese Druckabnahme bei dünneren Röhren größer als bei weiteren. Wird eine Flüssigkeit von einem Hauptrohr aus, das sich dann in Zweigrohre aufspaltet, von denen wieder viele Verteilungsröhren abgehen, verteilt, so geht durch das Hauptrohr in der Zeiteinheit dieselbe Flüssigkeitsmenge wie durch die Gesamtheit der Zweigröhren und der Verteilungsröhren. Die Geschwindigkeit der Flüssigkeitsbewegung in diesen einzelnen Abschnitten ist also allein abhängig von dem Gesamtquerschnitt derselben. Nimmt mit fortschreitender Aufspaltung des Systems der Gesamtquerschnitt nicht zu, sondern bleibt konstant, so ist die Geschwindigkeit der Flüssigkeit im ganzen System überall gleich groß. Diese Bedingung ist nur selten in der Technik verwirklicht und ist erst recht nicht beim Gefäßsystem erfüllt. Hier nimmt die Gesamtweite im arteriellen System mit der Aufteilung in feine und feinste Arterien zu, erreicht im Capillargebiet ein sehr hohes Maximum, nimmt in den Venen herzwärts wieder ab, ohne den Ausgangswert zu erreichen. Dementsprechend muß die Blutgeschwindigkeit in den Capillaren am geringsten und in den herznahen Arterien am höchsten sein. Für ein kleines Gebiet des Kreislaufs, dem der Arteria mesenterica superior (Hund), werden diese sich aus der Aufspaltung der Gefäße ergebenden Verhältnisse in umstehender Tabelle (S. 74) erläutert.

Die meisten Gefäße besitzen infolge der zirkulären glatten Muskeln in ihren Wandungen die Fähigkeit, ihren Durchmesser zu verändern. Die vasokonstriktorischen Nerven entspringen im allgemeinen als präganglionäre sympathische Fasern aus dem ersten Thorakal- bis fünften Lumbalsegment des Rückenmarks, und die postganglionären Fasern mischen sich den spinalen Nerven bei. Der Ursprung der vasodilatatorischen Fasern ist nicht einheitlich. Ein Teil derselben, besonders die für das Kopfgebiet und für die Herz- und Lungengefäße sind para-

Gefäßabschnitt	Zahl der Gefäße	Gesamt-querschnitt qcm	Geschwindigkeit des Blutes cm/sec.
Mesenteric. sup.	1	0,07	16,8
Hauptzweige	45	0,13	9,3
Darmarterien	26 640	0,57	2,1
Arterien der Zotten	328 500	2,48	0,48
Arteriolen	1 051 000	4,18	0,28
Capillaren der Zotten	47 300 000	23,78	0,05
Venen der Zotten	2 102 400	11,59	0,1
Venen der Submucosa	131 400	5,80	0,2
Darmvenen.	18 000	0,93	1,3
Hauptäste der Mesenterialvene	45	0,79	1,5
Mesenterialvene.	1	0,28	4,2

sympathischen Ursprungs, bei anderen handelt es sich um Fasern, die mit den vorderen Wurzeln das Rückenmark verlassen, für einen Teil des Gefäßgebietes ist der Verlauf der vasodilatatorischen Fasern noch unbekannt. Von großer Bedeutung für die Gefäßweite ist auch der Gehalt des Blutes an Adrenalin.

1. Arterien.

Dem Bau nach werden Arterien vom elastischen und vom muskulären Typ unterschieden. Nur die großen Arterien: Aorta, Carotiden, Subclavien, Anfangsteil der Iliacae communes sowie die Arteriae pulmonales gehören dem ersteren

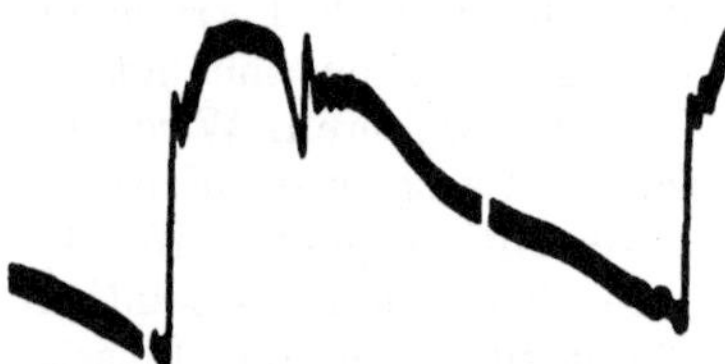

Abb. 22. Druckablauf in der Aorta beim Hund. Nach FRANK. (Aus FREY, W.: Der arterielle und capillare Puls. Handb. der norm. u. path. Physiologie, Bd. VII/2. Berlin: Julius Springer 1927.)

Typ an. Ihnen kommt vor allem auf Grund ihres elastischen Baus eine ganz bestimmte Funktion für den Kreislauf zu, wegen der sie auch als „Windkessel" des Gefäßsystems bezeichnet werden. Genau so, wie durch den Windkessel einer Feuerspritze der rhythmische Ausfluß der Pumpe in einen beständigen Wasserstrahl verwandelt wird, wird durch die Elastizität der Hauptarterien die durch die Herztätigkeit verursachte rhythmische Blutbewegung in eine mehr oder minder kontinuierliche verwandelt. Die durch jede Kammersystole in die Aorta gelangende Blutmenge, die infolge des großen Reibungswiderstandes in den feinsten Arterienendzweigen (Arterioli) nicht so rasch abfließen kann, führt zu einer Vergrößerung des Lumens der großen Arterien und erhöht so die elastische Wandspannung derselben. Während der Diastole und der Herzpause treibt die erhöhte elastische Spannung den Rest des von der letzten Systole stammenden Blutes weiter nach der Peripherie. Dementsprechend sehen wir auch, daß abhängig von der Wandspannung der Druck in der Aorta mit jeder Systole plötzlich stark ansteigt und dann langsam absinkt, bis die nächste Systole den Druck wieder erhöht. Die so entstehenden Druckschwankungen können mit Hilfe einer eingebundenen Kanüle mit angeschlossenem Manometer registriert werden (Abb. 22). Maximum und Minimum der Blutdruckkurve werden auch als „systolischer" und „diastolischer" Druck bezeichnet. Steht das Herz plötzlich still (z. B. Vagusreizung), so sinkt der Blutdruck immer weiter, bis die Elastizität der Aortenwand erschöpft ist; bis zu diesem Zeitpunkt verläßt aber auch immer noch Blut das Arteriensystem.

An der Windkesselwirkung sind auch die muskulären Arterien, wenn auch
in geringerem Ausmaß beteiligt. Das „Pulsfühlen" ist ja in erster Linie Be-
fühlung der im Rhythmus der Herztätigkeit wechselnden Dicke der Arteria
radialis. Aber diese muskulären Arterien halten dem Blutdruck nicht das Gleichgewicht durch elastische Fasern, sondern durch die in ihrer Wand eingelagerten
glatten Muskeln. Mit zunehmender Stärke des Kontraktionszustandes wird
beim gleichen Blutdruck die Weite der muskulösen Arterien immer kleiner,
während zwischen der Weite der elastischen Arterien und dem Blutdruck eine
feste, unabänderliche Beziehung besteht. Verengern viele muskulösen Arterien
des Kreislaufs gleichzeitig ihr Lumen (allgemeine Sympathicusreizung oder
Adrenalinausschüttung), so steigt infolge des gesteigerten Gefäßwiderstandes
der Blutdruck in der Aorta, und die Herztätigkeit ist erschwert. Häufig erfolgt
eine Erweiterung einer einzelnen Arterie, die ein bestimmtes Gebiet versorgt,
während andere Arterien sich etwas verengern. Hierdurch erhält, wenn Aortendruck und Herzarbeit gleichbleiben, das von der erweiterten Arterie versorgte
Capillargebiet mehr Blut auf Kosten der Gebiete der verengten Arterien.

Der in den Arterien der Peripherie herrschende Blutdruck ist wegen des
geringen Reibungswiderstandes in den großen Arterien nur wenig niedriger als
in der Aorta. Beim Menschen kann der Blutdruck (meist der der Arteria brachi-

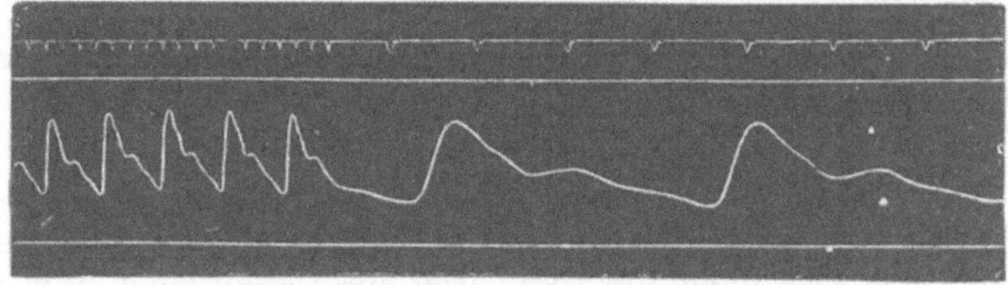

Abb. 23. Puls der Arteria radialis. Zeit in ¹/₅ Sekunden. Nach v. FREY.

alis) durch die unblutige Methode von RIVA-ROCCI ermittelt werden. Man bestimmt den Druck, der auf die Oberarmarterie ausgeübt werden muß, um den
Puls in der Arteria radialis zum Verschwinden zu bringen. Durch Kunstgriffe
kann auch in ähnlicher Weise der diastolische Blutdruck gemessen werden. Bei
gesunden Personen zwischen 20 und 30 Jahren beträgt der so ermittelte systolische
Blutdruck im Mittel 110—130 mm Hg, der diastolische 70—90 mm Hg. Mit
zunehmendem Alter steigt er bei gesunden Personen nur wenig an. Bei Frauen
ist der Blutdruck in der Regel niedriger als bei gleichaltrigen Männern.

Bei der Pulsbefühlung durch den Arzt handelt es sich in erster Linie um die
Erfassung einiger Grundeigenschaften des Pulses, die Rückschlüsse auf den Funktionszustand des Herzens und des Gefäßsystems gestatten. Neben der Frequenz ist festzustellen, ob der Rhythmus regelmäßig ist und ob Extrasystolen auftreten. Weiter
ist von Wichtigkeit, ob die einzelnen Pulsschläge gleichmäßig stark und ob sie groß
oder klein sind, eine Angabe, die sich auf die Zunahme der Arteriendicke während
des Pulsschlages bezieht. Auch die Geschwindigkeit der Dehnung des Arterienrohrs
ist für den Arzt von Bedeutung (schnellender oder gedehnter Puls). Ferner interessiert
ihn die Spannung des Pulses, d. h., ob er leicht unterdrückt werden kann, zu welchem
Zweck bei der kunstgerechten Pulspalpation zentralwärts von dem palpierenden
Zeigefinger der Mittelfinger einen Druck auf die Radialis ausübt. Da sich die rein
palpatorische Pulsuntersuchung oft als nicht hinreichend erweist, sind zur Registrierung
mannigfaltige Apparate (Sphygmographen) konstruiert worden. Abb. 23 zeigt ein
so gewonnenes Sphygmogramm einer normalen Versuchsperson. Es ähnelt, wie nicht
anders zu erwarten, der Blutdruckkurve in der Aorta (s. Abb. 22). Hier wie dort
fällt auf, daß der Abfall der Kurve nicht einheitlich ist, sondern durch den „dikrotischen"
Nachschlag unterbrochen wird. Zwei Ursachen werden zur Erklärung dieser Erscheinung
herangezogen. Einmal sollen beim Übergang der Kammersystole in die Diastole die
sich schließenden Semilunarklappen, die dann nur noch von der Aorta her unter

Druck stehen, nach der Kammer hin zurückweichen, wodurch es zu einer vorübergehenden Druckabnahme in der Aorta kommt. Ferner wird die systolisch bedingte, als Pulswelle sich fortpflanzende Druckerhöhung im Arteriensystem von der Peripherie, wo sie gegen den enormen Widerstand der kleinsten Arterien stößt, z. T. reflektiert, was zu einer sekundären Erhebung sowohl in der Blutdruckkurve als auch in der Pulskurve führen muß.

Bei genauer Aufschreibung von Blutdruck oder Puls bei gleichzeitiger Registrierung der Atembewegungen, zeigt sich, daß die Mittellage der pulsatorischen Druckschwankungen wie auch die Herzfrequenz von der Atmung etwas beeinflußt werden (s. rechtes Kurvenende der Abb. 26). Der beinahe immer zu beobachtende Anstieg des mittleren Blutdrucks mit der Einatmung und sein Abfall mit der Ausatmung sind zum größten Teil mechanisch bedingt. Hingegen wird die bei manchen Menschen sehr deutliche, inspiratorische Beschleunigung der Herzfrequenz auf durch Dehnung der Lunge ausgelöste Herznervenreflexe zurückgeführt.

Die Geschwindigkeit, mit der sich die systolische Druckwelle, der Puls, vom Herzen her nach der Peripherie fortpflanzt, ist sehr groß, etwa 9 m/sec. Mit dieser Geschwindigkeit, die allein durch die elastischen Eigenschaften der Arterien bedingt ist, steht die Geschwindigkeit der Blutbewegung im arteriellen System in keinem direkten Zusammenhang. Die Fortbewegung des Blutes ist eine viel langsamere, wie schon aus den in der Tabelle auf Seite 74 mitgeteilten Zahlen hervorgeht. Selbst für die Aorta sind nur Strömungsgeschwindigkeiten von 50—70 cm/sec ermittelt worden. Die mittlere Blutgeschwindigkeit im arteriellen System dürfte etwa 20 cm/sec betragen, so daß ein rotes Blutkörperchen höchstens 5—6 Sekunden benötigt, um vom Herzen bis zum Capillargebiet zu gelangen.

2. Capillaren.

Im Gegensatz zu den histologisch aus mehreren Schichten aufgebauten Arterien und Venen bestehen die Capillaren im wesentlichen nur aus einem sehr dünnwandigen Endothelrohr, das dem Stoffaustausch zwischen Blut und Gewebszellen kaum einen Widerstand bietet. In allen Geweben bilden diese Capillaren ein enges Netz, so daß alle Gewebszellen, wenn sie nicht direkt mit einer Capillare in Berührung stehen, so doch von ihr nur durch ganz wenige Zellen getrennt sind, durch die die auszutauschenden Stoffe diffundieren müssen. Je nach der Gewebsart ist der Aufbau des Capillarnetzes ein etwas verschiedener; als Beispiel ist in Abb. 24 die Capillarversorgung einer Darmzotte dargestellt. Gerade dort ist die enge Beziehung zwischen den Epithelzellen der Zotten und dem Blutgefäßsystem für die Resorption (s. diese) außerordentlich wichtig. Ungefähr ein Drittel der Epithelzellen können die durch sie hindurchgewanderten Stoffe unmittelbar an eine Capillare abgeben. Zur Begünstigung der Diffusion der Stoffe aus dem Blut ins

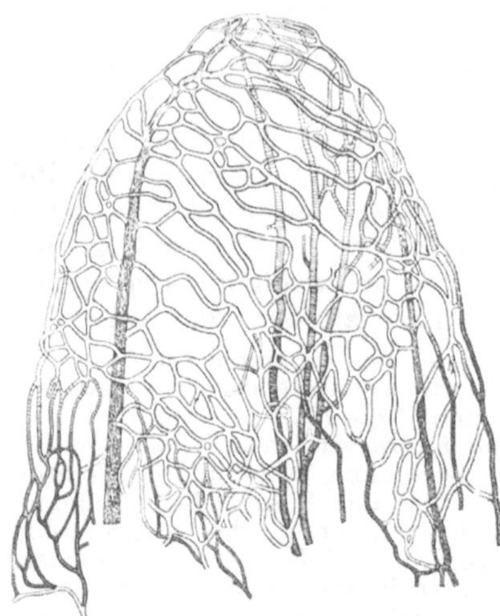

Abb. 24. Zotte aus dem Kaninchendünndarm mit dem Capillarnetz einer Seite. (Nach KROGH: Anatomie und Physiologie der Capillaren, 2. Aufl. Berlin: Julius Springer 1929.)

Gewebe und umgekehrt ist der Durchmesser der einzelnen Capillare klein, so daß bezogen auf die durchfließende Blutmenge die Oberfläche relativ groß ist. Der Durchmesser der roten Blutkörperchen fordert, daß die Capillaren etwa eine Mindestweite von 8 μ haben müssen, um gerade noch ein Durchpressen der einzelnen roten Blutkörperchen zu gestatten. In der Tat weisen die Capillaren dementsprechend meist einen Durchmesser von 8—12 μ auf.

Bei längerer mikroskopischer Beobachtung der Capillardurchströmung lebender Gewebe (z. B. Schwimmhaut, Zunge und Mesenterium des Frosches, Nagelfalz oder Zahnschleimhaut des Menschen) erkennt man, daß die Weite der einzelnen Capillaren außerordentlich veränderlich ist. Man kann häufig sehen, wie Capillaren, die bisher den Blutstrom gut durchließen, sich schließen, während an anderen Stellen des Gesichtsfeldes bisher geschlossene Capillaren plötzlich sichtbar werden. Diese Erweiterung und Verengerung der Capillaren ist völlig unabhängig vom Blutdruck und wird durch Adventialzellen, die dem capillaren Endothelrohr in Abständen aufgelagert sind, bedingt. Die Zahl der offenen Capillaren ist in einem tätigen Organ wesentlich höher als in dem gleichen Organ während der Ruhe. Für den Muskel sind diese Verhältnisse am leichtesten zahlenmäßig festzustellen. So fand man, daß die Capillaroberfläche pro 1 ccm Meerschweinchenmuskel in der Ruhe 3 qcm und während Arbeitsleistung 360 qcm beträgt. Diese enorme Vermehrung der offenen Capillaren ist einmal auf den direkten Reiz der durch die Muskeltätigkeit gebildeten Stoffwechselprodukte auf die Capillaren zurückzuführen, ferner spielen auch Nerveneinflüsse eine Rolle, die sich meist gleichzeitig auf die zuführenden Arterien und die Capillaren erstrecken, die wie alle Gefäße von einem feinen Nervennetz, das mit dem autonomen System in Verbindung steht, umgeben sind.

Im Experiment läßt sich sehr leicht durch feine mechanische Reize Erweiterung der Capillaren in einem viel größeren Bezirk als dem gereizten hervorrufen; dies wird als ein reflexähnliches Geschehen in dem die Capillaren umgebenden Nervennetz (s. Axonreflex S. 53) gedeutet. Bei starken mechanischen Reizen und bei Giftwirkungen (Bakterien) können nicht nur alle Capillaren des betroffenen Gebietes sich öffnen, sondern die einzelne Capillare erweitert sich über die Norm bis auf 20 μ Durchmesser und mehr. Infolge der vielen weit offenen, lebhaft von Blut durchflossenen Capillaren erscheint das betroffene Gewebe stark gerötet; man kann diesen „hyperämischen" Zustand als den Beginn einer Entzündung bezeichnen. Wesentlich für eine echte Entzündung ist aber, daß weiße Blutkörperchen in großer Anzahl, mehr aus den feinsten Venen als aus den eigentlichen Capillaren durch kleinste Stigmen in der Venenwand in die intracellulären Spalträume, die häufig schon infolge anormaler Permeabilität der Capillarendothelien prall mit Intracellularflüssigkeit angefüllt sind, auswandern (Diapedese).

Die Länge einer einzelnen Masche im Capillarnetz beträgt beim Menschen etwa 0,5 mm. Die mittlere Entfernung, die ein rotes Blutkörperchen vom Ende des arteriellen Systems (Arterioli) bis zum Beginn des Venensystems zurücklegt, beträgt gegen 1,1 mm. Bei normalen Kreislaufverhältnissen erfolgt die Durchströmung in den Capillaren völlig oder fast völlig gleichmäßig mit einer Geschwindigkeit von etwa 0,6 mm/sec. Wie günstig bei dieser langsamen Durchströmung die Verhältnisse für den Stoffaustausch zwischen Blut und Geweben sind, ergibt sich daraus, daß 1 cmm Blut bei dieser Geschwindigkeit und einem Capillardurchmesser von 10 μ gegen 5 Stunden zum Durchgang durch eine Capillare benötigt. Trotz dieses langsamen Durchtritts des Blutes durch die Capillaren verweilt das einzelne rote Blutkörperchen infolge der Kürze der Capillaren und ihrer unendlich großen Anzahl nur gegen 2 Sekunden im Körpercapillarnetz. Der Blutdruck in den Capillaren ist etwas schwankend, aber gegenüber dem im Arteriensystem außerordentlich niedrig, nur 5—20 mm Hg. Früher nahm man an, daß die starke Druckherabsetzung im Capillarnetz selbst stattfände, heute wissen wir, daß sie vor allem durch die geringe Weite der relativ starrwandigen feinsten Arterien, der Arteriolen, bedingt ist. Die Druckverhältnisse im großen und kleinen Kreislauf werden gut durch das Schema der Abb. 25 veranschaulicht.

3. Venen.

Aus dem niedrigen Blutdruck in den Capillaren ergibt sich schon, daß der Einfluß des Blutes in das Venensystem nur unter geringem Druck stattfinden kann, und daß dieser Druck in der Regel nicht ausreicht, das Blut nach dem Herzen zurück zu befördern. Es ist schon hervorgehoben worden, daß das Herz keine Saugkraft ausübt, es müssen also noch andere Kräfte sich an der Rückbeförderung des Blutes beteiligen. Soweit das Blut nicht aus hoch gelegenen Körperabschnitten der Schwere nach zum Herzen zurückeilt, sind es vor allem die Venenklappen, die zahlreich in den kleinen und mittelgroßen Venen vorkommen und die Möglichkeit für die Blutbewegung unterstützende Einflüsse bieten. Die Klappen öffnen sich nur herzwärts und unterteilen so die Flüssigkeitssäulen in den Venen. Sobald von außen ein Druck auf eine Vene ausgeübt wird, muß die zwischen zwei Klappen befindliche Blutmenge in Richtung des Herzens ausgepreßt werden.

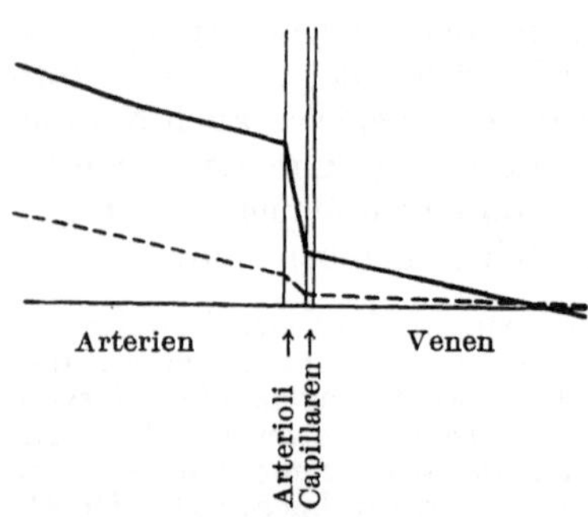

Abb. 25. Die ausgezogene Linie stellt den Blutdruckabfall im Körperkreislauf dar, die gestrichelte den Abfall im Lungenkreislauf. (Nach HESS, W. R.: Die Verteilung von Querschnitt usw. im Blutkreislauf. Handb. der norm. u. path. Physiologie, Bd. VII/2. Berlin: Julius Springer 1927.)

Infolge der anatomischen Lagerung der Venen in Muskelsepten oder zwischen den die Muskelgruppen umfassenden Fascien und der Haut werden durch die Verdickung der Muskeln bei ihrer Verkürzung die Venen ausgepreßt und der Venenkreislauf so unterstützt. In ähnlicher Weise soll die Pulsation der die Venen meist begleitenden Arterien wirken. Aber alle diese Hilfskräfte würden nicht genügen, wenn nicht auf die großen, weichwandigen Hohlvenen der in der Brusthöhle infolge des elastischen Zugs der Lunge (s. diese) ständig herrschende Unterdruck übertragen würde, wodurch dauernd eine ansaugende Wirkung auf das Blut im Venensystem ausgeübt wird. Die Schwankungen dieses Unterdrucks infolge der Atembewegungen stellen im Verein mit den Venenklappen ein in besonderem Maße den Kreislauf förderndes Moment dar. Durch das Zusammenwirken aller dieser Komponenten resultiert schließlich ein recht gleichmäßiger Blutstrom in den Venen nach dem Herzen hin, der nur in den herznahen Venen durch die bei jeder Vorhofsystole entstehende Blutstauung rhythmisch verzögert wird. Man bezeichnet die so bedingte, z. B. an der Jugularis deutlich wahrnehmbare, rhythmische Anschwellung der herznahen Venen als „negativen Venenpuls", da die Pulsationen alternierend zum Carotispuls erfolgen. Es handelt sich hierbei um eine Erscheinung, die mehr oder minder deutlich bei jedem Gesunden beobachtet werden kann. Demgegenüber ist der „positive Venenpuls" eine pathologische Erscheinung, man versteht unter ihm die Pulsation der herznahen Venen synchron mit dem Arterienpuls. Zu einem positiven Venenpuls kommt es vor allem dann, wenn infolge Verwachsungen die Tricuspidalklappen sich bei der Kammersystole nicht völlig schließen, und so ein Teil des Blutes aus der Kammer unter Druck venenwärts ausgepreßt wird.

Die Blutbewegung im Venensystem ist, wie sich schon aus der Größe seines Querschnitts ergibt (s. S. 74), gegenüber dem im arteriellen System eine recht langsame. Wenn wir die mittlere Gesamtumlaufzeit eines roten Blutkörperchens mit etwa 75 Sekunden annehmen, so entfallen etwa $^2/_3$ dieser Zeit auf den großen Kreislauf. Da, wie wir sahen, für den Weg vom Herzen bis zum Capillargebiet etwa 7 Sekunden und für Durchquerung desselben gegen 2 Sekunden benötigt werden, stehen dem roten Blutkörperchen mehr als 40 Sekunden für den Rückweg zum Herzen zur Verfügung.

D. Kreislaufregulierung und Blutreservoire.

Der ständig wechselnde Funktionszustand der einzelnen Organe und des Gesamtorganismus bedingt dauernde Änderungen in der Blutversorgung. Der Kreislauf besitzt mehrere ineinandergreifende Mechanismen, durch die er sich in einem sehr weiten Ausmaß allen Anforderungen anzupassen vermag. Wir wiesen schon früher darauf hin, daß sowohl durch nervöse Beeinflussung der Gefäße wie durch direkte Wirkung von Stoffwechselprodukten auf diese der lokale Kreislauf im tätigen Organ sich sofort den erhöhten Bedürfnissen anpaßt. Solange es sich nicht um starke Vermehrung der Durchströmung eines nicht zu großen Gebietes handelt, braucht der Gesamtkreislauf nicht beeinflußt zu werden, da durch reflektorisch bedingte mäßige Verengerung der zu anderen Gebieten führenden Arterien der Blutmehrverbrauch ausgeglichen werden kann. Selbstverständlich ist dieser Regulierung eine Schranke gesetzt, da nie die Blutzufuhr zu einem Gebiet unter ein Minimum abgedrosselt werden darf und da bei der für den Organismus geltenden Ökonomie die Ruheversorgung eines Gebietes nur wenig über diesem Minimum liegt. Wenn also in irgendwelchen Gebieten, z B. durch starke Muskeltätigkeit, wesentlich erhöhte Ansprüche an die Blutversorgung gestellt werden und sich die zuführenden Arterien maximal erweitern, so müßte, wenn nicht weitere Regulationsmechanismen eingriffen, der arterielle Blutdruck sinken und damit der gesamte Kreislauf notleiden. Die Fähigkeit des Herzens, auch des isolierten, auf vermehrte Beanspruchung erhöhte Arbeit zu leisten, spielt bei dieser Regulierung des Kreislaufs eine wesentliche Rolle. In dem hier gewählten Beispiel wird durch die vermehrte periphere Blutdurchströmung auch mehr Blut von den Venen nach dem Herzen zurückbefördert, wodurch es zu einer stärkeren Füllung der Herzkammern während der Diastole kommt. Ein gesundes Herz ist imstande, bei jedem Füllungszustand seinen Inhalt ohne Zurückhaltung eines merklichen Restvolumens in das Arteriensystem auszutreiben. Durch vermehrtes Blutangebot kann daher das Schlagvolumen bis auf das 2—3fache des Ruhewertes ansteigen. Auch erhöhten Drucken im arteriellen System, die bei starker Arbeitsleistung infolge der vermehrten Kreislaufgeschwindigkeit auftreten, erweist sich das normale Herz völlig gewachsen und kann sie spielend überwinden. Es kann somit allein durch Erhöhung des Schlagvolumens, dem bei unverminderter Schlagfrequenz die Vergrößerung der Minutenvolumens parallel geht, weitgehendste Mehrleistung des Kreislaufs bestritten werden.

Über diese im Herzen selbst gelegene Möglichkeit zur Mehrarbeit hinaus kann aber durch reflektorische Beeinflussung der die Herztätigkeit regulierenden Zentren in der Medulla oblongata über den Accelerans bzw. über die Vagi die Herzarbeit fördernd oder mindernd beeinflußt werden. Es werden hiervon sowohl Frequenz wie Kraftleistung des Herzmuskels betroffen. Vermehrung der Herzschlagfrequenz muß primär selbstverständlich zu einer Vergrößerung des Minutenvolumens führen. Jedoch darf die Frequenzsteigerung nicht zu groß sein, da bei immer kürzer werdenden Herzpausen die Kammern sich schließlich nicht mehr völlig mit Blut vom Vorhof her füllen können, das Schlagvolumen also abnimmt. Diese Abnahme übertrifft bei zu hoher Schlagfrequenz die durch sie bedingte Zunahme, so daß das Minutenvolumen wieder kleiner wird. Je besser der Organismus an große Kreislaufleistungen gewöhnt ist

(Training), um so mehr tritt bei Erhöhung des Minutenvolumens die Vergrößerung des Schlagvolumens gegenüber der Vermehrung der Herzfrequenz in den Vordergrund. Die Steigerung des Minutenvolumens kann maximal das 7—8fache des Ruhewertes betragen. Die Leistung der hierbei oft geforderten großen Arbeit des Herzmuskels wird wesentlich dadurch ermöglicht, daß Faktoren, die wie allgemeine Sympathicusreizung oder Adrenalinausschüttung infolge arterieller Gefäßverengerung den Widerstand im großen Kreislauf vermehren, auf die Coronararterien des Herzens erweiternd einwirken, so daß durch die optimale Blutversorgung des Herzmuskels seine Leistungsfähigkeit noch erheblich gesteigert wird.

Bei diesen so verschiedenen, den Kreislauf beeinflussenden Faktoren, ist es nicht erstaunlich, daß wir einen besonderen Reflexmechanismus finden, der für die Aufrechterhaltung eines annähernd konstanten Blutdrucks in der Aorta sorgt (*Blutdruckzügler*). Als Receptoren dienen auf Druck empfindliche Endigungen zentrifugaler Nerven im Aortenbogen (Depressorreflex) und in den sinusförmigen Erweiterungen der Gabelung der Carotis communis in die Carotis interna und externa

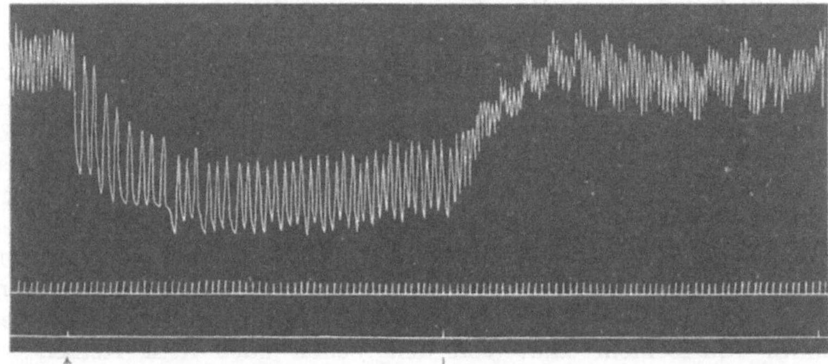

Abb. 26. Blutdruckkurve (Hund). Von ↑ bis ↓ Reizung eines Carotissinusnerven durch starke Druckerhöhung im abgebundenen Sinus caroticus. Zeit bis ¹/₁ Sek. Beachte am rechten Kurvenende die deutlichen, normalen Atemschwankungen des mittleren Blutdrucks. Nach HERING, H. E.: Carotissinusreflexe. Dresden und Leipzig: Th. Steinkopff 1927.

(Carotissinusreflex). Bei normalem Blutdruck werden von diesen Stellen ständig Impulse nach dem Herz- und den Gefäßzentren in der Medulla oblongata geleitet. Mit sinkendem Aortendruck nehmen diese Impulse an Stärke und Zahl ab, mit steigendem zu, wodurch reflektorisch vor allem Accelerans- resp. Vaguserregung (Abb. 26) bedingt wird. Es führt somit in erster Linie veränderte Herzarbeit zur Wiederherstellung des normalen Aortendrucks. Bei sehr starken Druckminderungen infolge von Blutverlusten versagt auch dieser Mechanismus und der Kreislauf wird infolge ungenügender Füllung des Herzens unzureichend. Man kann durch Auffüllung des Kreislaufs mit physiologischer Kochsalzlösung (intravenöse Infusion) die mechanischen Kreislaufbedingungen verbessern, der Blutdruck steigt wieder und die Durchströmungsgeschwindigkeit in den Capillaren ist vergrößert, so daß trotz Verdünnung des Blutes die Sauerstoffversorgung der Gewebe eine bessere wird.

Bei starken Anforderungen an den Kreislauf, bei denen das Minutenvolumen ein Vielfaches des Ruhewertes beträgt, tritt stets eine geringe Druckerhöhung im arteriellen System auf. Diese Erhöhung steht aber in keinem Verhältnis zu dem Mehr der in das Aortensystem geworfenen Blutmenge und weist unter Berücksichtigung aller in Frage kommenden physikalischen Bedingungen darauf hin, daß die zirkulierende Blutmenge gegenüber der Ruhe zugenommen hat. Eine solche Zunahme ist aber, da die Kreislaufumstellungen sehr rasch erfolgen, nur möglich, wenn während der Ruhe nicht die gesamte Blutmenge kreist, sondern ein Teil gespeichert ist. Neuere Untersuchungen haben gezeigt, daß der Organismus der Säugetiere über drei Möglichkeiten der **Blutspeicherung** verfügt. Einmal kann bei relativer Enge der zuführenden Arterien in einem bestimmten Capillargebiet das Capillarnetz weit geöffnet sein, so daß sich in diesem Versorgungsgebiet mehr Blut aufhält, als der Durchströmungsgeschwindigkeit in der Arterie entspricht. In diesem Sinne scheinen beim Menschen die Leber und der subpapilläre Venenplexus der Haut als Blutreservoire wirken zu können. Zweitens kommt der Gesamtheit der mittleren und großen Venen ein Blutspeicherungsvermögen zu. Wie wir sahen, besitzen die Venen einen relativ großen Querschnitt, da der Bluttransport während der Ruhe in ihnen recht langsam ist. Aber durch Arbeitsleistung werden gerade die auf die Blutbeförderung in den Venen einwirkenden Kräfte verstärkt, es kann daher jetzt bis zu einem gewissen Grad ohne Erschwerung des Kreislaufs durch reflektorische Kontraktion der glatten Muskeln in den Venenwänden das venöse Strombett eingeengt werden. Diese Möglichkeiten der Verschiebung von Blutmengen spielen auch eine Rolle, wenn bei Änderungen der Kreislaufbedingungen vorübergehend die von der linken und der rechten Herzhälfte geförderten Blutmengen nicht gleich sind. Es ist aber selbstverständlich, daß immer sehr bald wieder Gleichheit der Fördermenge für beide Herzhälften eintreten muß. Drittens kennen wir in der Milz einen echten Blutspeicher. Bei starker Kreislaufbeanspruchung tritt infolge Splanchnicuserregung Kontraktion der glatten Muskelfasern in der Milz ein, die zu Verringerung des Milzvolumens führt, so daß das in den Sinus der Milz angesammelte Blut dem Kreislauf zugeführt wird. Die von der Milz mobilisierten Blutmengen betragen im Tierversuch bis zu 20% des Gesamtblutes. Beim Menschen ist anscheinend das Speicherungsvermögen der relativ muskelarmen Milz etwas geringer, aber auch bei ihm zeichnet sich das durch sie dem Blutkreislauf zugeführte Blut durch einen besonders hohen Gehalt an roten Blutkörperchen (115—120% des normalen Hämoglobingehaltes) aus, wodurch vor allem die Sauerstofftransportmöglichkeiten des Kreislaufs verbessert werden.

E. Lymphe und Lymphbewegung.

Die Endothelien der Blutcapillaren, die in hohem Grade für die verschiedensten im Blutplasma gelösten Stoffe permeabel sind, sind auch für Wasser durchgängig. Da an und für sich in dem Blutgefäßsystem und in den Geweben derselbe osmotische Druck herrscht, sollte keine sichtbare Flüssigkeitsbewegung erwartet werden. Es findet aber eine solche aus den Capillaren in das Gewebe statt. Diese sich in den Gewebsspalten ansammelnde Flüssigkeit wird als Lymphe bezeichnet. Es muß zur Lymphbildung kommen, weil in den Capillaren ein höherer hydrostatischer Druck herrscht als im Gewebe (Filtration). Der osmotische Druck der intracellulären Flüssigkeit ist im wesentlichen auf kristalloid gelöste Stoffe zurückzuführen. Die Erhöhung der Konzentration gerade dieser Stoffe durch den Zellstoffwechsel ist ein weiterer Anlaß für den Wasserentzug aus dem Gefäßsystem. Als Voraussetzung für den Wasseraustritt durch Filtration muß natürlich der hydrostatische Druck in den Capillaren größer sein als die Differenz zwischen dem kolloidosmotischen Druck des Blutes und dem osmotischen Druck der Intracellularflüssigkeit (s. Harnbereitung).

Durch verschiedene Einflüsse, wie verlangsamten Capillarkreislauf (Stase), durch Störungen im Stoffwechsel oder durch lokale Giftwirkungen kann die Permeabilität der Capillaren für Wasser erhöht werden, und es kommt zu einer prallen Füllung der Gewebsspalten, zu einer Infiltration des Gewebes, einem „Ödem". Solche Ödeme sind je nach den Ursachen allgemeiner oder lokalisierter Natur. Letztere können anscheinend auch durch Nerveneinflüsse bedingt werden. (QUINKEsches Gesichtsödem). Beispiel für ein streng lokalisiertes, durch Giftwirkung bedingtes Ödem ist der frische Schnakenstich. Ferner finden wir jede Entzündung (s. S. 77) sehr bald von einem ausgesprochenen Ödem begleitet.

Die Lymphe wird in den Lymphspalten oder Lymphcapillaren gesammelt, die sich dann zu größeren Lymphgefäßen vereinigen, die zartwandig und stark geschlängelt sind und allmählich an Durchmesser zunehmen. Ähnlich wie die Venen enthalten die Lymphgefäße Klappen, aber wesentlich zahlreicher, so daß ein prall gefülltes Lymphgefäß perlschnurartig anschwillt, da an den Klappen die Lymphgefäße weniger dehnbar sind. Die Fortbewegung der Lymphe erfolgt durch die gleichen Faktoren wie die Bewegung des Blutes in den Venen, nur tritt noch eine peristaltische Bewegung der Wände der Lymphgefäße hinzu. In die Lymphbahnen eingeschaltet sind die Lymphdrüsen, sie bereiten dem Lymphstrom infolge ihrer Bauart ein geringes Hindernis und können durch zahlreiche glatte Muskeln den Drüseninhalt auspressen, wobei wiederum Klappen eine zentripetale Strömung gewährleisten. Fast alle Lymphgefäße münden letzten Endes in den Ductus thoracicus, der in die linke Vena subclavia einmündet und so die ursprünglich aus dem Blute stammende Lymphe wieder ins Blut zurückführt (s. Schema S. 68). Die Fortbewegung der Lymphe ist eine außerordentlich langsame, selbst im Ductus thoracicus beträgt sie nur gegen 3 cm/sec. Die Menge der täglich gebildeten Lymphe ist bisher noch nicht genau ermittelt worden. Im einzelnen Organ nimmt die Lymphbildung mit dem Tätigkeitszustand zu. Die Zusammensetzung der Lymphe im Ductus thoracicus ist, da durch die Darmlymphgefäße ihr während und nach der Verdauung Chylus (s. Resorption) beigemischt wird, eine andere als diejenige der Lymphe der Extremitäten. Dort ist in den Anfängen der Lymphgefäße die Lymphe, verglichen mit dem Blute, eiweißarm (höchstens 2% gegen 8%); sie enthält nur wenig zellige Elemente. Nach dem Durchgang durch die Lymphdrüsen nimmt ihr Eiweißgehalt etwas zu und es finden sich zahlreiche Lymphocyten (gegen 10000 pro 1 cmm). Die Lymphe enthält wie das Blutplasma Fibrinogen und unterliegt daher einem ähnlichen Gerinnungsvorgange.

Bei lokalen infektiösen Entzündungen kommt den in die vom Infektionsherd wegführenden Lymphgefäße eingeschalteten Lymphdrüsen die besondere Aufgabe der Abfangung und Vernichtung der aus dem Infektionsgebiet kommenden Bakterien und sonstigen giftigen Materials zu. Ebenso werden in den Lymphdrüsen die im Entzündungsgebiet aus den Blutgefäßen ausgewanderten Leukocyten, die durch Phagocytose mit Bakterien und Gewebstrümmern beladen sind, angehalten und wahrscheinlich vernichtet. Wir finden daher bei örtlich beschränkten Entzündungen häufig die Lymphwege vom Entzündungsherd bis zu den „lokalen" Lymphdrüsen, einschließlich dieser, angeschwollen und schmerzhaft. Zentral von den Lymphdrüsen ist aber nichts von Entzündung erkennbar. Die Lymphdrüsen schützen so den Körper vor einer allgemeinen Infektion.

V. Hormonale Regulation und Hormone.

Im lebenden Organismus spielen sich eine Reihe von verschiedenen Organtätigkeiten neben- und miteinander ab. Die Funktionen dieser Organe sind anscheinend so aufeinander abgestimmt, daß jeweils ein für den Organismus optimaler Zustand erreicht wird. Dies setzt aber Regulationsmechanismen und Organsysteme voraus, welche die einzelnen Organe miteinander in Verbindung setzen oder die durch ihre Tätigkeit dazu beitragen, daß die Einzeltätigkeiten zu einer funktionellen Einheit zusammengefaßt werden können. Eine solche Zusammenfassung und einheitliche Regelung der Körperfunktionen wird durch das Zentralnervensystem herbeigeführt. Eine andere Verbindung der einzelnen Organe wird durch den Blutkreislauf vermittelt, durch den die in einem Organ gebildeten Substanzen den anderen Organen zugeführt werden und ihre Funktion beeinflussen können. Man stellt deshalb diesen Mechanismus der Übertragung als „humorale" Regulation der nervösen Regulation gegenüber. Dem Organismus steht ein Weg zur Verfügung, die humorale Regulierung besonders wirkungsvoll zu machen und zwar durch die Bildung von besonderen Stoffen, denen eine solche regulierende Tätigkeit zukommt: die humorale Regulation wird zur hormonalen.

Im Körper finden wir eine Anzahl von Organen mit drüsigem Bau, die dadurch gekennzeichnet sind, daß sie ihr Sekret nicht durch Ausführungsgänge nach außen entleeren, sondern unmittelbar in die Blutbahn abgeben: *innersekretorische Drüsen*. Das Sekret dieser Drüsen, auch Inkret genannt, ist durch eine von Drüse zu Drüse wechselnde, stets aber hohe physiologische Wirksamkeit ausgezeichnet, so daß sein Eintritt ins Gefäßsystem ganz bestimmte Änderungen der Funktion eines oder einer Reihe von Organen zur Folge hat. Ebenso ist auch ein Mangel an diesen Inkreten für den Organismus von höchster Bedeutung, weil er zu den schwersten Funktionsstörungen führt. In den Inkreten sind ganz bestimmte Substanzen die Träger der physiologischen Wirkung. Sie werden, da sie an Orten ihre Wirksamkeit entfalten, die ihren Bildungsstätten ferngelegen sind, als **Hormone** bezeichnet (hormao = ich errege). Die chemische Struktur ist bisher erst für wenige Hormone bekannt. Die wichtigsten Organe der Hormonbildung sind Schilddrüse, Hypophyse, Nebennieren, Keimdrüsen und Pankreas, daneben aber auch noch eine Reihe anderer Drüsen.

Die Feststellung und Beurteilung der hormonalen Bedeutung eines Organs und die Prüfung der aus ihm hergestellten Auszüge auf ihre hormonale Wirksamkeit sind in erster Linie Fragen einer geeigneten Methodik. Die Aufgabe der Untersuchung besteht einmal darin, nach der Entfernung eines hormonbildenden Organs charakteristische Veränderungen (Ausfallserscheinungen) in der Funktion des Organismus zu finden. Daher ist das Tierexperiment eine unerläßliche Voraussetzung der Hormonforschung. Der Zusammenhang der beobachteten Veränderungen mit dem entfernten Organ kann als erwiesen gelten, wenn es gelingt, die Ausfallserscheinungen dadurch zu beseitigen, daß dieses Organ an anderer Stelle im Organismus implantiert wird. Die zweite Aufgabe ist die Prüfung der aus den Drüsen hergestellten Extrakte oder chemisch definierten Körper auf ihre Wirksamkeit; auch sie stützt sich auf das Verschwinden der Ausfallserscheinungen. Der dritte wichtige Punkt ist die Beurteilung der Wirkungsstärke von Hormonpräparaten. Diese geschieht an Hand solcher Hormonwirkungen, bei denen der beobachtete Ausschlag in einem quantitativen Zusammenhang mit der injizierten Hormonmenge steht. Wir besitzen heute derartige Tests für die meisten Hormone, z. B. die Blutdrucksteigerung nach Adrenalin, die Blutzuckersenkung nach Insulin, das Wachstum des Hahnenkamms in Abhängigkeit von der Zufuhr von männlichem Sexualhormon usw.

A. Die Schilddrüse.

Die Bedeutung der Schilddrüse ergibt sich am klarsten aus den bei ihrem Fehlen nachweisbaren Ausfallserscheinungen. Diese können in verschiedener Weise bedingt sein. Es sind Fälle von angeborenem Schilddrüsenmangel bekannt. Häufig werden bei Vergrößerung der Schilddrüse (Struma oder Kropf) Teile dieses Organs entfernt. Bei den ersten dieser Operationen, die zu einer Zeit ausgeführt wurden, als man die Bedeutung der Drüse für den Organismus noch nicht kannte, traten außerordentlich schwere Störungen auf, die sich später teils auf den völligen Verlust der Schilddrüse, teils auf die Beseitigung der in die Schilddrüse eingelagerten Epithelkörperchen zurückführen ließen. Schließlich kann es

beim Menschen auch allmählich zu einer Entartung der Schilddrüse und damit
zu Funktionsstörungen kommen. Bei angeborenem Schilddrüsenmangel und auch
bei dem nach Störung der Schilddrüsenfunktion auftretenden *Myxödem* wird
eine starke Wachstumshemmung besonders der Knochen beobachtet, die um so
stärker ist, je früher die Erkrankung beginnt. Die Epiphysenknorpel verknöchern
erst sehr spät, und es kommt zu einem ausgesprochenen Zwergwuchs. Ferner ist
das Wachstum der Schädelbasis gestört, so daß durch Verkürzung der Schädelbasis die Nasenwurzel eingezogen erscheint. Im Zusammenhang mit den Wachs-
tumsstörungen am Knochensystem steht auch die verspätete *Dentition*. Die
ersten Zähne treten oft erst im 3. bis 4. Lebensjahr auf und das Milchgebiß kann

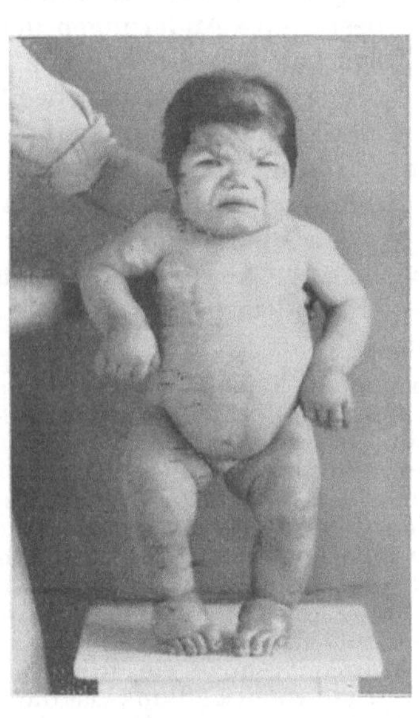
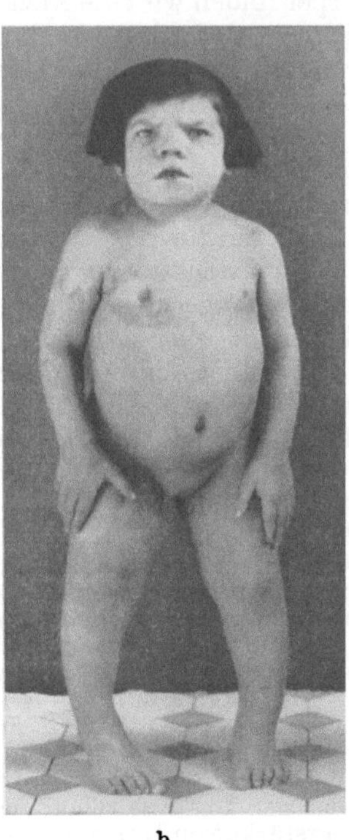

a   b

Abb. 27. 17jähriges myxödematöses Mädchen, a vor, b nach 13 monatiger Thyroxinbehandlung.
(Nach ABELIN: Die Physiologie der Schilddrüse. Handb. der norm. u. path. Physiologie, Bd. 16/1.
Berlin: Julius Springer 1930.)

noch im mittleren Lebensalter weitgehend erhalten sein. Es besteht fernerhin
Langsamkeit und Unsicherheit bei allen Muskelbewegungen. Der gesamte Energieumsatz und damit auch die Wärmebildung sind herabgesetzt. Die Minderung des
Grundumsatzes kann 30—40% betragen. Auch die Psyche der betroffenen
Menschen ist verändert. Die geistige Leistungsfähigkeit ist herabgesetzt, in
schwereren Fällen bis zum ausgesprochenen Schwachsinn. Neben einer Gleich-
gültigkeit gegen äußere Vorgänge können aber auch plötzliche Erregungszustände
vorkommen. Charakteristische Veränderungen weist die Haut und ihre Anhangs-
gebilde auf. Der Haarwuchs ist spärlich; Achsel- und Schamhaare und beim
Manne der Bart können völlig fehlen. (Bei operativer Entfernung der Schilddrüse,
der Cachexia thyreopriva, fallen bei vorher völlig gesunden Menschen die Haare
aus.) Die Nägel sind brüchig, die Haut ist trocken, stark verdickt und derb,
außerdem schilfert sie ab, da die Talg- und Schweißsekretion eingeschränkt oder

aufgehoben ist. Besonders deutlich zeigen sich diese Veränderungen an der Gesichtshaut. Die starke Verdickung der Haut, die nicht mit einer Wasseransammlung im Gewebe einhergeht, sondern auf einer veränderten Art der Wasserbindung im Unterhautzellgewebe beruht, haben dem Krankheitsbild, das sich vor allem bei der bereits erwähnten Unterfunktion der Schilddrüse ausbildet, den Namen Myxödem eingetragen; myxödemartige Erscheinungen treten auch nach völliger operativer Entfernung der Schilddrüse auf. Auch die Schleimhäute, besonders des Mundes und des Kehlkopfs sind verdickt, so daß die Stimme heiser klingt. Besonders charakteristisch sind die Veränderungen an den Sexualorganen. Es besteht ein ausgesprochener Infantilismus, jedoch braucht es besonders bei Frauen nicht zur Sterilität zu kommen.

Tritt die zum Myxödem führende Funktionsstörung frühzeitig ein, so bleibt die Schilddrüse klein, entwickeln sich die Störungen später, so versucht der Organismus einen gewissen Ersatz durch Vergrößerung der Schilddrüse: Kropf oder Struma. Wenn diese Kompensation nicht ausreicht, treten auch bei solchen Menschen myxödematöse Störungen ein, aber in geringerem Umfang. In welcher Weise sich dies im Aussehen dieser „Kretinen" äußert, zeigen die Abb. 27a und 28.

Die Zufuhr von Schilddrüse oder von Schilddrüsenpräparaten an schilddrüsenlose oder myxödematöse Menschen beseitigt die aufgetretenen Störungen weitgehend, natürlich nur dann, wenn die Behandlung frühzeitig erfolgt. In späteren Entwicklungsstadien ist dagegen nur eine weitgehende Besserung des Zustandes zu erwarten, wie dies z. B. für

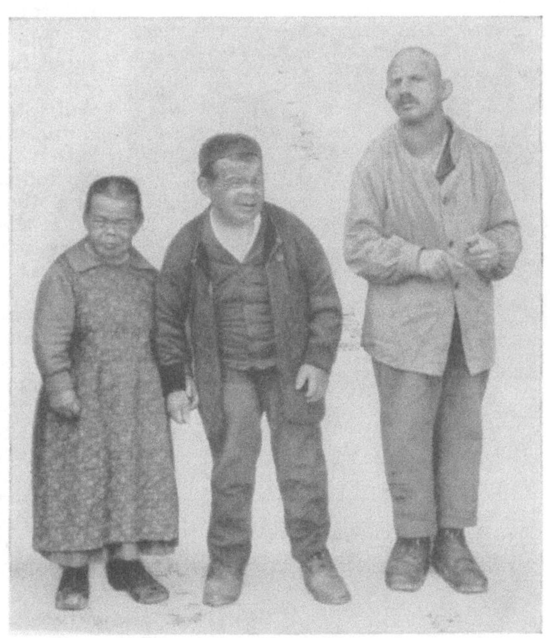

Abb. 28. Zwei kropflose Zwergkretine (Frau 49 Jahre, 124 cm groß, Mann 43 Jahre, 134 cm groß) neben einem kropfigen Kretin von höherem Wuchs mit normalerer Gesichtshaut und normaleren Händen. (Nach ISENSCHMID, R.: Pathologische Physiologie der Schilddrüse. Handb. der norm. u. path. Physiologie, 16/1. Berlin: Julius Springer 1930.)

einen sehr schweren myxödematösen Zustand die Abb. 27b zeigt. Wenn man gesunden Menschen Schilddrüsenpräparate zuführt, so zeigen sich Erscheinungen, die in mancher Beziehung das Gegenteil derjenigen beim Myxödem darstellen. So findet sich eine deutliche Steigerung des Grundumsatzes und bei manchen Menschen eine Reihe von ganz charakteristischen Erscheinungen: Die Steigerung des Stoffwechsels kann bis zur Abmagerung gehen, es kommt weiter zu Herzbeschleunigung, zu Nervosität, Schlaflosigkeit, die Hände zittern, die Schilddrüse vergrößert sich und die Augen treten aus den Augenhöhlen hervor (Exophthalmus). Diese Erscheinungen des experimentellen Hyperthyreodismus haben die größte Ähnlichkeit mit einem als *Basedowsche Krankheit* (Abb. 29) bezeichneten Zustand, der mit einer Vergrößerung der Schilddrüse verbunden ist und den man auf die Hyperfunktion dieses Organs bezieht.

Das wirksame Prinzip der Schilddrüse ist ein jodhaltiger Eiweißkörper, das *Jodthyreoglobulin,* aus diesem läßt sich als chemisch definierte ebenfalls hoch wirksame Substanz das *Thyroxin* isolieren.

Das Thyroxin besitzt nahe Verwandtschaft mit dem Tyrosin. Es ist ein Tetrajodderivat des p-Oxyphenyläthers des Tyrosins.

$$OH \underset{J}{\overset{J}{\bigcirc}} - O - \underset{J}{\overset{J}{\bigcirc}} - CH_2.CH(NH_2).COOH$$

Zufuhr des Thyroxins bringt die für den Schilddrüsenmangel charakteristischen Erscheinungen zum Verschwinden. Ob allerdings seine Wirkung in jeder Weise derjenigen von Jodthyreoglobulin oder von frischer Schilddrüsensubstanz entspricht, ist wohl noch nicht entschieden.

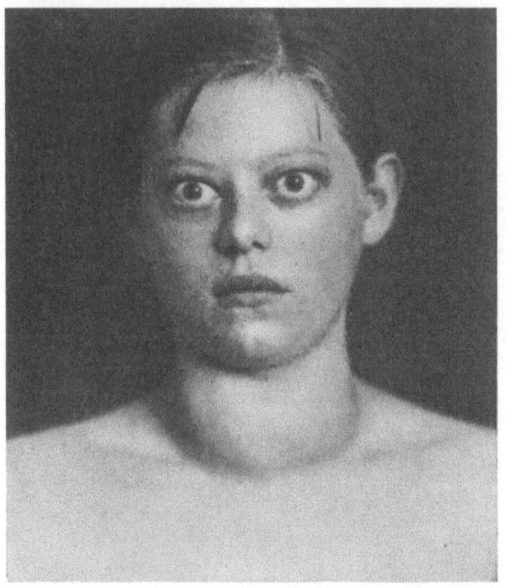

Abb. 29. Basedowsche Krankheit. (Nach GARRÈ-BORCHARD-STICH: Lehrbuch der Chirurgie, 7. Aufl. Berlin: F. C. W. Vogel 1933.)

Die Wirksamkeit von Schilddrüsenpräparaten beruht auf ihrem Gehalt an organisch gebundenem Jod. Jedoch läßt sich das Auftreten myxödematöser Störungen auch durch die Zufuhr von anorganischen Jodsalzen mit der Nahrung verhindern. Das Myxödem tritt an bestimmten örtlich begrenzten Bezirken der Erde auf, besonders im Hochgebirge (endemischer Kretinismus). Dies wird im allgemeinen darauf zurückgeführt, daß das Trinkwasser in diesen Gegenden sehr jodarm ist. In der Schweiz hat man durch Verabfolgung von jodkalihaltigem Kochsalz an die Bevölkerung das Auftreten des endemischen Kretinismus sehr wirksam bekämpfen können. Es genügt die Zufuhr von $80\,\gamma$ $(1\,\gamma = {}^1/_{1000}\,mg)$ Jod pro Tag. Die Bedeutung der Schilddrüse für Wachstum und Entwicklung zeigt sich in besonders schöner Weise im Tierexperiment, nämlich in der Beschleunigung der Metamorphose von Amphibienlarven durch Zufuhr von Schilddrüsenpräparaten.

B. Die Epithelkörperchen.

Bei dem oben beschriebenen Krankheitsbild der Cachexia thyreopriva treten auch Erscheinungen auf, die nicht mit dem Verlust der Schilddrüse zusammenhängen und durch Zufuhr von Schilddrüsenhormon nicht zu beseitigen sind. Sie beruhen auf der Entfernung der Epithelkörperchen. Heute nimmt man bei Schilddrüsenoperationen auf sie Rücksicht und läßt außer ihnen noch Reste der Schilddrüse zurück, so daß keinerlei Ausfallserscheinungen mehr auftreten. Die durch den Verlust der Epithelkörperchen verursachten Störungen bestehen in außerordentlich schweren tetanischen Krämpfen, die wegen Versagens des Herzens oder der Atmung schließlich zum Tode führen. Diese „Tetanie" läßt sich auch im Tierexperiment erzeugen. Sie äußert sich in einer außerordentlich gesteigerten Erregbarkeit der Muskulatur und der Nerven, so durch Muskelzittern oder dadurch, daß durch leichtes Beklopfen gewisser Nervenstämme Krämpfe ausgelöst werden können. Sie betreffen mit besonderer Vorliebe die Kaumuskulatur. Neben den Symptomen der Tetanie werden aber auch Störungen des Knochenwachstums ‾beobachtet, mangelhafte Knochenbildung, unvollkommene Verknöcherung der Epiphysenknorpel sowie mangelhafte Verknöcherung der Bruchstelle bei Knochenbrüchen.

Vor allem kommt es zu *Defekten der Zähne* und zwar sowohl zu Schmelzdefekten wie auch zu mangelhafter Verknöcherung des Dentins. In besonders schöner Weise hat sich dies an den Nagezähnen von Ratten, denen die Epithelkörperchen operativ entfernt waren, zeigen lassen. Bei den Nagetieren weisen die Nagezähne ein dauerndes Wachstum auf, weil sie ständig verbraucht werden. Bei den operierten Tieren zeigt sich nun, daß in dem weiterwachsenden Zahn das Dentin nicht mehr verkalkt, und zwar liegt die Zone der Kalkfreiheit des Dentins an der Pulpahöhle (Abb. 30). Nach längerer Krankeitsdauer brechen die Zähne wegen ihrer mangelnden Festigkeit ab. Die Störungen des Knochenwachstums haben die größte Ähnlichkeit mit den bei der Rachitis auftretenden. Sie sind ebenso wie die Tetanie Folgen einer Störung des Kalkstoffwechsels.

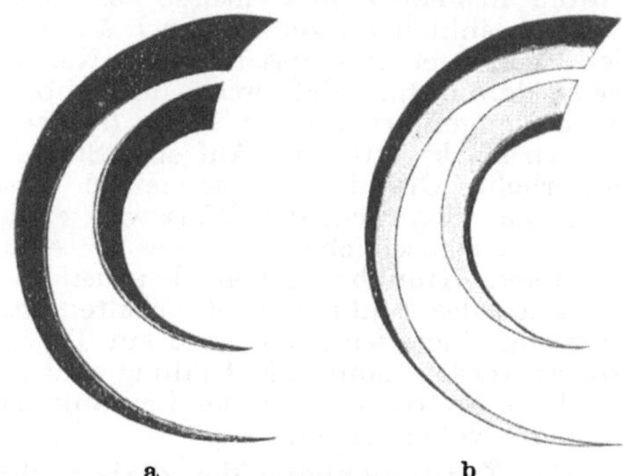

Abb. 30. Schema für die Kalkverteilung im Dentin des Nagezahns der Ratte. a normal; b 61 Tage nach Epithelkörperchenexstirpation. Nach TOYOFUKU. (Aus HERXHEIMER, G.: Die Epithelkörperchen. Handb. der path. Anatomie und Histologie, Bd. 8. Berlin: Julius Springer 1926.)

Der Gehalt des Blutes und der Gewebe an Calcium, besonders an Calciumionen, ist bei der Tetanie herabgesetzt; durch Zufuhr von Kalksalzen lassen sich die tetanischen Störungen beseitigen. Daß die Tetanie wirklich auf den Ausfall des Hormons der Epithelkörperchen beruht, zeigt sich darin, daß ihre Erscheinungen durch Inplantation von Epithelkörperchen beseitigt werden können. In letzter Zeit ist es auch gelungen, aus den Epithelkörperchen eine Lösung zu gewinnen, deren Injektion wegen ihres Gehaltes an „Parathormon" die Tetanie unterdrückt und auch den Calciumgehalt des Serums auf normale Werte steigert.

C. Der Thymus.

Ob auch der Thymus die Bildungsstätte eines Hormons ist, ist noch nicht mit Sicherheit entschieden. Es kommt diesem Organ anscheinend eine besondere Bedeutung für die Entwicklung des jugendlichen Organismus zu. Man hat bei jungen Hunden die Drüse völlig entfernt und dabei mangelhaftes Knochenwachstum, leichte Ermüdbarkeit sowie nach vorübergehender Fettablagerung eine starke Abmagerung der Tiere beobachtet, die schließlich zum Tode führte. Beim Menschen ist der Thymus beim Neugeborenen relativ zum Körpergewicht am stärksten entwickelt. Sein absolut höchstes Gewicht erreicht er um die Zeit der Pubertät. Bis zu diesem Zeitpunkt — später anscheinend nicht mehr — stellt er zweifellos ein lebenswichtiges Organ dar.

D. Das Pankreas.

Ein für den geregelten Ablauf des Stoffwechsels unentbehrliches Organ ist die Bauchspeicheldrüse. Histologisch finden wir neben den Drüsenacini, die ihr Sekret in den Darm abführen, besondere Zellhaufen ohne Ausführungsgänge, die LANGERHANSschen Inseln. Schon seit langem ist ein Krankheitsbild bekannt, das nach völliger Entfernung der Bauchspeicheldrüse auftritt, und das, da es die größte Ähnlichkeit mit der menschlichen Zuckerkrankheit (Diabetes mellitus) hat, als *Pankreasdiabetes* bezeichnet wird. Die ohne weiteres feststellbaren Veränderungen bei den operierten Tieren sind Hunger, Durst und starke Harnflut. Die Tiere magern ab und gehen nach etwa einem Monat zugrunde. Während des Lebens besteht eine Erhöhung des Blutzuckergehaltes auf 0,3—0,4% (Hyperglykämie) gegenüber einem Normalwert von 0,1% und eine ungeheure Zuckerausscheidung im Harn

Der Zuckergehalt des ohnehin schon reichlichen Harns kann bis zu 10% betragen. Ein weiteres Kennzeichen der diabetischen Stoffwechselstörung ist das Auftreten der Acetonkörper (Aceton, Acetessigsäure und β-Oxybuttersäure) im Blut und ihre Ausscheidung im Harn. Die Untersuchung der inneren Organe ergibt eine Glykogenverarmung in der Leber und in den Skeletmuskeln bei starker Verfettung der Leber, während das Depotfett nahezu völlig schwindet. Das Fett wird zwar in der Leber in Zucker umgewandelt, aber eine Störung des Kohlehydratstoffwechsels, die sich sowohl im Fehlen der Synthese von Traubenzucker zu Glykogen, wie auch in einem eingeschränkten Zuckerverbrauch äußert, führt zu einer sehr schlechten Ausnutzung des Energiegehaltes dieser beiden Nahrungsstoffe. Das Auftreten der Acetonkörper weist darauf hin, daß auch der Abbau der Fette nicht in der normalen Weise zu Ende geführt werden kann (s. intermediärer Stoffwechsel). Der Eiweißabbau ist sehr stark gesteigert. Auf eine Störung der gesamten Stoffwechselvorgänge weist der erhöhte Grundumsatz sowie die Tatsache hin, daß der respiratorische Quotient (s. diesen) den niedrigen Wert von etwa 0,71 hat oder sogar noch darunter liegt.

Beim menschlichen Diabetes treten prinzipiell die gleichen Störungen auf. Bei leichteren Krankheitsfällen, bei denen offenbar ein Teil der innersekretorischen Funktion des Pankreas noch erhalten ist, kann die Störung des Zuckerstoffwechsels so wenig eingreifend sein, daß ein Teil des entstehenden Traubenzuckers noch verwertet werden kann. Die Bildung und Ausscheidung der Acetonkörper erreicht nur bei den schweren Formen der Erkrankung einen größeren Umfang, bei den leichteren kann sie völlig fehlen.

Der Zusammenhang der diabetischen Störungen mit dem Inselapparat des Pankreas ist klar erwiesen, seitdem es gelungen ist, aus der Bauchspeicheldrüse und zwar aus den LANGERHANSSchen Inseln, einen Stoff herzustellen, dessen Injektion die gesamten diabetischen Störungen schlagartig beseitigt. Die chemische Natur dieser Substanz, des *Insulins*, ist noch nicht völlig aufgeklärt, trotzdem es gelungen ist, sie in kristallisierter Form zu gewinnen.

Es handelt sich offenbar um einen polypeptidartigen Körper. Bei seiner Aufspaltung haben sich einige Aminosäuren isolieren lassen. Die Wirkung scheint in gewisser Weise an den Cystingehalt des Insulins gebunden zu sein. Das Insulin ist bereits in sehr kleinen Mengen wirksam. Seine Wirkung wird an dem Absinken des Blutzuckerspiegels bei normalen Kaninchen ausgewertet. Bereits Injektion von $^1/_{100}$ mg der krystallisierten Präparate führt eine deutliche Senkung des Blutzuckers herbei. Beim diabetischen Tier oder Menschen wird nach der Injektion einer geeigneten Menge der Blutzuckerspiegel völlig normal, die Acidosis und die Acetonkörperausscheidung schwinden, kurz es wird eine völlige Wiederherstellung normaler Stoffwechselverhältnisse erzielt. Die Wirkung des Insulins besteht darin, daß es den Organismus wieder in Stand setzt, Zucker umzusetzen und zwar sowohl durch vermehrte Verbrennung — der R. Q. steigt erheblich an — als auch durch Speicherung in Form von Glykogen. Diese Glykogenspeicherung erfolgt sowohl im Muskel wie in der Leber. Die Insulinwirkung hält nur eine Reihe von Stunden an, so daß zur Unterdrückung der diabetischen Störungen eine dauernde Insulinzufuhr stattfinden muß.

Bei starker Überdosierung von Insulin treten Erscheinungen auf, die man auf die Verarmung des Blutes an Zucker bezieht und als *hypoglykämischen Shock* bezeichnet. Er äußert sich durch Hunger- und Durstgefühl, Angstzustände und Krämpfe und kann durch Atemlähmung zum Tode führen. Durch Glucoseinjektion können die hypoglykämischen Erscheinungen mit einem Schlage beseitigt werden.

E. Die Nebennieren.

Die Nebennieren greifen durch ihre innersekretorische Funktion in recht verschiedener Weise in die Tätigkeit des Organismus ein. Der histologische Aufbau dieses Organs zeigt zwei verschiedene Anteile, das Mark und die Rinde. Die Rinde besteht aus drüsigen Zellen, das Mark aus Zellen, die mit sympathischen Nervenzellen große Ähnlichkeit aufweisen. Sie sind durch ihre Färbbarkeit mit Chromsäure ausgezeichnet und werden zusammen mit Ansammlungen ähnlicher Zellen an anderen Stellen des Organismus als *chromaffines System* bezeichnet.

Die beiden histologisch unterscheidbaren Anteile der Nebenniere sind auch physiologisch ganz verschiedenwertig. Bei den niederen Fischen sind sie auch räumlich voneinander getrennt. Die Entfernung des der Rinde entsprechenden Organs führt bei ihnen unter Muskelschwäche zum Tode. Beim Hunde treten nach Entfernung der Rinde Senkung der Körpertemperatur und Absinken des Grundumsatzes, Atmungsverlangsamung und dann der Tod ein. Zu diesen Erscheinungen gesellen sich bei Entfernung der ganzen Nebenniere noch einige äußerst charakteristische Merkmale, die auf den Ausfall der Funktion des Nebennierenmarks bezogen werden müssen, so vor allem eine starke Blutzuckersenkung. Auch hier kommt es, ebenso wie bei alleiniger Entfernung der Rinde zum Tode. Es hat sich aber zeigen lassen, daß der Verlust der Marksubstanz allein mit dem Fortbestand des Daseins vereinbar ist. Der lebenswichtige Teil der Nebenniere ist die Rinde.

Beim Menschen sind die mit der Zerstörung der Nebenniere verbundenen Ausfallserscheinungen als Symptome der *Addisonschen Krankheit* bekannt. Ermüdbarkeit, Abmagerung, in den späteren Stadien Blutzuckersenkung und Erniedrigung des Blutdrucks entsprechen den an den Versuchstieren erhobenen Befunden. Hinzu kommt eine geistige Schwäche und eine auffallende schwarzbraune Pigmentierung der Haut.

Die verschiedenen bei Erkrankungen oder nach Entfernung der Nebenniere auftretenden Ausfallserscheinungen lassen sich nach dem Gesagten somit in der Weise mit der Funktion von Mark und Rinde verknüpfen, daß die Blutzuckersenkung und die Blutdruckerniedrigung offenbar Folgen der Ausschaltung des Marks sind, die Erscheinungen der Muskelschwäche und der Eintritt des Todes dagegen auf dem Ausfall der Rinde beruhen. Die Muskelschwäche (Adynamie) läßt sich an isolierten Muskeln von nebennierenlosen Meerschweinchen in schöner Weise zeigen (Abb. 31). In jüngster Zeit ist es gelungen, aus der Rinde Extrakte herzustellen, die bei nebennierenlosen Tieren lebensverlängernd wirken und die

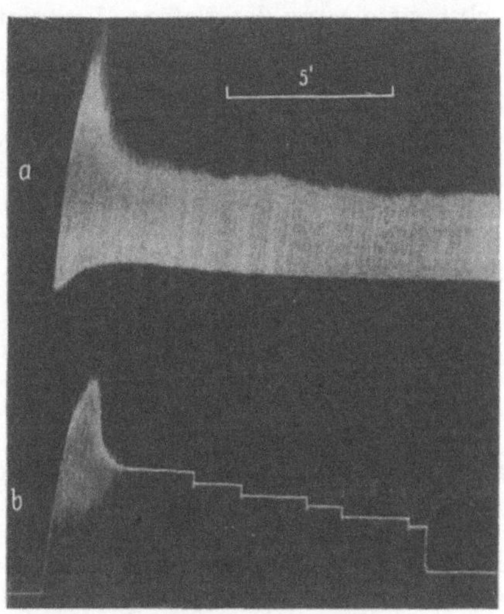

Abb. 31. Obere Kurve: Muskelermüdung eines normalen Meerschweinchenmuskels. Untere Kurve: Muskelermüdung 4 Stunden nach Entfernung der Nebennieren. (Nach TRENDELEN-BURG, P.: Die Hormone, Bd. I. Berlin: Julius Springer 1929.)

muskuläre Leistungsfähigkeit steigern. Die lebenswichtige Bedeutung der Rinde und die Zurückführung der Adynamie auf ihren Verlust sind also ebenso sichergestellt wie die hormonale Natur dieser Wirkung.

Das Hormon des Nebennierenmarks, das *Adrenalin*, ist das erste Hormon, das in reiner Form isoliert wurde und das auf Grund der Ermittlung seiner Konstitution schon frühzeitig synthetisch hergestellt werden konnte. Das Adrenalin wird im Organismus wahrscheinlich aus dem Tyrosin gebildet; es ist ein 3,4-Dioxyphenylmethylaminoäthanol:

$$\mathrm{HO}\!-\!\!\langle\ \rangle\!-\!\mathrm{CHOH.CH_2.NH(CH_3)}$$
$$\mathrm{HO}$$

Die Wirkungen einer intravenösen Adrenalininjektion lassen sich am besten als die einer allgemeinen Sympathicusreizung beschreiben. Bei Injektion kleiner Mengen steht eine Erscheinung völlig im Vordergrund, die vorübergehende

Steigerung des Blutdrucks (Abb. 32), die auf einer allgemeinen Reizung der Vasomotoren in der Peripherie und zwar in erster Linie derjenigen der Arteriolen, dann aber auch der Capillaren beruht. Die Injektion von 1 mg Adrenalin führt beim Menschen zu einer Blutdrucksteigerung von 10—30 mm Hg, die ihr Maximum nach etwa ½ Stunde erreicht und 1—2 Stunden anhält.

Die periphere Gefäßwirkung läßt sich auch durch Injektion von Adrenalin unter die Haut nachweisen. Dabei tritt um die Injektionsstelle herum eine intensive Blässe der Haut auf. Man macht von dieser Tatsache bei der Lokalanästhesie Gebrauch. Die Zugabe von Adrenalin zu den Lösungen des Anaestheticums verhindert für längere Zeit dessen Abtransport durch das Blut.

Die Wirkung des Adrenalins auf die Coronargefäße ist bereits erwähnt worden (s. S. 80). Am Herzen wird weiterhin eine Frequenzsteigerung und eine Vermehrung des Pulsvolumens gefunden, ja als Folge der gesteigerten Kammererregbarkeit können sogar Extrasystolen auftreten.

Die Wirkung des Adrenalins auf alle sympathischen Nervenendigungen zeigt sich besonders an der glatten Muskulatur, die, je nachdem ob sie durch Sympathicus-

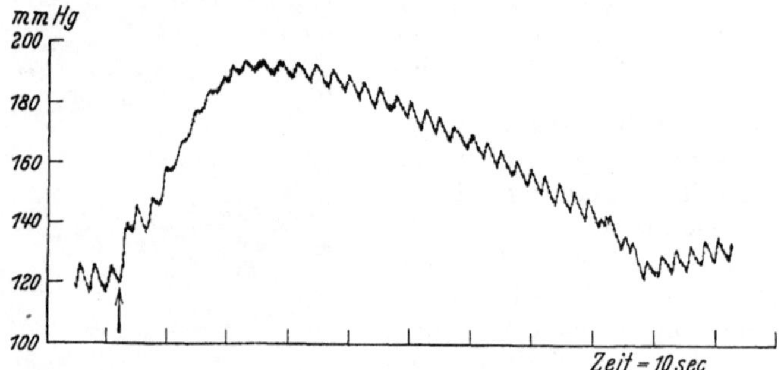

Abb. 32. Blutdrucksteigerung nach Injektion einer kleinen Adrenalinmenge. [Nach MOORE u. PURINGTON. Pflügers Arch. 81 (1900).]

reizung im Sinne einer Förderung oder einer Hemmung beeinflußt wird, einen entsprechenden Erfolg erkennen läßt. So kommt es am Auge durch Erregung des M. dilatator pupillae zu einer Erweiterung der Pupille, am Darmkanal zu einer Verminderung der Peristaltik, in der Lunge zu einer Erschlaffung der Bronchialmuskulatur. An den Verdauungsdrüsen wird eine vorübergehende Steigerung ihrer Funktion beobachtet.

Das Adrenalin wirkt auf den Stoffwechsel im Sinne einer Steigerung des Grundumsatzes und einer Erhöhung des Blutzuckers. Die Zuckerstichhyperglykämie (s. S. 49) ist ebenfalls eine Adrenalinwirkung. Es hat sich zeigen lassen, daß von dieser Stelle des Zentralnervensystems über die Nn. splanchnici den Nebennieren Erregungen zugeleitet werden, die die Drüsen zur Adrenalinausschüttung anregen und damit zur Hyperglykämie führen.

Der Mechanismus der Adrenalinhyperglykämie ist ein komplizierter. Sie beruht nicht, wie man bis vor kurzer Zeit noch annahm, im wesentlichen auf einer Mobilisierung des Leberglykogens, sondern ebensosehr oder mehr noch auf derjenigen des Muskelglykogens. Dieses wird bis zur Milchsäure abgebaut und in dieser Form ins Blut abgegeben, so daß neben der Steigerung des Blutzuckers auch eine solche der Blutmilchsäure nachweisbar ist. Die Milchsäure wird sekundär in der Leber in Zucker zurückverwandelt und in dieser Form erneut ins Blut abgegeben. Adrenalininjektion führt demnach zu einer intensiven Kohlehydratverarmung der Organe bei gesteigertem Blutzuckergehalt und bei Zuckerausscheidung im Harn. Es entwickelt sich damit ein Bild, das mit dem Diabetes große Ähnlichkeit hat. So ist es verständlich, daß die beiden Hormone Insulin und Adrenalin wenigstens hinsichtlich ihrer Wirkung auf den Kohlehydratstoffwechsel als Antagonisten angesehen werden müssen. Diesem Antagonismus kommt wahrscheinlich die größte Bedeutung zu, indem Hyperglykämie zu einer vermehrten Ausschüttung von Insulin und damit zur Senkung des Blutzuckers, Hypoglykämie, zur Abgabe von Adrenalin und damit zum gegenteiligen Erfolg führt.

So ausgesprochen die Wirkung des Adrenalins auf den Blutdruck ist, so wenig ist das Adrenalin für die Erhaltung des normalen Blutdrucks notwendig, da Entfernung der Nebennieren zu keiner deutlichen Blutdrucksenkung führt. Das Adrenalin ist eine außerordentlich leicht zerstörbare Substanz. Seine Zerstörung erfolgt auf oxydativem Wege in der Leber.

F. Die Hypophyse.

Die Hypophyse ist ebenso wie die Nebenniere ein Organ, das histologisch aus mehreren Teilen von völlig abweichendem Bau besteht, und auch funktionell kommt den verschiedenen Teilen der Drüse eine ganz verschiedene Bedeutung zu. Der Vorderlappen der Hypophyse ist drüsig, der Hinterlappen dagegen aus nervösen Elementen, im wesentlichen aus Neuroglia, aufgebaut. Aus Beobachtungen an Tieren, denen die Hypophyse entfernt wurde, aber auch an Menschen, bei denen es zu krankhaften Veränderungen der Hypophyse gekommen ist, ist die hohe Bedeutung klar geworden, welche die Hypophyse für die allgemeine Entwicklung des Körpers, vor allen Dingen für die geschlechtliche Entwicklung hat. Die Störungen des Wachstums und der Genitalfunktion vollziehen sich in Abhängigkeit vom Vorderlappen. Die Beeinflussung des Körperwachstums beim Fehlen oder bei Veränderungen der Hypophyse äußern sich in verschiedener Weise. Bei frühzeitiger Zerstörung des Vorderlappens beobachtet man einen allgemeinen Zwergwuchs (Abb. 33). Die Epiphysenknorpel verknöchern nicht, das Milchgebiß bleibt lange erhalten. Es besteht also eine ausgeprochene Ähnlichkeit mit den Erscheinungen, die bei mangelnder Schilddrüsenfunktion auftreten. Auf einen Zusammenhang der beiden Organe weist auch hin, daß

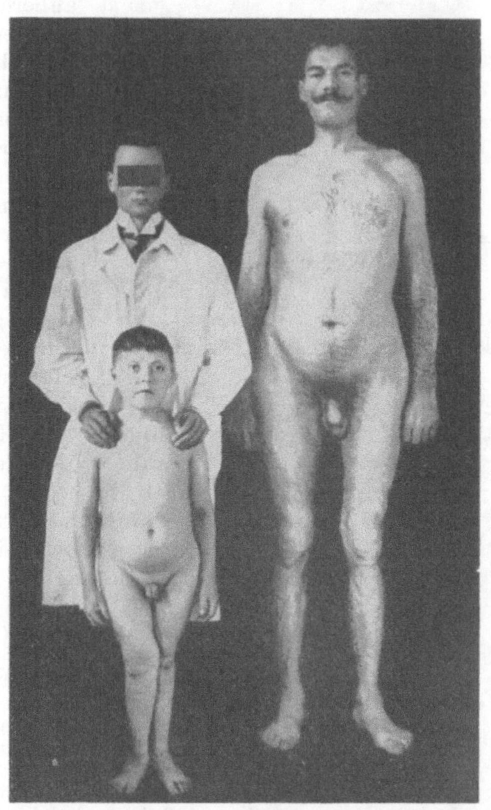

Abb. 33. 37jähriger akromegaler Riese neben 15jährigem hypophysärem Zwerg. Nach FALTA. (Aus KRAUS, E. J.: Die Hypophyse. Handb. der spez. pathol. Anatomie und Histologie, Bd. 8. Berlin: Julius Springer 1926.)

nach Entfernung der Hypophyse die Schilddrüse hypertrophiert. Die Überfunktion des Hypophysenvorderlappens äußert sich in einer merkwürdigen Form des allgemeinen oder partiellen *Riesenwuchses*. Diese Erscheinungen gehen meist mit geschwulstartigen Vergrößerungen des Vorderlappens einher. Wenn sich die Überfunktion der Vorderlappen erst nach Abschluß der Entwicklung und des Wachstums ausbildet, so tritt der Riesenwuchs nur an bestimmten Teilen des Körpers auf, vor allem die Hände und Füße werden groß und plump, Kinn und Nase werden größer und springen aus dem Gesicht hervor. Das gesamte Gesicht erscheint vergröbert, vor allen Dingen verlängert. Man bezeichnet diesen Zustand

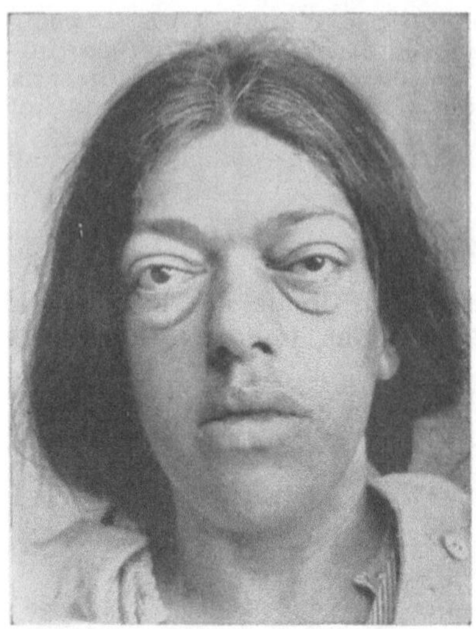

Abb. 34. 36jährige Frau mit Akromegalie. Nach ZONDEK.

als Akromegalie (Abb. 34). Tritt die Akromegalie bereits während des Wachstums auf, so entwickelt sich außerdem noch ein allgemeiner Riesenwuchs (Abb. 33).

Eine besondere Erscheinungsform der bei Hypophysenveränderungen auftretenden Entwicklungsstörungen ist die *Dystrophia adiposogenitalis*. Bereits bei dem hypophysären Zwergenwuchs besteht mangelhafte Ausbildung aller Geschlechtsmerkmale. Die äußeren und inneren Geschlechtsorgane sind unterentwickelt und die sekundären Geschlechtsmerkmale, deren Entwicklung an die Funktion der Genitalorgane gebunden ist, bilden sich nicht aus: die Körperbehaarung fehlt z. B. vollständig. Dieses Stehenbleiben der geschlechtlichen Entwicklung auf einer kindlichen Stufe kennzeichnet auch die Dystrophia adiposogenitalis. Daneben besteht aber auch noch eine allgemeine Störung des Stoffwechsels, die sich in der Ablagerung von Fett an ganz bestimmten Stellen des Körpers kundgibt. (Abb. 35.) Die Fettpolster finden sich besonders an den Hüften, dem Schultergürtel, an Oberarm und Oberschenkel. Die Stoffwechselveränderung ist die Folge einer gestörten Funktion des Hinterlappens, dessen Ausfall eine Herabsetzung des Grundumsatzes zur Folge hat. Auch die häufig bestehende Polyurie, bei der ein sehr verdünnter Harn in großen Mengen ausgeschieden wird: Diabetes insipidus (s. unten), weist auf einen Funktionsdefekt des Hinterlappens hin.

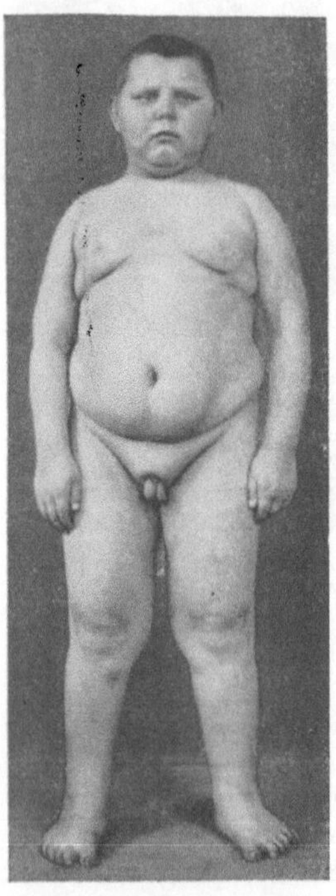

Abb. 35. Dystrophia adiposogenitalis. (Nach BIEDL, A.: Die Hypophyse. Handb. der norm. u. path. Physiologie, Bd. 16/1. Berlin: Julius Springer 1930.)

Man hat aus dem Vorderlappen wirksame Stoffe gewinnen können (*Prolan*), deren chemische Natur noch unbekannt ist. Sie führen bei der Prüfung an jungen Tieren zu einer erstaunlichen Beschleunigung des Wachstums (Abb. 36). Auch die Ausbildung der primären und sekundären Geschlechtsmerkmale wird durch diese Stoffe angeregt. Die Art dieses Einflusses ist allerdings entscheidend vom Lebensalter der Tiere abhängig. Bei geschlechtsreifen Tieren wird die Geschlechtsfunktion aufgehoben, bei akromegalen Frauen fehlt z. B. oft die Menstruation. Vor der Geschlechtsreife ist dagegen die Wirkung eine völlig andere. Sie findet ihren Ausdruck, wie man besonders schön an infantilen Mäusen und Ratten zeigen kann, in einer rascheren Entwicklung und vorzeitigen Reifung der Follikel des Eierstocks, sowie in beschleunigter Ausbildung des Corpus luteum. Außerdem vergrößern sich Uterus und Vagina, so daß die Tiere in wenigen Tagen geschlechtsreif werden. Die Ausbildung der Geschlechtsreife steht aber nur indirekt mit der Funktion der Hypophyse in Zusammenhang, sie hängt vielmehr von der durch die Wirkung des Prolans in Gang gebrachte Entwicklung des Ovariums ab (s. unten). Bei alten Tieren mit erloschener Geschlechtsfunktion tritt die Follikelreifung wieder auf. Auch bei männlichen Tieren zeigt sich die Wirkung des Prolans in einer beschleunigten Samenbildung im Hoden. Bei der Schwangerschaft setzt eine ungeheure Produktion von Vorderlappenhormon ein. Dies wird bereits in den ersten Monaten der Schwangerschaft im Harn in großen Mengen ausgeschieden. Injektion des Harns von schwangeren Frauen in noch nicht geschlechtsreife Mäuse löst bei diesen die Genitalentwicklung aus. (Frühdiagnose der Schwangerschaft.)

Aus dem Hypophysenhinterlappen sind schon seit längerer Zeit Lösungen mit hormonaler Wirkung gewonnen worden (Hypophysin, Pituitrin usw.). Ihre Wirksamkeit äußert sich in sehr verschiedener Weise. Man beobachtet eine Steigerung des arteriellen Blutdrucks und eine Erregung der glatten Muskulatur des Uterus, die zu rhythmischen Kontraktionen dieses Organs führt; auch die glatte Muskulatur von Blase und Darm wird fördernd beeinflußt. Ferner kommt es zu einer vorübergehenden Steigerung der Milchsekretion sowie zu einer Beeinflussung der Harnbildung. Bei starker Wasserzufuhr wird die Harnabgabe eingeschränkt und die Konzentration der harnfähigen Substanzen gesteigert; auch der Diabetes insipidus wird in gleicher Weise durch Einschränkung der Absonderung des Harns unter gleichzeitigem Anstieg seiner Konzentration beeinflußt. Bei geringer Harnbildung verstärkt dagegen Hypophysin die Absonderung des Harns. Schließlich ist noch eine eigentümliche Reaktion der Farbstoffzellen der Haut (Chromatophoren) zu beobachten. Nach Injektion von Hypophysin breiten sich diese aus, und die Haut verdunkelt sich. Derartige Versuche lassen sich besonders gut an der Froschhaut durchführen.

In den Extrakten des Hypophysenhinterlappens sind bisher mit Sicherheit zwei verschiedene wirksame Substanzen nachgewiesen. So hat sich die Wirkung auf den Uterus sehr weitgehend von der auf den Blutdruck und die Harnbereitung trennen lassen. Die Blutdrucksteigerung beruht übrigens ebenso wie beim Adrenalin auf einer peripheren Gefäßverengung, die ziemlich lange anhält und sich beim Menschen in einer intensiven Blässe der Haut äußert. Die uteruswirksame Substanz hat scheinbar neben ihrem peripheren Angriffspunkt auch noch eine zentrale Wirkung. Man

Abb. 36. Wirkung der Verfütterung von Hypophysenvorderlappen auf das Wachstum von Axolotl (rechts und links; Mitte Kontrolle). Nach UHLENHUTH. (Aus TRENDELENBURG, P.: Die Hormone Bd. I.)

nimmt an, daß sie durch den Hypophysenstiel in den Liquor sezerniert wird, direkt auf ein in der Regio hypothalamica gelegenes Eingeweidezentrum und von dort aus auf den Sympathicus wirkt.

G. Die Keimdrüsen.

Die bei Tieren und früher auch bei den orientalischen Völkern häufig vorgenommene Entfernung der Keimdrüsen, die Kastration, verändert das Aussehen und Verhalten der betroffenen Organismen so sehr, daß an der innersekretorischen Bedeutung dieser Organe, des Hodens und des Eierstocks, kein Zweifel bestehen kann. Wenn die Kastration in jugendlichem Alter vorgenommen wird, so tritt neben der genitalen Unterentwicklung (Hypoplasie) besonders eine verspätete Verknöcherung der Epiphysenknorpel auf und daher kommt es zu einem übermäßigen Körperwachstum (eunuchoider Hochwuchs). Ferner tritt eine außerordentliche Erniedrigung des Stoffwechsels auf, die zur Ablagerung von Fett, also zur Mästung führt. Charakteristisch ist es auch, daß beim Mann die Umbildung des Kehlkopfs in der Pubertät nicht erfolgt, die Folge ist die hohe „Kastratenstimme". Die genitale Hypoplasie betrifft nicht nur die primären, sondern auch die sekundären Geschlechtsmerkmale: die Scham-, Bart- und

Achselhaare fehlen, bei der Frau bildet sich die Brustdrüse nicht aus, der Geschlechtstrieb ist erloschen.

Implantation der Keimdrüsen unter die Haut bringt als Zeichen eines ursächlichen Zusammenhangs die geschlechtliche Entwicklung und die Ausbildung der sekundären Geschlechtsmerkmale in Gang. Beim Kapaun z. B. vergrößern sich der Kamm und die Bartlappen. Dabei zeigt sich, daß das Geschlechtshormon geschlechtsspezifisch ist. Die Verpflanzung eines Hodens auf ein kastriertes Weibchen führt zur Ausbildung männlicher Merkmale (Maskulinisierung); umgekehrt wird durch Verpflanzung eines Ovars in ein kastriertes Männchen eine Feminisierung bewirkt. Werden Keimdrüsen von jungen Tieren auf alte Tiere, deren Geschlechtsfunktion erloschen ist, überpflanzt, so wird nicht nur der Sexualtrieb wieder erweckt, sondern es kommt zu einer ausgesprochenen Beseitigung der Alterserscheinungen, zu einer Verjüngung. Durch Verfütterung von Keimdrüsensubstanz läßt sich eine Steigerung des Stoffwechsels und der muskulären Leistungsfähigkeit erzielen.

Der Ort der Entstehung der Sexualhormone ist lange Zeit umstritten gewesen. Heute darf man mit Sicherheit sagen, daß das männliche Sexualhormon in den Zwischenzellen des Hodens gebildet wird und daß das weibliche Hormon in den reifenden Follikeln des Ovariums und in den sich bildenden Corpora lutea entsteht. Es wird also im weiblichen Organismus in periodisch wiederkehrenden Intervallen gebildet und löst die Menstruation bzw. die Brunst aus und bereitet damit die Uterusschleimhaut auf die Einpflanzung des befruchteten Eies vor. Kommt es zu einer Schwangerschaft, so greift ein weiteres Ovarialhormon in das Gleichgewicht des weiblichen Organismus ein. Dies wird nur im Corpus luteum gebildet und scheint alle die Vorgänge zu steuern, die der Einbettung des Eis in die Uterusschleimhaut und der Erhaltung der Schwangerschaft dienen. Es führt weiterhin zu einer Vergrößerung der Milchdrüse.

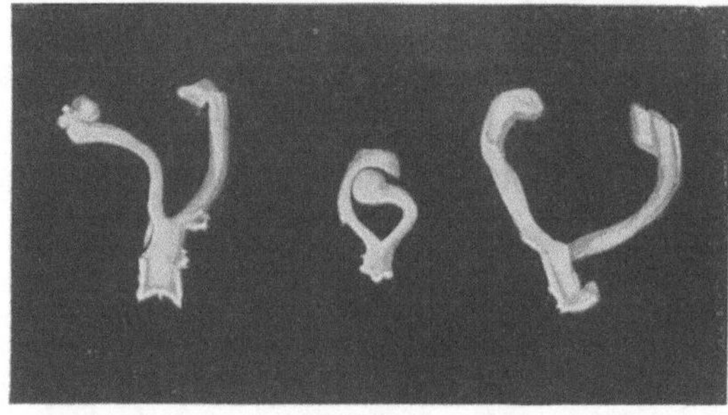

Abb. 37. Wirkung des Follikelhormons auf das Uteruswachstum junger Ratten. a und c nach acht Einspritzungen je einer Mäuseeinheit innerhalb von 10 Tagen; b unbehandelt. Nach LAQUEUR, E. u. Mitarb. (Aus TRENDELENBURG, P.: Die Hormone Bd. I.)

Die Sexualhormone werden mit dem Harn ausgeschieden, bei der Frau in besonders großer Menge ebenso wie das Prolan der Hypophyse während der Schwangerschaft.

Sowohl das männliche (Testikelhormon) wie das weibliche Sexualhormon (Follikelhormon) sind aus dem Harn krystallisiert erhalten worden. Sie sind chemisch nahe verwandt und gehören in die Klasse der Sterine. Als Testobjekt für das Follikelhormon dient die infantile weibliche Maus. Bereits 0,025 γ der krystallisierten Substanz lösen den Brunstzyklus, der sich in charakteristischen Veränderungen des Scheidenabstrichs zu erkennen gibt, aus. Das Testikelhormon wird an jungen Hähnen am Wachstum des Kammes ausgewertet. Auf diesem Wege läßt sich bereits 1 γ des krystallisierten Hormons nachweisen. In welcher Weise das Follikelhormon das Wachstum der inneren Geschlechtsorgane beschleunigt, zeigt für den Rattenuterus die Abb. 37.

Es ist bereits verschiedentlich auf die Beziehungen der verschiedenen Hormone zueinander hingewiesen worden. Diese bestehen, wie ebenfalls schon angedeutet, auch zwischen Follikelhormon und Hypophysenvorderlappenhormon, indem dies die Entwicklung des Follikels und damit die Produktion des Sexualhormons anregt. Auch die umgekehrte Beeinflussung kommt vor. Während der Schwangerschaft erfolgt eine ausgesprochene Vergrößerung des Hypophysenvorderlappens und damit treten deutliche akromegale Erscheinungen wie Vergrößerung der Nase und des Kinns sowie Vergröberung des Gesichtsausdrucks auf.

VI. Nahrungsaufnahme, Verdauung und Resorption.

Durch die Nahrungsaufnahme und die sich anschließenden Vorgänge der Verdauung und der Resorption werden dem Organismus Stoffe der Außenwelt zugeführt, die je nach Bedarf zum Aufbau und Wachstum des eigenen Körpers oder zur Bestreitung des Energiebedarfs seiner Lebenstätigkeiten Verwendung finden. Da der Organismus aus Zellen und Gewebsflüssigkeit besteht, ist ein durch den Mund aufgenommener Stoff erst dann wirklich ein Teil des Organismus geworden, wenn wir ihn in den Zellen oder in der Gewebsflüssigkeit finden. Man muß daher den Inhalt des gesamten Magendarmkanals noch als zur Außenwelt gehörig betrachten, wenn auch die an ihm sich abspielenden chemischen Vorgänge in weit überwiegendem Maße an die Lebenstätigkeit bestimmter Teile des Organismus gebunden sind. Diese Betrachtungsweise wird vielleicht noch verständlicher, wenn man sich daran erinnert, daß bei gewissen niederen Tieren, den sogenannten Außenverdauern (z. B. Ameisenlöwe, Spinnen, achtarmige Tintenfische u. a.), der größte Teil der chemischen Verdauungsvorgänge sich außerhalb des Magendarmkanals abspielt.

Da der Magendarmkanal als zellig aufgebautes Organ durch seine Wandungen die Außenwelt (d. h. seinen Inhalt) von dem Inneren des Organismus trennt, können nur solche Stoffe zu Bestandteilen des Organismus werden, die fähig sind, Zellwände zu passieren. Zweck der Verdauungsvorgänge im Magendarmkanal ist es daher, die durch den Mund aufgenommenen Nahrungsmittel durch mechanische Behandlung und durch chemische Eingriffe so umzuwandeln, daß der als Resorption bezeichnete Übertritt von Stoffen aus dem Inhalt des Magendarmkanals durch die Zellwände in den Organismus stattfinden kann. Manche der aufgenommenen Nahrungsstoffe, so besonders die Eiweißkörper, haben eine für eine bestimmte Tierart spezifische Zusammensetzung, so daß der Zweck der Verdauung auch darin besteht, sie dieser spezifischen Struktur durch Abbau zu ihren kleinsten Bausteinen zu entkleiden. Nach der Resorption können diese Bausteine dann zu den für den aufnehmenden Organismus spezifischen Stoffen synthetisiert werden.

Aus dem bisher Gesagten geht deutlich hervor, daß nicht erst mit der Resorption die eigentlichen biologischen Vorgänge der Nahrungsaufnahme beginnen. Durch Absonderung der Verdauungssekrete in den Magendarmkanal greift der Organismus bereits aktiv in die Verdauung ein. Nur durch das Zusammenwirken der chemischen Umsetzungen, welche diese Verdauungssekrete an den Nahrungsstoffen vollziehen, mit den Bewegungen der Wandungen des Verdauungskanals kann die Verdauung erfolgreich sein. Tätigkeit der Verdauungsdrüsen und Bewegungen des Darmkanals sind aber durchaus biologische Vorgänge. Ein Teil dieser Geschehnisse spielt sich sogar schon ab, bevor ein Nahrungsmittel von außen in den Magendarmkanal (etwa durch die Hand in den Mund) gebracht wird. So kann allein durch den Anblick oder den Geruch einer Speise „das Wasser im Mund zusammenlaufen" (Speichelsekretion).

A. Die Mechanik der Nahrungsaufnahme
und der Verdauungsvorgänge.

1. Mundhöhle.

Bei der meist üblichen Aufnahmeweise flüssiger Nahrungsmittel, dem *Trinken*, spielt die Mundhöhle besonders dann, wenn die Oberlippe den Flüssigkeitsspiegel nicht berührt, fast ausschließlich die passive Rolle eines Leitungsrohrs. Nur die Unterlippe schmiegt sich aktiv als Trichter der Form des Trinkgefäßes an. Hat die Flüssigkeit der Schwerkraft folgend den hinteren Teil der Mundhöhle erreicht, so setzt der Schluckakt ein. Trinkt man bei weniger überstreckter Haltung des Kopfes, so kann die Schwerkraft nicht mehr die Flüssigkeit durch den Mund befördern und das Trinken wird mehr und mehr zum *Saugen*. Beim reinen Saugen wird erst ein negativer Druck in der Mundhöhle erzeugt, und die Flüssigkeit dringt nach. Wenn der durch die Lippen hergestellte Abschluß mit dem Flüssigkeitsspiegel oder mit dem vermittelnden Rohr (z. B. Strohhalm) unvollkommen ist, so dringt mit der Flüssigkeit auch Luft in die Mundhöhle ein (Schlürfen). Der negative Druck wird beim Erwachsenen hauptsächlich durch Senken und Zurückziehen der Zunge erzeugt, während die Mundhöhle hinten durch das Gaumensegel abgeschlossen ist. Anfänglich kann das Ansaugen durch inspiratorische Atembewegung eingeleitet werden; dabei wird durch Heben des Gaumensegels der Nasenraum gegen den Mund abgeschlossen. Beim reinen inspiratorischen Saugen können negative Drucke bis zu 250 mm Hg erzeugt werden.

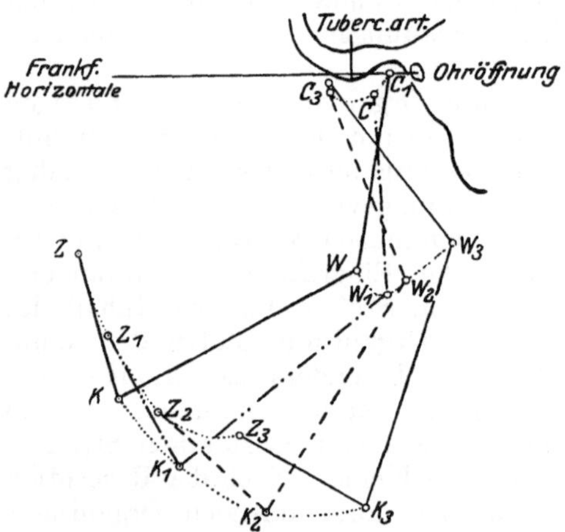

Abb. 38. Verschiebungsbahn des vorderen Dreieckspunktes (Z), Kinnes (K), Kieferwinkels (W) und des Condylus (C) bei der Öffnungsbewegung. Vorderer Dreieckspunkt = Berührungspunkt der Schneiden der unteren Mittelincisivi. Nach CHISSIN. (Aus BLUNTSCHLI, H. und R. WINKLER: Kaubewegungen und Bissenbildung. Handb. der norm. u. path. Physiologie, Bd. III. Berlin: Julius Springer 1927.)

Beim *Säugling* spielt die Hauptrolle bei der Herstellung des negativen Drucks die Vergrößerung der Mundhöhle durch Senken des Unterkiefers. Infolge des kurzen Frenulums der Zunge ist diese wenig beweglich und hat nur geringe Bedeutung für den Saugakt. Hingegen ist beim Säugling durch die in den Wangen vorhandenen, haselnußgroßen, ausFetteinlagerungen bestehenden Saugpolster die Einziehung der Wangen verhindert und somit die saugende Wirkung der aktiven Mundhöhlenerweiterungnicht wie beim Erwachsenen gemindert. Beim einmaligen Saugen kann der negative Druck 4—12 cm Wasser betragen; beim anhaltenden Saugen mit dazwischen erfolgender Entleerung der Mundhöhle durch den Schluckakt (Luftschlucken) können negative Drucke von 50—140 cm Wasser auftreten. Obwohl so das Neugeborene einen erheblichen Saugdruck ausüben kann, ist dieser nicht der einzige Faktor, der zum Austritt der Milch aus der mütterlichen Brust führt. Es spielen hierbei eine weitere Rolle: erstens eine durch die Kieferbewegung hervorgerufene reflektorische Erschlaffung der Sphincteren der Milchdrüsen und zweitens eine psychisch bedingte aktive Entleerung der Brust (Saugfluß).

Bei der *Aufnahme fester Speisen* dienen die Mundhöhle und ihre Organe dem *Beißen, Kauen* und der *Bissenbildung*. Diese **Kaubewegungen** sind Bewegungen des Unterkiefers. Durch die Art der Gelenkbildung zwischen Schädel und Unterkiefer kann der letztere nicht nur gehoben und gesenkt, sondern bei mehr oder minder festgestelltem Zungenbein auch vor- und zurückgeschoben, sowie seitlich gedreht werden. Das Kiefergelenk ist durch einen Zwischenknorpel in zwei übereinanderliegende Gelenkräume geteilt. Die Gelenkkapsel ist außerordentlich weit, durch Bänder verstärkt, so daß der Gelenkkopf des Unterkiefers gemeinsam mit dem Zwischenknorpel beträchtlich auf dem Tuberculum articulare des Schläfenbeins verschoben werden kann. Diese Verschieblichkeit spielt schon bei der einfachen Öffnung des Mundes eine Rolle (Abb. 38). Beim Vorschieben des Kiefers werden beide Gelenkhöcker vorgezogen. Während bei der Seitenbewegung der Condylus jener Seite, nach der die Bewegung erfolgt, eine größere

Ortsveränderung nicht erleidet, wird der andere bogenförmig nach abwärts und nach vorne gezogen. Die Bewegung des Unterkiefers erfolgt dabei in mehr als einer Ebene und ist daher schwer anschaulich darzustellen (Abb. 39). Welche Muskeln bei diesen drei Grundbewegungen *in erster Linie* beteiligt sind, zeigt nachfolgende Zusammenstellung.

Wirkung	Muskel
Hebung	Mm. temporales, Mm. masseteres Mm. pterygoidei interni
Senkung	vorderer Bauch der Mm. digastrici Mm. mylohyoidei, Mm. geniohyoidei
Bewegung nach vorn Bewegung nach hinten	Mm. pterygoidei externi hinteres Drittel der Mm. temporales
Seitenbewegung (nach links) Rückkehr zur Ausgangsstellung	M. pterygoideus externus (dexter) hinteres Drittel des M. temporalis (dexter)

Bei der Senkung des Kiefers wirkt selbstverständlich auch die Schwerkraft mit. Anderseits wird in Ruhe bei geschlossenem Mund das Gewicht des Unterkiefers nicht durch Muskelkräfte, sondern durch einen geringen negativen Druck in der Mundhöhle gehalten; dabei ist diese vorne durch die Lippen, hinten durch das Gaumensegel luftdicht abgeschlossen. Der Kiefer ist um 1—2 mm zurückgesunken (Erweiterung der Mundhöhle), wodurch ein Unterdruck von 2,5—4 cm Wasser entsteht.

Beim Beißen und Kauen handelt es sich aber keineswegs nur um eine Einwirkung auf den Inhalt der Mundhöhle durch die oben genannten drei Grundbewegungen des Kiefers, sondern die Tätigkeit der Zungenmuskulatur und der Backen- und Lippenmuskeln greift sinngemäß ein. Die in der Tabelle genannten Muskeln werden fast alle vom dritten Ast des Trigeminus versorgt. Nur der M. geniohyoideus gehört wie die gesamte Zungenmuskulatur zum Innervationsgebiet des Hypoglossus, während die Lippen- und Wangenmuskeln vom Facialis abhängig sind. Die Kaubewegung ist also keineswegs die Tätigkeit einer eng begrenzten, einheitlich innervierten Muskelgruppe, sondern es handelt sich um streng koordinierte und durch Reize aus der Peripherie geregelte Bewegungsabläufe verschiedener Innervationsgebiete (s. S. 56).

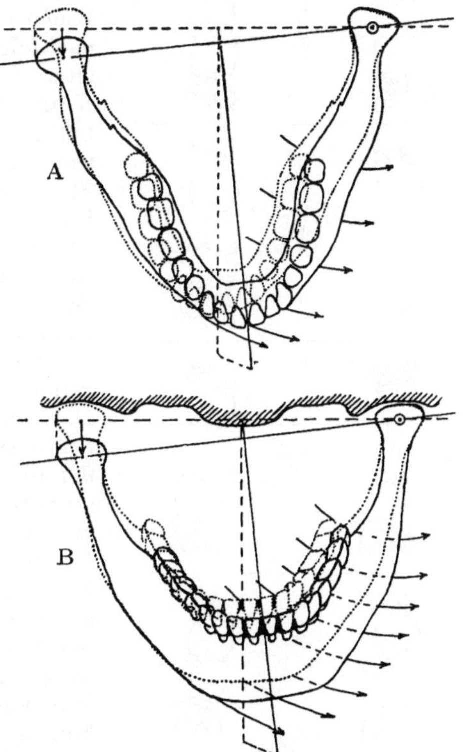

Abb. 39. Schematische Darstellung der Seitwärtsdrehung des Unterkiefers bei Annahme eines ruhenden Drehzentrums im linken Gelenkköpfchen. In A Horizontal-, in B Frontalprojektion. Nach Fick. (Aus Bluntschli, H. u. R. Winkler.)

Beim *Abbeißen* erfolgt nicht nur eine einfache Kieferschließung nach vorhergegangener Öffnung, sondern bei der Hebung wird gleichzeitig der Unterkiefer so weit nach vorne geschoben, daß die oberen und unteren Zahnschneiden übereinanderstehen; danach erfolgt kräftiges Zurückschieben des Kiefers bis zur Ruhestellung, bei der meist die Schneiden der oberen Incisivi über jene der unteren vorstehen. Der so abgeschnittene und abgequetschte Bissen kommt auf die Zungenspitze zu liegen und wird von dieser bei der nächsten Öffnung des Kiefers unter die Eckzähne und Prämolaren der einen Seite geschoben. Das nun einsetzende *Kauen* besteht aus Öffnen und kräftigem Schließen der Kiefer („Hackbiß" oder „Occlusionsbiß"). Die anfänglich hierbei abgetrennten Teile des Bissens werden durch die Zunge nach der anderen Seite geschoben, so daß bald das Kauen beiderseits erfolgt. Es verlieren aber jetzt die Kieferbewegungen den Hackbißcharakter, und es entwickeln sich immer mehr die eigentlichen *Mahlbewegungen*.

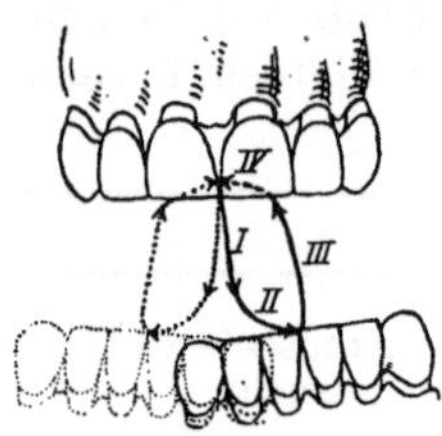

Abb. 40. Schema der Einzelphasen einer Mahlbewegung. Nach Gysi. (Aus Bluntschli, H. u. R. Winkler.)

Eine Mahlbewegung (Abb. 40 und 41) läßt sich schematisch in vier Phasen einteilen: leichte Kieferöffnung (I), Seitwärtsbewegung (II) mit nachfolgender Schließbewegung (III) und zuletzt Zurückgleiten der Zähne (IV) mit großer Kraft zur Ausgangsstellung („Artikulationsbiß"). Durch diese kombinierte Bewegung werden gleichzeitig Quetsch-, Mahl- und Schneidewirkungen ausgeübt. Aufgabe der Lippen- und Backenmuskeln sowie der Zunge ist es, die Speisen immer wieder zwischen die Zahnreihen zu schieben; dabei wandert der Bissen mit zunehmender Verkleinerung immer mehr unter die Molaren.

Die Muskelkraft, mit der das Kauen ausgeführt werden kann, ist recht beträchtlich. Man muß aber hier unterscheiden zwischen der maximalen Kraft, dem *absoluten Kaudruck*, der nur unter besonders günstigen Bedingungen auftritt, und der normalerweise beim Kauen angewandten Kraft, dem *relativen Kaudruck*. Da der Unterkiefer ein einarmiger Winkelhebel ist, und die einzelnen Muskelkräfte an unveränderlichen Punkten angreifen, so ergibt sich aus den Hebelgesetzen, daß je weiter vorne im Kiefer ein Zahnpaar gelegen ist, desto geringer der von ihm ausgeübte Druck ist. Erfahrungsgemäß knackt man ja auch eine Nuß mit den Molaren und nicht mit den Incisivi. Mißt man die zwischen zwei gegenüberliegenden Zähnen auftretenden Drucke für die verschiedensten Zähne des Gebisses, so müßte nach dem Hebelgesetz das Produkt aus dem gemessenen Druck (in kg)

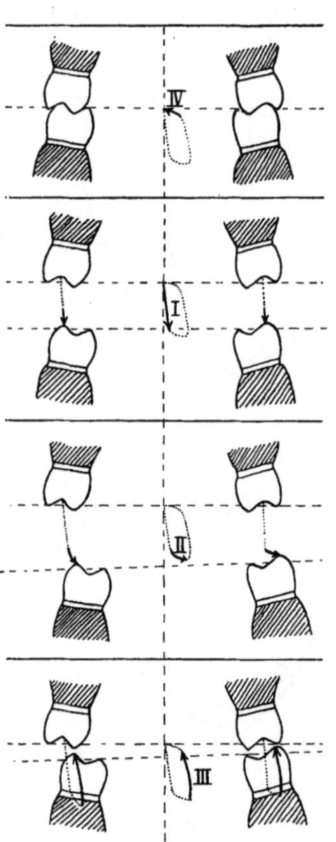

Abb. 41. Zerlegung eines Mahlaktes in vier Einzelphasen. Gedachter Frontalschnitt. (Aus Bluntschli u. Winkler.)

und der entsprechenden Hebellänge (in cm) einen konstanten Wert, das *Drehmoment* (s. S. 55) des Unterkiefers in kg.cm ergeben. Man findet aber allgemein, daß beim normalen gesunden Gebiß die aus den Druckwerten der hinteren Zähne errechneten Drehmomente höher sind als die für die weiter vorne gelegenen. Die Ursache hierfür ist, daß nicht, wie bisher stillschweigend angenommen, der Unterkiefer jedesmal mit gleicher maximaler Kraft gegen den Oberkiefer gepreßt wird. Selbst bei gesunden Zähnen ist der Druck, den wir an irgendeiner Stelle des Gebisses gegen ein zwischen die Zähne geschobenes Objekt theoretisch auf Grund der vorhandenen Muskelkräfte ausüben könnten, viel größer als der Druck, der tatsächlich ausgeübt wird. Unwillkürlich läßt nämlich, wenn die Zähne zu schmerzen beginnen, die Muskelkraft vor Erreichung ihres theoretischen Maximums nach. Den Druck, den man auf die beschriebene Weise mißt, bezeichnet man daher als *Zahnschmerzhaftigkeitsdruck*. Die beim Kauen ausgeübten Drucke verteilen sich hingegen nicht auf zwei gegenüberstehende Zähne, sondern auf eine mehr oder minder große Anzahl, so daß trotz höherer maximaler Kraftentfaltung der auf den einzelnen Zahn entfallende Druck unter dem für ihn spezifischen Zahnschmerzhaftigkeitsdruck bleibt. Wird dementsprechend unter Berücksichtigung einer großen, mehrere Zähne umfassenden Druckfläche das Drehmoment des Kiefers ermittelt, so sind die gefundenen Werte gemäß den Hebelgesetzen unabhängig vom Abstand der Druckmeßstelle vom Kiefergelenk. Als mittlere absolute Kaudrucke findet man Drehmomente von 400—600 kg. cm, so daß unter Berücksichtigung des etwa 8½ cm betragenden Abstandes der Incisivi von der Drehachse ihr absoluter Kaudruck etwa 60 kg betragen würde.

Nicht allein bei der Messung von Kaudrucken macht sich die Empfindlichkeit der Zähne bemerkbar, sondern schon beim normalen Kauakt spielt nicht nur die Sensibilität der Zähne, sondern auch die der übrigen Mundhöhle eine große regulierende Rolle. Wenn wir auch das Kauen meist willkürlich einleiten, so vollzieht es sich doch im allgemeinen ebenso wie die Bissenbildung ohne Kontrolle durch unser Bewußtsein. Das außerordentlich gute Tast- und Druckgefühl der Zähne und noch mehr der übrigen Mundhöhle (s. Sensibilität der Mundhöhle) sowie das Muskelgefühl in den Kaumuskeln steuern auf reflektorischem Weg über ein im verlängerten Mark gelegenes sog. Kauzentrum den Bewegungsablauf und die aufzuwendende Kraftentfaltung. In ähnlicher Weise werden auch auf reflektorischem Weg je nach Beschaffenheit der aufgenommenen Speise während des Kauens größere oder kleinere Quantitäten Speichel mit dem Mundinhalt vermengt (s. S. 110). Hierdurch nimmt die Nahrung eine immer weichere Konsistenz an und schließlich wird durch die Bewegungen der Zunge ein *Bissen* geformt, der ein Volumen von etwa 5 ccm hat. Er liegt zuletzt schluckbereit auf der Mitte der nach vorne schräg hochgestellten Zunge.

Über die zur genügenden Zerkleinerung und Durchspeichelung benötigte Dauer des Kauens lassen sich nur ganz allgemeine Angaben machen, da die Kauzeit weitgehend vom Bau und von der Erhaltung des Gebisses abhängig ist. Die Dauer eines Mahlbisses kann mit knapp einer Sekunde angenommen werden.

Nahrungsmittel	Kauzeit in Sekunden
Apfel	20
Brot	30
Gekochtes Rindfleisch	50
Dauerwurst	65

2. Schluckakt.

Ist der Bissen genügend gekaut und mit Speichel vermischt, d. h. breiig und schlüpfrig geworden, so wird er durch den Vorgang des Schluckens durch die Speiseröhre in den Magen befördert. Brocken mit einem größeren Durchmesser als 12 mm können in der Regel nicht geschluckt werden.

Der Schluckakt zerfällt in *mehrere Phasen*. Die *erste* einleitende wird von uns willkürlich hervorgerufen. Wir drücken bei geschlossenem Mund durch Zungenbewegung (erst Kontraktion der Mm. longitudinales linguae und der Mm. mylohyoidei, dann der Mm. styloglossi und palatoglossi) den Mundinhalt (Bissen) gegen den weichen Gaumen. Der Bissen gleitet dann an den gespannten vorderen Gaumenbögen vorbei in den Pharynx, womit sogleich der *zweite*, unwillkürliche (reflektorische) Teil des Schluckaktes ausgelöst wird. Dieser setzt sehr rasch ein und besteht in der aufeinanderfolgenden Kontraktion der drei Schlundschnürer. Schon gleichzeitig mit der Tätigkeit des ersten, oberen Schlund-

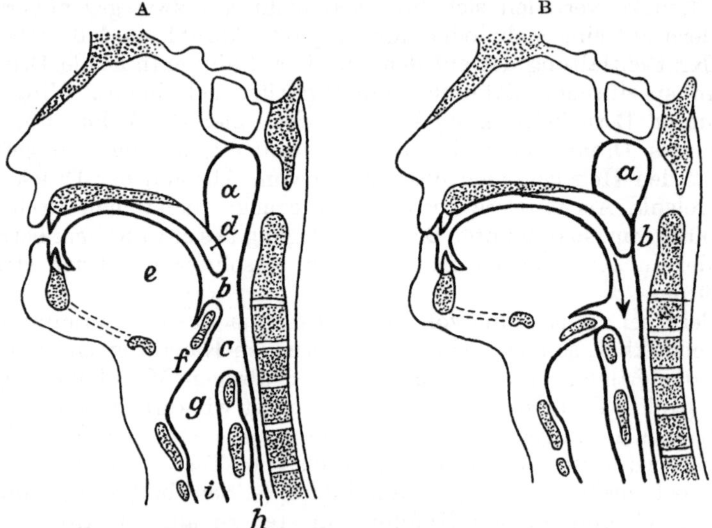

Abb. 42. Stellung des Schlingapparates in Ruhe (A) und in Tätigkeit (B).
A a Nasen-, b Mund-, c Kehlkopfteil des Schlundkopfs, d Gaumensegel, e Zunge, f Kehldeckel, g Kehlkopf, h Speiseröhre, i Luftröhre.
B a abgeschlossener Nasenteil des Schlundkopfs, b PASSAVANTscher Wulst.
Nach ZUNTZ-LOEWY. (Aus SKRAMLIK, E. V.: Physiologie der Mundhöhle und des Rachens. Handb. der Hals-, Nasen- und Ohrenheilkunde, Bd. I. Berlin: Julius Springer und München: J. F. Bergmann 1925.)

schnürers erfolgt Annäherung der Ränder der hinteren Gaumenbögen (Mm. palatopharyngei), sowie Hebung des weichen Gaumens (Mm. levatores veli palatini, Mm. tensores veli palatini) und Anpressen desselben (Mm. pterygopharyngei) an den in der hinteren Rachenwand sich durch eine lokale Kontraktion der Schlundkopfschnürer ausbildenden, horizontal verlaufenden PASSAVANTschen Wulst (Abb. 42). In ähnlicher Weise, wie zu Beginn der zweiten Phase des Schluckaktes für Abschluß des Nasenrachenraumes gesorgt wird, tritt auch sofort sorgfältiger Verschluß des Kehlkopfeinganges ein. Der schon während der ersten Phase des Schluckens durch die Zungentätigkeit etwas nach oben und vorne gezogene Kehlkopf wird zu Beginn der zweiten Phase noch stärker nach oben bewegt (Mm. geniohyoidei, Mm. digastrici (vordere Bäuche), Mm. thyreohyoidei). Anschließend wird die Zunge mehr nach hinten gezogen (Mm. styloglossi). Hierbei drückt der Zungengrund die Epiglottis über den Kehlkopfeingang nieder und verschließt diesen. Die Kontraktionen der nur schwachen Mm. aryepiglottici spielen bei dem Kehlkopfverschluß nur eine untergeordnete Rolle. Durch Hebung und leichte Vorwärtsbewegung des Kehlkopfes wird, durch die topographischen

Verhältnisse bedingt, gleichzeitig der Anfangsteil der Speiseröhre weit geöffnet zum Empfang des durch den Druck der Schlundschnürer vorgetriebenen Bissens. In der Speiseröhre, deren oberer Teil quergestreifte Muskelfasern enthält, während der untere Teil aus glatter Muskulatur aufgebaut ist, erfolgt die Weiterbeförderung des Bissens durch **Peristaltik**, einer auch für den übrigen Magendarmkanal charakteristischen Bewegungsart. Unter Peristaltik versteht man das Zusammenspiel der Längs- und Quermuskelschichten eines zylinderförmigen Hohlorgans derart, daß einer über das Organ wellenförmig hinweglaufenden Verengerung eine Erweiterung des Rohres vorausläuft. So wird im Oesophagus der Bissen durch den caudalwärts fortschreitenden Schnürring immer in erschlaffte Oesophagusteile hineingepreßt. Diese *dritte Phase* der Bissenbeförderung ist viel langsamer als die vorhergehenden. Während der Bissen nur 0,5 Sekunden von dem willkürlichen Beginn des Schluckaktes bis zur Erreichung des Oesophagus benötigt, dauert der Durchgang durch diesen 5—8 Sekunden. Dabei gelangt der Bissen meistens nicht sofort in den Magen, sondern vor der Kardia sammeln sich mehrere Bissen an (Abb. 43), und erst wenn die Füllung des unteren Oesophagusteiles ein gewisses Ausmaß erreicht hat, erschlaffen reflektorisch die die Kardia bildenden zirkulären Muskelfasern und geben so bei der nächsten ankommenden peristaltischen Welle den Eintritt in den Magen frei (*vierte Phase*).

Etwas abweichend gestaltet sich der Schluckakt bei der Aufnahme flüssiger Speisen, also vor allem beim *Trinken*. Die Flüssigkeit wird durch den im Pharynx infolge der Kontraktion der Schlundschnürer hervorgerufenen Druck (bis zu 22 cm Wasser) durch den ganzen Oesophagus bis zur Kardia gespritzt (in etwa 1,5 Sekunden). Hier sammelt sich dann ähnlich wie der Speisebrei die auf

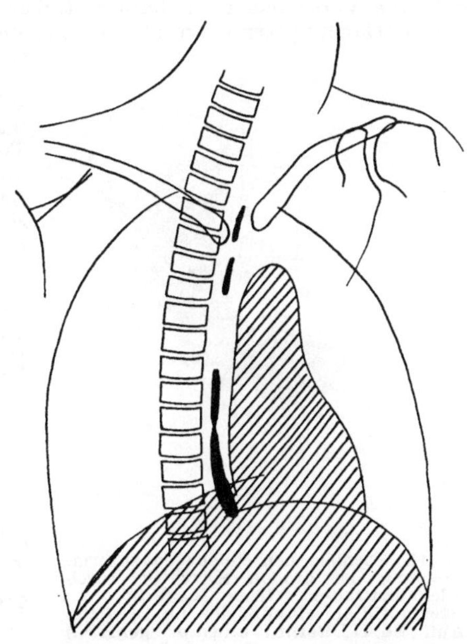

Abb. 43. Kontrastpaste in der Speiseröhre beim kontinuierlichen Essen. (Nach PALUGYAY, J.: Röntgenuntersuchung und Strahlenbehandlung der Speiseröhre. Wien: Julius Springer 1931.)

genommene Flüssigkeit an, um, wenn ein gewisser Füllungsgrad erreicht ist, unterstützt durch peristaltische Bewegung des Oesophagus die erschlaffte Kardia zu passieren.

Das Schlucken erweist sich also als ein außerordentlich kompliziertes Zusammenspiel einer großen Anzahl von Muskeln, die zu den verschiedensten Innervationsgebieten (Trigeminus, Hypoglossus, Glossopharyngeus, Vagus) gehören. Es läuft abgesehen von der ersten auslösenden Phase rein reflektorisch ab. Das Zentrum des Reflexbogens liegt in der Medulla oblongata und die receptorische Fläche wird durch den weichen Gaumen und die Gaumenbögen gebildet. Wird diese sensible Region durch Cocainlösung unempfindlich gemacht, so löst etwa 15 Minuten lang die erste willkürliche die weiteren unwillkürlichen Schluckphasen nicht mehr aus. Daß nicht der Bewegungsablauf der ersten Phase das auslösende Moment für die späteren Phasen ist, sondern tatsächlich der Mundinhalt die genannten Zonen (*Schluckstellen*) berühren muß, kann man schon daraus ersehen, daß wir mit leerem Mund nur ein oder zweimal „schlucken" können und dann warten müssen, bis durch neue Speichelansammlung wieder Mundinhalt vorhanden ist. Das „Leerschlucken" ist also unmöglich.

Die Speiseröhre besitzt in der Gegend der Teilungsstelle der Trachea und an der Durchtrittstelle durch das Zwerchfell eine geringere Weite als im übrigen Verlauf. Diesen beiden Engen kommt eine gewisse praktische Bedeutung zu, da in denselben versehentlich geschluckte größere Gegenstände (z. B. Gebißteile) steckenbleiben können.

3. Magen.

Für die Erforschung der Mechanik des Magendarmkanals hat sich die Verwendung der *Röntgenstrahlen* als außerordentlich fruchtbar erwiesen. Man läßt die Versuchsperson Speisen essen, die durch Zusatz von unschädlichen Barium- oder Wismutsalzen (meist Bariumsulfat) für Röntgenstrahlen undurchsichtig gemacht sind. Steht die Versuchsperson dann zwischen der Röntgenröhre und einem Fluoreszensschirm (Bariumplatincyanür), so sieht man auf diesem die aufgenommenen Speisen deutlich als Schatten den Magendarmkanal mehr oder minder erfüllen, so daß dieser in seinen wechselnden Umrissen für uns sichtbar wird. Die heute sehr weit entwickelte Technik gestattet nicht nur die Herstellung ausgezeichneter Röntgenphotographien der Schattenbilder, wodurch feinere Einzelheiten sichtbar werden als bei der Schirmbetrachtung, sondern auch kinematographische Aufnahmen.

Der obere, der Kardia zugekehrte Teil des Magens wird als Fundus bezeichnet, der an den Pylorus (Pförtner) angrenzende als Pylorusteil. Die ältere Anschauung, daß beide Teile durch eine sphincterartige Einschnürung voneinander getrennt werden, haben die neueren Untersuchungen nicht bestätigen können.

Im Röntgenbild erkennt man häufig schon bei leerem Magen, daß der obere Teil desselben eine mehr oder minder große Gasfüllung besitzt (Gasblase), die zum größten Teil aus verschluckter Luft besteht. Diese Gasblase tritt meist noch

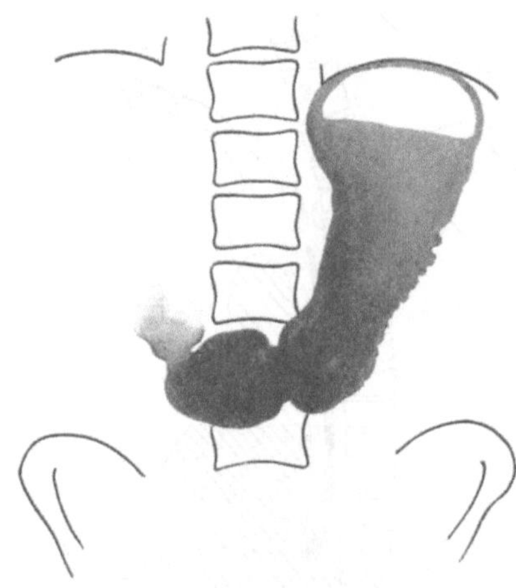

Abb. 44. Normale menschliche Magenform. Zähnelung der großen Kurvatur durch Schleimhautfalten. (Aus KATSCH, G.: Magenmotilität. Handb. der inn. Medizin, 2. Aufl., Bd. III. Berlin: Julius Springer 1926.)

deutlicher hervor, wenn die Versuchsperson beginnt, die Kontrastspeise zu schlucken. Die aus dem unteren Teil des Oesophagus stoßweise entleerten Speisemassen gleiten medial an der Gasansammlung vorbei und sammeln sich unterhalb derselben trichterförmig an. Von hier fließen sie dann langsam als Strahl zwischen den aneinanderliegenden Magenwänden nach unten und bilden am tiefsten Punkt des Magens einen horizontalen Halbmondschatten. Das Niveau des Halbmonds steigt immer höher, erreicht die kleine Kurvatur, steigt dann weiter, den zusammengefallenen Magen nach der Breite ausdehnend, bis das Bild des gefüllten Magens entsteht (Abb. 44). Wird die Speiseaufnahme jetzt noch fortgesetzt, so ändert sich die Form des Schattenbildes des Magens nicht mehr, d. h. der Magen nimmt jetzt gleichmäßig nach allen drei Dimensionen an Größe zu. Seine Wand besitzt also die Eigenschaft, sich dem vermehrten Füllungsgrad anzupassen. Durch die Art der Magenentfaltung tritt nicht nur eine gewisse Schichtung des Mageninhaltes auf (Abb. 45), sondern es wird auch gewährleistet, daß schon recht frühzeitig die gesamte Magenschleimhaut bis herauf zur Kardia mit dem Speisebrei in enge Berührung kommt. Die Konsistenz der Speisen spielt bei der Füllung und bei der Entleerung des Magens keine wesentliche Rolle. Nur Getränke sollen den Untersuchungen einiger Autoren zufolge den von den Anatomen als „Magenstraße“ bezeichneten Schleimhautfalten der kleinen Kurvatur entlang bevorzugt in die Gegend des Pylorus gelangen (auch bei sonst gefülltem Magen) und besonders rasch den Magen wieder verlassen können.

Man sieht normalerweise, schon wenn sich gerade das typische Füllungsbild des Magens zeigt, an demselben peristaltische Wellen auftreten. An der großen Kurvatur flach, an der kleinen tiefer einschneidend, bewegt sich die Welle, sich immer mehr vertiefend, dem Pylorus zu (Abb. 46). Ungefähr alle 15—25 Sekunden setzt eine neue peristaltische Welle ein; dabei hat aber die vorhergehende den Pylorus noch nicht erreicht, so daß man am Magen meist zwei bis drei Wellen gleichzeitig erkennen kann. Durch die am Pylorusteil des Magens tief einschnürende Peristaltik wird eine gewisse Menge Mageninhalt abgeschnürt und durch den sich öffnenden Pylorus gedrückt. So sieht man schon, während die Nahrungsaufnahme noch andauert, Speisebrei den Magen verlassen. Da aber die von einer peristaltischen Welle durch den Pylorus geschobene Menge sehr klein ist, sich der Pylorus auch nicht für jede ankommende Welle öffnet, und sich außerdem die Menge der aufgenommenen Speisen durch den sezernierten Magensaft nicht unbeträchtlich vermehrt, dauert es 2—3 Stunden, bis nach einer größeren Mahlzeit der Magen wieder völlig entleert ist. Die Öffnung des Pylorus wird reflektorisch durch die Vorgänge im Duodenum gesteuert (Pylorusreflex, s. S. 117). Bei geschlossenem Pylorus bewirkt die Peristaltik eine innige Vermischung des Inhalts des Pylorusteils des Magens.

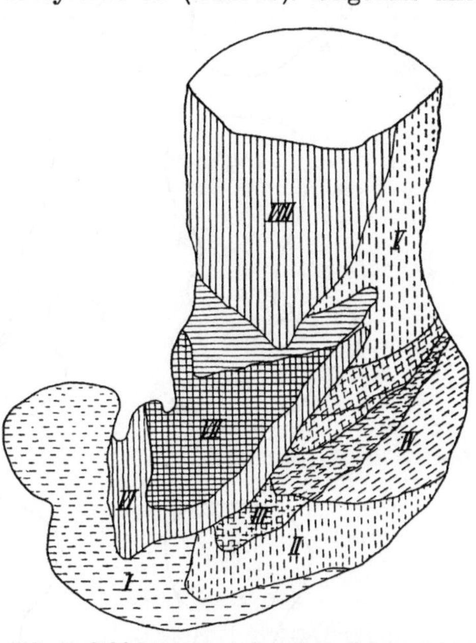

Abb. 45. Schichtung nacheinander aufgenommener Speisemengen im menschlichen Magen. Nach GROEDEL. (Aus KLEE, P.: Die Magenbewegungen. Handb. der norm. u. path. Physiologie, Bd. III. Berlin: Julius Springer 1927.)

Der ruhende, leere Magen zeigt relativ geringe Motorik. Im *Hungerzustand* führt der Magen dagegen peristaltikähnliche Bewegungen aus, daneben auch sehr langsam einsetzende, etwas rascher abklingende Verkürzungen, die die gesamte Muskulatur der Magenwand erfassen, sog. Tonusschwankungen.

Beim *Erbrechen*, das keineswegs eine isolierte Tätigkeit des Magens ist, wird durch starke Peristaltik bei noch fest verschlossen bleibendem Pylorus der Mageninhalt schon unter Druck gesetzt, so daß er bei Öffnung der Kardia in die Speiseröhre getrieben wird. Die wesentliche austreibende Kraft wird aber durch die Bauchdecken und das Zwerchfell ausgeübt, sowie durch die ansaugende Wirkung ruckartiger Exspirationen bei geschlossener Glottis. Als Begleiterscheinung des Erbrechens, besonders deutlich vor dem Beginn desselben (Nausea), treten Erblassen der Haut (Vasokonstriktion), Schweißausbruch und Pulsbeschleunigung auf. Die Auslösung des Erbrechens erfolgt reflektorisch durch Reize auf die Schleimhaut des Intestinaltrakts (Schutzeinrichtung gegen Vergiftung), ferner durch mechanische Einwirkung (z. B. Tumoren), durch Erregung der Gleichgewichtsorgane (Seekrankheit) oder durch Blutreize (z. B. Infektionskrankheiten) auf das Brechzentrum in der Medulla oblongata und auch schließlich durch psychische Reize.

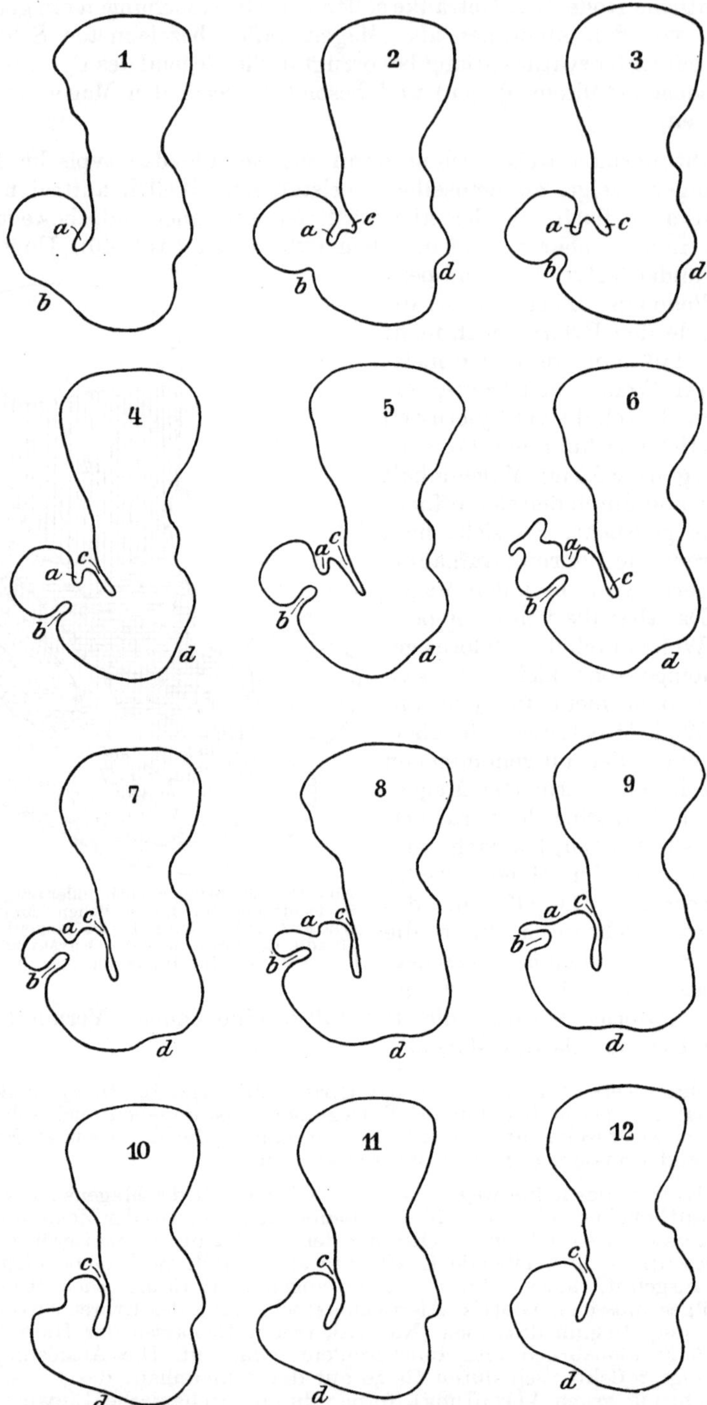

Abb. 46. Normale Magenperistaltik. Filmserie (12 Aufnahmen in 22 Sekunden) nach KÄSTLE, RIEDER und ROSENTHAL. a, b, c und d bezeichnen zwei peristaltische Wellen. (Aus KATSCH, G.: Magenmotilität.)

4. Darm.

Im Verlauf des ganzen Darms findet die Beförderung der Ingesta durch die
caudalwärts gerichtete Peristaltik statt, wobei der Darm mehr oder minder
wurmartige Bewegungen ausführt. Daneben treten aber noch andere Bewegungs-
arten der Dünndarmwand auf, die der Durchmischung des Darminhaltes dienen.
Unter **Pendelbewegungen** versteht man das Hin- und Herbewegen des Inhalts
einer Darmschlinge durch rhythmische Verkürzungen vorwiegend der Längsmuskulatur, während bei der **rhythmischen Segmentation** tiefe Schnürringe auftreten, die aber nicht wie bei der Peristaltik weiterwandern, sondern sich wieder

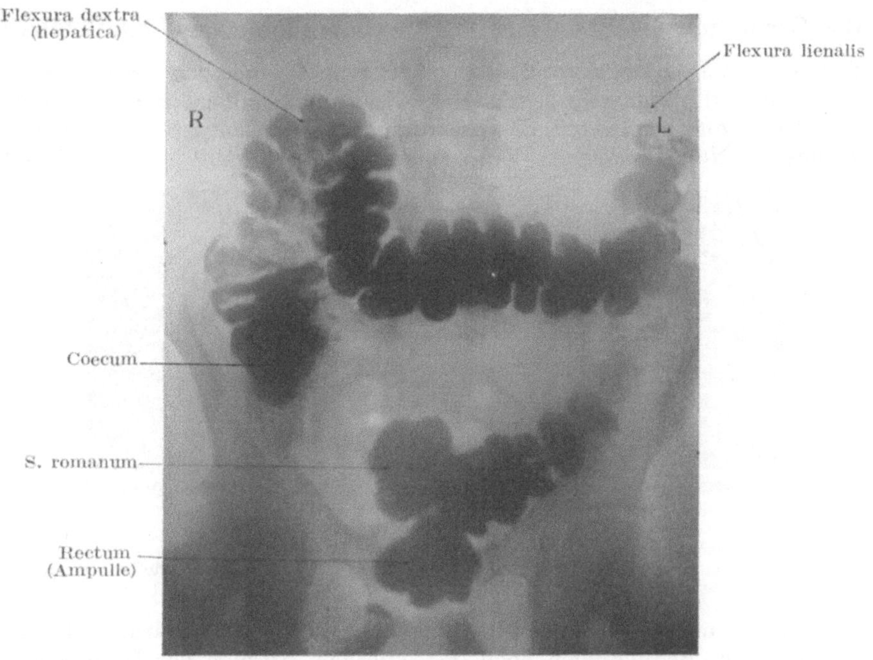

Abb. 47. Kontrastspeise im Dickdarm; die linke Flexur und das Colon descendens enthalten wenig
Kontrastmasse. Nach LUEDIN. (Aus SEILER, F.: Allgemeine Diagnostik und Therapie. Handb.
der inneren Medizin, 2. Aufl., Bd. III/2. Berlin: Julius Springer 1926.)

lösen. Auf diese Weise mit den Verdauungssäften durchmischt und durch sie
an Volumen vermehrt, erreichen schon 1½—2 Stunden nach der Nahrungsaufnahme die ersten Portionen des Darminhalts die Iliocöcalklappe; nach etwa
6 Stunden ist der Übertritt ins Coecum beendet. Man kann vor dem Röntgen-
schirm sehen, wie etwa alle 2—10 Minuten in der letzten Schlinge des Ileum
eine peristaltische Welle auftritt und den Inhalt in das Coecum schiebt. Während
sich das Coecum füllt, erkennt man deutlich die durch partielle Kontraktion
der Ringmuskeln entstehenden *Haustren* (Abb. 47), die der Vergrößerung der
resorptiven Oberflächen dienen. An Bewegungen finden sich vorwiegend Pendelbewegungen und Abschnürungen im Sinne einer rhythmischen Segmentierung,
so daß infolge der geringen Peristaltik erst etwa 7 Stunden nach der Nahrungsaufnahme der Inhalt die linke Flexur erreicht, diese aber in der Regel nicht über-
schreitet. Erst 16—24 Stunden nach der Nahrungsaufnahme, wenn der Dick-
darminhalt schon wesentlich eingedickt ist, erfolgen plötzlich kurz (2 bis
10 Sekunden) dauernde peristaltische Kontraktionen des letzten Querdarm-

drittels, die den Inhalt über die linke Flexur ins Colon descendens schieben. Alle 1—2 Stunden wiederholen sich solche Kontraktionen, durch die schließlich der Inhalt des Colon descendens auch passiv ins Colon sigmoideum und ins Rectum weitergeschoben wird (24—36 Stunden nach Nahrungsaufnahme).

Die lange Verweildauer der Ingesta im Colon transversum des Gesunden soll nach den Angaben einiger Untersucher mitbedingt sein durch das Auftreten von *antiperistaltischer Darmbewegung*, d. h. einer Peristaltik, die den Inhalt nicht anal- sondern oralwärts verschiebt. Sicher ist, daß schon bei den geringsten Verdauungs- störungen immer eine solche Antiperistaltik des Dickdarms zu beobachten ist, während Antiperistaltik höher gelegener Darmabschnitte nur bei schwersten pathologischen Veränderungen (z. B. nach mechanischem Darmverschluß) auftritt.

5. Die Regulation der Bewegung des Magendarmkanals und die Defäkation.

Der ganze Verdauungskanal, abgesehen vom Oesophagus, besitzt zwischen Schleimhaut und Ringmuskelschicht ein Nervennetz mit zahlreichen Ganglien- zellen (AUERBACHscher Plexus, Plexus submucosus) und ein zweites noch stärker ausgebildetes Netz zwischen den beiden Muskelschichten (MEISSNERscher

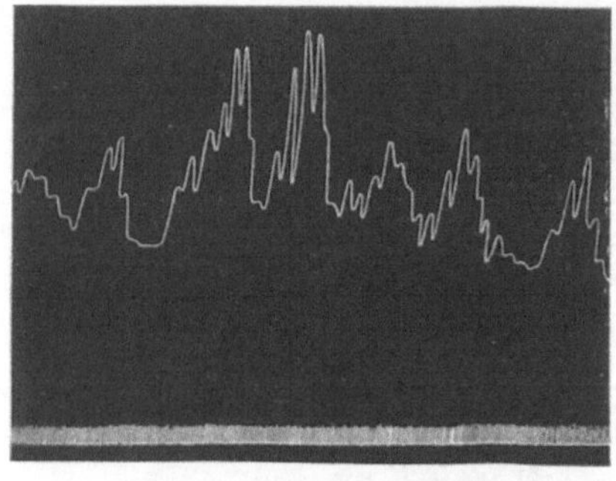 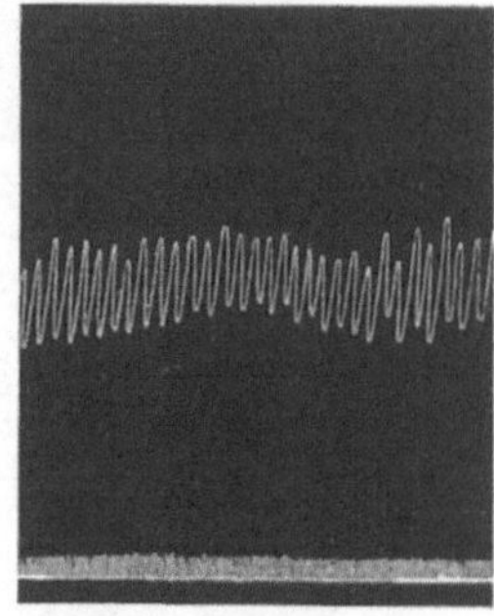

a
b

Abb. 48. a Peristaltische Bewegungen des Katzendünndarms (Längsmuskulatur), spontan auftretend und von Pendelbewegungen überlagert; b 8 Minuten später in verstärkte Pendelbewegungen über- gehend. [Nach SCHNELLER, F.: Pflügers Arch. 209 (1925).]

Plexus, Plexus myentericus). Ausgeschnittene Magen- und Darmstücke lassen unter geeigneten Bedingungen noch die typischen Formen der Darmbewegung erkennen (Abb. 48). Es läßt sich in solchen Versuchen zeigen, daß sich — von den spontan auftretenden Bewegungen abgesehen — durch mechanischen Reiz (Dehnung) und durch chemischen Reiz auf die Schleimhaut peristaltische Wellen auslösen lassen, also durch Bedingungen, die während des Lebens wohl immer dann eintreten, wenn eine leere Darmschlinge durch die Tätigkeit einer mehr oralwärts gelegenen gefüllt wird. Entfernung des AUERBACHschen Plexus macht die chemische Reizung erfolglos, ist aber ohne Einfluß auf die spontan und infolge Dehnung auftretenden Kontraktionen. In Präparaten, die auch des MEISSNERschen Plexus beraubt sind, können neben rhythmischen Bewegungen auch noch schwache Reaktionen auf mechanischen Reiz auftreten. Bei dieser großen Selb- ständigkeit (*Automatie*) der Bewegungsvorgänge im Magendarmkanal dürfen wir uns nicht wundern, daß dieser — im Gegensatz zum Oesophagus — selbst, wenn er auf größere Strecken des Zusammenhanges mit dem Zentralnerven- system beraubt ist, seine Tätigkeit einigermaßen normal ausüben kann. Auch der ganze nervöse Mechanismus der Pylorusöffnung und -schließung spielt sich anscheinend als reflexähnliches Geschehen im intramuralen Nervennetz des Duodenums ab. Trotzdem werden aber die Bewegungsvorgänge des Magendarm- kanals durch Reize beeinflußt, die durch das autonome Nervensystem fortgeleitet werden: Reizung der im Vagus verlaufenden parasympathischen Fasern verstärkt, Reizung der sympathischen Nn. splanchnici hemmt die Bewegungen des Intestinaltraktes (Abb. 49 und Abb. 50). Über im Lendenmark gelegene Zentren können so Reize, die an der Körperoberfläche und an den Schleimhäuten

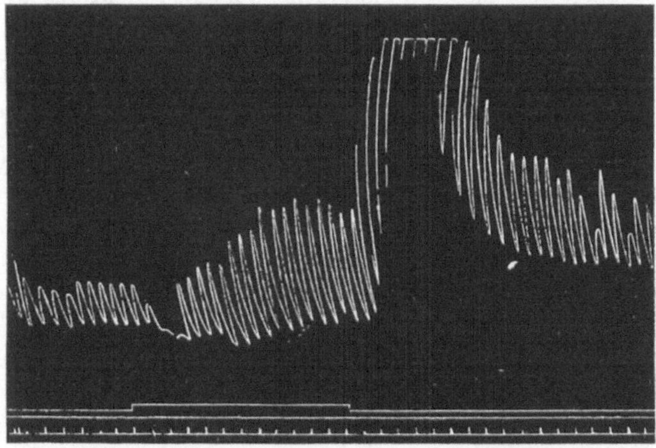

Abb. 49. Wirkung von Vagusreizung auf den Darm. Zeitschreibung jede 6. Sekunde. Mittlere Kurve Reizsignal. Nach BAYLISS und STARLING. (Aus BAYLISS, W. M.: Grundriß der allgemeinen Physiologie. Berlin: Julius Springer 1926.)

der Atemwege einwirken, Einfluß auf die Darmmotorik gewinnen. Fernerhin können aber auch gewisse Stoffwechselprodukte, z. B. Cholin, auf humoralem Wege direkt eine anregende Wirkung auf die Darmmuskulatur ausüben. Man

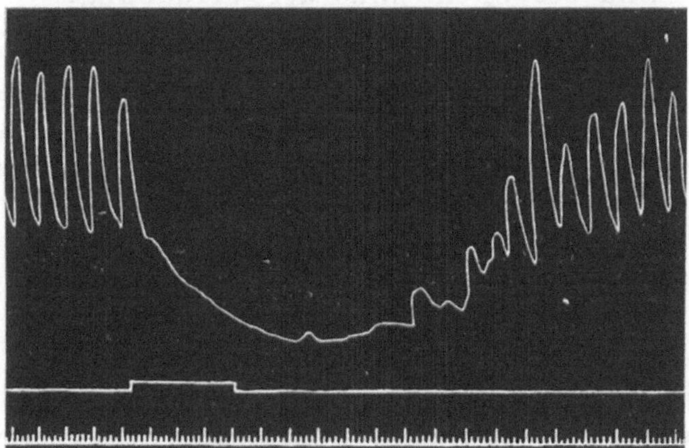

Abb. 50. Wirkung von Splanchnicusreizung auf den Darm. Zeitschreibung ¹/₁ Sek. Mittlere Kurve Reizsignal. Nach BAYLISS u. STARLING.

hat das Cholin, das im Organismus weit verbreitet ist, geradezu als Hormon der Darmbewegung bezeichnet.

Höhere regulatorische Tätigkeit und willkürliche Beeinflußbarkeit finden wir erst wieder am kaudalen Ende des Verdauungskanals, bei der **Defäkation**. Vom unteren Ende des Colon sigmoideum an pflegt der Mastdarm meist kotleer zu sein. Werden nun vorwiegend durch die Tätigkeit des letzten Dickdarmabschnittes die im Sigmoideum liegenden Kotmassen in das Rectum fortgeschoben, so wird hierdurch das Gefühl des Stuhldranges ausgelöst, das aber, falls dem Drang nicht nachgegeben wird, wieder verschwindet. Treten dann wieder neue Kotmassen in das Rectum ein, so macht sich erneut Stuhldrang bemerkbar. Normalerweise genügt aber dieses Gefühl nicht, um eine reflektorische Defäkation auszulösen, da der Reflexmechanismus durch willkürliche Einflüsse des Großhirns gehemmt wird. Erst wenn wir bewußt diese Hemmungen beseitigen (dadurch daß wir unsere Aufmerksamkeit auf die Defäkation lenken) oder die im Mastdarm angesammelten Kotmassen eine allzustarke Peristaltik dieses Darmstückes hervorgerufen haben, tritt der Reflexmechanismus der Kotentleerung in Tätigkeit. Bei dieser erfolgt ein Zusammenspiel zwischen Peristaltik des Mastdarms, Erschlaffung der beiden Analsphincter, Hebung der Weichteile des Beckenbodens (zwecks Emporziehen des Afters über dem austretenden Kotballen) und Betätigung der Bauchpresse.

Die Defäkation, deren Beherrschung erst vom Kleinkind erlernt werden muß, untersteht einem im unteren Teil des Rückenmarkes gelegenen Zentrum, von dem aus Fasern beider Teile des autonomen Nervensystems den Muskeln des Enddarms zugeleitet werden. Ist das untere Rückenmark zerstört, so ist eine willkürliche Beherrschung der Kotentleerung zunächst nicht mehr möglich; diese erfolgt vielmehr kontinuierlich, jedoch kann nach Monaten wieder eine annähernd normale Defäkation eintreten. Der Sphincter ani externus besitzt, obwohl er aus quergestreiften Muskelfasern besteht, ähnlich wie die Darmmuskeln, eine gewisse Automatie, die es gestattet, daß wieder periodische Darmentleerungen auftreten, wenn ein gewisser Füllungsgrad der Ampulla recti erreicht ist. Diese Entleerungen sind aber häufig unvollkommen und durch Willenstätigkeit selbstverständlich nicht beeinflußbar.

B. Die sekretorische Tätigkeit der Verdauungsdrüsen und der Chemismus der Verdauung.

1. Mundhöhle.

Das Verdauungssekret der Mundhöhle ist der Speichel, der außer von den drei großen Speicheldrüsenpaaren von einer großen Anzahl kleiner Drüsen gebildet wird, die in der Schleimhaut der Mundhöhle einschließlich der Zunge zerstreut liegen.

Man teilt diese Drüsen in seröse, mucöse und gemischte Drüsen ein, je nachdem ob ihr Sekret hauptsächlich Eiweiß oder Schleim oder diese beiden Bestandteile enthält. Diese Unterschiede drücken sich auch im histologischen Bild aus. Beim Menschen sind serös: Gl. parotis und die um die Sulci terminales linguae gelegenen Zungendrüsen; mucös: Gl. palatinae und die Drüsen der Zungenwurzel; gemischt: alle übrigen Drüsen der Mundhöhle.

Der **Speichel** des Menschen und der Tiere ist eine opaleszierende, fadenziehende Flüssigkeit, die abgestoßene Epithelzellen der Mundschleimhaut, Leukocyten, Speichelkörperchen (kernlose, durch den Speichel veränderte Leukocyten) und reichlich Bakterien enthält. Der direkt aus den Ausführungsgängen der Drüsen gewonnene Speichel ist frei von Bakterien und meist von schwach alkalischer Reaktion; durch in der Mundhöhle gebildete Zersetzungsprodukte von Speiseresten kann aber die Reaktion mehr oder minder nach der sauren Seite verschoben werden.

Wegen seines relativ hohen Gehaltes an Phosphaten und Bicarbonaten besitzt der Speichel eine erhebliche Pufferwirkung (s. S. 9). Der Gehalt an anorganischem Phosphat ist im Speichel 3—5mal höher als im Blut, dagegen beträgt der Gehalt an Chloriden (NaCl) nur etwa $^1/_5$ desjenigen im Blute. Auffallend ist der Gehalt des

Speichels an Rhodankali, der normalerweise im Mittel 0,003—0,004% beträgt, aber
bis auf 0,2% steigen kann. Der früher angenommene Zusammenhang zwischen Rhodan-
gehalt und Tabakmißbrauch scheint nicht zu bestehen. Eiweiß kommt im Speichel
in Form von Serumalbumin und Serumglobulin sowie Schleim (Mucin) vor. Das
Mucin ist ein Glucoproteid (s. S. 21). Weitere organische Bestandteile sind Harnstoff, Harnsäure und Kreatinin in Konzentrationen, die etwas unter den entsprechenden
Blutkonzentrationen liegen.

Dem Gehalt des Speichels an Calciumbicarbonat kommt eine besondere
Bedeutung zu, weil aus dieser Substanz unter Abgabe von CO_2 und H_2O Calciumcarbonat entsteht, das sich als *Zahnstein* an den Zähnen absetzt:

$$Ca(HCO_3)_2 = CaCO_3 + H_2O + CO_2$$

Der biologisch wichtigste Bestandteil des Speichels ist das **Ptyalin**, auch
Amylase oder *Diastase* genannt, ein kohlehydratspaltendes Ferment, von
dem Stärke sowie Glykogen hydrolytisch über verschiedene Dextrine bis zur
Maltose abgebaut werden. Das Ptyalin ist am wirksamsten bei neutraler
Reaktion; seine Wirksamkeit ist bei alkalischer Reaktion etwas abgeschwächt,
bei saurer Reaktion ist sie nur noch geringfügig. Während der kurzen Zeit,
die die eingespeichelten Speisen im Mund verbleiben, erreicht der Abbau
der Stärke nur einen geringen Grad. Die Wirkung des Ptyalins dauert im
allgemeinen auch noch längere Zeit fort, wenn die Speisen in den Magen
gelangt sind, weil infolge der Schichtung und der erst im Pylorusteil stattfindenden Durchmischung der Speisebrei nur allmählich von dem sauren
Magensaft durchsetzt wird.

Als zweites kohlehydratspaltendes Ferment enthält der Speichel in geringer
Konzentration *Maltase,* welche das Disaccharid Maltose in 2 Moleküle Traubenzucker
spaltet.

Neben den kohlehydratspaltenden Fermenten findet sich im Speichel eine un-
bedeutende Menge von *Lipase.* Für die Wirkung der Lipasen ist eine feine Verteilung
des Fettes durch Emulgierung erforderlich. Die emulgierende Wirkung soll im Speichel
dem Mucin zukommen. Die biologische Bedeutung der Speichellipase dürfte wohl
in einer Säuberung der Zähne von feinsten Fettüberzügen bestehen; für die Fettverdauung ist sie dagegen völlig bedeutungslos. Fernerhin liegen Beobachtungen
über ein geringes Vorkommen eines eiweißspaltenden Ferments vom Typus des
Trypsins im Sekrete der Parotis vor. Eiweißspaltende Wirkung zeigen ebenfalls
die im Speichel vorkommenden weißen Blutzellen sowie die in der Mundhöhle an-
gesiedelten Bakterien.

Man hat lange nach Beziehungen zwischen der Zusammensetzung des Speichels
und der Häufigkeit der *Zahncaries* gesucht. Ein vermehrter Rhodankaligehalt ist
entgegen früheren Vermutungen bedeutungslos. Bei Menschen mit gesundem Gebiß
liegt meist die Reaktion des Speichels um den Neutralpunkt, bei solchen mit ge-
schädigtem Gebiß häufig im Sauren. Dies ist aber wohl als Folge umfangreicher
bakterieller Zersetzungen zu deuten und nicht als ursächliches Moment. Hingegen
dürfte wohl eher einem zu starken Mucingehalt eine schädigende Wirkung zukommen,
da man bei Reihenuntersuchungen fand, daß mit steigendem Mucingehalt des
Speichels auch die Häufigkeit der Caries zunimmt.

Bei geschlossenem leeren Mund findet in der Regel keine oder nur eine
geringe **Speichelabsonderung** statt. Erst wenn die Schleimhaut der Mundhöhle
von gewissen Reizen getroffen wird, setzt die Speichelsekretion ein. Als Reiz
genügt schon die bei geöffnetem Mund bald eintretende Austrocknung. Stärker
wird die Speichelbildung, wenn Speisen in den Mund aufgenommen und gekaut
werden. Es zeigt sich hierbei, daß Quantität und Qualität des sezernierten
Speichels weitgehend von der Art dieser Speisen abhängig sind. Nachfolgende
Tabelle stammt von einem Versuch, bei dem der Speichel aus einer gemischten
Drüse (Gl. submaxillaris) eines Hundes mittels einer Speicheldrüsengangfistel
gewonnen wurde.

Substanz	Speichelmenge in ccm/Min.	Viscosität[1]	Trockensubstanz in %	Organische Substanz in %	Asche in %
Fleisch	1,1	2′53″	1,277	0,956	0,321
Milch	2,4	3′51″	1,416	0,987	0,429
Weißbrot	2,2	1′35″	0,969	0,591	0,377
Zwieback	3,0	1′16″	1,433	0,967	0,466
Fleischpulver . . .	4,4	4′15″	1,486	0,869	0,617
Sand	1,9	13″	0,483	0,133	0,350
0,5% HCl	4,3	10″	0,781	0,187	0,504
dest. Wasser . . .	0	—	—	—	—

Es ist erstaunlich, in welchem Umfange sich Art und Menge des Speichels den biologischen Bedürfnissen anpassen. Die Menge wird groß bei Aufnahme von sehr trockenen Nahrungsmitteln oder wenn eine reizende Substanz (HCl) weggespült werden soll. Hat der Speichel nur mechanische Aufgaben (Sand, HCl), so ist er dünnflüssig und arm an spezifischen Bestandteilen. Aber auch der bei der Aufnahme wirklicher Nahrungsmittel gebildete Speichel zeigt, obwohl der Gesamtgehalt an organischen Bestandteilen ziemlich gleich ist, große Verschiedenheit. Er ist z. B. bei Aufnahme von Milch und Fleischpulver sehr mucinreich, enthält dagegen viel Eiweiß und Ptyalin beim Kauen von Weißbrot oder Zwieback. Der hohe Mucingehalt des nach Milchaufnahme relativ reichlich fließenden Speichels erhält eine besondere Bedeutung durch folgenden Befund. Durch Vermischung mit mucinreichem Speichel wird bei der im Magen stattfindenden Milchgerinnung (s. diese) das Casein besonders feinflockig ausgefällt, wodurch sich die Bedingungen für die weitere Verdauung der Milch wesentlich günstiger gestalten.

Die Frage, wie der Organismus eine so feine Abstufung und Regulierung der Speichelsekretion zustande bringt, läßt sich einigermaßen befriedigend beantworten. Sicher ist, daß die in die Mundhöhle gebrachten Speisen als auslösende Reize wirken. Da nach Ausschaltung der verschiedenen receptorischen Innervationen der Mundhöhle kein Speichelfluß zu erzielen ist, kann es sich nur um einen Reflexmechanismus handeln. Weiterhin ergab sich, daß die Art des jeweils abgesonderten Speichels davon abhängig ist, ob bei der Nahrungsaufnahme mehr eine taktile oder mehr eine chemische Reizung der Receptionsorgane der sensiblen Nerven der Mund-Rachenhöhle (s. Sensibilität der Mundhöhle, Abb. 75) stattfindet. Alle diese Nerven stehen in Verbindung mit den als *Speichel-Reflexzentrum* anzusprechenden, in der Medulla oblongata gelegenen Nuclei salivatorii superiores et inferiores, von denen die die Speichelsekretion beherrschenden Nerven ihren Ausgang nehmen. Auf dieses Zentrum können natürlich Blutreize auch direkt einwirken, z. B. Steigerung der Kohlensäure bei der Erstickung. Von diesen Kernen aus erhalten die verschiedenen Speicheldrüsen getrennt ihre Innervation. Jede einzelne Drüse steht durch parasympathische Nerven, deren präganglionäre Fasern aus den erwähnten Kernen stammen, mit diesen in Verbindung, und fernerhin erhalten sie Fasern, die zum sympathischen System gehören, und die ihren Weg vom Zentrum über das Rückenmark und den Grenzstrang nehmen (Abb. 51, s. a. Abb. 8, S. 52). Aus Versuchen über direkte Reizung dieser beiden zum autonomen Nervensystem gehörenden und zu ein und derselben Drüse hinziehenden effektorischen Nerven ergibt sich die Bedeutung der doppelten Innervation für die Fähigkeit einer Drüse, bei Aufnahme verschiedenartiger Nahrungsstoffe Speichel verschiedener Zusammensetzung zu liefern. Bei Reizung der parasympathischen Fasern wird nämlich ein reichliches, dünnflüssiges Sekret erhalten, das arm an spezifischen Speichelbestandteilen

---

[1] Anmerkung: Ausflußgeschwindigkeit einer bestimmten Speichelmenge durch eine Öffnung von bestimmtem Durchmesser. Je höher die Viscosität um so größer ist der Mucingehalt des Speichels.

ist, während der Speichel bei sympathischer Reizung nur spärlich fließt, aber zäh und reich an spezifischen Bestandteilen ist.

Da aber mit den parasympathischen sekretorischen Fasern auch gefäßerweiternde, mit den sympathischen gefäßverengernde Nerven zu den Blutgefäßen der Drüse

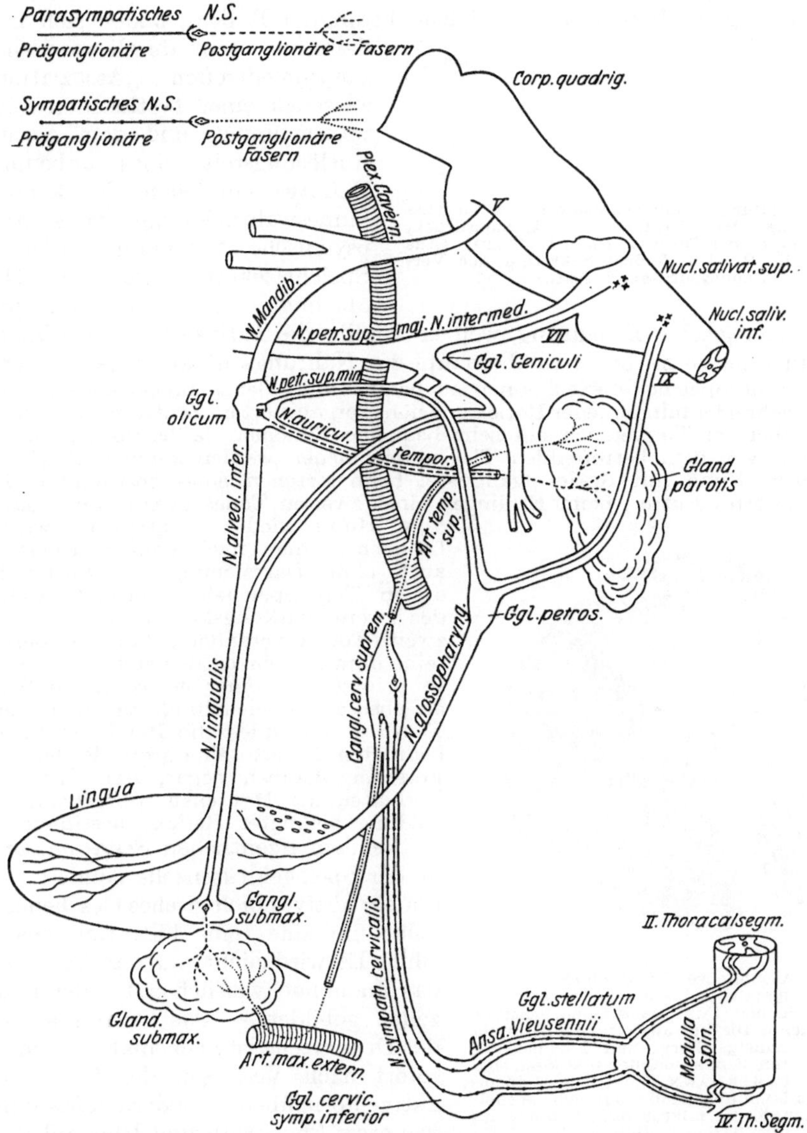

Abb. 51. Schematische Darstellung der zentrifugalen Nerven der Speicheldrüsen. Modifiziert nach MÜLLER. (Aus BABKIN, B. P.: Die äußere Sekretion der Verdauungsdrüsen, 2. Aufl.)

laufen, ist es von großer Wichtigkeit, daß die unterschiedliche Wirkung beider Reizungen auch bei unterbundener Blutversorgung bestehen bleibt, also nicht auf verschieden starke Durchblutung während der Sekretion zurückgeführt werden kann. Die Innervation durch Fasern beider autonomen Nervensysteme bestimmt auch die Wirkungsweise der verschiedensten Gifte auf die Speichelsekretion (s. S. 53 und Abb. 9).

Nicht nur durch Reizung der Mundschleimhaut wird die Speichelsekretion reflektorisch ausgelöst, sondern, wie wir aus täglicher Beobachtung wissen, genügt häufig Geruch und auch Anblick von Speisen, damit uns „das Wasser im Munde zusammenläuft". Wir haben es hierbei nicht mit einem primär bestehenden Mechanismus (unbedingten Reflex) zu tun, sondern mit einem sekundär erworbenen, sog. bedingten Reflex. Solche bedingten Reflexe bilden sich immer dann aus, wenn durch wiederholtes Zusammentreffen „Assoziationen" zwischen einer bestimmten Sinneswahrnehmung und dem normalen Auslösungsreiz eines unbedingten Reflexes entstehen. Es kann die Sinneswahrnehmung, ja sogar die psychische Vorstellung allein die Speichelsekretion auslösen. Dieser „bedingte Reflex" ist von grundlegender biologischer Bedeutung, weil er bereits die Tätigkeit der Verdauungsdrüsen in Gang setzt, bevor es überhaupt zur Nahrungsaufnahme gekommen ist.

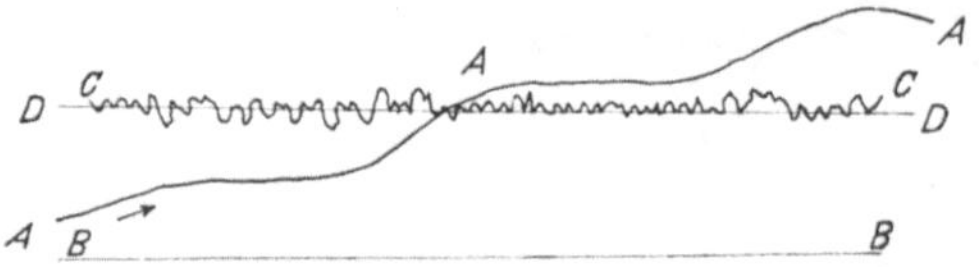

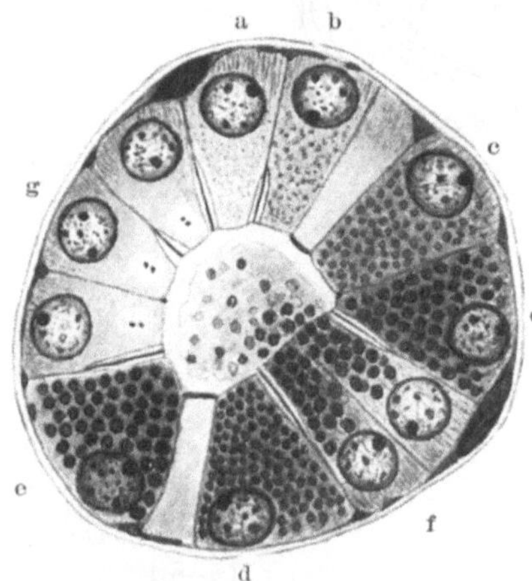

Abb. 52. Blutdruck und Sekretionsdruck im Ausführungsgang der Parotis. A Sekretionsdruck, C Blutdruck in der Carotis. Nach LUDWIG. (Aus BABKIN, B. P.: Die äußere Sekretion der Verdauungsdrüsen, 2. Aufl.)

Nicht nur Speichelreflexe können zu bedingten Reflexen umgewandelt werden, sondern mehr oder minder jeder Reflex mit höher organisiertem Zentrum. Der Speichelfluß ist aber im Tierversuch ein sehr bequemes Zeichen dafür, ob irgendwelche Sinnesreize von dem betreffenden Tier unterschieden werden können. Reicht man z. B. einem Hund mit Speichelgangfistel beim Ertönen eines bestimmten Tones erstrebenswertes Futter, beim Erklingen eines zweiten Tones aber einen Stein, der vom Hund wieder ausgespuckt wird, so beobachtet man nach einigen Tagen, daß auch ohne Darreichung von Futter beim ersten Ton Speichelfluß erfolgt, während der zweite wirkungslos ist. Wird nun der zweite Ton so verändert, daß er in der Tonreihe immer mehr an den ersten heranrückt, so erfolgt von einer gewissen Ähnlichkeit an ebenfalls Speichelfluß. Bei den meisten Tierdressuren spielt die Herstellung solcher bedingten Reflexe eine große Rolle. Einige Forscher glauben sogar, daß das soziale Verhalten der Menschen weitgehend durch Bildung bedingter Reflexe bestimmt wird.

Bei dem eigentlichen *Sekretionsvorgang* in der Speicheldrüsenzelle handelt es sich um ein aktives biologisches Geschehen und nicht um eine reine Filtration aus dem Blut. Es wird nicht nur das Ptyalin und das Mucin nachweislich erst in den Drüsenzellen gebildet — das Ptyalin innerhalb der Drüsenzelle ist noch inaktiv, geht aber sofort nach Verlassen der Zelle in die aktive Form über — sondern gewisse Stoffe wie etwa Phosphate und Rhodankali sind im Speichel in wesentlich höherer Konzentration als im Blut vorhanden, so daß die Drüsenzellen echte Konzentrationsarbeit leisten müssen. Aber selbst das Wasser des Speichels kann nicht nur durch Filtration aus dem Blutserum gewonnen werden. Bindet man in den Ausführungsgang einer Speicheldrüse ein Manometer ein, so sieht man, daß sowohl bei isolierter Reizung der parasympathischen wie der sympathischen Nerven ein höherer Druck erreicht wird als dem Blutdruck in den Gefäßen der Drüsen

Abb. 53. Albuminöse Drüse einer menschlichen Wallpapille. a bis g verschiedene aufeinanderfolgende Funktionsstadien. Auf g folgt wieder a. Die in f austretenden Granula bewahren anfangs Form und Färbbarkeit, verlieren dann diese allmählich und lösen sich auf. (Aus ZIMMERMANN, K. W.: Die Speicheldrüsen der Mundhöhle und die Bauchspeicheldrüse. Handb. der mikroskop. Anatomie des Menschen, Bd. V/1. Berlin: Julius Springer 1927.)

entspricht (Abb. 52). Das Wasser wird also nicht wie bei der Filtration im Sinne des Druckgefälles, sondern ihm entgegen bewegt.

Die histologische Untersuchung von ruhenden, tätig gewesenen und sich erholenden Speicheldrüsenzellen ergibt deutlich, daß gewisse Bestandteile des Speichels in den Drüsen schon während der Ruhe präformiert sind (Abb. 53). Wir finden diese daher auch immer besonders reichlich in den ersten Portionen des Speichels. Hiermit hängt auch wohl zusammen, daß bei länger dauernder künstlicher Reizung die Geschwindigkeit des Speichelflusses erst relativ groß ist, nach einer Periode des Nachlassens aber wieder beträchtlich ansteigt, um erst bei deutlich einsetzender Ermüdung abzuklingen. Dieselben Phasen der Speicheldrüsentätigkeit finden wir auch bei den elektrischen Begleiterscheinungen (Aktionsströme) der Sekretion.

2. Magen.

Das Sekret des Magens ist der *Magensaft*, der von den tubulären Drüsen des Magens sowie von den Oberflächenepithelien der Magenschleimhaut gebildet wird.

Die tubulären Drüsen sind im Pylorusteil des Magens aus einer einzigen Zellart, im Fundusteil aus zwei verschiedenen zelligen Gebilden aufgebaut, den Hauptzellen, aus denen auch die Pylorusdrüsen bestehen, und den Belegzellen. Die Hauptzellen sind kubisch bis zylindrisch, haben im frischen, ungefärbten Präparat ein helles Protoplasma mit stark lichtbrechenden Tropfen, während die Belegzellen von rundlicher Form und mattglasartigem Aussehen sind und schwach lichtbrechende Granula enthalten. Sie sind sehr leicht färbbar. Die Funktion der beiden Zellarten ist eine verschiedenartige. Den Belegzellen wird allgemein die Salzsäurebildung, den Hauptzellen die Produktion des typischen Magenferments, des Pepsins, zugeschrieben, während in den Oberflächenepithelien die Schleimsubstanzen des Magensaftes entstehen sollen.

Der Magensaft ist eine klare, fast farblose, opalescierende Flüssigkeit von stark saurem Geschmack. Die *Acidität* entspricht einem p_H-Wert von 1,06—1,59 und beruht auf dem Gehalt an freier *Salzsäure*, der normalerweise zwischen 0,4—0,6% HCl liegt. Neben der Salzsäure finden sich auch noch Alkalichloride (KCl und NaCl) in einer Menge von etwa 0,12%. Die genannten Salzsäurewerte gelten für reinen Magensaft, wie er z. B. aus Magenfisteln gewonnen werden kann. Bei der klinischen Untersuchung des Magensaftes, die man an dem durch Ausheberung gewonnenen Mageninhalt vornimmt, werden abhängig von der Art der Mahlzeit, die zur Ingangsetzung der Magensaftsekretion verabreicht wurde, niedrigere Aciditätswerte und Salzsäurewerte gefunden. Die Salzsäure findet sich teils in freier Form, teils auch gebunden an andere Stoffe, meist an Eiweißkörper.

Bei klinischen Untersuchungen wird der Salzsäuregehalt nicht in Prozentgehalt HCl im Magensaft angegeben, sondern durch den Aciditätsgrad, d. h. diejenige Anzahl Kubikzentimeter einer $^n/_{10}$ NaOH, die zur Neutralisation von 100 ccm Magensaft erforderlich sind. Die Gesamtacidität ($=$ freie $+$ gebundene HCl) liegt gewöhnlich zwischen 50 und 60, die freie Säure zwischen 20 und 40. Die Bildung der Salzsäure erfolgt aus den Chloriden des Blutplasmas, und zwar kommt es zunächst anscheinend zu einer Speicherung der Chloride in den Belegzellen der Magendrüsen, und aus diesen Chloriden wird auf eine nicht bekannte Weise die Salzsäure in Freiheit gesetzt. Der Zusammenhang zwischen dem Gehalt des Blutes an Chloriden und der Sekretion der Salzsäure geht klar daraus hervor, daß im Anschluß an größere Verdauungsleistungen der Harn gar keine oder nur geringe Mengen von Chloriden enthält, während sonst im Harn Chloride in größeren Mengen ausgeschieden werden. Von den Chloriden des Plasmas steht nur ein Bruchteil von etwa 20% zur Salzsäurebildung zur Verfügung. Ist diese Chlormenge in Form von Salzsäure im Magensaft abgesondert worden, so hört die Magensaftbildung auf und kann erst wieder nach Ersatz der Chloride in Gang kommen. Der Chlorgehalt des Magensaftes ist doppelt so hoch wie der des Blutes. Es muß daher die Salzsäureproduktion eine aktive Zelltätigkeit der Magendrüsen sein; es kann sich nicht um einen reinen Diffusionsvorgang zwischen Blut und Drüsen handeln.

Das Verhältnis von freier zu gebundener Salzsäure kann wechseln; es kann sogar die freie Salzsäure vollkommen fehlen. Bei Abwesenheit der freien Säure kommt es leicht zu einer Bakterienentwicklung im Magen, die sich in einer stärkeren Milchsäurebildung zu erkennen gibt. Der normale Magensaft enthält hingegen nur sehr geringe Mengen Milchsäure.

Nur das Sekret der Funduszellen ist sauer; in der Pylorusgegend findet sich eine neutrale bis alkalische, zähschleimige Flüssigkeit.

Der Magensaft enthält noch in unerheblichen Mengen Nucleoproteide und Albumosen sowie andere Stoffe.

Die für die Verdauung wichtigsten Bestandteile des Magensaftes sind seine Fermente, in erster Linie das Ferment der Eiweißverdauung, das **Pepsin**. Daneben findet sich das Labferment und eine Lipase. Das Pepsin hat ein p_H-Optimum bei p_H 1,5—2,2 und ist bei alkalischer Reaktion nicht nur unwirksam, sondern wird sogar zerstört. Das durch die Magendrüsen gebildete Pepsin kann also nur dann wirken, wenn gleichzeitig eine entsprechende Salzsäurebildung erfolgt. Die Bedeutung der Salzsäure besteht aber nicht nur in der Herstellung einer geeigneten Wasserstoff-Ionen-Konzentration für die Wirkung des Pepsins, sondern sie bedingt auch eine Quellung der Eiweißkörper, die auf diese Weise für die eiweißspaltenden Fermente leichter angreifbar werden. Das Pepsin wirkt auf alle Eiweißkörper ein, so auch auf das „lebende" Eiweiß; im Magen von Raubfischen werden z. B. die als Nahrung dienenden kleineren Fische noch in lebendem Zustand angedaut. Der Abbau der Eiweißkörper durch das Pepsin ist kein sehr weitgehender, er erreicht nur die Stufen der *Albumosen* und *Peptone*. Er vollzieht sich in der Weise, daß Peptidbindungen gespalten werden, was daraus hervorgeht, daß im Verlaufe der Pepsinverdauung die Zahl der freien Carboxylgruppen und die der freien Aminogruppen um den gleichen Betrag zunimmt. Das kann nur der Fall sein, wenn die den beiden Gruppen gemeinsame Peptidbindung aufgespalten wird. Bei der hohen Aktivität des Pepsins auch lebendem Eiweiß gegenüber ist es verwunderlich, daß nicht auch die Magenschleimhaut von ihm angegriffen wird. Man muß annehmen, daß der Schleimüberzug einen wirksamen Schutz gegen Selbstverdauung darstellt.

Die Frage, ob es neben dem Pepsin noch ein zweites Ferment des Eiweißumsatzes mit streng spezifischem Wirkungsbereich im Magen gibt, ist in jüngster Zeit zugunsten der Existenz eines besonderen **Labfermentes** entschieden worden. Die Wirkung des Labfermentes besteht in der Ausflockung des charakteristischen Eiweißkörpers der Milch, des Caseins. Und zwar wird durch die Wirkung des Labfermentes das Casein in Paracasein umgewandelt. Das Paracasein bildet mit den in der Milch reichlich vorhandenen Calcium-Ionen ein unlösliches Salz (paracaseinsaures Calcium = Käse).

An sich ist die Ausflockung von Eiweißkörpern der Milch im Magen kein Vorgang, zu dem die Gegenwart eines besonderen Fermentes erforderlich wäre, da schon die saure Reaktion allein genügt, um sie herbeizuführen. Es hat sich aber gezeigt, daß eine Ausflockung von Casein auch durch pflanzliche Proteasen und zwar bei nicht saurer Reaktion stattfinden kann, und es ist weiterhin festgestellt worden, daß die Flockung des Caseins im Magensaft zwei p_H-Optima aufweist, eins zwischen p_H 3—5 (isoelektrischer Punkt des Caseins) und ein zweites zwischen p_H 6—7. Das erste dieser p_H-Optima entspricht der Säureflockung, das zweite dagegen der Wirkung des Labfermentes.

Die Bedeutung der Ausfällung des Caseins im Magen für die Verdauung ist nicht gering einzuschätzen. Einmal wird das Casein von der wäßrigen Molke abgetrennt, die sehr bald in den Dünndarm weitergeleitet wird und daher den Mageninhalt nicht unnötig verdünnt. Durch die Ausfällung wird die Verweildauer des Caseins im Magen sehr erheblich verlängert, und es damit der verdauenden Wirkung des Pepsins zugänglich gemacht. Ferner ist im Caseinniederschlag nahezu die gesamte in der Milch enthaltene Fettmenge in feiner Verteilung eingeschlossen.

Als drittes wirksames Ferment enthält der Magensaft neben dem Pepsin und dem Labferment auch noch eine **Lipase.** Die Wirkungsbedingungen für die Magenlipase sind an sich keine sehr günstigen, weil die Fette im Magen nur in sehr grober Verteilung vorkommen. Die Aufspaltung des Milchfettes kann dagegen viel besser erfolgen, da es wegen seiner feinen Verteilung in dem Caseinniederschlag von der Lipase leicht angegriffen wird. Die Magenlipase hat ein p_H-Optimum, das im Sauren, bei p_H 5, gelegen ist, das also im Magen durchaus erreicht werden kann und das der normalen Reaktion im Säuglingsmagen entspricht. So ist denn auch tatsächlich die Ausflockung des Caseins im Magen für die Fettverdauung des Säuglings von großer Bedeutung.

Der Magensaft enthält kein auf die Verdauung von Kohlehydraten eingestelltes Ferment. Es ist aber bereits darauf hingewiesen worden (s. S. 103), daß der in den Magen gelangende Speisebrei eine Schichtung erfährt und dadurch erst langsam mit der Säure des Magensaftes durchtränkt wird. Daher findet zunächst die Speichelamylase noch eine ihrer Wirkung günstige Reaktion vor und die Verdauung der Kohlehydrate im Magen nimmt so lange ihren Fortgang, bis dem schließlich die allgemeine Durchsäuerung des Mageninhaltes Einhalt gebietet. Der Anteil der Kohlehydratverdauung, der im Magen erfolgt, ist ein erheblicher; bis zu $^2/_3$ der aufgenommenen Stärke wird im Magen zu Dextrinen und Maltose abgebaut.

Die Menge des täglich abgesonderten Magensaftes ist beim Menschen natürlich schwer zu ermitteln. Immerhin kann angenommen werden, daß sie nach einer reichlichen Mahlzeit bis zu 1 Liter betragen kann.

Die Möglichkeit zu solchen Feststellungen ist beim Vorhandensein einer Magenfistel gegeben, d. h. einer operativ hergestellten Öffnung des Magens, die mit der Haut der Bauchdecken vernäht ist. Derartige Magenfisteln werden zu Versuchszwecken bei Tieren angelegt; auf diesem Wege läßt sich die Wirkung der Fütterung oder sonstiger Eingriffe an dem aus der Fistel ablaufenden Sekret feststellen. Eine weitere Möglichkeit der Verfolgung der sekretorischen Tätigkeit des Magens bietet die Anlage eines kleinen Magens. Diese wird in der Weise vorgenommen, daß unter Erhaltung der Gefäß- und Nervenversorgung ein kleiner Teil des Magens durch Naht abgetrennt und nach Eröffnung mit den Bauchdecken vernäht wird. Es zeigt sich, daß alle Reize sich in gleicher Weise am kleinen wie am großen Magen äußern. Die Methode hat den Vorteil, daß man einen durch Speisebrei nicht verunreinigten Magensaft gewinnt.

Erkenntnisse über die Bedingungen der Erregung der Magensaftsekretion wurden durch sog. Scheinfütterungsversuche gewonnen. Bei dieser Versuchsanordnung sind den Versuchstieren der Oesophagus durchtrennt und die beiden Öffnungen in die Haut eingenäht worden. Die aufgenommene Nahrung gelangt also gar nicht in den Magen, sondern fällt aus dem oberen Abschnitt der Speiseröhre wieder heraus.

In der Ruhe erfolgt nur eine ganz geringfügige Magensaftsekretion. Ihre Steigerung bei Nahrungsaufnahme hat in den verschiedenen Stadien der Verdauung ganz verschiedene Ursachen. In der ersten Phase ist sie rein reflektorischer Natur. Es kann sich ebenso wie bei der Speichelsekretion um einen bedingten Reflex handeln, also allein auf den Anblick oder den Geruch einer Speise, ja sogar auf die bloße Vorstellung der Nahrungsaufnahme hin die Magensaftsekretion ausgelöst werden: „psychische" Magensaftsekretion oder Bildung des sog. „Appetitsaftes". Die Latenzzeit dieser psychischen Sekretion beträgt etwa 6—10 Minuten. Fernerhin wird aber eine reflektorische Magensaftsekretion auch durch die Berührung der Mundschleimhaut mit der aufgenommenen Nahrung ausgelöst. Das Einbringen von ungenießbaren Stoffen in die Mundhöhle hat keine Magensaftsekretion zur Folge.

Der reflektorischen Phase folgt die chemische Phase der Sekretion. Hier handelt es sich darum, daß die Reize, die die Magensaftbildung bewirken, auf die Magenschleimhaut selbst einwirken. Mechanische Reizung der Schleimhaut des ruhenden Magens ist wirkungslos, die Reizung des gefüllten Magens durch den Speisebrei ist dagegen ein wirksamer Sekretionsreiz. Direkte chemische Reizung der Schleimhaut des Fundus ist nur bei Einwirkung von Alkohol oder Histamin erfolgreich. Die Anregung der Tätigkeit der Fundusdrüsen erfolgt normalerweise von der Gegend des Pylorus aus, und zwar sind eine große Reihe von verschiedenen Nahrungsmitteln oder chemischen Substanzen als Sekretionserreger wirksam: Fleisch und Fleischextraktivstoffe (Fleischextrakt), Produkte des Eiweißabbaus, Alkohol und Gemüse (so besonders Kohl), aber auch Gewürze.

Über den Mechanismus der chemischen Magensaftsekretion sind verschiedene Theorien geäußert worden. Große Wahrscheinlichkeit hat die hormonale Theorie für sich, die von der Vorstellung ausgeht, daß in der Schleimhaut des Pylorus durch die Wirkung der obengenannten und anderer Substanzen die Bildung eines Hormons, des Gastrins, angeregt wird, das auf dem Blutwege zu den Fundusdrüsen gelangt und sie in Tätigkeit versetzt. Die Natur dieses Gastrins ist unbekannt. Jedenfalls lassen sich aus der Schleimhaut des Pylorus Substanzen extrahieren, die bei der Injektion in die Blutbahn die Sekretion der Fundusdrüsen anregen. Von chemisch bekannten Substanzen wirkt ähnlich das Histamin. Da aber die Erscheinungen nach der Gastrin- und der Histamininjektion nicht völlig übereinstimmen, ist die zeitweilig angenommene Identität beider Substanzen wohl nicht vorhanden. Ebenso wie vom Pylorus aus, aber wesentlich schwächer, bewirken die oben erwähnten Stoffe, wenn sie in den Dünndarm, vor allem ins Duodenum kommen, eine Verstärkung der Magensaftsekretion (dritte oder Darmphase der Magensaftsekretion).

Für die Verdauungsfunktion des Magens ist von großer Wichtigkeit, wie lange die Magensaftsekretion überhaupt anhält. Das ist für die verschiedenen Erreger recht verschieden, und auch die Verdauungskraft der abgesonderten Säfte ist von der Natur des Erregers weitgehend abhängig. Nach Verfütterung von Fleisch erreicht die Sekretion z. B. nach 1—2 Stunden ihre maximale Höhe und die Wirkung des Saftes ihre größte Intensität. Die zeitlichen Verhältnisse liegen bei der Aufnahme von Brot ähnlich, jedoch ist die Verdauungskraft des Sekretes kleiner. Sehr stark sekretionsanregend wirken Kakao, Kaffee und Tee und zwar in der angegebenen Reihenfolge. Es beruht das auf dem Gehalt dieser Genußmittel an Röstprodukten. Von der Dauer der Magensaftsekretion hängt auch das Auftreten des Hungergefühls ab. Hungergefühl tritt an sich nur bei Kontraktionen des leeren Magens auf; daher wirken Stoffe, die wie Fett recht lange im Magen verweilen, besonders sättigend. Aber auch bei leerem Magen tritt das Hungergefühl nur dann auf, wenn die Magensaftsekretion aufgehört hat.

Der sekretorische Nerv für die Magendrüsen ist der N. vagus. Die Innervation für die Verdauungsfunktion und für die Bewegung des Magens ist demnach identisch. Reizung des N. vagus hat eine Magensaftsekretion zur Folge, und ebenso kommt es natürlich nach allen Substanzen, die parasympathisch erregend (und sympathisch lähmend) wirken, zur Steigerung der Tätigkeit der Magendrüsen, nach allen parasympathisch lähmenden (und sympathisch erregenden) Substanzen zur Einschränkung derselben (s. S. 53). Das gleiche gilt anscheinend auch für die Drüsen des Darmes.

3. Dünndarm.

Die Dünndarmschleimhaut hat feinste Erhebungen, die *Darmzotten*, die von einem Zylinderepithel überkleidet sind, in welches schleimbildende Becherzellen eingestreut sind. Auf dem Grunde der Zotten münden einfache schlauchförmige Drüsen, die LIEBERKÜHNschen Crypten, in deren Epithel sich eine besondere Art von Zellen mit gekörntem Protoplasma, die PANETHschen Körnerzellen, nachweisen lassen. Im Bereich der Submucosa des Duodenums findet sich eine andere Art von in größeren

Haufen angeordneten runden Drüsen, die BRUNNERschen Drüsen, welche die direkte Fortsetzung der Pylorusdrüsen sind. Ob in ihnen Pepsin gebildet wird, ist ungeklärt. Ebensowenig ist entschieden, ob die Darmfermente in den LIEBERKÜHNschen Crypten oder in den PANETHschen Zellen entstehen.

Durch die Einwirkung des Magensaftes wird im Verein mit der peristaltischen Bewegung des Magens der Mageninhalt in eine gleichförmige Masse, den Speisebrei oder **Chymus**, verwandelt. Der Chymus wird durch die peristaltischen Wellen ins Duodenum weitergeschoben, und zwar nicht kontinuierlich, sondern intermittierend. Die Regelung dieses Mechanismus erfolgt durch den *Pylorusreflex* (s. a. S. 103). Der Übertritt von Chymus in den Darm ist von der Reaktion im Duodenum abhängig. Sobald durch den Übertritt eines Teiles des Mageninhaltes dort die Reaktion sauer geworden ist, wird der Pylorus durch die Kontraktion des ringförmigen Sphincter fest verschlossen, und Chymus kann erst dann wieder ins Duodenum gelangen, wenn die Neutralisation der Säure durch den alkalischen Inhalt des Duodenums die Vorbedingungen für die Erschlaffung des Sphincter geschaffen hat.

Der fermenthaltige Verdauungssaft, der auf den Chymus im Duodenum einwirkt, ist nach seiner Herkunft nicht einheitlicher Natur, sondern das Gemisch der Sekrete dreier verschiedener Organe, der Bauchspeicheldrüse, der Leber und des Dünndarmes selber. Die von der Leber beigesteuerte Flüssigkeit ist die Galle.

a) Der Pankreassaft.

Der Pankreassaft ist wasserklar, farblos und eiweißreich. Seine Menge kann beim Menschen anscheinend bis zu 1 Liter täglich betragen. Das Maximum der Absonderung wird 3—4 Stunden nach der Nahrungsaufnahme beobachtet. Seine Reaktion ist wegen des ziemlich hohen Gehaltes an Natriumbicarbonat mit einem p_H von 8,3 deutlich alkalisch. An anorganischen Substanzen enthält er außerdem in größeren Mengen noch Kochsalz, an organischen, wie schon erwähnt, Eiweißkörper. Seine Bedeutung für die Verdauungsvorgänge erlangt der Pankreassaft durch den Gehalt an drei äußerst aktiven Fermenten, dem Trypsin, der Lipase (Steapsin) und der Amylase (Ptyalin oder Diastase). Außerdem findet sich noch etwas Maltase.

Das **Trypsin** ist auf die Verdauung von Eiweißkörpern eingestellt. Das aus einer ganz frischen Pankreasdrüse extrahierte Ferment ist gegenüber Eiweißkörpern völlig unwirksam und gewinnt seine volle Aktivität erst, wenn es in Berührung mit Darmschleimhaut kommt. Sehr aktive Trypsinlösungen können auch aus einer einige Zeit nach Entnahme aus dem Tier aufbewahrten Drüse hergestellt werden. Es zeigen diese Beobachtungen, daß das Trypsin aktiviert werden muß. Die aktivierende Substanz wird als *Enterokinase* bezeichnet; sie findet sich sowohl in der Darmschleimhaut als auch, wenn auch gewöhnlich in unwirksamer Form, im Pankreas. Die Aktivierung des Trypsins durch die Enterokinase ist zeitweilig als ein fermentativer Vorgang angesehen worden. Es handelt sich aber um eine einfache chemische Additionsverbindung, die durch bestimmte Eingriffe wieder aufgespalten werden kann, so daß man aus dem durch Enterokinase aktivierten Trypsin inaktives Trypsin zurückgewinnen kann. Das von der Bauchspeicheldrüse abgegebene Trypsin ist kein einheitliches Ferment, sondern hat sich in verschiedene Fermente von genau abgegrenztem Wirkungsbereich trennen lassen.

Das erste dieser Fermente ist eine Proteinase, also ein eigentliches eiweißspaltendes Ferment. Es ist ohne Aktivierung durch Enterokinase völlig unwirksam und wird daher auch, da seine Aktivierung die Vorbedingung für seine Funktionsfähigkeit ist, als *Trypsinkinase* bezeichnet. Seine Wirkung umfaßt die Aufspaltung von eigentlichen Eiweißkörpern höherer (Casein, Fibrin, Albuminen, Globulinen) und niederer

Struktur (Protamine und Histone); es greift aber auch die Endprodukte der Pepsinverdauung, die Albumosen und Peptone, an. Außer dem eiweißspaltenden Ferment enthält das Trypsin genannte Fermentgemisch neben einigen anderen ein Ferment, das auf den Abbau von Polypeptiden eingestellt ist und daher als Polypeptidase bezeichnet wird. Die Wirkung der Polypeptidase erfolgt auch ohne Aktivierung durch Enterokinase, sie wird aber durch dieselbe wesentlich verstärkt. Die Polypeptidase wirkt auch auf Peptone ein. Das Wirkungsoptimum des Trypsingemisches liegt bei schwach alkalischer Reaktion.

Der Wirkungsmechanismus dieser verschiedenen Fermente entspricht insofern demjenigen des Pepsins, als auch durch sie Peptidbindungen gelöst werden; ihr Eingriff in den Bau des Eiweißmoleküls ist aber viel tiefer als der durch das Pepsin. Es entstehen nicht nur Eiweißspaltstücke peptidartiger Natur, sondern auch bereits freie Aminosäuren. Eine Aminosäure, das Tryptophan, hat ihren Namen danach erhalten, daß sie bei der Trypsinverdauung frei wird. Die Wirkung des Trypsins reicht aber nicht aus, um das gesamte Eiweiß zu Aminosäuren abzubauen, sondern dies geschieht erst durch das Erepsin (s. S. 120).

Die **Pankreaslipase** ist das Hauptferment der Fettverdauung, da die Magenlipase wohl nur beim Säugling eine Rolle spielt. Die Lipase hat ebenso wie das Trypsin ein im Alkalischen gelegenes p_H-Optimum. Ihre Spezifität ist verglichen mit derjenigen der kohlehydratspaltenden und eines Teils der eiweißspaltenden Fermente nicht sehr ausgesprochen. Sie spaltet alle Ester von Fettsäuren mit Alkoholen, also nicht nur die eigentlichen Fette, die Triglyceride. Allerdings werden gerade die natürlichen Fette von der Pankreaslipase mit besonderer Leichtigkeit gespalten; schon Di- und mehr noch Monoglyceride werden wesentlich langsamer abgebaut, und die Spaltbarkeit der einfachen Fettsäureester ist noch geringer. Die Verdauung der Fette ist vor allem deshalb ein recht verwickelter Vorgang, weil das Fett nicht wie die anderen Nahrungsstoffe durch die Berührung mit dem Magensaft oder den Verdauungssekreten im Duodenum in Lösung und gleichmäßige Verteilung gebracht und dadurch der Einwirkung der Fermente leicht zugänglich gemacht wird. Das Fett ist eine wasserunlösliche Substanz; es hat also zunächst nur eine sehr geringfügige Oberfläche für den Kontakt mit dem fermenthaltigen Darminhalt. Eine Oberflächenvergrößerung ist also die Hauptvoraussetzung für einen größeren Umfang der Fettverdauung. Eine solche Vergrößerung der Oberfläche kann nur erzielt werden durch eine möglichst feine Verteilung des Fettes im Darmsaft in Form einer Emulsion. Emulsionen aus Fetten und wäßrigen Lösungen lassen sich unter gewissen Bedingungen leicht herstellen. So bildet Olivenöl mit Wasser auf Zusatz von wenig Alkali eine recht beständige Emulsion. Dies beruht darauf, daß Olivenöl wie alle Fette eine Spur ranzig, also in Fettsäuren und Glycerin zerfallen ist. Die Fettsäuren bilden mit dem Alkali bei alkalischer Reaktion Seifen. Seifen weisen Wasser gegenüber eine viel geringere Oberflächenspannung auf als die Fette selber. Bei der Bildung der Seifen umhüllt sich jedes Fettröpfchen mit einer Seifenmembran. Die Fettröpfchen können aber wegen der geringen Oberflächenspannung der Seife nur klein sein, und so wird eine recht feine Emulgierung erreicht. Man hat sich bis vor nicht allzu langer Zeit auch die Emulgierung der Fette im Darm in dieser Weise vorgestellt. Es ist aber mit Sicherheit erwiesen, daß im Darm niemals eine so alkalische Reaktion vorhanden ist, daß die Bildung von Seifen möglich wäre, vielmehr reagiert der Inhalt des oberen Dünndarmes meist noch schwach sauer und erst in den unteren Dünndarmabschnitten wird höchstens neutrale Reaktion erreicht. Es ist dies an sich auffällig angesichts der Tatsache, daß die drei sich in das Duodenum ergießenden Sekrete, Pankreassaft, Galle und Darmsaft, deutlich alkalische Reaktion haben. Jedoch wird das verfügbare Alkali wohl zur Abstumpfung der Säure des Mageninhalts so weitgehend verbraucht, daß die Reaktion im Duodenum noch schwach sauer bleibt. Man ist daher heute geneigt, den Gallensäuren (s. S. 128), die eine außerordentlich große Oberflächenaktivität haben, die entscheidende Bedeutung für die Emulgierung der Fette zuzuschreiben. Sie würden dabei in gleicher Weise wie die Seifen wirken. Auch für die Steigerung der Wirksamkeit der Lipase sollen die Gallensäuren von Wichtigkeit sein. Ebenso wie das Trypsin gehört auch die Pankreaslipase zu denjenigen Fermenten, deren Wirksamkeit durch geeignete Aktivierung erheblich gesteigert werden kann. Die Aktivierung erfolgt außer durch Gallensäuren durch Ca-Salze und durch Eiweißstoffe.

Das dritte wichtige Pankreasferment ist die **Amylase**. Sie entspricht hinsichtlich ihrer Wirkung völlig der Speichelamylase mit dem alleinigen Unterschied, daß ihre Aktivität größer zu sein scheint. Auch sie baut Stärke bis zur Maltosestufe ab, so daß eine völlige Verdauung erst durch die Einwirkung von Maltase möglich ist. Die im Pankreassaft vorkommende Maltase ist aber wenig aktiv, so daß die Stärkeverdauung nur durch die Maltase des Darmsaftes zu Ende geführt werden kann.

b) Die Galle.

Die Galle ist sowohl als ein Sekret der Leber wie als ein Exkret dieses Organs anzusehen. Als Sekret enthält sie eine Reihe von Stoffen, die den Zwecken des Organismus noch an anderer Stelle nutzbar gemacht werden, als Exkret werden mit ihr eine Anzahl von Endprodukten des Stoffwechsels ausgeschieden. Die Bildung der Galle erfolgt in der Leber kontinuierlich. Sie sammelt sich in den zwischen den Leberzellen gelegenen Gallencapillaren und wird zunächst durch den Ductus hepaticus und den Ductus cysticus der Gallenblase zugeführt. Hier wird sie für die Zeiten des Verbrauchs gespeichert und erfährt Veränderungen, die im wesentlichen auf einer Eindickung beruhen. Durch Resorption von Wasser in der Gallenblase kann die Galle auf das 20—30fache ihrer ursprünglichen Konzentration eingedickt werden. Die in den Darm abgegebene Gallenmenge beträgt täglich ½—1 Liter. Die Farbe der menschlichen Galle ist dunkelgoldgelb bis gelbbraun. Sie beruht auf der Anwesenheit des Gallenfarbstoffes, des *Bilirubins*. Das Bilirubin ist ein Umwandlungsprodukt des Hämoglobins und entsteht aus diesem durch Abspaltung des Eisens und nachfolgende Oxydation des Porphyrins. Auch das Bilirubin enthält vier Pyrrolringe. Diese sind aber nicht mehr wie im Hämoglobin (s. d.) ringförmig miteinander verbunden, sondern kettenförmig miteinander vereinigt. Außer dem Bilirubin kommen bei den Tieren noch andere Formen des Gallenfarbstoffes vor, so das *Biliverdin*, ein grün gefärbtes Oxydationsprodukt des Bilirubins. Durch weitergehende Oxydation dieses Körpers lassen sich noch mehrere durch charakteristische Färbung ausgezeichnete Oxydationsstufen des Bilirubins herstellen. Im Darm erleidet das Bilirubin reduktive Veränderungen unter Bildung von *Urobilinogen*. Dieser Körper ist selbst kein Farbstoff, geht aber in das *Urobilin* (*Stercobilin*), den normalen Kotfarbstoff, über. Die Umwandlungsprodukte des Gallenfarbstoffes werden z. T. durch die Darmschleimhaut resorbiert, der Leber wieder zugeführt und hier in Gallenfarbstoff zurückverwandelt (*enterohepatischer Kreislauf*). Bei Störungen der Leberfunktion gelangen sie ins Blut und werden durch die Nieren in den Harn ausgeschieden. Bei Behinderung des Gallenabflusses in den Darm kann Gallenfarbstoff in vermehrter Menge im Blut und ebenfalls im Harn auftreten (Ikterus, Gelbsucht). Als eine Exkretion ist die Ausscheidung von Cholesterin mit der Galle anzusehen. Das Cholesterin wird wahrscheinlich beim Zerfall der roten Blutkörperchen frei.

Die physiologisch wirkungsvollsten Bestandteile der Galle sind die *Gallensäuren*. Die gepaarten Gallensäuren, *Glykocholsäure* und *Taurocholsäure*, sind zusammengesetzte Verbindungen, deren einer Bestandteil entweder das Glykokoll oder ein Abkömmling des Cysteins, das Taurin, der andere Paarling ein hochmolekulares Gebilde ist.

$$CH_2NH_2CH_2SO_3H = \text{Taurin.}$$

Das Taurin entsteht aus dem Cystein durch Decarboxylierung und Oxydation des Schwefels bis zur Sulfosäure (Taurin = Aminoäthansulfosäure).

Die in der Glykochol- bzw. der Taurocholsäure enthaltenen hochmolekularen Säuren sind die *Cholsäure* und die *Desoxycholsäure*. Auf die Verwandtschaft der Gallensäuren mit dem Cholesterin ist bereits hingewiesen worden (s. S. 23). Die Bedeutung der Gallensäuren beruht auf der Beschleunigung der Fettverdauung. Einmal tragen sie zur Emulgierung der Fette bei (s. o.), zweitens aktivieren sie die Lipase. Diese Aktivierung erfolgt in der Weise, daß sich durch die Anwesenheit der Gallensäuren im Darmsaft kolloidale Niederschläge bilden, an welche sowohl das Fett als auch die Lipase adsorbiert werden. Durch die adsorptive Anreicherung von Ferment und Substrat an der kolloidalen Oberfläche wird natürlich die Geschwindigkeit des fermentativen Prozesses gesteigert. Bei Abwesenheit von Galle im Darm werden Fette nicht in den Organismus aufgenommen, sondern mit den Faeces ausgeschieden, und zwar nicht als neutrale Fette, sondern als freie Fettsäuren. Die eigentliche Fettverdauung kann also weitgehend ohne Mitwirkung der Gallensäuren stattfinden, lediglich die Fettresorption ist an ihre Gegenwart gebunden. Die Rolle, welche den Gallensäuren bei diesem Vorgang zukommt, wird erst später behandelt (s. S. 128). Ebenso wie für die Gallenfarbstoffe besteht auch für die Gallensäuren ein enterohepatischer Kreislauf, d. h. sie werden vom Darm aus resorbiert und der Leber wieder zugeführt, so daß sie erneut in die Galle ausgeschieden werden können.

c) Der Darmsaft.

Die Entstehungsstätte des eigentlichen Darmsaftes, des Sekretes der Darmschleimhaut, sind die LIEBERKÜHNschen Drüsen und im Duodenum die BRUNNERschen Drüsen. Außerdem wird von den Becherzellen Schleim gebildet. Der Darmsaft hat ein p_H von 8,3 infolge seines hohen Gehaltes an Natriumbicarbonat, eine Eigenschaft, die er mit dem Pankreassaft teilt. Ebenso enthält er an anorganischen Substanzen in größerer Menge Kochsalz. An Fermenten findet sich das **Erepsin**, ein Gemisch zweier peptidspaltender Fermente, einer Dipeptidase und einer Polypeptidase, welche die Spaltung der Eiweißkörper zu Ende führen. Vor allen Dingen enthält der Darmsaft die Fermente für den völligen hydrolytischen Abbau der verschiedenen Disaccharide, eine **Maltase**, eine **Saccharase** (Invertin, Invertase) und eine **Lactase**. Die Maltase beendet die Spaltung der Stärke, indem sie aus Malzzucker zwei Moleküle Traubenzucker bildet. Die Saccharase spaltet den Rohrzucker, der zum Süßen der Nahrung dient, in Traubenzucker und Fruchtzucker, während die Lactase den Milchzucker in Traubenzucker und Galaktose zerlegt. Lactase soll nur bei Milchnahrung im Darmsaft vorhanden sein, so vor allem beim Säugling und Kleinkinde, nicht aber beim Erwachsenen. Es wird aber behauptet, daß die Bildung von Lactase einsetzt, sobald Milch wieder regelmäßig als Nahrung aufgenommen wird.

d) Der Mechanismus für die Sekretion des Pankreassaftes, der Galle und des Darmsaftes.

Pankreassaft. Die Sekretion des Pankreassaftes erfolgt beim Menschen anscheinend in geringer Menge kontinuierlich, erfährt aber durch die Nahrungsaufnahme eine merkliche Verstärkung. Die Reize für die Verstärkung der Sekretion sind verschiedener Art. Wenige Minuten nach einer Nahrungsaufnahme macht sich bereits eine Pankreassekretion bemerkbar. Hier handelt es sich um nervöse Einflüsse, die die Drüse auf dem Weg über den Vagus erreichen, da die Sekretionssteigerung nach Vagusdurchschneidung ausbleibt. Sekretionsauslösend erweisen sich Wasser, wenn es mit der Magenschleimhaut in Berührung kommt, Säure bei Einwirkung auf das Duodenum sowie Fett, wenn es sich im Duodenum und im Dünndarm befindet. Es kommt also physiologischerweise als Erreger der Pankreassekretion in erster Linie der Übertritt von saurem Mageninhalt ins Duodenum in Frage. Diese Sekretionserregung hat eine Latenzzeit von wenigen Minuten. Ihr Mechanismus ist ein humoraler. Die Schleimhaut des Duodenums enthält eine als Prosekretin bezeichnete Substanz, die durch die Benetzung der Schleimhaut mit der Salzsäure des Mageninhaltes in das *Secretin* übergeführt wird. Das Secretin wird dann ins Blut abgegeben, auf dem Blutwege der Drüse zugeführt und wirkt hier sekretionsfördernd. Es handelt sich also um einen Vorgang, wie er anscheinend auch für die Regelung der Magensaftsekretion vorliegt (s. Gastrin S. 116). Jedoch ist die Existenz des Secretins und seine Bedeutung für die Erregung der Pankreassekretion streng bewiesen, was für das Gastrin nicht der Fall ist. Durch Extraktion der Duodenalschleimhaut mit verdünnter Salzsäure und Injektion dieses Extraktes in die Blutbahn läßt sich die Pankreassekretion in einer Weise anregen, wie sie für die Verdauung charakteristisch ist.

Die sekretionsfördernde Wirkung der Fette tritt anscheinend erst nach ihrer Verseifung ein. Außer Förderung wird auch Hemmung der Pankreassekretion beobachtet, z. B. durch Anwesenheit von Alkali im Darm. Die Zusammensetzung des Pankreassaftes, besonders sein Fermentgehalt, aber auch der Verlauf seiner Absonderung ist in erheblichem Umfang von der Zusammensetzung der Nahrung und von der Art der Sekretionserregung abhängig. So wird nach Einbringen von Säure ins Duodenum eine reichliche Menge eines fermentarmen Saftes abgesondert, nach Zufuhr von Fett ein weniger reichliches, aber fermentreiches Sekret.

Galle. Für die Absonderung der Galle haben zwei Faktoren Bedeutung, erstens Einwirkung auf die Gallenbildung in der Leber und zweitens Beeinflussung der Abgabe von Galle aus der Gallenblase in den Darm. Die Sekretion der Galle erfolgt in der Leber, wie bereits erwähnt, kontinuierlich. Sie wird gesteigert durch Fleisch, Peptone, Fette, aber auch durch Salzsäure und vor allen Dingen durch Gallensäuren und ihre Salze. Diese Reize können dabei im Magen oder im Duodenum angreifen. Die gallentreibende Wirkung der Gallensäure ist besonders bemerkenswert im Hinblick auf den enterohepatischen Kreislauf der Gallensäure. Fernerhin scheint als Reiz für die Gallenabsonderung auch das Secretin dienen zu können. Der Austritt der Galle aus der Gallenblase in den Darm hängt vom Inhalt des Duodenums ab. Der Übertritt der drei Hauptnahrungsstoffe Eiweiß, Fett und Kohlehydrate ins Duodenum stellt einen starken Reiz dar und auch Eiweißspaltprodukte wirken fördernd auf den Austritt der Galle in den Darm.

Darmsaft. Die Darmsaftabsonderung kann schon durch mechanische Reizung der Darmschleimhaut ausgelöst werden. Wichtiger ist wohl die chemische Auslösung durch den Magensaft. Auch hier handelt es sich in erster Linie um eine Folge der sauren Reaktion des Magensaftes, da Salzsäure den gleichen Effekt hat. Möglicherweise erfolgt die Übertragung der chemischen Reize auf die Drüsen des Darmes auf dem humoralen Wege, da ebenso wie Pankreas- und Gallensekretion auch die Absonderung von Darmsaft durch die Injektion von Secretin angeregt wird. Schließlich gibt es aber auch einen nervösen Mechanismus der Sekretionserregung, da durch Reizung des Vagus die Sekretion der LIEBERKÜHNschen Drüsen in Gang gesetzt werden kann.

4. Die Abstimmung der Verdauungsfermente aufeinander.

Für die Verdauung ein und derselben Gruppe von Nahrungsstoffen stehen dem Organismus in der Regel eine Reihe von Fermenten zur Verfügung. Die Tätigkeit dieser Fermente geht in bestimmter Ordnung und Reihenfolge vor sich. Der Sinn dieser Verteilung der Fermente auf verschiedene Teile des Verdauungskanals besteht darin, die Verdauung auf einen größeren Raum zu verteilen und damit zu beschleunigen, vielleicht handelt es sich daneben auch um Sicherungsmaßnahmen, so daß der Ausfall eines Ferments den Gesamtablauf der Verdauung nur relativ wenig in Mitleidenschaft zieht. Die Verteilung der Fermente auf die einzelnen Abschnitte des Verdauungskanals ist bei der Verdauung der Polysaccharide besonders sinnfällig. Sie beginnt in der Mundhöhle, setzt sich zunächst im Magen noch fort und wird schließlich im Duodenum und zwar durch zwei verschiedene Fermente, das Pankreasptyalin und die Maltase des Darmsaftes, zu Ende geführt. Noch weitergehend ist die Unterteilung der Eiweißverdauung. Zuerst werden im Magen durch das Pepsin aus dem Eiweiß große, aber wasserlösliche Spaltstücke gebildet. Im Darm setzt das Trypsin den Abbau fort, wobei daran zu erinnern ist, daß weder das Trypsin noch das Erepsin, das die Eiweißverdauung zu Ende führt, einheitliche Fermente sind. Vom fermentchemischen Standpunkt können sich die eigentlichen eiweißspaltenden Fermente Pepsin und Trypsin nicht gegenseitig vertreten, da sie das Eiweiß ganz verschieden weit abbauen. Physiologisch kann aber ein derartiger Ersatz stattfinden. Ist der gesamte Magen operativ entfernt worden, wie bei bestimmten Erkrankungen desselben üblich, so erfolgt, trotzdem dann kein Pepsin mehr gebildet wird, eine vollständige Verdauung der Eiweißkörper. Wir haben also in den Verdauungsvorgängen in ihrer Gesamtheit eine fein aufeinander abgestimmte Folge von Reaktionen vor uns, die wie die Glieder einer Kette ineinandergreifen. Wir sehen aber auch, daß der Ausfall eines dieser Glieder nicht zu tiefergehenden Störungen des Gesamtablaufes der Verdauung zu führen braucht.

5. Dickdarm.

Die Veränderungen, die sich im Dickdarm an den Nahrungsstoffen vollziehen, sind prinzipiell von denjenigen in den anderen Abschnitten des Verdauungskanals verschieden. Die Verdauungsvorgänge finden, soweit sie der Mitwirkung von Fermenten bedürfen, im Dünndarm ihr Ende und die bei diesen Umsetzungen entstandenen Spaltprodukte werden auch bereits an dieser Stelle zum größten Teil durch Resorption in den Organismus aufgenommen. Der Darminhalt, der den Dickdarm erreicht, besteht hauptsächlich aus Wasser, abgestoßenen Epithelien der Schleimhaut des Dünndarmes, aktiven oder inaktiven Fermenten des Darmes und des Magens sowie aus schwer und unverdaulichen Resten der Nahrung. Solche sind in erster Linie die Cellulose der pflanzlichen Nahrungsmittel, sowie bestimmte unverdauliche Eiweißkörper, die Keratine. An diesen für die Verdauungsfermente nicht angreifbaren Nahrungsresten vollziehen sich aber im Dickdarm (in geringem Umfange auch im unteren Teil des Dünndarms) durch die Tätigkeit von Bakterien, also durch körperfremde Lebewesen, noch tiefgehende Abbauvorgänge. Die Einwirkung der Bakterien auf die genannten Stoffe bezeichnet man als Fäulnis- oder **Gärungsvorgänge**. Sie erstrecken sich sowohl auf die Kohlehydrate, und zwar vorwiegend die Cellulosemembranen der pflanzlichen Zellen, als auch auf unverdaut gebliebene Eiweißkörper. Durch die Fäulnis werden die Kohlehydrate zu einem Teil in organische Säuren wie Milchsäure und Buttersäure umgewandelt. Während ein Molekül Zucker einfach in zwei Moleküle Milchsäure zerfällt, ist die Umwandlung in Buttersäure mit dem Freiwerden von Kohlendioxyd und Wasserstoff verbunden. Der Wasserstoff kann in den Darmgasen nachgewiesen werden.

Bei der Vergärung der Eiweißkörper kommt es zur Entstehung von sehr mannigfaltigen Produkten. Voraussetzung für die Vergärung der Eiweißkörper ist ihre hydrolytische Aufspaltung zu Aminosäuren, die durch die in den Bakterien enthaltenen Proteasen bewirkt wird. Die freigewordenen Aminosäuren werden dann weiter abgebaut. Einer der einfachsten Abbauvorgänge ist die Decarboxylierung, die zur Bildung der proteinogenen Amine führt.

Sie betrifft vor allem die Diaminosäuren Ornithin und Lysin, welche in die Diamine *Putrescin* (Tetramethylendiamin: $NH_2.(CH_2)_4.NH_2$) und *Cadaverin* (Pentamethylendiamin) umgewandelt werden. Auch aromatische Aminosäuren werden decarboxyliert. So entstehen aus Tyrosin und Histidin, Tyramin und Histamin. Die „biogenen" Amine sind Stoffe von großer physiologischer Wirksamkeit (s. auch S. 144). Die Wirkung des Histamins auf die Magensaftabsonderung ist bereits früher erwähnt worden (s. S. 116). Der Abbau der Aminosäuren kann aber auch noch viel eingreifender sein. Dies läßt sich besonders gut an den aromatischen Aminosäuren verfolgen, weil die in ihnen enthaltenen Ringsysteme nicht weiter angegriffen werden und daher die entstandenen Substanzen besonders leicht nachweisbar sind. So können aus Tyrosin und Tryptophan die Seitenketten abgespalten werden; aus Tyrosin entstehen nacheinander Kresol und Phenol:

OH   OH   OH

$CH_2.CHNH_2COOH$ CH_3

Tyrosin   Kresol   Phenol

aus Tryptophan Skatol und Indol:

$CH_2.CH.NH_2COOH$ CH_3

NH   NH   NH

Tryptophan   Skatol   Indol

Auf dem Vorkommen von Skatol und Indol beruht der charakteristische Geruch der Faeces. Durch bakterielle Zersetzung der schwefelhaltigen Aminosäure Cystein entsteht Schwefelwasserstoff (H_2S).

Die Bakterien vollziehen auch reduktive Veränderungen an bestimmten Inhaltsstoffen des Dickdarms. Es ist schon an anderer Stelle auf die reduktive Umwandlung des Bilirubins in den Kotfarbstoff Stercobilin hingewiesen worden (s. S. 119).

Die entstehenden spezifischen Fäulnisprodukte werden z. T. resorbiert, können also möglicherweise in den Zellen des Körpers verwandt werden; sie unterliegen aber wohl zum größten Teil der Ausscheidung durch die Nieren. Der nicht resorbierte Anteil wird mit dem Kot ausgeschieden. Eine reichlichere Bildung von Fäulnisprodukten ruft Vergiftungserscheinungen hervor. Hiernach könnte es scheinen, als ob die Ansiedelung der Bakterien im Darm ein unerwünschter, sogar ein gefährlicher Zustand sei. Jedoch sind bei dieser Symbiose gewisse Vorteile für den Wirtsorganismus nicht zu verkennen. Durch die Gärungsvorgänge entstehen z. B. aus der Cellulose organische Säuren, also Stoffe, die noch einen erheblichen Energieinhalt haben und die auch vom Darm resorbiert werden können. Durch die Tätigkeit der Bakterien können sie also dem Organismus noch als Energiequelle zur Verfügung gestellt werden. Wesentlicher ist aber, daß nach der Vergärung der Cellulosemembran der Inhalt der pflanzlichen Zellen freigelegt wird und damit Stoffe der Resorption zugänglich werden, die bei Abwesenheit der Bakterienflora als Energiequelle nicht ausgenutzt werden könnten. Entsprechend der Zusammensetzung seiner Nahrung sind gerade dem Pflanzenfresser die bakteriellen Gärungsvorgänge für die normale Ernährung unentbehrlich. Es liegen sogar Befunde vor, aus denen hervorzugehen scheint, daß die Besiedelung des Darmes mit Bakterien auch bei anderen Tieren überhaupt Voraussetzung für einen geregelten Stoffwechsel ist.

Durch die Umwandlungen, die der Chymus bei seinem allmählichen Weitertransport im Darme erfährt, wird seine ursprüngliche Beschaffenheit völlig verändert. Man bezeichnet den Inhalt des Dickdarms als Kot oder **Faeces**. Die Faeces bestehen aus den Resten der Nahrung, die auch dem Angriff der Bakterien widerstanden haben, aus abgestoßenen Darmepithelien, Resten der Verdauungsfermente, den Farbstoffen, die als Umwandlungsprodukte des Gallenfarbstoffs gebildet worden sind und schließlich zu einem sehr erheblichen Teil aus noch lebenden oder abgestorbenen Mikroorganismen. Der Anteil der abgestoßenen Darmepithelien an der Trockensubstanz der Faeces kann bis zu 25%, derjenige der Bakterien bis zu 50% betragen. Der Wassergehalt des Kotes beträgt 65 bis 85%, seine Menge ist in weitem Umfange von der Art der Nahrung abhängig. Gut verdauliche, schlackenarme Kost bildet naturgemäß viel weniger Kot als schwer verdauliche Pflanzennahrung. Bei der Zusammensetzung des Kotes ist es verständlich, daß sogar bei vollständigem Hunger noch Kot gebildet wird, da auch im Hunger eine Abstoßung von Epithelien und eine geringe Produktion der Verdauungssäfte erfolgt und fernerhin die Ausscheidung der Mikroorganismen weitergeht. In welchem Umfange die Menge des Kotes von der Art der Nahrung abhängt, zeigt die folgende Zusammenstellung, die angibt, wieviel Gramm Faeces-Trockensubstanz nach Aufnahme von 100 g der angeführten Nahrungsmittel ausgeschieden werden:

Weißbrot	4,5 g	Kartoffeln	9,4 g
Fleisch	5,1 ,,	Schwarzbrot	15,0 ,,
Eier	5,2 ,,	Gelbe Rüben	20,7 ,,
Milch	9,0 ,,		

Neben den Vorgängen, die schließlich zur Bildung der Faeces führen, hat der Dickdarm noch eine weitere Funktion, die der Ausscheidung von Substanzen aus dem Blutstrom in sein Lumen. Diese Funktion erstreckt sich in erster Linie auf Kalksalze, Eisensalze und Phosphate, anscheinend auch auf das Cholesterin.

C. Die Resorption.

Mit dem fermentativen Abbau der Nahrungsstoffe in der Mundhöhle, im Magen und im Darm ist der eine Zweck der Verdauung, die Umwandlung der Nahrung in aufnahmefähige Stoffe vollendet; es muß sich nun ein zweiter Vorgang anschließen, die Resorption, durch die sich die Aufnahme der bei der Verdauung entstandenen niedermolekularen Stoffe durch die Darmwand hindurch ins Innere des Organismus vollzieht. Alle fermentativen Vorgänge, die sich bei der Verdauung abspielen, sind hydrolytische Spaltungen. Für sie ist es kennzeichnend, daß die entstehenden Spaltprodukte nur einen unwesentlich geringeren Energieinhalt haben als die Ausgangsstoffe, so daß also die für die Resorption durchaus notwendige Aufspaltung der größeren Moleküle mit einem ziemlich geringen Energieverlust verbunden ist. Durch die Verdauung werden die Nahrungsstoffe ihrer spezifischen Natur entkleidet, die resorbierten Substanzen sind also für den Organismus unspezifisch und können nach ihrem Durchtritt durch die Darmwand zu Stoffen aufgebaut werden, deren Zusammensetzung für den betreffenden Organismus charakteristisch ist. Dies gilt in erster Linie für die Eiweißkörper, deren Struktur in besonders hohem Maße artspezifisch ist. Die Geschwindigkeit der Resorption ist sehr weitgehend von der Größe der resorbierenden Oberfläche des Darmes abhängig. Diese ist wegen der Oberflächenvergrößerung durch die Darmzotten sehr erheblich. Sie wird noch dadurch gesteigert, daß der Dünndarm Faltungen der Schleimhaut, die KERKRINGschen Falten, aufweist. Am Dickdarm wird durch die Ausbildung der Haustren das gleiche Ziel erreicht. Auch die Art der Ernährung ist für die Größe der resorbierenden Oberfläche von Bedeutung, indem bei Pflanzenfressern, die schwer verdauliche Kost zu sich nehmen, der Darm wesentlich länger ist als bei Fleischfressern, dies aber wohl ebensosehr deshalb, weil durch Verlängerung des Darmrohres die Fermente längere Zeit auf den Darminhalt einwirken können. Die Resorption der Nahrung vollzieht sich vorzugsweise im Dünndarm, daneben spielt der Dickdarm nur für die Aufnahme des Wassers eine Rolle. Jedoch können bei rectaler Zufuhr niedermolekulare Substanzen, z. B. Traubenzucker, auch von der Dickdarmschleimhaut resorbiert werden. Resorptionsvorgänge in der Mundhöhle und im Magen sind praktisch bedeutungslos.

Für den Ablauf der Verdauungsvorgänge ist eine frühzeitig einsetzende und rasch erfolgende Resorption von großer Bedeutung, denn auf Grund des Massenwirkungsgesetzes muß die Anhäufung von Spaltprodukten zu einer fortschreitenden Verlangsamung der Fermentwirkung führen. Werden die Spaltstücke dagegen durch Resorption prompt beseitigt, so erfährt die Spaltung keine Verzögerung.

Welche Faktoren sind für die Resorption maßgebend? In erster Linie ist an eine Erklärung durch rein physikalische Gesetze zu denken, also an die Vorgänge der Filtration, Diffusion und Osmose. Eine *Filtration* kann nur stattfinden, wenn eine hydrostatische Druckdifferenz besteht, wenn sich also eine Flüssigkeit durch eine Scheidewand vom Ort des höheren zu dem des niederen Druckes bewegt. Sind in der Flüssigkeit Stoffe gelöst, so gehen sie ebenso wie das Lösungsmittel durch die Scheidewand hindurch, wenn ihre Moleküle dazu klein genug sind. Dies trifft für krystalloide Stoffe zu. Gröber disperse, gelöste Stoffe werden aber bei der Filtration zurückgehalten. *Diffusion* erfolgt zwischen Flüssigkeiten, die sich unter gleichem hydrostatischen Druck befinden, aber verschiedene Zusammensetzung haben. Sie führt allmählich zu einem Konzentrationsausgleich, unabhängig davon, ob die Lösungen durch eine Membran getrennt sind oder nicht, wenn nur diese Membran überhaupt für die gelösten Stoffe permeabel ist. Bei der *Osmose* erfolgt, wie bereits früher ausgeführt (s. S. 7), weil sie an das Vorhandensein von semipermeablen Membranen gebunden ist, vor allen Dingen eine Trennung des Lösungsmittels von dem gelösten Stoff. Es hat sich gezeigt, daß alle diese Kräfte für das Verständnis der Resorptionsvorgänge nicht ausreichen, sondern daß die Darmschleimhaut sich aktiv an der Resorption beteiligt. In welcher Weise dies geschieht, läßt sich aus dem Aufbau der Darmschleimhaut schließen. Dieser ist in der Abb. 54 schematisch wiedergegeben. Die Zotten, die in unmittelbarer Berührung mit dem Darminhalt stehen, haben unter ihrem einschichtigen Epithel ein außerordentlich fein verzweigtes Capillarnetz (die feine Verzweigung des Capillarnetzes einer Darmzotte zeigt die Abb. 24) und weist in dem zentralen Lymphraum ein weites Hohlraumsystem zur Aufnahme von Flüssigkeit auf. Es ist bedeutungsvoll, daß sich im Inneren der Zotte glatte Muskelzellen nachweisen lassen. Betrachtet man unter besonderen Vorsichtsmaßregeln die innere Oberfläche des Dünndarms unter dem Mikroskop, so sieht man, wie die Darmzotten spontane Kontraktionen ausführen und wie durch Reize an der Zottenbasis Kontraktionen willkürlich ausgelöst werden können.

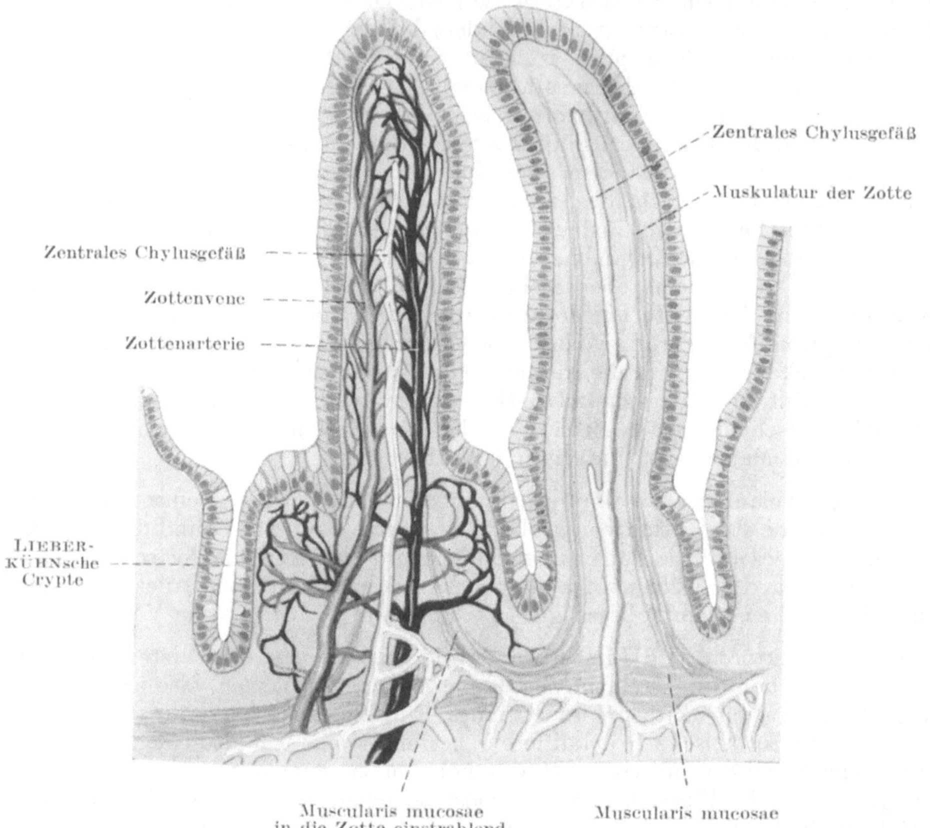

Abb. 54. Schema des Aufbaus der Darmzotte. (Aus TANDLER, J.: Lehrbuch der systematischen Anatomie, 2. Bd. Leipzig: F. C. W. Vogel 1923.)

Es geht dies in schöner Weise aus einer Folge kinematographischer Aufnahmen hervor, die in Abb. 55 wiedergegeben sind. Die Kontraktion der Zotte erfolgt

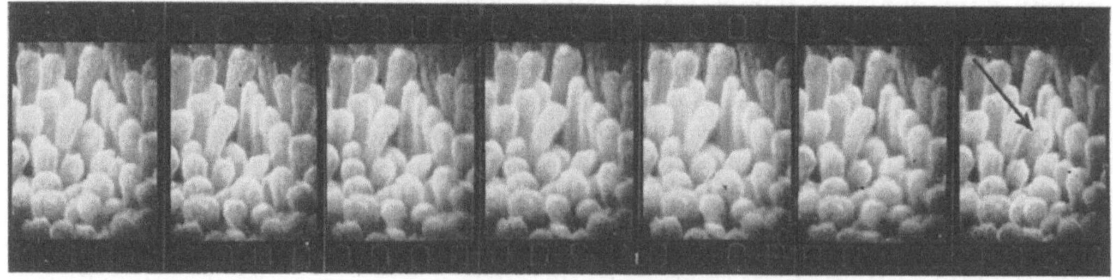

Abb. 55. Bewegung der Darmzotten. (Aus einer kinematographischen Aufnahme der Bewegung der Darmzotten im lebenden Hund ist bei 8—10 Aufnahmen pro Minute jede achte abgebildet. Vergr. 30fach. Besonders deutlich ist die Bewegung der mit einem Pfeil bezeichneten Zotte.) [Aus V. KOKAS und V. LUDANY: Pflügers Arch. 225 (1930).]

ohne gleichzeitige Dickenzunahme. Sie kann also nur durch Verkleinerung des Zottenhohlraumes, d. h. durch Entleerung der Blutgefäße und des Lymphraumes zustande kommen. Durch die Kontraktion und Wiederverlängerung der Zotten wird eine dauernde Saug- und Pumpwirkung erzielt. Neben den für den Durchtritt von Flüssigkeiten und gelösten Stoffen bereits angeführten Kräften der Filtration, Diffusion und Osmose ist wahrscheinlich die Bedeutung dieses „Zottenpumpwerkes" für die Resorptionsvorgänge eine besonders große. Einmal weil sie eine Weiterbewegung der durch die Schleimhaut hindurchgetretenen Stoffe bewirkt, zweitens aber auch wohl weil sie diesen Durchtritt aktiv fördert. In der Tat lassen sich die Resorptionsvorgänge weitgehend durch ein Zusammenwirken der besprochenen Mechanismen erklären. Die Geschwindigkeit der Resorption kann durch verstärkte Durchblutung des Darmes gesteigert werden.

Für die Resorption sind außer den erwähnten noch andere Faktoren maßgebend. Manche an sich leicht diffusible Substanzen, z. B. Disaccharide, gehen nur sehr schwer durch die Darmwand hindurch und verschiedene Monosaccharide, die die gleiche Molekülgröße haben, werden mit ganz verschiedener Geschwindigkeit resorbiert.

Die Resorption der *Eiweißkörper* erfolgt im allgemeinen in Form von Aminosäuren, die auf dem Blutwege und zwar durch die Vena portae der Leber zugeführt werden, um hier zu arteigenem Eiweiß aufgebaut zu werden. An sich können aber auch höhere Eiweißspaltstücke, wie Peptone, ja sogar unverdautes Eiweiß resorbiert werden. Dies gilt besonders für rohes Hühnereiweiß, das schwer verdaut wird, weil es gegen Trypsin resistent ist und bei seiner alleinigen Aufnahme keine Magensaftsekretion erfolgt. Es kann im Organismus scheinbar nicht verwendet werden, da es im Harn wieder ausgeschieden wird. Die Resorption der Amino-

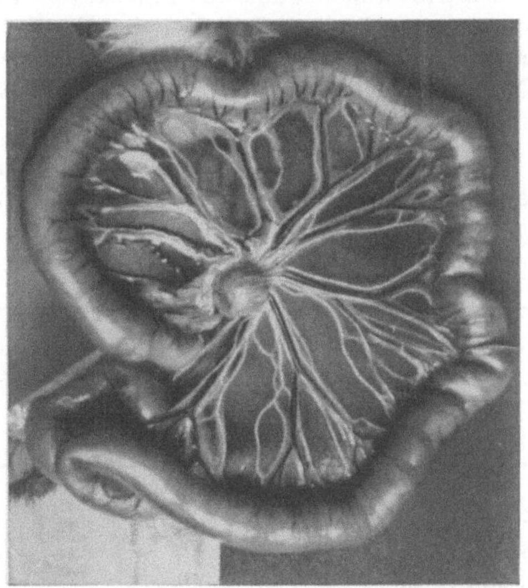

Abb. 56. Fettresorption. Sichtbarwerden der mit Fettchylus gefüllten Lymphgefäße des Jejunums. Versuchstier Katze nach vorheriger Fütterung mit Sahne. [Aus PLATTNER u. HOU: Pflügers Arch. 228 (1931).]

säuren vollzieht sich fast vollständig im Dünndarm; im Coecum ist sie praktisch beendet.

Auch die Resorption der *Kohlehydrate* erfolgt in Form ihrer niedersten Abbaustufen, der Monosaccharide, und zwar ebenfalls im Dünndarm. Der Resorptionsweg ist die Blutbahn. Sie gelangen zur Leber und werden hier zu der Vorratsform der Kohlehydrate im Tierkörper, dem Glykogen, aufgebaut.

Die *Fettresorption* unterscheidet sich von der Aufnahme der Eiweißkörper und der Kohlehydrate, da die Fette nicht direkt ins Blut gelangen, sondern nur auf dem Lymphwege resorbiert werden. Aus dem zentralen Lymphraum der Zotte gelangt der Chylus durch die Tätigkeit des Zottenpumpwerkes in die tieferen Lymphgefäße der Submucosa, in den Ductus thoracicus und erst auf diesem Wege ins Blut. Das resorbierte Fett ist im Chylus als feinste Emulsion vorhanden und in dieser Form auch im Blut nachweisbar. Während der Fettresorption sind die Lymphgefäße im Mesenterium sehr deutlich an ihrer weißen Färbung zu erkennen (s. Abb. 56). Das Problem bei der Resorption der Fette liegt im Durchtritt der Fettsäuren durch die Darmwand, da das Glycerin als wasserlösliche

Substanz leicht resorbierbar ist. Weiter oben ist bereits darauf hingewiesen worden, daß die Anwesenheit der gepaarten Gallensäuren, der Glykocholsäure und der Taurocholsäure, im Darm für die Resorption der Fette unerläßliche Voraussetzung ist, weil sie mit den Fettsäuren Verbindungen eingehen, die als Choleinsäuren bezeichnet werden und die — auch bei der schwach sauren Reaktion im Dünndarm — wasserlöslich sind. Wahrscheinlich erfolgt also die Resorption der bei der Spaltung der Fette entstandenen freien Fettsäuren in Form der Choleinsäuren. Histologische Untersuchungen weisen darauf hin, daß bereits in den Epithelien der Darmwand ein Zerfall der Choleinsäuren in Fettsäuren und Gallensäuren eintritt, worauf der Weitertransport dieser Stoffe unmittelbar folgt. So würde auch der enterohepatische Kreislauf der Gallensäuren einen neuen und tieferen biologischen Sinn erhalten. Unmittelbar nach dem Durchtritt durch die Darmwand werden aus Fettsäuren und Glycerin die Fette wieder aufgebaut, da man im Chylus bereits wieder Neutralfett findet. Hierbei handelt es sich aber noch nicht um körpereigenes Fett, sondern um einen Wiederaufbau des mit der Nahrung zugeführten Fettes. Der Umbau zum Organfett erfolgt erst sekundär in den Organen selber (s. S. 21).

Den Anteil der verschiedenen Abschnitte des Dünndarms an der Resorption einzelner Nahrungsstoffe zeigt der folgende Versuch (am Hund), bei dem festgestellt wurde, wieviel von bestimmten in den Magen eingeführten Substanzen mit zunehmender Entfernung vom Pylorus bereits resorbiert war:

Substanz	Duodenalfistel 25 cm hinter dem Pylorus %	Ileo-Jejunalfistel 100 cm vor dem Coecum %	Ileo-Coecalfistel 2—3 cm vor dem Coecum %
Alkohol	30	82	100
Traubenzucker	23	79	100
Stärkekleister	3	93	93
Palmitinsäure	—	63	78
Ölsäure	—	84	98

Die Aufnahme des Wassers geht teilweise bereits im Dünndarm, zu ihrem überwiegenden Betrage aber im Dickdarm vor sich, und gerade sie trägt infolge der Eindickung des Darminhaltes zur Bildung des Kotes wesentlich bei. Die pro Tag resorbierte Wassermenge liegt etwa zwischen 3 und 5 Litern. Auch die Wasserresorption erfolgt auf dem Blutwege.

Das gleiche gilt auch für die Resorption der Salze. Ihre Resorptionsgeschwindigkeit entspricht etwa ihrer Diffusionsgeschwindigkeit, ein Zusammenhang, der auf die Bedeutung von Diffusionsvorgängen für die Resorption hinweist. Nicht alle Salze sind resorbierbar. Diese wirken dann wie Natrium- und Magnesiumsulfat oder Kalomel als Abführmittel, aber wahrscheinlich nicht, weil sie Lösungswasser im Darm festhalten, sondern weil sie einen Sekretionsreiz auf die Darmdrüsen ausüben.

VII. Atmung.

Unter „Zellatmung" versteht man den Verbrauch von Sauerstoff und die Bildung von Kohlensäure in der einzelnen Zelle. Alle die Vorgänge, die dazu dienen, den Zellen den notwendigen Sauerstoff zu- und die gebildete Kohlensäure abzuführen, werden als „sekundäre" Atmung zusammengefaßt. Dabei unterscheidet man bei höheren Tieren noch „innere" und „äußere" Atmung. Man bezeichnet mit „innerer" Atmung den Gasaustausch der Zelle durch die Intracellulärflüssigkeit und durch die Gefäßwand, sowie den Transport der Gase durch das Blut, also Funktionen, die wir schon z. T. bei der Besprechung des Kreislaufs kennengelernt haben. Die „äußere" Atmung, mit der wir uns jetzt in erster Linie beschäftigen müssen, ist der Austausch der Gase zwischen Außenmedium (Luft) und Körperflüssigkeit (Blut) durch die respiratorischen Körperflächen (Lungen oder Kiemen). Ein solcher Austausch, der letzten Endes immer auf den Gesetzen der Diffusion beruht, kann nur solange stattfinden, als ein Konzentrationsgefälle in der Richtung des Austausches an der Körperoberfläche zwischen Körperflüssigkeit und Außenmedium besteht. Da sich beim Säugetier in den Lungen eine praktisch abgeschlossene Luftmenge befindet, würde diese sich sehr bald durch Diffusion der Gaszusammensetzung des Blutes angleichen, wenn diese Luftmenge nicht infolge der Atembewegungen ständig erneuert würde.

A. Mechanik der Atembewegungen.

Die äußere Luft steht durch die Nase (oder den Mund) über Kehlkopf, Trachea und Bronchien mit der in der Lunge eingeschlossenen Luft in Verbindung. Beim Menschen, wie bei allen Säugetieren, ist die Lunge nicht etwa wie beim Frosch ein lufthaltiger, mit respiratorischem Epithel ausgekleideter Sack, sondern zwecks Vergrößerung der respiratorischen Oberfläche in feinste, von den Capillaren des Lungenkreislaufes umsponnene Bläschen (Alveolen) gegliedert. Das einschichtige Plattenepithel der Alveolen ist sehr dünn und bietet der Diffusion nur ein geringes Hindernis. Der Durchmesser einer Alveole beträgt nur gegen 0,25 mm, die Oberfläche der Gesamtzahl aller Alveolen der menschlichen Lunge dagegen 100—130 qm.

Wesentlich für die Atemmechanik ist die Beteiligung von *elastischen Fasern* am Aufbau der Lunge, wodurch dieser ermöglicht wird, jeglichen Raumänderungen der Brusthöhle zu folgen. Durch die Art ihrer Anordnung üben diese Fasern ständig eine Kraft im Sinne einer Verkleinerung der Lunge aus; diese Kraft ist bei erweitertem Thorax (Einatmungsstellung) größer als in Ausatmungsstellung. Obwohl das die Brustwand auskleidende Pleurablatt nicht mit dem die Lunge überziehenden Pleurablatt verwachsen ist, *muß* die Lunge allen Größenänderungen des Brustkorbs folgen, da — infolge der Verbindung mit der Außenluft — der im Inneren der Lunge herrschende Atmosphärendruck die Lunge an die Thoraxwand anpreßt. Der äußere Luftdruck wird aber gemindert durch den Gegenzug der elastischen Fasern der Lunge, so daß im Pleuraraum ein Unterdruck herrscht, der mit der Atmung (Ausdehnung der Lunge) schwankt.

Der *negative Pleuradruck* beträgt bei maximaler Einatmung etwa 30 mm Hg, bei maximaler Ausatmung immer noch 6 mm Hg. Aus der Tatsache, daß selbst in maximaler Ausatmungsstellung die elastischen Kräfte der Lunge noch nicht völlig geschwunden sind, folgt schon, daß bei Verbindung der Pleurahöhle mit der Außenluft die Lunge sich noch weiter verkleinern muß. Das gleiche tritt ein, wenn man den Pleuraraum mit Luft füllt (Pneumothorax), wie dies häufig einseitig aus therapeutischen Gründen geschieht. Die betroffene Lungenseite bewegt sich dann nicht mehr oder nur schwach bei der Atmung. Dies wirkt sich auf gewisse Heilungsprozesse günstig aus. Bei nicht allzu großer körperlicher Betätigung reicht eine Lungenhälfte zur Atmung völlig aus. Doppelseitiger Pneumothorax führt selbstverständlich durch Erstickung zum Tode.

Die **Erweiterung des Brustraumes** bei der Atmung erfolgt sowohl durch Vergrößerung des horizontalen Thoraxdurchmessers wie durch Zunahme der Höhe des Brustraumes. Letztere wird bewirkt durch Tiefertreten der zentralen Sehnenplatte des Zwerchfells, sobald sich die peripheren muskulösen Teile des halbkugelförmigen Zwerchfells kontrahieren. Man kann die Tätigkeit des Diaphragmas grob bildlich mit der des Stempels in einer Pumpe vergleichen. Die Erweiterung des Brustkorbs geschieht durch Hebung der Rippen (s. Abb. 57). Da bei den oberen Rippenbögen der Schnittwinkel der Drehachsen beider Rippen mit der Wirbelsäule stumpfwinkliger ist als bei den unteren Rippenbögen, wirken die oberen Rippen mehr im Sinne einer frontalen, die unteren mehr im Sinne einer sagittalen Erweiterung des Thorax.

Die bei der Einatmung betätigten Muskeln sind daher in erster Linie das Zwerchfell, für die weniger ergiebige costale Atmung die Rippenheber, vor allem die Mm. intercostales externi und die Mm. intercartilaginei. Bei verstärkter Atmung beteiligen sich noch die Mm. scaleni und der Serratus posterior superior an der Rippenhebung. Bei stärkster Atemnot können bei Versteifung des Schultergürtels durch festes Aufstützen der Arme noch die Schultermuskeln zur Einatmung beitragen. Die Senkung der Rippen verläuft bei ruhiger Atmung im wesentlichen ohne Muskelwirkung allein durch die Schwere des Brustkorbs. Die Mm. intercostales interni können, soweit sie zwischen den knöchernen Rippen gelegen sind, eine unterstützende Wirkung ausüben. Bei verstärkter Ausatmung können Serratus posterior inferior und Quadratus lumborum mithelfen. Das erschlaffte Zwerchfell wird durch den Druck der Bauchpresse auf die Eingeweide nach oben getrieben.

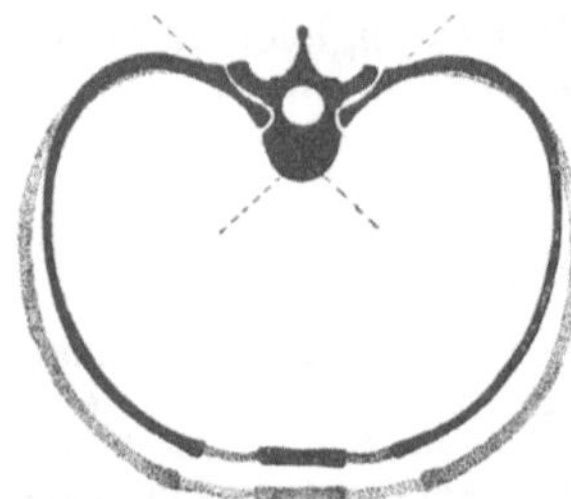

Abb. 57. Horizontal-Projektion des dritten Rippenbogens. Exspiration schwarz, Inspiration gestrichelt. (Aus FREY, M. V.: Physiologie, 3. Aufl.)

Obwohl so anscheinend die Muskelkräfte bei der Einatmung denen bei der Ausatmung überlegen sind, übertrifft bei verstärkter Atmung, wenn Mund und ein Nasenloch geschlossen sind, der durch Verbindung des anderen Nasenlochs mit einem Manometer gemessene *Exspirationsdruck* (+ 100 mm Hg) den *Inspirationsdruck* (— 60 mm Hg). Dies ist auf die bei der Einatmung zu überwindenden Kräfte des elastischen Zugs der Lungen, der Elastizität der Rippenknorpel und des Thoraxgewichtes, sowie auf das Niederpressen der Baucheingeweide zurückzuführen. Die bei Offenhalten eines Nasenlochs am andern während ruhiger Atmung gefundenen Druckwerte betragen für Einatmung — 2 mm Hg, für Ausatmung + 3 mm Hg.

Die Beteiligung der Rippen (*Brustatmung*) und des Zwerchfells (*Bauchatmung*) an der Atmung ist nicht bei allen Menschen gleichmäßig. Die früher meist aufgestellte Regel, daß beim Manne der abdominale Atemtypus, bei der Frau der costale überwiege, besitzt keine allgemeine Gültigkeit.

Die *Atembewegungen üben*, wie schon gezeigt (s. S. 76 u. 78), direkt und indirekt *einen Einfluß auf den Kreislauf* aus. Eine ganz besondere Bedeutung kommt der **Pressung** zu, worunter man die bei einigen sportlichen Leistungen (Gewichtheben, Stemmen usw.) benötigte längere inspiratorische Feststellung des Thorax versteht, die den ganzen Körper versteifen soll. Nach maximaler Inspiration wird bei geschlossener Glottis eine Exspirationsbewegung eingeleitet, bis die eingeschlossene Luft unter starkem Druck steht. Der Druck wird auf die in der Brust liegenden Hohlvenen fortgepflanzt, komprimiert diese und drosselt so den Rückfluß des Blutes zum Herzen oder verhindert ihn ganz. Das Herz schlägt dann einige Zeit blutleer; es kommt zu einem Sinken des arteriellen Blutdruckes, wodurch die eigene Blutversorgung des Herzens durch die Coronararterien leidet. Wird die Pressung aufgehoben, so stürzt sich das im venösen System angestaute Blut in das durch schlechte Blutversorgung geschwächte Herz und dehnt dieses übermäßig aus, so daß es in geschwächtem Zustande wesentlich vergrößerte Blutmengen auswerfen muß. Die Pressung stellt somit eine starke Beanspruchung an das Herz dar, sie sollte daher nur von völlig gesunden und erwachsenen Personen ausgeführt werden.

Bei der normalen Atmung ist der **Luftwechsel** in der Lunge stets ein unvollkommener, da die Lunge weder bei der Ausatmung völlig entleert, noch bei der Einatmung maximal gefüllt wird. Die in Ruhe mit jedem Atemzug gewechselte

Luftmenge beträgt rund 0,5 Liter (*Respirationsluft*). Aus normaler Einatmungsstellung kann durch vertiefte Atmung noch ein Volumen von etwa 2 Liter (*Komplementärluft*) aufgenommen werden. Entsprechend können nach normaler Ausatmung noch etwa 2,5 Liter (*Reserveluft*) ausgestoßen werden, so daß die gesamte Luftmenge, die im Leben gewechselt werden kann (*Vitalkapazität*), an 5 Liter beträgt. Die nach maximaler Ausatmung noch in der Lunge befindliche Luft wird als *Residualluft* bezeichnet (ungefähr 1 Liter). Das Schema der Abb. 58 verdeutlicht nochmals diese verschiedenen Luftmengen und läßt erkennen, daß die normale Respiration aus etwa mittlerer Thoraxlage erfolgt. Die angegebenen Zahlen sind Maximalwerte, die für einen kräftigen sportlichen Mann von 25—30 Jahren gelten dürften. Die Vitalkapazität ist sowohl von Körperbau, Geschlecht wie auch vom Alter abhängig. Nach dem 30. Lebensjahr nimmt sie infolge Nachlassens der Elastizität der Rippenknorpel ab.

Werden Atembewegungen registriert, so tritt deutlich hervor, daß die Inspiration meist etwas länger als die Exspiration dauert. Die Zahl der Atemzüge beträgt in der Ruhe 12—16 pro Minute. Bei Arbeit oder sonst gesteigertem Stoffwechsel (z. B. Fieber) werden die Atemzüge vertieft (Zunahme der Respirationsluft) und ihre Frequenz nimmt zu, so daß die in Ruhe 6—8 Liter betragende Minutenleistung bis auf 60 Liter ansteigen kann. Da für den Gasaustausch in der Lunge die Verweildauer der Luft nicht zu kurz sein darf, ist es vorteilhafter, wenn die Steigerung der Minutenleistung mehr durch Atemvertiefung als durch Frequenzsteigerung bedingt wird. Entsprechend finden wir, ähnlich wie bei der Leistungssteigerung des Herzens (s. S. 80), daß bei trainierten Personen die gleiche Minutenleistung durch relativ stärkere Vergrößerung der Einzelleistung, aber durch geringere Frequenzsteigerung erzielt wird als bei Untrainierten.

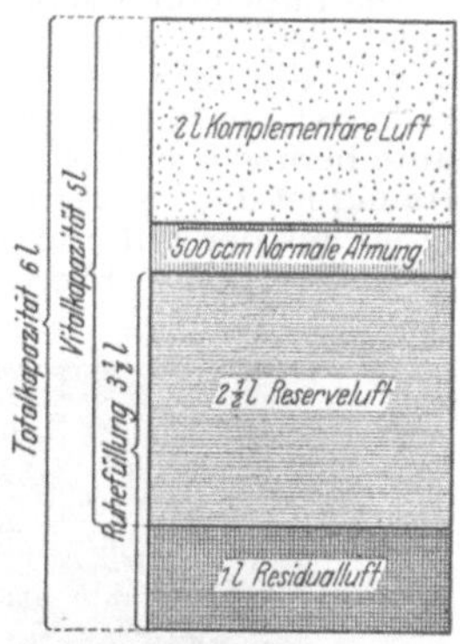

Abb. 58. Schema der Luftmengen in der menschlichen Lunge. Die einzelnen Mengen sind so gezeichnet, als ob sie aufeinander liegen blieben, ohne sich zu mischen. (Aus JORDAN, Hermann J. und G. Chr. HIRSCH: Übungen aus der vergleichenden Physiologie. Berlin: Julius Springer 1927.)

Wenn auch ganz verschiedene Muskeln, deren Nervenversorgung teils durch den Phrenicus, teils durch die Thorakalnerven erfolgen, an den Atembewegungen beteiligt sind, so ist doch ihre **Innervation** durch ein koordiniertes Zusammenspiel eine einheitliche. Sie wird von dem schon früher erwähnten automatischen Zentrum (s. S. 48) in der Medulla oblongata gesteuert. Frequenz und Stärke der von diesem Zentrum ausgehenden Impulse unterliegen reflektorischen Einflüssen. So können Haut- wie Schleimhautreize Veränderungen der Atemtiefe und -frequenz hervorrufen. Hier sei nur an den tiefen, inspiratorischen Atemstillstand bzw. die Atemverlangsamung erinnert, die durch eine kalte Dusche ausgelöst werden. Viel wesentlicher ist die reflektorische Beeinflussung der Atembewegung durch das receptorische Geschehen in der Lunge selbst, das durch zentripetal leitende Fasern des Vagus dem Zentrum übermittelt wird. Dehnung der Lunge verstärkt die Exspirationsbereitschaft des Zentrums, Entspannung die Inspirationsbereitschaft. Diese sog. „*Selbststeuerung der Atmung*" wird durch doppelseitige Vagusdurchschneidung ausgeschaltet, worauf die Atmung viel langsamer aber vertiefter wird, da dieselbe Minutenleistung annähernd aufrecht erhalten werden muß. Der Hauptmechanismus der „*Atemregulierung*" tritt an solchen vagotomierten Tieren besonders deutlich hervor. Wird durch künstliche übermäßige Atmung eine außerordentlich hohe Sauerstoff- und eine entsprechend geringe Kohlensäurespannung des Blutes erzielt, so tritt beim Aussetzen der

künstlichen Atmung Atemstillstand ein (Apnoe), bis das Blut wieder normale
Gasspannungen aufweist. Ähnlich ruft auch beim Menschen forcierte willkürliche
Atmung Apnoe hervor. Wird bei einem vagotomierten, spontan atmenden Tier
der Einatmungsluft Kohlensäure zugesetzt, so tritt fast unmittelbar verstärkte
Atmung auf (Dyspnoe, s. Abb. 59), wie wir sie auch beim Menschen bei Kohlen-
säureanhäufung im Blute sehen. Aus diesen und anderen Versuchen ergibt sich,
daß für die Tätigkeit des Atemzentrums der Gasgehalt des das Atemzentrum
umspülenden Blutes maßgebend ist. Es ist im wesentlichen die Kohlensäure-
anhäufung im Blut, die beim Menschen eine erregende Wirkung auf das Atemzentrum entfaltet, während Sauerstoffmangel bei niedrigem Kohlensäuregehalt
des Blutes die Atmung nicht beeinflußt.

Die Luft muß, bevor sie die Lunge erreicht, den **Nasenrachenraum** (bzw. die Mundhöhle), den Kehlkopf und die Trachea passieren. Der größte Teil dieses Luftweges
ist mit Flimmerepithel ausgekleidet, dessen Hauptschlagrichtung nach außen ge-
richtet ist, so daß corpusculäre Verunreinigungen der Luft und Sekrete der Schleimhäute herausbefördert werden. Hauptvorzug der als normal zu betrachtenden Nasenatmung ist die Vorwärmung der Einatmungsluft und ihre Sättigung mit Wasserdampf,
die sie an der gut durchbluteten, ausgedehnten Schleimhautoberfläche der Nasen-
muscheln erfährt. Hierdurch wird das empfindliche Lungenepithel vor Schädigungen

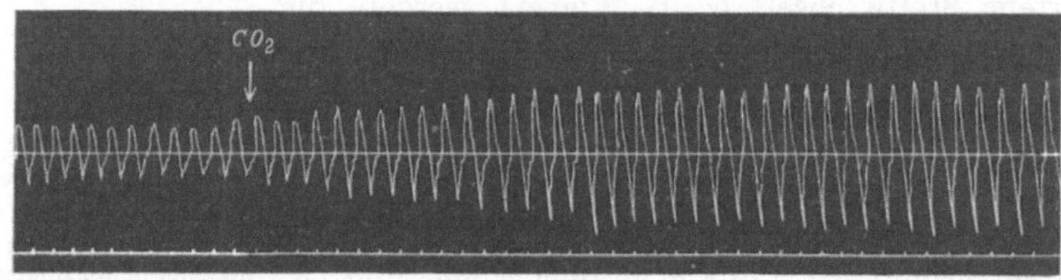

**Abb. 59. Pneumogramm eines vagotomierten Kaninchens. Beim Pfeil wird der Inspirationsluft
Kohlensäure zugesetzt. (Aus HESS, W. R.: Die Regulierung der Atmung. Leipzig: Georg Thieme 1931.)**

geschützt. Sowohl Nasen-, wie Rachen- und Kehlkopfschleimhaut wirken als receptorische Flächen für Schutzreflexe. So kann Beimischung giftiger, stechender
Gase zur Einatmungsluft vorübergehenden Atemstillstand und Glottisverschluß
auslösen. Durch feste oder flüssige Substanzen, die mit der Schleimhaut des Rachens,
der Trachea oder der Bronchien in Berührung kommen, wird ein plötzlicher, heftiger
Exspirationsstoß ausgelöst (Husten), der den nach vorhergegangener Einatmung
erfolgten Glottisverschluß sprengt. Ähnlich ist das Nießen ein meist von der Nasen-
schleimhaut ausgelöster Reflex zur Beseitigung von Fremdkörpern oder von Schleim.

Dauernde Mundatmung im jugendlichen Alter hat weitgehenden Einfluß auf
die **Entwicklung** und auf die **Ausbildung der Kieferform.** Der Oberkiefer wird vor-
stehend, V-förmig mit hohem Gaumen und mit einer Einknickung zwischen den
mittleren Schneidezähnen, so daß diese spitzwinklig zueinander stehen. Der Unterkiefer wird schmal und keilförmig. Weiterhin ist beobachtet worden, daß bei Mund-
atmern vor allem die vorderen Zähne besonders leicht von Zahncaries befallen werden.
Häufigste Ursache der Mundatmung bei Kindern ist eine chronische Entzündung
und Vergrößerung der in der Mitte des Pharynxdaches sitzenden Rachentonsille
(sog. adenoide Wucherungen), die die freie Nasenatmung behindern.

Durch **Perkussion** (Beklopfen) der Brustwand wird festgestellt, ob der normalerweise über lufthaltigem Lungengewebe voll und laut klingende Schall durch Gewebs-
verdichtungen oder Flüssigkeitsdurchtränkungen gedämpft ist. Die **Auskultation**
(Behorchung) mit dem Stethoskop läßt beim Gesunden nur bei der Einatmung ein
leises Schlürfen, das „vesikuläre Atmen" wahrnehmen. Bei der Ausatmung ist nur
ein ganz unbestimmtes schwaches Hauchen erkennbar. Nur direkt über der Trachea
und den Hauptbronchien vernimmt man stets, sowohl bei Ein- wie Ausatmung, ein
scharf schallendes Geräusch. Unter pathologischen Verhältnissen ertönt dieses Geräusch, das „bronchiale Atmen", auch über anderen Lungenbezirken. Sind die kleineren
Bronchien mit Flüssigkeit, z. B. Schleim erfüllt, so treten „Rasselgeräusche" auf.
Durch Entzündungen rauh gewordene Pleurablätter lassen bei den Atembewegungen
ein „Reibegeräusch" wahrnehmbar werden.

B. Gasaustausch in der Lunge.

Die eingeatmete Luft erfährt durch den Gasaustausch in der Lunge eine weitgehende Veränderung ihrer **Zusammensetzung**. Das ausgeatmete Luftvolumen ist stets größer als das eingeatmete. Dies beruht nicht darauf, daß durch die Lunge mehr CO_2 abgegeben als O_2 aufgenommen wird, sondern auf der Erwärmung der Luft in der Lunge und auf dem größeren Gehalt an Wasserdampf in der Ausatmungsluft. Bei einer Zimmertemperatur von 16^0 C wird die Ausatmungsluft auf 32^0 C erwärmt, was einer Volumenvermehrung von $^{16}/_{273}$ oder 5,5% entspricht. Während die Einatmungsluft meist nicht mit Wasserdampf gesättigt ist und in der Regel nur 0,5—1,0% Wasser enthält, ist die Ausatmungsluft nach der innigen Berührung mit den feuchten Lungenepithelien mit Wasserdampf fast gesättigt und weist infolge der höheren Temperatur einen wesentlich vermehrten absoluten Feuchtigkeitsgehalt von 3—4,5% auf. Es werden so durch die Atmung beträchtliche Wassermengen abgegeben. Besonders bei verstärkter Atmung und trockener Einatmungsluft, wie etwa bei Bergbesteigungen, kann es daher allein durch die Atmung innerhalb weniger Stunden zu außerordentlichen Wasserverlusten des Körpers von mehreren Litern kommen.

Um einen Vergleich der Zusammensetzung der Ein- und Ausatmungsluft vornehmen zu können, reduziert man bei Gasanalysen die Gasvolumina stets auf „Normalbedingungen" (trockenes Gas bei einer Temperatur von 0^0 und einem Druck von 760 mm Hg). Die Zusammensetzung eines Gasgemisches drückt man gewöhnlich in Volumprozenten oder als *Partialdruck* (in Millimetern Hg) aus. Unter Partialdruck eines in einem Gemisch enthaltenen Gases versteht man dabei den Anteil, den dieses Gas an dem Gesamtdruck des Gemisches hat. Er errechnet sich bei bekanntem Gesamtdruck aus dem volumprozentigen Anteil dieses Gases an dem Gemisch. Die Summe der Partialdrucke aller in einem Gemisch enthaltenen Gase ist gleich dem Gesamtdruck dieses Gemisches. Man erhält den Partialdruck aus dem prozentigen Gehalt nach folgender Proportion: Partialdruck : Gesamtdruck $= $ Vol% : 100. Wenn also in einem Gasgemisch bei einem Gesamtdruck von 760 mm ein Gas zu 40 Vol% enthalten ist, so ist sein Partialdruck gleich $\dfrac{760 \times 40}{100} = 300$ mm Hg. Die Erfassung der Gasgemische der Ein- und Ausatmungsluft nach Partialdrucken erleichtert das Verständnis für die Spannungen der Gase im Blut.

Hauptbestandteil der Luft ist der Stickstoff; er erfährt bei der Atmung keinerlei Veränderungen, so daß uns im folgenden nur das Verhalten des Sauerstoffs und der Kohlensäure interessiert. Die Zusammensetzung der Einatmungsluft ist eine sehr konstante; die der Ausatmungsluft ist von der Ventilationsgeschwindigkeit und von dem Umfang und der Art des Gesamtstoffwechsels abhängig.

	Einatmungsluft		Ausatmungsluft	
	Vol%	Partialdruck mm Hg	Vol%	Partialdruck mm Hg
O_2	21	159	16—17,5	122—133
CO_2	0,03	0,23	3,0—4,5	23—34

Die Steigerung des CO_2-Gehaltes der Ausatmungsluft entspricht keineswegs immer der Abnahme des Sauerstoffgehalts, obwohl an sich ein Mol O_2 bei der Atmung ein Mol CO_2 bilden sollte und ein Mol verschiedener Gase den gleichen Raum einnimmt. Es ist Brauch, das Verhältnis der ausgeschiedenen Kohlensäure zu dem verbrauchten Sauerstoff als „respiratorischen Quotienten" $\left(\text{R. Q.} = \dfrac{CO_2}{O_2}\right)$ zu bezeichnen. Die Größe dieses Quotienten, der meist etwas niedriger als 1 ist,

ist von der Art der Stoffwechselvorgänge in den Geweben abhängig und erlaubt uns daher Rückschlüsse auf den Gesamtstoffwechsel (s. d.).

Wir haben bei der Besprechung der mit jedem Atemzug gewechselten Luftmenge schon erfahren, daß bei ruhiger Atmung nur ein Bruchteil ($^1/_7$—$^1/_{10}$) des Gesamtinhaltes der Lungen durch jeden Atemzug erneuert wird. Da sich bei der Atmung die neu aufgenommene Luftmenge mit der in der Lunge zurückgebliebenen mischt, muß die Zusammensetzung der Luft in der Lunge der der Ausatmungsluft ähnlich sein. Die Luft in der Lunge, die sog. „Alveolarluft“, enthält aber weniger O_2 und mehr CO_2 als die Ausatmungsluft, da der bei der Ausatmung abgegebene Teil der Alveolarluft sich mit dem Teil der Einatmungsluft mischt, der die Luftwege von der Nase bis zu den Bronchien füllt und keine respiratorischen Veränderungen erleidet. Diese Luftsäule, der „tote Raum“, beträgt etwa 140 ccm, also einen recht beträchtlichen Anteil der normalen Respirationsluft. Die Zusammensetzung der Alveolarluft ist deshalb von Bedeutung, weil sie allein den Gasaustausch mit dem Blut vermittelt. Man kann aus der Größe des toten Raumes, der Menge der Respirationsluft und aus ihrer Zusammensetzung die Gasmischung der Alveolarluft errechnen. Aber auch durch einen methodischen Kunstgriff kann die Alveolarluft selbst analysiert werden. Beide Methoden ergeben übereinstimmende Werte.

| | Alveolarluft (bei ruhiger Atmung) | |
	Vol%	mm Hg
O_2	14,5—16,0	110—128
CO_2	5,0—6,5	38—44

C. Blutgase.

Die Bindung der Gase im Blut kann auf zwei prinzipiell verschiedenen Wegen erfolgen, 1. durch *physikalische Lösung*, 2. durch mehr oder weniger feste *chemische Bindung*. Die physikalische Lösung eines Gases in einer Flüssigkeit hängt von der Natur dieses Gases, von der Temperatur der Flüssigkeit und dem Partialdruck des Gases ab; sie steigt mit diesem in linearer Funktion an. Die physikalische Lösung erfolgt in erster Linie im Plasma; ihr Umfang berechnet sich aus den Absorptionskoeffizienten der Gase, die weitgehend verschieden sind. Der Absorptionskoeffizient eines Gases ist das Gasvolumen in Kubikzentimetern, das die in 100 ccm einer Flüssigkeit gelöste Gasmenge bei 0^0 und 760 mm Druck einnimmt. Die Absorptionskoeffizienten für das Gesamtblut bei 38^0 für die Bestandteile der Luft betragen für Sauerstoff 0,022, Kohlendioxyd 0,511 und Stickstoff 0,011. Sie sind für das Plasma größer als für die Blutkörperchen. Aus den Absorptionskoeffizienten ergibt sich, daß nur Kohlensäure in irgend in Betracht kommenden Mengen im Blute physikalisch gelöst sein kann.

Die Gasbindung beruht überwiegend auf chemischen Vorgängen. Die Art der chemischen Bindung kann sehr locker sein, wie das z. B. für die Fixation des Sauerstoffes an das Hämoglobin gilt. Das Oxyhämoglobin zerfällt bereits bei Herabsetzung des Sauerstoffpartialdruckes in Hämoglobin und O_2. Die chemische Bindung kann aber auch fester sein, wie es für die verschiedenen Formen des Vorkommens von Kohlendioxyd der Fall ist. Dieses Gas kann daher auch nur durch sehr viel gröbere Eingriffe quantitativ aus dem Blut in Freiheit gesetzt werden. Die Blutgase können z. B. durch Auspumpen ausgetrieben und ihrer Menge nach bestimmt werden.

Der gesamte im Blut vorhandene Sauerstoff ist zu 99,5% chemisch im Hämoglobin der roten Blutkörperchen gebunden und nur zu 0,5% physikalisch gelöst.

Das Kohlendioxyd findet sich zu 4% im Plasma physikalisch gelöst, ferner im Plasma als Bicarbonat zu je 30% an Alkali und an Eiweiß gebunden und in den Zellen ebenfalls als Bicarbonat zu 17% in Bindung an Alkali, zu 19% an den Globinanteil des Hämoglobins.

1. Die Bindung des Sauerstoffs.

Bringt man Blut nacheinander mit Gasgemischen in Berührung, die einen steigenden Sauerstoff-Partialdruck haben, so stellt sich nach einer gewissen Zeit stets ein definiertes Gleichgewicht zwischen Hämoglobin und dem durch die Aufnahme von Sauerstoff entstandenen Oxyhämoglobin ein. Die Abb. 60 zeigt eine derartige *Sauerstoffbindungskurve* des Blutes. Man sieht, daß bei geringen Sauerstoff-Partialdrucken der Oxyhämoglobingehalt des Blutes schnell ansteigt, daß aber von Sauerstoffspannungen von etwa 40 mm an nur noch eine geringe Sauerstoffaufnahme ins Blut erfolgt. Bei einem Sauerstoff-Partialdruck von 110—120 mm, wie er in den Lungenalveolen herrscht, ist also das Hämoglobin zu über 90% mit Sauerstoff gesättigt. Setzt man Blut mit atmosphärischer Luft ins Gleichgewicht, so ist entsprechend dem O_2-Partialdruck von 160 mm die Sättigung noch etwas größer; der Sauerstoffgehalt des Blutes beträgt dann etwa 20 Vol%. Bei Anwendung von reinem Sauerstoff wird sogar noch ein etwas höherer Wert erreicht. Jedenfalls zeigt die Form der Sauerstoffbindungskurve, daß die Sauerstoffsättigung einem Grenzwert zustrebt. Die Sauerstoffsättigung des arteriellen Blutes schwankt im übrigen zwischen 17 und 20 Vol%. Die Schwankungen des Sauerstoffgehaltes beruhen nicht so sehr auf Schwankungen des Luftdruckes und damit des Sauerstoff-Partialdruckes, sondern hängen von dem wechselnden Salz- und vor allem Kohlendioxydgehalt des Blutes ab. Wie erheblich der Verlauf der Sauerstoffbindungskurve vom Kohlendioxydgehalt des Blutes beeinflußt wird, ergibt sich klar aus der Abb. 61, in der eine Reihe von Sauerstoffbindungskurven für verschiedene CO_2-Partialdrucke dargestellt sind. Die Kurven verlaufen um so flacher, je höher der CO_2-Partialdruck ist, d. h. nichts

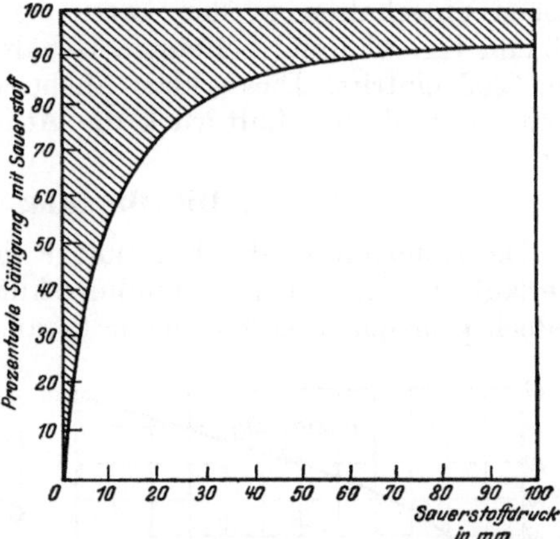

Abb. 60. Dissoziationskurve, die das Gleichgewicht zwischen Sauerstoff, Oxyhämoglobin (weiß) und reduziertem Hämoglobin (schraffiert) darstellt. (Aus BARCROFT, J.: Die Atmungsfunktion des Blutes II. Berlin: Julius Springer 1929.)

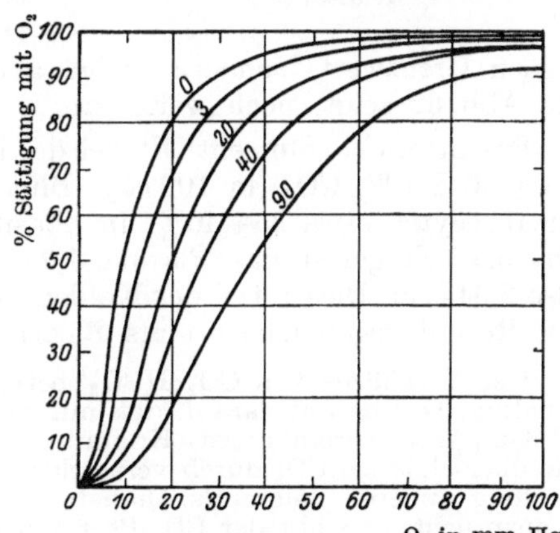

Abb. 61. Dissoziationskurve von Blut bei verschiedenen CO_2-Spannungen (0—90 mm Hg). Nach BARCROFT. (Aus HÖBER.)

anderes, als daß bei hohem CO_2-Druck ein viel geringerer Teil des Hämoglobins mit Sauerstoff beladen ist als bei niedrigem CO_2-Druck. Diese Abhängigkeit ist von der größten Bedeutung für die Atmung im Gewebe und für den Gasaustausch in der Lunge. Im Gewebe, wo durch die Stoffwechselvorgänge ein hoher Kohlendioxyddruck herrscht, bewirkt dieser eine vollständigere Dissoziation des Hämoglobins, so daß der zur Atmung notwendige Sauerstoff in größerer Menge zur Verfügung gestellt werden kann. Umgekehrt wird in der Lunge wegen der hier erfolgenden Abgabe der Kohlensäure eine bessere Sättigung des Blutes mit Sauerstoff erreicht.

Aus dem Verlauf der Sauerstoffbindungskurve folgt, daß ein bestimmter minimaler Sauerstoff-Partialdruck der äußeren Luft erforderlich ist, um das Blut ausreichend mit Sauerstoff zu versorgen. Das Minimum bei dem noch das Leben unterhalten werden kann, beträgt bei Atmosphärendruck 9 Vol% = 68 mm Hg, während bei einem Gehalt von nur 3 Vol% = 23 mm Hg sehr bald der Tod eintritt. Dies erklärt auch, weshalb in größeren Höhen entsprechend dem verminderten Luftdruck die Atmung erschwert ist.

2. Die Bindung des Kohlendioxyds.

Die Kohlendioxydbindungskurve des Blutes hat scheinbar einen ähnlichen Verlauf wie die Sauerstoffbindungskurve. Bei näherer Betrachtung stellen sich jedoch prinzipielle Unterschiede heraus. Es beruht dies z. T. darauf, daß wegen des viel höheren Absorptionskoeffizienten des Kohlendioxyds mit steigendem Kohlensäure-Partialdruck eine sehr merkliche Zunahme des physikalisch gelösten Kohlendioxyds verbunden ist. Dazu kommt aber auch, daß die kohlendioxydbindenden basischen Valenzen des Blutes (Alkali-Ionen und Eiweißkörper) innerhalb physiologischer Grenzen praktisch in unerschöpflicher Menge zur Verfügung stehen, während die Sauerstoffbindung bei der geringen physikalischen Absorption dieses Gases durch den vorhandenen Hämoglobinvorrat begrenzt ist. Die Kohlensäurebindungskurve erreicht also

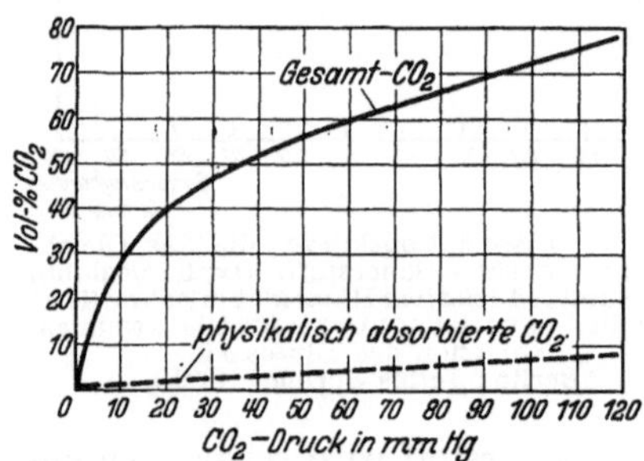

Abb. 62. CO_2-Bindungskurve des Blutes. —— Gesamt-CO_2, ·········· physikalisch gelöstes CO_2.

keinen Grenzwert, sondern steigt auch bei höheren CO_2-Partialdrucken, wie die Abb. 62 zeigt, noch weiter an.

Das arterielle Blut enthält bei der alveolaren CO_2-Spannung von 40 mm Hg etwa 50 Vol% CO_2 (in 100 ccm Blut 50 ccm CO_2), davon finden sich in den Erythrocyten etwa 35—40%, im Plasma 60—65%. Von diesen Mengen enthält physikalisch gelöst das Plasma 1,7 ccm, die Körperchen 0,94 ccm, insgesamt also 2,64 ccm. Dieser Teil der Kohlensäure ist in freier Form als CO_2 bzw. H_2CO_3, der Rest dagegen ionisiert als Bicarbonat im Blut vorhanden.

Das Verhältnis von CO_2:HCO_3' beträgt etwa 1:20 und wird praktisch konstant erhalten. Das beruht darauf, daß nur dieses Mischungsverhältnis mit dem normalen Blut-p_H-Wert vereinbar ist. Kommt es zu einer CO_2-Anreicherung im Blut, so wird die überschüssige CO_2 durch verstärkte Atmung abgegeben; wird dagegen durch die Bildung anderer Säuren (s. Diabetes mellitus S. 87) der Alkalivorrat des Blutes beansprucht, so sinkt der CO_2-Partialdruck ebenfalls durch Abatmung von Kohlensäure. Es geht daraus hervor, daß im Blut immer eine bestimmte Menge von Alkali-Ionen für derartige Regulationen zur Verfügung stehen muß. Bei Bildung größerer Säuremengen im Organismus wird daher die im Harn ausgeschiedene Säure auch weitgehend durch Ammoniak und nicht durch die sogenannten „fixen" Alkalien Na und K neutralisiert.

Die Neutralisation der H_2CO_3 erfolgt, wie oben schon erwähnt, teilweise durch Alkali- und teilweise durch Eiweiß-Ionen. Das letztere ist deshalb wichtig, weil nur so erklärt werden kann, warum sich die gesamte Kohlensäure durch Auspumpen aus dem Blut entfernen läßt. Beim Evakuieren einer $NaHCO_3$-Lösung wird nämlich nach der Reaktionsgleichung

$$2\,NaHCO_3 = CO_2 + H_2O + Na_2CO_3$$

nur die Hälfte der Kohlensäure frei. Die gesamte Kohlensäure kann aus Bicarbonatlösungen nur durch Säure frei gemacht werden:

$$NaHCO_3 + HCl = NaCl + CO_2 + H_2O$$

Wenn im Blut die ganze Kohlensäure durch Auspumpen ausgetrieben werden kann, so wohl deshalb, weil es zum Auftreten von sauren Valenzen kommt. Diese sind in den Eiweißkörpern wegen ihrer Ampholytnatur gegeben. Es ist bereits auf S. 61 die Gleichung für die Umsetzung von CO_2 mit Hb mitgeteilt worden. Es reagiert aber die Kohlensäure auch noch in anderer Weise mit dem Eiweiß, indem sich eine dissoziable Verbindung von Protein und Bicarbonat-Ion bildet:

$$(H.Protein+).HCO_3{}^- + NaHCO_3 \rightleftharpoons 2\,CO_2 + (Protein.OH^-)Na + + H_2O$$

Hier wird also die gesamte Kohlensäure frei; dabei wird das Eiweiß umgeladen. Die CO_2-Bindung erfolgt in erster Linie durch Umsetzung mit Hb; wenn aber im Plasma eine größere CO_2-Menge gefunden wird, so nur, weil zwischen Blutkörperchen und Plasma ein Anionenaustausch erfolgt (s. S. 61). Die CO_2-Bindung an das Hb ist selbstverständlich nach dem Gesagten völlig anderer Natur als die Sauerstoffbindung.

Stickstoff ist im Blut nur in physikalischer Form gelöst und zwar zu 1,2 Vol %.

D. Zellatmung.

Das Eindringen von Sauerstoff in die Zelle und die Abgabe von Kohlensäure aus derselben kennzeichnen die sich in ihnen abspielenden Verbrennungsvorgänge nur oberflächlich und bilanzmäßig. Die eigentlich interessanten Probleme sind anderer Art, nämlich erstens, in welcher Weise die Inhaltsstoffe der Zelle verbrannt werden und über welche Stufen die Verbrennung verläuft, um schließlich zur Bildung von Kohlendioxyd und Wasser zu führen. Diese Frage wird im folgenden Kapitel besprochen werden. Das zweite Problem ist die Frage der *Oxydationsmechanismen* der Zelle, denn wir stehen ja vor der eigentümlichen Tatsache, daß die in der Zelle verbrennenden Stoffe unter normalen Bedingungen außerhalb des Organismus, z. B. im Reagenzglas, von dem Sauerstoff der Luft nicht angegriffen werden. Daß die Umwandlungsprozesse sich nur unter der Mitwirkung der Fermente mit der biologisch erforderlichen Geschwindigkeit vollziehen, ist bereits früher angedeutet worden. Die eigentliche Frage richtet sich also auf die bei den Oxydationsvorgängen im Gewebe in Tätigkeit tretenden Fermente. Diese Frage ist vielfach bearbeitet worden und hatte in dem letzten Jahrzehnt im wesentlichen zwei anscheinend unvereinbare Antworten gefunden. Die beiden Ansichten, die vertreten wurden und die auch beide experimentell wohl begründet sind, gehen aus von der Art, wie sich Oxydationen überhaupt vollziehen können. Die geläufige Definition besagt, daß Oxydation entweder auf einer Zufuhr von Sauerstoff in einen Körper oder einem Austritt von Wasserstoff aus ihm beruht. Wenn man an die Oxydationen im Gewebe denkt, so könnte man sich vorstellen, daß diese entweder so vor sich gehen, daß der durch die Atmung zugeführte Sauerstoff durch die Einwirkung eines Fermentes in eine viel reaktionsfähigere Form übergeführt wird, so daß er nunmehr auch die chemisch an sich resistenten Nahrungsstoffe und Baustoffe der Zellen angreifen kann. Die andere Möglichkeit würde darin bestehen, daß in den zu oxydierenden Stoffen durch ein anderes Ferment ein Teil des Wasserstoffes so weit gelockert wird, daß er mit dem durch das Blut zugeführten Sauerstoff reagieren kann. Der Sauerstoff würde bei einem derartigen Oxydationsmechanismus nur eine passive Rolle als Wasserstoffacceptor spielen. Für die Möglichkeit eine solchen Mechanismus spricht neben Modellversuchen vor allem die Tatsache, daß man in

Gegenwart von tierischen und pflanzlichen Geweben Oxydationen in Abwesenheit von Sauerstoff durchführen kann, wenn nur ein anderer Wasserstoffacceptor anwesend ist (s. das auf S. 30 über die Succinodehydrogenase Gesagte). Auch im Organismus kommen einige solcher Oxydations-Reduktionssysteme vor. So kann das Cystein durch Abgabe von Wasserstoff (etwa an den Sauerstoff des Oxyhämoglobins) zu Cystin oxydiert werden; das Cystin wird dann durch den Wasserstoff, den es aus Bausteinen der Zelle aufnimmt, wieder reduziert, so daß sich an diesem Baustein ohne direkte Beteiligung von Sauerstoff eine Oxydation vollzogen hat. Das Cystein-Cystin-System spielt wahrscheinlich im Stoffwechsel der Zelle eine bedeutungsvolle Rolle. Allerdings nicht als Cystin bzw. Cystein, sondern in der Form eines Tripeptids, des *„Glutathions"*, das aus Glutaminsäure, Glykokoll und Cystein aufgebaut ist. Ein weiteres biologisch wichtiges, in ähnlicher Weise wirkendes Oxydations-Reduktionssystem ist möglicherweise das Vitamin C (s. d.). Auch hier könnte durch Übertragung von 2 H-Atomen des Vitamins auf den Sauerstoff des Oxyhämoglobins eine Reduktion des Vitamins bewirkt werden, wodurch dies aufnahmefähig für aus den Bausteinen der Zelle stammenden Wasserstoff würde.

Daß aber bei der Oxydation und daher auch bei der Atmung in der Zelle wohl noch andere Kräfte wirksam sind, geht aus Modellversuchen hervor, in denen es gelang, bestimmte auch biologisch wichtige Stoffe durch Zugabe von Blutkohle zu verbrennen. Es erwies sich als unerläßlich, daß die Kohle eine bestimmte Menge von Eisen enthält; auch sonst hat sich gezeigt, daß bei einer Reihe von Oxydationsvorgängen die Geschwindigkeit der Oxydation durch Zusatz von Schwermetallsalzen ungeheuer gesteigert werden kann. Dies führte dazu, auch die Oxydationsvorgänge in der Zelle als Schwermetallkatalysen aufzufassen und zwar als solche, die sich an der Oberflächenstruktur der Zelle abspielen. Versuche an roten Blutkörperchen ergaben nämlich, daß nach Zerstörung ihrer mikroskopischen Struktur die Atmung an das Stroma, also an die Reste der inneren und äußeren Oberfläche der Zellen gebunden ist. Dies zusammen mit der Tatsache, daß die Atmung durch Narcotica, die auf die Oberflächen wirken, gelähmt werden kann, zeigt die Bedeutung der Oberflächenstruktur für die Atmungsvorgänge. Auf die Wichtigkeit der Schwermetalle für die Zellkatalyse weist ferner die Tatsache hin, daß die Atmung sich durch sehr geringe Mengen von Blausäure, einer Substanz, die mit Schwermetallen komplexe Salze bildet, die das Eisen also entionisiert, ebenfalls hemmen läßt.

Es ist also kein Zweifel daran möglich, daß Oxydationen in den Zellen vollzogen werden können in Abwesenheit von Sauerstoff durch die Wirkung von Wasserstoff „aktivierenden" Fermenten, den sog. Dehydrasen, wenn nur ein Wasserstoffacceptor anwesend ist. Es ist aber ebensowenig zweifelhaft, daß die für die normale Zellatmung erforderliche „Aktivierung" des Sauerstoffs, d. h. seine Überführung in eine reaktionsfähigere Form, von der Anwesenheit einer in die Zelloberfläche eingelagerten Eisenverbindung abhängt. Diese Eisenverbindung wird als *Atmungsferment* bezeichnet. Es kommt in der Zelle nur in verschwindend kleinen Mengen vor; trotzdem ist es durch bestimmte Methoden gelungen, das Atmungsferment als einen Abkömmling der prosthetischen Gruppe des roten Blutfarbstoffs, des Hämins, zu identifizieren.

Die geschilderten Befunde über die Notwendigkeit der Aktivierung des Wasserstoffs und des Sauerstoffs für das Zustandekommen der Zellatmung wurden zunächst für unvereinbar gehalten, doch kann heute fast als sicher gelten, daß für den geordneten Ablauf der Zelloxydationen beide Prozesse notwendig sind; der durch das Atmungsferment aktivierte Sauerstoff nimmt den durch die Dehydrasen aktivierten und daher gelockerten Wasserstoff auf. Das Atmungsferment ist ein gänzlich unspezifisch wirkendes Ferment, d. h. seine Wirkung erfolgt unabhängig von der Natur der zu oxydierenden Substanzen. Dies ist verständlich, da seine Funktion immer nur in der Aktivierung von Sauerstoff besteht. Die Dehydrasen der Zelle sind dagegen streng spezifisch eingestellt, mobilisieren also jeweils nur den Wasserstoff eines oder höchstens einiger nahe verwandter Substrate.

VIII. Der intermediäre Stoffwechsel und die Physiologie der Leber.

Das Problem des endgültigen Abbaus der bei der Verdauung resorbierten und in den Zellen in teilweise verwandelter Form deponierten Stoffe kann bis zu einem bestimmten Punkte als identisch mit der Frage nach der Wirkung der Verdauungsfermente angesehen werden. Jedoch betrifft dies nur einen und zwar den leichter erkennbaren Teil des intermediären Stoffwechsels. Die bei der Verdauung ablaufenden hydrolytischen Spaltungsvorgänge sind vorbereitende Reaktionen für die Aufnahme der Nahrung in den Organismus und die Umwandlung der Nahrungsstoffe in Zellbausteine, kurz für diejenigen Vorgänge, die man als *Assimilation* bezeichnet. Im Gegensatz dazu führen die Abbauvorgänge des intermediären Stoffwechsels, soweit sie sich in den Organzellen vollziehen, letzten Endes zur Bildung niedermolekularer, einfach gebauter und ausscheidungsfähiger Stoffe und zur Gewinnung der in den Bausteinen des Organismus aufgespeicherten Energie. Wir bezeichnen diesen Teil des Stoffwechsels als *Dissimilation*. Die Dissimilation vollzieht sich als eine Reihe sich aneinander anschließender oxydativer oder oxydoreduktiver Vorgänge an ein und derselben Substanz, so daß der Energieinhalt dieser Stoffe nicht plötzlich auf einmal, sondern langsam und stetig in Freiheit gesetzt wird. Das eigentliche Problem des intermediären Stoffwechsels bildet die Erforschung dieser stufenweise erfolgenden Verkleinerung der Moleküle und die möglichst lückenlose chemische Erfassung der Zwischenprodukte. Es ist selbstverständlich, daß diese Vorgänge auf das engste mit der Zellatmung zusammenhängen.

Die Besprechung des intermediären Stoffwechsels kann sich im wesentlichen auf den weiteren Abbau derjenigen Stoffe beschränken, die bei der Darmverdauung entstehen; denn wenn diese Stoffe auch zunächst in den Organzellen zu höheren Einheiten wieder aufgebaut werden, so dürfen wir doch annehmen, daß ihrem letzten Abbau eine hydrolytische Spaltung bis zu denjenigen Produkten vorangeht, die auch bei der Einwirkung der Verdauungssäfte im Magen-Darmkanal gebildet werden. Zu diesem Schluß berechtigt uns nicht nur die Wahrscheinlichkeit eines derartigen Verhaltens, sondern auch die Tatsache, daß sich diese Spaltprodukte in den Zellen nachweisen lassen, vor allem aber die Existenz von eiweiß-, fett- und kohlehydratspaltenden Fermenten in den Zellen, deren Wirkung sich nach den gleichen Gesetzen vollzieht wie diejenige der Darmfermente, ja die teilweise mit derjenigen der Darmfermente identisch ist.

Danach läßt sich also die Frage nach dem Schicksal des Eiweiß im intermediären Stoffwechsel zurückführen auf diejenige nach dem Abbau der Aminosäuren. Das Schicksal der Fette ist dann erkannt, wenn die Abbauwege der Fettsäuren und des Glycerins bekannt sind und der Abbau der Polysaccharide wird mit der Aufklärung des Schicksals des einfachen 6-Kohlenstoffzuckers Glucose klar. Einer besonderen Untersuchung bedarf das Schicksal der Nucleinsäuren, trotzdem ihr Abbau zu keinem erheblichen Energiegewinn führt.

A. Der intermediäre Abbau der Fette.

Das Schicksal der *Fettsäuren* ist auf zwei verschiedenen Wegen erforscht worden, die zu übereinstimmenden Schlüssen geführt haben. Die Schwierigkeit dieser wie aller Untersuchungen über den intermediären Stoffwechsel besteht darin, daß die Intermediärprodukte außerordentlich labil sind, so daß ihre Erfassung nur unter bestimmten Versuchsbedingungen möglich ist. Der eine erfolgreiche Weg zur Untersuchung des Abbauweges der Fettsäuren war die Verfütterung von Fettsäuren, die mit aromatischen Resten verknüpft waren, und die Isolierung der im Harn danach ausgeschiedenen Stoffe. Gibt man einem Tier Benzoesäure, so wird diese nach Kuppelung mit Glykokoll als Hippursäure im Harn ausgeschieden. Verfüttert man Phenylessigsäure ($C_6H_5.CH_2.COOH$), so erscheint diese auch nach Kuppelung mit Glykokoll als Phenacetursäure im Harn. Die gleichen Substanzen werden erhalten, wenn höhere mit dem Phenylrest gekuppelte Fettsäuren gegeben werden, und zwar richtet sich das Auftreten von Hippursäure oder von Phenacetursäure lediglich nach der Zahl der C-Atome der betreffenden Fettsäure:

$$Phenylpropionsäure \quad C_6H_5.CH_2.CH_2.COOH$$
$$Phenylvaleriansäure \quad C_6H_5.CH_2.CH_2.CH_2.CH_2.COOH$$

und alle jeweils um zwei C-Atome reicheren höheren Fettsäuren mit ungerader C-Atomzahl erscheinen als Hippursäure, werden also bis zur Benzoesäure abgebaut, während alle Fettsäuren mit einer geraden Zahl von C-Atomen wie

$$Phenylbuttersäure \quad C_6H_5.CH_2.CH_2.CH_2.COOH$$
$$Phenylcapronsäure \quad C_6H_5.CH_2.CH_2.CH_2.CH_2.CH_2.COOH$$

als Phenacetursäure ausgeschieden werden; sie müssen also bis zur Phenylessigsäure abgebaut worden sein. Dieses identische Verhalten der nur durch den Besitz von zwei CH_2-Gruppen voneinander verschiedenen Fettsäuren kann wohl nur so gedeutet werden, daß aus der höheren Fettsäure durch Oxydation am β-C-Atom immer die um zwei C-Atome ärmere Säure entsteht.

Diese Umwandlung geht wahrscheinlich in folgender Weise vor sich:

$$C_6H_5.CH_2.CH_2.COOH \qquad -2\,H \longrightarrow$$
Phenylpropionsäure
$$C_6H_5.CH = CH.COOH \qquad + H_2O \longrightarrow$$
$$C_6H_5.CHOH.CH_2.COOH \qquad -2\,H \longrightarrow$$
$$C_6H_5.C:O.CH_2.COOH \qquad + H_2O \longrightarrow$$
$$C_6H_5.COOH + CH_3.COOH$$
Benzoesäure + Essigsäure

Durch öftere Wiederholung wird also unter jedesmaliger Abspaltung von Essigsäure schließlich bei gerader Zahl der C-Atome die Phenylessigsäure, bei ungerader Zahl die Benzoesäure erreicht.

Die Anwendung des *Prinzips der β-Oxydation* auf die nicht substituierten, in der Nahrung vorkommenden Fettsäuren führt zur Entstehung von Essigsäure (gerade Zahl von C-Atomen) bzw. von Propionsäure (ungerade C-Atomzahl). Eigenartigerweise haben alle Fettsäuren, die in den in der Natur vorkommenden Fetten enthalten sind, eine gerade Zahl von C-Atomen, so daß sie alle bis zur Essigsäure abgebaut werden müssen; die Essigsäure ist aber bisher als Produkt des Stoffwechsels nicht in größerer Menge aufgefunden worden. Vielleicht wird sie mit der gleichen Geschwindigkeit, mit der sie gebildet wird, weiter abgebaut. Man stellt sich diese Umsetzung im allgemeinen nach folgendem Schema vor:

$$CH_3.COOH + CH_3.COOH \qquad -2\,H \longrightarrow$$
2 Mol Essigsäure
$$COOH.CH_2.CH_2.COOH \qquad -2\,H \longrightarrow$$
Bernsteinsäure
$$COOH.CH = CH.COOH \qquad + H_2O \longrightarrow$$
Fumarsäure
$$COOH.CHOH.CH_2.COOH \qquad - H_2 \longrightarrow$$
Apfelsäure
$$COOH.CO.CH_2.COOH \qquad - CO_2 \longrightarrow$$
Oxalessigsäure
$$CH_3.CO.COOH$$
Brenztraubensäure

Der weitere Abbau der Brenztraubensäure ist weiter unten beschrieben (s. S. 142). Der oxydative Abbau der Fettsäuren vollzieht sich nach dem hier wiedergegebenen Schema also nicht durch Eintritt von Sauerstoff in die Moleküle, sondern durch Austritt von Wasserstoff, durch Dehydrierung. Die Dehydrierung wechselt ab mit der Aufnahme von Wasser. Wenn der Abbau einen bestimmten Punkt erreicht hat, wird durch das Eingreifen eines neuen Fermentes, der Carboxylase, CO_2 abgespalten. Der bei der Dehydrierung freigesetzte Wasserstoff wird natürlich im Organismus durch den Sauerstoff des Oxyhämoglobins zu Wasser oxydiert (s. S. 138).

Noch auf einem anderen Wege hat die Theorie der β-Oxydation bewiesen werden können. Durchströmt man die überlebende Leber eines Tieres mit Blut, dem größere Mengen von Fettsäuren zugesetzt sind, so kommt es zu einem Verschwinden der Fettsäuren und an ihrer Stelle tritt entweder Acetessigsäure, β-Oxybuttersäure oder Aceton auf. Das gilt aber nur für die Fettsäuren mit gerader C-Atomzahl und unverzweigter Kette. Dies Verhalten läßt sich durch die β-Oxydation in folgender Weise erklären:

$$CH_3.CH_2.CH_2.COOH \longrightarrow$$
Buttersäure
$$CH_3.CHOH.CH_2.COOH \longrightarrow$$
β-Oxybuttersäure
$$CH_3.C:O.CH_2.COOH \longrightarrow$$
Acetessigsäure
$$CH_3.C:O.CH_3 + CO_2$$
Aceton

Die Bildung dieser „Acetonkörper" ist besonders groß in der Leber von pankreasdiabetischen Hunden (s. S. 88).

Auch Fettsäuren mit ungerader Zahl von C-Atomen werden in der Leber oxydiert, aber nicht zu Aceton. Im normalen Stoffwechsel sind Acetessigsäure und β-Oxybuttersäure nur Durchgangsstufen, aus denen wohl in üblicher Weise unter Aufnahme von Wasser Essigsäure entsteht.

Über den Abbau des *Glycerins* weiß man so viel, daß es mit Leichtigkeit verbrannt wird. In der isolierten Leber kann es aber auch zu Kohlehydrat aufgebaut werden. Der oxydative Abbau wie auch die Umwandlung in Kohlehydrat verlaufen wahrscheinlich über eine intermediäre Bildung von Milchsäure.

B. Der intermediäre Abbau der Kohlehydrate.

Der Abbau des bei der hydrolytischen Spaltung des Glykogens sich bildenden *Traubenzuckers* ist ein vielfach untersuchtes Problem, das erst in jüngster Zeit wenigstens für den Muskel einer Klärung zugeführt zu sein scheint. Es ist aber noch nicht sicher, ob sich der Kohlehydratabbau in allen Organen in gleicher Weise vollzieht. In manchen Organen überwiegt anscheinend der Glykogenumsatz, in anderen der Glucoseumsatz und wahrscheinlich ist der Mechanismus beider Prozesse verschieden. Ein weiteres besonderes Problem des Kohlehydratabbaus ist die alkoholische Gärung, sowie andere durch verschiedene Heferassen bewirkte Gärungsvorgänge. Der prinzipielle Unterschied zwischen dem Kohlehydratstoffwechsel der tierischen und der Hefezelle besteht darin, daß Gärungen sich ohne Mitwirkung von Sauerstoff vollziehen, sie verlaufen anaerob. Beim Kohlehydratstoffwechsel der tierischen Zelle folgt dagegen den anaeroben Spaltungsvorgängen, die der Gärung entsprechen, eine aerobe Phase. Der Kohlehydratabbau ist also viel weitgehender als derjenige in der Hefezelle.

Das Hauptorgan des Zuckerverbrauchs im Organismus ist zweifellos die Skeletmuskulatur. Für den Abbau des Glykogens in diesem Organ ist eine Phosphorylierung der bei der Spaltung des Glykogens freiwerdenden Glucosemoleküle Vorbedingung, so daß die Glucose nicht in freier Form, sondern mit Phosphorsäure verestert und zwar als Hexosemonophosphorsäure (Lactacidogen) auftritt. Wenn auch aus frischer Muskulatur bisher nur diese Hexosemonophosphorsäure isoliert werden konnte, so ist doch wahrscheinlich, daß der Kohlehydratabbau über Hexosediphosphorsäure verläuft. Die Bedeutung der Phosphorylierung des Zuckers ist wohl darin zu sehen, daß die phosphorylierten Substanzen besonders reaktionsfähig sind.

Die Hexosediphosphorsäure zerfällt zunächst in zwei Moleküle Triosephosphorsäure, aus denen in sehr verwickeltem Neben- und Miteinander von oxydativen und reduktiven Vorgängen über Brenztraubensäure Milchsäure entsteht. Da zwei Moleküle Milchsäure ($CH_3.CHOH.COOH = C_3H_6O_3$) die gleiche Bruttozusammensetzung haben wie ein Molekül Hexose ($C_6H_{12}O_6$) führt im Endeffekt die oxydoreduktive Verknüpfung aller an der Milchsäurebildung beteiligten Prozesse nur zu einer anaeroben Spaltung des Zuckermoleküls, nicht aber zu seiner Oxydation. Dies ist energetisch bedeutungsvoll, weil bei Spaltungsvorgängen nur ein kleiner Teil der in den zerfallenden Stoffen enthaltenen Energiemengen frei wird. Die Milchsäure enthält also noch den überwiegenden Betrag der Energie der Kohlehydrate. Bei der Rolle, die die Milchsäurebildung für die Energielieferung der Muskelkontraktion spielt, ist dies von großer Bedeutung (s. S. 40).

Die *Milchsäure* ist als weiteres und unter normalen Bedingungen leicht faßbares Zwischenprodukt des Kohlehydratstoffwechsels im Muskel lange bekannt. Mit der Erreichung dieser Stufe ist aber auch der Anschluß an den bereits oben beschriebenen Abbauweg der Fettsäuren erreicht. Die beim Abbau der Fettsäuren entstehende Brenztraubensäure kann durch Reduktion in Milchsäure übergehen, ebenso aber auch die Milchsäure durch Oxydation in Brenztraubensäure. Aus dieser Säure entsteht dann durch Decarboxylierung Acetaldehyd:

$$CH_3.CO.COOH \longrightarrow CH_3.COH + CO_2$$
Brenztraubensäure   Acetaldehyd

Das Schicksal des Acetaldehyds kann ein verschiedenes sein. Es treten zwei Moleküle Acetaldehyd unter „Aldolkondensation" zum Aldol, dem Aldehyd der β-Oxybuttersäure zusammen.

$$CH_3.COH + CH_3COH = CH_3.CHOH.CH_2.COH$$
2 Mol Acetaldehyd   Aldol

Von ihm könnte dann der bekannte Weg über β-Oxybuttersäure, Acetessigsäure entweder zum Aceton oder zur vollständigen Oxydation führen. Acetaldehyd könnte aber auch direkt zu Essigsäure oxydiert und diese auf dem oben beschriebenen Wege über verschiedene Zwischenstufen allmählich abgebaut werden. Essigsäure kann aber anscheinend auch direkt über Oxalsäure zu CO_2 und Wasser verbrennen:

$$CH_3.COOH \longrightarrow COOH.COOH \longrightarrow CO_2 + H_2O$$

Jedenfalls vollzieht sich der weitere Abbau der Milchsäure in gleicher Weise wie der Abbau der Fettsäuren. Der von einem bestimmten Punkte an übereinstimmende Abbauweg für Kohlehydrat und Fett macht es verständlich, daß im Organismus Kohlehydrat in Fett und wohl auch Fett in Kohlehydrat übergehen können.

Prinzipiell in gleicher Weise wie in der Muskulatur verläuft auch der Abbau der Kohlehydrate in der Hefezelle, die **alkoholische Gärung**. Bei der alkoholischen Gärung zerfällt letzten Endes ein Molekül Glucose in je zwei Moleküle Äthylalkohol und Kohlendioxyd:

$$C_6H_{12}O_6 = 2C_2H_5OH + 2CO_2$$

Der Weg zu diesen Endprodukten führt auch zunächst über die Stufe der Hexosephosphorsäure. Nach der bisher gültigen Ansicht zerfällt dann unter Abspaltung der Phosphorsäure das Hexosemolekül in zwei Moleküle des Hydrates des Methylglyoxals:

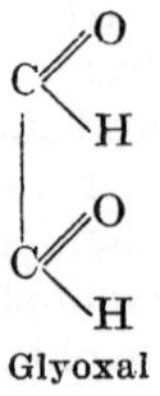

Glyoxal 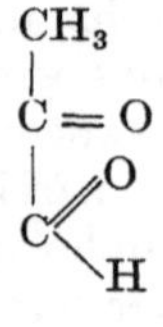   Methylglyoxal 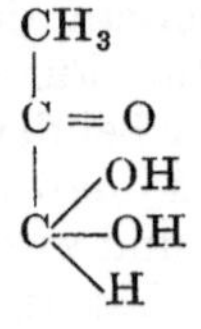   Methylglyoxalhydrat

Diese Substanz wird durch Dehydrierung in Brenztraubensäure übergeführt. Es ist aber möglich, jedoch liegen darüber noch keine entscheidenden Untersuchungen vor, daß sich die Brenztraubensäurebildung in der Hefe auf dem gleichen Wege wie in der Muskulatur vollzieht. Jedenfalls zerfällt die Brenztraubensäure weiterhin in CO_2 und Acetaldehyd und der Acetaldehyd wird durch den bei der Dehydrierung des Methylglyoxalhydrats freiwerdenden Wasserstoffs zu Äthylalkohol reduziert:

$$CH_3.COH + H_2 = C_2H_5OH$$

Unter besonderen Versuchsbedingungen lassen sich auch noch andere Produkte bei der alkoholischen Gärung erfassen, so Glycerin, das auch bei der normalen Gärung in geringen Mengen auftritt. Von Interesse ist eine Gärungsform, bei der der Acetaldehyd durch CANNIZAROsche Umlagerung z. T. zu Essigsäure oxydiert und z. T. zu Äthylalkohol reduziert wird (s. S. 30). Zum Zustandekommen der alkoholischen Gärung ist die aufeinanderfolgende Wirkung einer großen Zahl von Fermenten erforderlich, die alle in dem *Zymase* genannten Fermentsystem der Hefe enthalten sind. Diese Fermente bedürfen z. T., damit sie ihre Wirksamkeit entfalten können, des Vorhandenseins von Aktivatoren. Besonders bekannt ist die sog. Co-Zymase, bei deren Abwesenheit die Phosphorylierung nicht stattfinden kann. Die Co-Zymase scheint eine Adenylsäure von besonderer, noch unbekannter Struktur zu sein. Ihre Anwesenheit genügt im übrigen zur Aktivierung der Zymase nicht, sondern es muß außerdem noch eine bestimmte Menge von Magnesiumsalzen vorhanden sein. Auch für die Funktion desjenigen Teils der Kohlehydratspaltung im Muskel, die bis zur Milchsäure führt, ist ein ähnliches System von Aktivatoren erforderlich, das aus Magnesiumsalzen und aus Adenosintriphosphorsäure besteht.

C. Der intermediäre Abbau der Eiweißkörper.

Die Eiweißkörper werden zunächst durch die hydrolytisch wirkenden Proteasen und Peptidasen bis zu den einzelnen Aminosäuren aufgespalten. An dieser Aufspaltung beteiligt sich in der Zelle ein eiweißspaltendes Ferment, das in den Verdauungssäften nicht vorkommt, das *Kathepsin*. Es unterscheidet sich von den anderen Proteasen durch ein im schwach sauren Gebiet gelegenes p_H-Optimum. Über den Abbau der Aminosäuren sind wir insofern prinzipiell unterrichtet, als der in ihnen enthaltene Stickstoff den Organismus mit dem Harn in Form von Harnstoff verläßt. Es muß also mit großer Wahrscheinlichkeit angenommen werden, daß im Verlaufe der Desaminierung aus den Aminosäuren Fettsäuren entstehen, und daß diese dem gleichen Schicksal unterliegen wie die aus den Fetten selbst stammenden Fettsäuren.

Daß dies wirklich so ist, geht aus Durchströmungsversuchen an der isolierten Leber hervor, in denen sich zeigte, daß manche Aminosäuren bei der Durchströmung Aceton bilden, andere nicht. Vergleicht man das Verhalten der Aminosäuren bei der Durchblutung mit demjenigen der Fettsäuren, so ergibt sich, daß die Aminosäuren mit einer geraden Anzahl von C-Atomen (und unverzweigter C-Kette) kein Aceton bilden, sich also gerade entgegengesetzt verhalten, wie die Fettsäuren mit einer geraden Zahl von C-Atomen. Das umgekehrte gilt für die Aminosäuren mit ungerader C-Atomzahl, sie bilden Aceton. Man hat dies durch die Annahme erklärt, daß im Verlaufe der Desaminierung aus der Aminosäure die um ein C-Atom ärmere Fettsäure entsteht, deren Verhalten in bezug auf die Acetonbildung sich nach der Zahl ihrer C-Atome richtet.

Die mit der Desaminierung verbundene Umformung des Moleküls läßt sich ganz allgemein durch die Formulierung

$$R.CH(NH_2).COOH \longrightarrow R.COOH$$

ausdrücken. Die Desaminierung ist also vergesellschaftet mit einer Decarboxylierung und einer Oxydation und zwar ebenso wie bei den Fettsäuren durch Dehydrierung. Die verschiedenen Stufen, die bei diesem Vorgang durchlaufen werden, lassen sich in folgender Weise zusammenstellen:

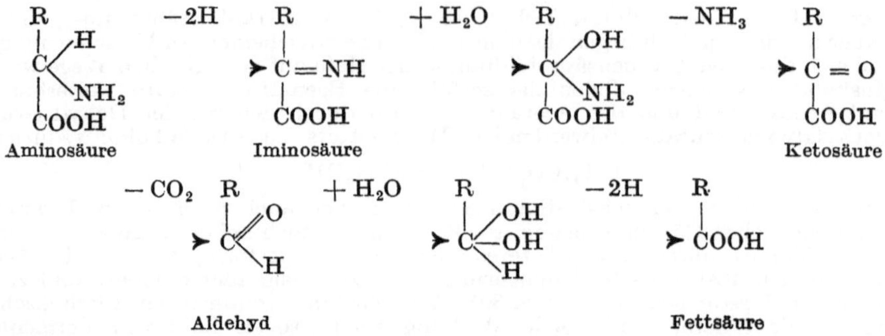

$$\underset{\text{Aminosäure}}{\overset{\displaystyle R}{\underset{\displaystyle COOH}{\overset{\displaystyle |}{C}}\!\!\diagup\!\!\overset{H}{\diagdown}\!\!NH_2}} \quad \xrightarrow{-2H} \quad \underset{\text{Iminosäure}}{\overset{\displaystyle R}{\underset{\displaystyle COOH}{\overset{\displaystyle |}{C}}=NH}} \quad \xrightarrow{+H_2O} \quad \overset{\displaystyle R}{\underset{\displaystyle COOH}{\overset{\displaystyle |}{C}}\!\!\diagup\!\!\overset{OH}{\diagdown}\!\!NH_2} \quad \xrightarrow{-NH_3} \quad \underset{\text{Ketosäure}}{\overset{\displaystyle R}{\underset{\displaystyle COOH}{\overset{\displaystyle |}{C}}=O}}$$

$$\xrightarrow{-CO_2} \quad \underset{\text{Aldehyd}}{\overset{\displaystyle R}{\overset{\displaystyle |}{C}}\!\!\diagup\!\!\overset{O}{\diagdown}\!\!H} \quad \xrightarrow{+H_2O} \quad \overset{\displaystyle R}{\overset{\displaystyle |}{C}}\!\!\diagup\!\!\overset{OH}{\diagdown}\!\!{\underset{H}{OH}} \quad \xrightarrow{-2H} \quad \underset{\text{Fettsäure}}{\overset{\displaystyle R}{\overset{\displaystyle |}{COOH}}}$$

Dieser oxydative Abbau erfolgt, wie neuerdings durch Isolierung der entsprechenden Ketosäuren aus den Aminosäuren sichergestellt worden ist, vor allem in der Niere. Das beim oxydativen Abbau der Aminosäuren freiwerdende Ammoniak wird in der Leber in Harnstoff verwandelt (s. S. 19).

Neben dem oxydativen Abbau zu Ammoniak und Fettsäure ist ein anderer Abbauweg der Aminosäuren denkbar, bei dem der primäre Eingriff in das Molekül eine Decarboxylierung ist. So entstehen aus den Aminosäuren die proteinogenen Amine.

$$R.CH(NH_2)COOH \longrightarrow R.CH_2(NH_2) + CO_2$$

Eine Reihe von solchen Aminen entstehen bei der Darmfäulnis (s. S. 123). Die *proteinogenen Amine* sind im allgemeinen durch eine hohe physiologische Wirksamkeit ausgezeichnet, so besonders das *Histamin*, das aus dem Histidin gebildet wird:

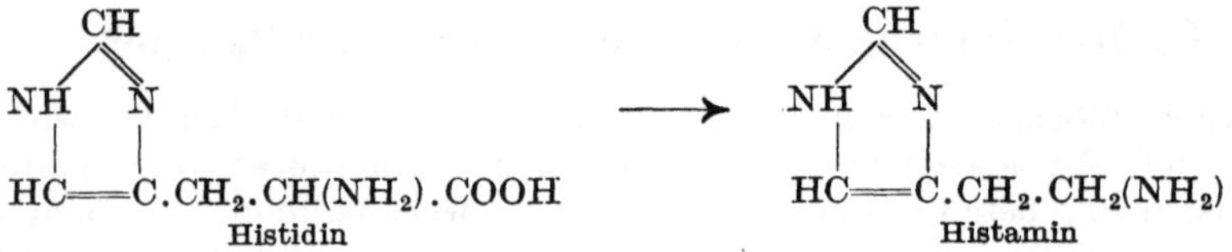

$$\underset{\text{Histidin}}{\overset{\displaystyle CH}{\underset{\displaystyle HC=\!\!=C.CH_2.CH(NH_2).COOH}{\overset{\displaystyle NH\quad N}{|\qquad|}}}} \quad \longrightarrow \quad \underset{\text{Histamin}}{\overset{\displaystyle CH}{\underset{\displaystyle HC=\!\!=C.CH_2.CH_2(NH_2)}{\overset{\displaystyle NH\quad N}{|\qquad|}}}}$$

Das Histamin entsteht bei der Darmfäulnis, wahrscheinlich aber auch im Zellstoffwechsel. Es wirkt bei Eintritt ins Blut auf das Gefäßsystem ein, indem es die größeren Arterien zur Kontraktion, die Arteriolen und die Capillaren dagegen zur Dilatation bringt und damit zu einer Blutdrucksenkung führt.

In ähnlicher Weise entsteht aus dem Tyrosin das *Tyramin*, **das** eine zentral bedingte Sympathicusreizung bewirkt. Zwei weitere durch Umbau des Tyrosins in besonderen Organen entstehende, physiologisch hochwirksame Stoffe sind das Thyroxin und das Adrenalin.

Während sich der intermediäre Abbau der Fette und Kohlehydrate nach einheitlichen Gesichtspunkten vollzieht, führt der Stoffwechsel der Aminosäuren zu einer großen Zahl verschiedenartiger Produkte, teilweise mit hoher physiologischer Wirksamkeit. Außer den angeführten sind noch zahlreiche weitere aus Aminosäuren entstehende Substanzen bekannt geworden. Über das Schicksal der in den aromatischen Aminosäuren enthaltenen Ringe läßt sich sagen, daß sie zum größeren Teil, soweit sie nicht zu wirksamen Stoffen umgebaut werden, unter Aufspaltung der Ringe völlig oxydiert werden; zu einem kleinen Teil werden sie wohl auch als Alkohole (Phenol, Kresol, Indol) mit Schwefelsäure oder Glucuronsäure gepaart im Harn ausgeschieden. Eine Aufspaltung des aromatischen Kerns scheint auch beim Histidin in größerem Umfange vorzukommen.

Der *Abbau* verschiedener *aliphatischer Aminosäuren* führt zu Substanzen, die auch beim Abbau der Kohlehydrate und Fette in größerem Umfange entstehen. So muß bei der oxydativen Desaminierung des Alanins Brenztraubensäure gebildet werden. Über diese Substanz ist also ein Übergang der Aminosäure Alanin sowohl in Kohlehydrate wie in Fette denkbar. In der Tat ist gezeigt worden, daß die isolierte Leber zum Durchströmungsblut hinzugefügtes Alanin (und auch zahlreiche andere Aminosäuren) nahezu quantitativ in Kohlehydrat umwandelt. Aber auch der umgekehrte Weg wird beschritten. Die isolierte Leber bildet im Durchströmungsversuch aus Brenztraubensäure und Ammoniumsalzen Alanin und der gleiche Bildungsmechanismus ist auch für eine ganze Reihe anderer Aminosäuren erwiesen. Der Organismus kann also einen Teil, aber keineswegs alle der Bausteine des Eiweiß aus Spaltprodukten der Kohlehydrate bzw. der Fette und aus anorganischen Ammoniumsalzen synthetisieren.

Wenn sich auch der intermediäre Stoffwechsel der verschiedenen Körperbausteine in allen Organen und Zellen des Körpers vollzieht, so nimmt doch die **Leber** eine überragende Stellung ein. Infolge der Art der Einschaltung der Leber in den Kreislauf müssen alle in die Blutbahn resorbierten Verdauungsprodukte, bevor sie in den Körperkreislauf gelangen, die Leber passieren. Es geht aus den voranstehenden Ausführungen mit großer Deutlichkeit hervor, daß ein erheblicher Teil unserer gesamten Kenntnisse über den intermediären Stoffwechsel in Versuchen gewonnen wurde, die an der isolierten Leber ausgeführt worden sind. Wenn ein Organ losgelöst vom Organismus noch zu derartig fein differenzierten Leistungen fähig ist, so ist mit großer Wahrscheinlichkeit anzunehmen, daß ihm auch im Organismus mindestens die gleichen Fähigkeiten zukommen müssen. Daß die chemischen Leistungen der Leber noch in anderer Weise zur Bildung sowohl von lebenswichtigen Produkten als auch von Stoffen führen, die als Stoffwechselschlacken aus dem Körper ausgeschieden werden, ist bereits an anderer Stelle ausgeführt worden (s. S. 119). Für eine bestimmte Funktion des intermediären Stoffwechsels, nämlich die oxydative Desaminierung der Aminosäuren, spielt aber, wie erst jüngst erkannt wurde, ein anderes Organ, die Niere, eine mindestens ebenso wichtige Rolle.

D. Der Abbau der Nucleinsäuren.

Wenn man den Abbau der Nucleinsäuren von der energetischen Seite betrachtet, so kommt ihm eine wesentlich geringere Bedeutung zu als dem Abbau der bisher besprochenen Stoffe, da der Energiegewinn nur ein sehr geringfügiger ist. Dafür zeigt sich aber hier in besonders schöner und klarer Weise, wie der Organismus komplizierte Reaktionen durch Aufeinanderfolge einer Reihe von Teilreaktionen zustande bringt. Bei den Verdauungsvorgängen im Magen-Darmkanal ließen sich ähnliche Beobachtungen über die Verknüpfung der Wirkung verschiedener Fermente machen, klarer tritt dies noch bei der Aufspaltung der Nucleinsäuren zu Tage.

Die erste Stufe des Abbaues ist die Zerlegung der Polynucleotide in Mononucleotide (s. S. 25) durch Hydrolyse. Das Schicksal der Mononucleotide ist mit einiger Sicherheit nur für die purinhaltigen, Adenylsäure und Guanylsäure, bekannt. Der erste Angriff auf die Mononucleotide ist ebenfalls ein hydrolytischer und besteht in der Abspaltung der Aminogruppen aus den Purinanteilen der Nucleotide. Die Aminopurine werden dadurch in die Oxypurine übergeführt. Auf diese Verbindungen, die noch Nukleotide sind, wirkt ein Nucleotidase genanntes Ferment, welches die Phosphorsäure aus ihnen abspaltet und sie in die Nucleoside überführt. Auf die Nucleoside wirkt das Ferment Nucleosidase, dessen Wirkung in der Abspaltung des Pentosemoleküls und in der Freisetzung der Oxypurine Xanthin und Hypoxanthin besteht. Zum Schluß erfolgt eine vollständige Oxydation dieser beiden Purine bis zum Trioxypurin, der Harnsäure.

Bei den Säugetieren und beim Menschen ist die Harnsäure das Endprodukt des Purinstoffwechsels. Bei Vögeln und Reptilien entsteht aber die Harnsäure zum größten Teil als Endprodukt des Eiweißstoffwechsels. Wahrscheinlich in der Weise, daß sich Harnstoff an bestimmte Körper anlagert, die ein Skelet aus drei C-Atomen haben und die im Stoffwechsel dieser Tiere gebildet werden.

Eine Störung des Harnsäurestoffwechsels beim Menschen ist die *Gicht*, bei der die Harnsäureausscheidung durch die Nieren außerordentlich herabgesetzt ist und bei der es zur Ablagerung von Harnsäure in den Gelenkknorpeln und an anderen Stellen des Körpers kommt. Die Ursache dieser Stoffwechselstörung ist noch unbekannt.

IX. Gesamtstoffwechsel und Nahrungsbedarf.

Bei der Tätigkeit des Organismus findet ständig eine Umsetzung von Körperbestandteilen statt, die wir als Stoffwechsel bezeichnen. Die mit den aufgenommenen Nahrungsmitteln zugeführten Nahrungsstoffe werden, wie im vorangehenden Abschnitt gezeigt wurde, auf z. T. recht verwickelten Wegen zu einfach gebauten Stoffen abgebaut und im wesentlichen in Form von Wasser, Kohlendioxyd und Harnstoff (bei Vögeln und Reptilien als Harnsäure) ausgeschieden. Bei ihrem Abbau geben die Nahrungsstoffe die in ihnen enthaltene potentielle Energie in Form von äußerer Arbeit oder von Wärme ab. Neben dem Weg, auf dem der Abbau sich vollzieht, muß also auch die Menge der Nahrungsstoffe, die dem Organismus zugeführt wird, von Wichtigkeit sein, da sie ausreichen muß, den Stoffbedarf des Organismus zu decken. Der Stoffwechsel hat zwei Aufgaben zu erfüllen. Bei der Tätigkeit der Zellen werden ständig bestimmte Bausteine wegen der funktionellen Beanspruchung abgenutzt und abgebaut. Diese müssen ersetzt werden, und man bezeichnet denjenigen Anteil des Stoffwechsels, der die Erhaltung des Baues der Zelle gewährleistet, als *Baustoffwechsel*. Er betrifft in erster Linie die Eiweißkörper. Natürlich wird auch die Energie der den Baustoffwechsel deckenden Zellbausteine für den Organismus nutzbar gemacht. Rein energetische Aufgaben hat der *Betriebsstoffwechsel*, durch den der für Arbeitsleistungen notwendige Energiebedarf aufgebracht wird.

Für die Erforschung des Zusammenhangs der Nahrungszufuhr und der aus der Nahrung im Organismus freigesetzten Energie mit dem Energiegehalt, den die zur Ausscheidung kommenden Endprodukte des Stoffwechsels noch besitzen, ist die Feststellung von größter Wichtigkeit, daß das Gesetz der Erhaltung der Energie für den Organismus in gleicher Weise Geltung hat wie für die unbelebte Welt. In vielen Versuchen ist immer wieder festgestellt worden, daß die während des Durchgangs der Nahrungsstoffe durch den Organismus freigewordene Energie tatsächlich dem Energieverlust entspricht, der sich beim Vergleich des Energiegehalts der aufgenommenen Nahrungsstoffe mit demjenigen der ausgeschiedenen Endprodukte ergibt. Nur deshalb ist es möglich, Stoffwechselbilanzen aufzustellen und Nahrungsaufnahme und Ausscheidungen miteinander energetisch zu vergleichen. Die Hauptnahrungsstoffe sind Eiweiß, Fett und Kohlehydrate. Der Anteil, der jedem der genannten Nahrungsstoffe in der aufgenommenen Nahrung zukam, läßt sich aus der Größe der Ausscheidungen berechnen. Diese betragen bei einem erwachsenen Mann von 60—70 kg Körpergewicht in 24 Stunden etwa:

Wasser	2500—3600 g
CO_2	750—900 ,,
Harnstoff	20—40 ,,
andere N-haltige Stoffe	2—5 ,,
Salze	20—30 ,,

Unter normalen Verhältnissen verläßt das Wasser den Körper etwa zur Hälfte durch den Harn, zu einem Drittel durch die Atemluft, während der Rest größtenteils durch die Haut und zu einem geringen Anteil mit den Faeces ausgeschieden wird. Selbstverständlich hängt aber die Verteilung der Wasserabgabe stark von den jeweiligen Lebensbedingungen ab.

Technisch am einfachsten ist die Ermittlung des Eiweißumsatzes. Der charakteristische Eiweißbaustein Stickstoff ist in den verschiedensten Eiweißkörpern etwa im gleichen Betrage von 16% enthalten. Die Stickstoffausscheidung aus dem Körper beruht zwar nicht ausschließlich, aber doch weit überwiegend auf dem Eiweißstoffwechsel. Beim Menschen und den Säugetieren bildet lediglich die Purinausscheidung im Harn eine Ausnahme. Die Stickstoffausscheidung erfolgt größtenteils durch den Harn, bei stärkerer Schweißabsonderung auch durch den Schweiß. Die N-Ausscheidung im Kot ist sehr verschiedenen Ursprungs und hängt nur zu einem Teil mit dem Eiweißstoffwechsel zusammen. Zur Bestimmung der umgesetzten Eiweißmenge genügt es im allgemeinen die Stickstoffausscheidung im Harn mit 6,25 zu multiplizieren. Die CO_2-Abgabe durch die Lunge beruht auf der Verbrennung aller drei Nahrungsstoffe. Ermittelt man sowohl N- wie CO_2-Ausscheidung, so kann man in bestimmter Weise den Umsatz der drei Nahrungsstoffe errechnen, weil der C-Gehalt eine für jeden einzelnen charakteristische Größe hat.

Einen weiteren Anhaltspunkt für die im Organismus verbrennenden Stoffe bietet der Vergleich der ausgeschiedenen CO_2-Menge mit dem gleichzeitig veratmeten Sauerstoff. Das Verhältnis $\dfrac{CO_2}{O_2}$, der **respiratorische Quotient** (R. Q.), hat für jeden der drei Nahrungsstoffe einen bestimmten Wert, der durch den Sauerstoffgehalt der Nahrungsstoffe gegeben ist. Bei den Kohlehydraten, z. B. dem Traubenzucker $C_6H_{12}O_6$, ist der Sauerstoffgehalt eines Moleküls gerade so groß, daß er den Wasserstoff des gleichen Moleküls zu Wasser oxydieren kann und nur noch Sauerstoff zur Oxydation des Kohlenstoffs aufgenommen werden muß. Da 1 Atom C durch 1 Molekül O_2 zu einem Molekül CO_2 oxydiert wird, beträgt der R. Q. für die Kohlehydratverbrennung 1,0. Fette und Eiweißkörper haben, da ihr Sauerstoffgehalt zur Verbrennung des im gleichen Molekül enthaltenen Wasserstoffs nicht ausreicht, einen niedrigeren R. Q. Dieser beträgt für die Verbrennung von reinem Fett 0,707, für reine Eiweißverbrennung 0,801. Die ausschließliche Verbrennung eines einzigen Nahrungsstoffs findet so gut wie niemals statt. Bei gewöhnlicher gemischter Kost beträgt der R. Q. zwischen 0,8 und 0,9. Bei stärkeren Arbeitsleistungen kann er wegen des fast ausschließlichen Kohlehydratverbrauchs im tätigen Muskel sich vorübergehend dem Wert 1 weitgehend nähern. Im Hungerzustande kann die Kohlehydratverbrennung fast völlig aufgehoben sein, stets aber geht mit der Fettverbrennung eine Eiweißverbrennung einher.

Der R. Q. kann unter besonderen Verhältnissen sowohl größer als 1,0 wie auch kleiner als 0,707 sein. Bei reiner Kohlehydratkost wird Kohlehydrat in Fett verwandelt (z. B. Mästen von Schweinen mit Kartoffeln und Magermilch). Da die Fette sauerstoffärmer sind als die Kohlehydrate, wird bei dieser Umwandlung Sauerstoff frei, der für andere Oxydationen verbraucht werden kann und die Sauerstoffzufuhr durch die Atmung herabsetzt, so daß der R. Q. auf über 1,0 steigen muß. Umgekehrt muß bei der Umwandlung von Fett in Kohlehydrat, wie er z. B. beim Diabetiker stattfindet, wo sauerstoffärmere in sauerstoffreichere Stoffe übergehen, der R. Q. unter 0,7 absinken. Voraussetzung für die richtige Feststellung des R. Q. ist natürlich, daß nicht durch Bildung von Säuren im Organismus oder durch verstärkte Atmung die Kohlensäureabgabe vorübergehend gesteigert wird. Exakte Werte sind also nur bei Ausdehnung der Gaswechseluntersuchungen auf längere Zeiträume zu erhalten.

Untersucht man den Stoffwechsel während eines längeren *Hungerzustandes*, so kommt man zu dem Ergebnis, daß zunächst eine lebhafte Kohlehydratverbrennung stattfindet. Aber bereits nach kurzer Zeit sind die begrenzten Kohlehydratreserven des Körpers erschöpft und jetzt wird der Stoffwechsel mehr und mehr durch Verbrennung von Fett gedeckt. Der Eiweißumsatz ist im Beginn der Hungerperiode ebenso hoch wie vor derselben, dann aber sinkt er auf einen minimalen Wert (Hungerminimum) ab, steigt aber kurz vor dem Tode aus noch ungeklärten Gründen wieder an. Das Eiweißminimum im Hunger entspricht wohl der Abnutzungsquote. Der Energieumsatz während der ganzen Hungerperiode wird zu 85—90% durch Fettverbrennung gedeckt. Den höchsten

Gewichtsverlust weist dementsprechend das Fettgewebe (bis zu 95%) auf, dann folgen die anderen Organe mit z. T. erheblich geringeren Verlusten.

Von dem Stoffwechsel im Hungerzustande hat man zu unterscheiden den Stoffwechsel im ruhenden nüchternen Zustand, den **Ruhe-** oder **Grundumsatz** (s. auch S. 158). Es ist dies der Stoffwechsel beim völlig nüchternen, im liegenden Zustand ruhenden Menschen bei einer Temperatur von $16-17^0$. Jede körperliche Arbeit, so bereits Sitzen, Stehen oder Gehen, aber auch Nahrungsaufnahme und die Verdauungsvorgänge steigern den Energieumsatz (Leistungszuwachs). Der Grundumsatz ist von einer Reihe von Faktoren abhängig. Man hat versucht, Beziehungen zwischen dem Grundumsatz und der Größe der Organismen abzuleiten. Bei Berechnung auf die Einheit des Körpergewichts ist der Grundumsatz für kleine Tiere wesentlich höher als für größere. Ein besserer Vergleichsmaßstab ist die Körperoberfläche. Der Energieumsatz pro Quadratmeter Oberfläche ist tatsächlich für eine größere Anzahl von Tieren recht konstant, jedoch kommen auch hier erhebliche Abweichungen vor.

Der Grundumsatz kann in verschiedener Weise bestimmt werden, entweder calorimetrisch, durch Ermittlung der Wärmeabgabe, oder einfacher durch Bestimmung des Gaswechsels. Die Wärmeproduktion wird in Calorien ausgedrückt. Unter den Bedingungen des Grundumsatzes beträgt sie pro Kilogramm Körpergewicht und Stunde etwas mehr als 1 Cal, für einen Menschen von 70 kg pro Tag also ungefähr 1800 bis 2000 Cal. Von großem Einfluß auf den Grundumsatz ist das Lebensalter. Bei Kindern ist er pro Quadratmeter Oberfläche höher als bei Erwachsenen, bei Greisen dagegen niedriger. Bei einem normalen R.Q. von 0,8 bis 0,9 entspricht einem Sauerstoffverbrauch von 1 Liter die Bildung von 4,9 Cal; bei niedrigerem R.Q. ist der Wert geringer, bei höherem dagegen größer. Die Ursache liegt in den verschiedenen Verbrennungswärmen der Nahrungsstoffe. Verbrennt man in einem geeigneten Apparat (calorimetrische Bombe) Eiweiß, Fett oder Kohlehydrat, so entspricht jeweils einem Gramm Substanz eine bestimmte Calorienzahl (*physikalische Verbrennungswärme*). Bei der Verbrennung der gleichen Stoffe im Organismus liefern Fett und Kohlehydrat die gleiche Wärme wie im Calorimeterversuch, Eiweiß dagegen weniger (*physiologische Verbrennungswärme*). Das Eiweiß wird im Calorimeter vollständig verbrannt, während im Organismus die im Harnstoff noch enthaltene Energiemenge verlorengeht. Bei gemischter Kost betragen die physiologischen Verbrennungswärmen für

> 1 g Eiweiß 4,1 Cal,
> 1 g Kohlehydrat 4,1 Cal,
> 1 g Fett 9,3 Cal.

Die verschiedenen Nahrungsstoffe können sich entsprechend ihrem Brennwert in der Nahrung gegenseitig vertreten *(Gesetz der Isodynamie)*.

Jede **körperliche Arbeit** führt und zwar in einem von der Größe dieser Arbeit direkt abhängenden Grade zu einer Steigerung der Calorienproduktion. Die auf S. 150 wiedergegebene Tabelle zeigt, in welch hohem Umfange dies der Fall sein kann. Für die geistige Arbeit hat sich dagegen eine Steigerung des Stoffwechsels nicht mit Sicherheit nachweisen lassen. Es ist bereits oben darauf hingewiesen worden, daß der Grundumsatz durch die Verdauungsarbeit ebenso wie durch Muskeltätigkeit einen Leistungszuwachs erfährt. Die Steigerung durch die Verdauungsarbeit ist keineswegs unerheblich, sie beträgt etwa 400 Cal. Die Ursache dafür ist nicht nur der Beginn der Tätigkeit einer Reihe im Hungerzustande ruhender Organe, also die allgemeine Steigerung der motorischen und sekretorischen Leistungen des Magen-Darmkanals, sondern auch eine Erscheinung,

die man als die „spezifisch-dynamische" Wirkung bezeichnet und die besonders
bei Eiweißzufuhr auftritt. Sie äußert sich darin, daß beim hungernden Menschen
die Aufnahme von Eiweiß zu einer deutlich höheren Wärmebildung führt als die
Zufuhr einer calorisch äquivalenten Menge von Fett oder Kohlehydrat. Die
spezifisch-dynamische Wirkung, die sich besonders bei erhöhter Außentemperatur
bemerkbar macht, kann recht erheblich sein. Beim arbeitenden Menschen tritt
sie nicht nur bei Eiweiß- sondern auch bei Fettzufuhr auf. Man nimmt an, daß
die diesen Nahrungsstoffen innewohnende Energie nur auf dem Umwege über
die Kohlehydrate für den Muskelstoffwechsel nutzbar gemacht werden kann.
Es würde also die erhöhte Wärmebildung der Ausdruck der schlechten Ökonomie
der Umwandlung der Nahrungsstoffe ineinander sein. Die Ursache der spezifisch-
dynamischen Wirkung des Eiweißes beim ruhenden Menschen ist unbekannt.

Das Gesetz der Isodynamie der Nahrungsstoffe ist nur mit einer bestimmten
Einschränkung gültig. Jede Nahrung muß eine minimale Menge von Eiweiß
enthalten, die nicht durch Fett oder Kohlehydrat ersetzbar ist. Dieses **Eiweißminimum** entspricht wahrscheinlich der Abnutzung der eiweißartigen Bestandteile des
Protoplasmas der Zellen. Im Hunger muß also ein dauernder Eiweißverlust
stattfinden. Das Eiweißminimum ist aber nicht mit dem Hungerminimum
identisch. Es hat auch keine ganz konstante Größe, sondern ist von der Zusammensetzung der Nahrung abhängig. Bei vorwiegender Kohlehydratkost liegt es
tiefer als bei überwiegender Ernährung mit Fett: Kohlehydrat wirkt stärker
eiweißsparend als Fett. Die niedrigsten Zahlen für das Eiweißminimum, die
gefunden wurden, betragen 25 bis 30 g pro Tag. Die Möglichkeit zu dieser Feststellung ist durch eine Eigentümlichkeit des Eiweißstoffwechsels gegeben. Wenn
dem Organismus mehr Kohlehydrat oder Fett zugeführt wird, als er verbrauchen
kann, so wird der Überschuß in den Depots abgelagert (Mast). Bei übermäßiger
Eiweißzufuhr ist das nicht der Fall, vielmehr wird im Körper stets, eine ausreichende Zufuhr von Eiweiß vorausgesetzt, soviel Eiweiß verbrannt, wie ihm
zugeführt wurde; der Organismus kann sich mit beliebig hohen Eiweißmengen
ins Gleichgewicht setzen. Unterschreitet dagegen die Eiweißzufuhr einen bestimmten Grenzwert, so wird die N-Ausscheidung größer als die N-Aufnahme.
Diejenige Eiweißmenge, mit der Zufuhr und Ausscheidung noch gerade im
Gleichgewicht gehalten werden können, ist das der Protoplasmaabnutzung
entsprechende Eiweißminimum.

Es ist wahrscheinlich, daß bei den oben angeführten extremen Werten von
25—30 g die körperliche und geistige Leistungsfähigkeit auf die Dauer herabgesetzt werden, so daß über längere Zeiten und für größere Leistungen die Zufuhr
größerer Eiweißmengen wohl notwendig ist. Als solche gelten für einen Menschen
von 70 kg etwa 60—70 g pro Tag. Bei der Frage nach der zur Erhaltung der
Funktionstüchtigkeit des Körpers notwendigen Eiweißmenge ist aber auch die
biologische Wertigkeit der verschiedenen Eiweiße zu berücksichtigen. Es hat
sich gezeigt, daß manche Eiweißkörper, trotzdem sie in calorisch ausreichender
Menge zugeführt werden, die Leistungsfähigkeit nicht aufrecht erhalten können
und daß Störungen der Gesundheit auftreten, wenn der Eiweißbedarf dauernd
durch sie gedeckt wird. Besonders gilt dies für pflanzliche Eiweiße, wie sie im
Brot und in der Kartoffel enthalten sind. Diese biologisch unterwertigen Eiweißkörper enthalten nicht alle zum Aufbau der Zelleiweißstoffe nötigen Aminosäuren. Der Organismus kann zwar eine große Anzahl besonders der aliphatischen
Aminosäuren aus Fettsäuren und Ammoniumsalzen synthetisieren (s. S. 145),
aber eine Reihe von cyklischen Aminosäuren (Tyrosin, Tryptophan) und auch
Cystin müssen in der Nahrung enthalten sein.

Die Notwendigkeit der biologischen Vollwertigkeit der Eiweißkörper lenkt unser Augenmerk überhaupt auf die Frage nach der qualitativ richtigen **Zusammensetzung unserer Nahrung.** Zur Erhaltung des Lebens ist nicht nur die Zufuhr einer calorisch ausreichenden Nahrung notwendig, sondern auch der Gehalt dieser Nahrung an bestimmten anderen Substanzen. So muß sie eine bestimmte Menge von Wasser enthalten, sie muß ferner alle für den Aufbau der Organe und für die Herstellung des osmotischen Drucks in den Organen und im Blut notwendigen Salze aufweisen. Kalkmangel führt zu Schädigungen des Knochens und der Zähne, ähnlich äußert sich ein Mangel an Phosphaten. Die Erhaltung des osmotischen Druckes hängt in erster Linie von der Zufuhr einer ausreichenden Kochsalzmenge ab. Die Folgen des Fehlens von Eisen machen sich dagegen, weil der Organismus über große Eisenvorräte verfügt, meist erst sehr spät bemerkbar. Auf die Bedeutung anderer Ergänzungsstoffe der Nahrung, der Vitamine, wird erst im folgenden Kapitel eingegangen werden.

Von großer Bedeutung ist die Frage, durch welche Nahrungsmittel der Nahrungsbedarf praktisch am besten gedeckt wird. Die Nahrungsmittel enthalten die einzelnen Nahrungsstoffe in ganz verschiedener Menge. Die wichtigste Quelle für das Eiweiß ist das Fleisch, auch die Leber und andere tierische Organe, für die Kohlehydrate das Brot und die Kartoffel, für das Fett die tierischen und pflanzlichen Fette. Auch fetter Käse und fettes Fleisch enthalten ausreichend Fett. In der Milch kommen alle drei Nahrungsstoffe in calorisch ziemlich ähnlichen Mengen vor. Früher galt als ausreichendes „Kostmaß" für den erwachsenen Mann von etwa 70 kg Gewicht 118 g Eiweiß, 56 g Fett und 500 g Kohlehydrat mit einem Gehalt von 3055 Cal. Die Eiweißmenge ist aber sicherlich um 25—30% zu hoch (s. oben). Wie groß die Differenzen in der Zusammensetzung der Nahrung und ihrem Caloriengehalt zwischen den Angehörigen verschiedener Berufsarten sein können, zeigt die folgende Tabelle.

Berufsart	Eiweiß g	Fett g	Kohlehydrat g	Calorien
Soldat (Ruhe)	117	35	447	2424
Soldat (im Felde)	146	46	504	2852
Arbeiter (Ruhe).	137	72	352	2458
Arbeiter (tätig)	130	40	550	2903
Junger Arzt	127	89	362	2602
Schmied	176	71	666	3780
Bayrischer Waldarbeiter . .	135	208	876	5589
Näherin	54	29	292	1688
Japanischer Ladendiener .	55	6	394	1744

Wenn auch diese Zahlen auf lange zurückliegenden Beobachtungen beruhen, so haben sie doch noch allgemeine Bedeutung. Die notwendige Eiweißmenge ist in den beiden letzten Fällen gerade erreicht, sonst weit überschritten. Ob die Energie mehr in Form von Fett oder von Kohlehydrat zugeführt wird, ist weitgehend eine Frage der wirtschaftlichen Verhältnisse. Im allgemeinen wird der überwiegende Teil des Energiebedarfs durch Kohlehydrat gedeckt; der Fettverbrauch kann unter ungünstigen wirtschaftlichen Verhältnissen auf außerordentlich niedrige Werte absinken. Das Verhältnis Fett zu Kohlehydrat beträgt bei den ärmeren Bevölkerungsschichten etwa 1:8, bei den Wohlhabenderen meistens 1:3. Die Gewichtsmengen der Tabelle gelten übrigens für die Zufuhr der einzelnen Nahrungsstoffe in der Nahrung ohne Rücksicht auf ihre Ausnutzung, während die Calorienangaben dem tatsächlichen Energieumsatz entsprechen.

In welcher Weise eine auch für mittlere Arbeitsleistung ausreichende, calorisch und biologisch vollwertige Nahrung bei erträglichen Kosten (Lebensmittelpreise 1933 in einer Großstadt) etwa zusammengesetzt sein kann, zeigt die folgende Tabelle, die die für eine längere Zeit benötigten Lebensmittel auf einen täglichen Mittelwert umgerechnet wiedergibt.

Nahrung g	Eiweiß g	Fett g	Kohlehydrat g	Calorien	Preis Pf.
75 Fleisch und Wurst . .	12,7	10,5	—	150	18,0
60 Fisch	12,0	5,4	—	90	6,0
1 halbes Ei	2,7	2,6	0,1	36	6,0
500 Milch	15,5	17,5	23,5	325	14,0
50 Käse	12,5	7,5	1,8	160	10,0
15 Butter.	—	12,3	—	115	4,5
50 Fette außer Butter . .	—	47,6	—	440	9,0
300 Brot und Backwaren .	17,5	—	145,0	810	17,5
400 Kartoffeln	6,0	—	83,0	362	3,2
60 Mehl und Nudeln . .	6,6	0,2	42,0	200	4,0
100 Gemüse	1,0	—	4,0	21	4,0
75 Obst	0,3	—	9,0	38	4,5
50 Zucker	—	—	49,0	200	4,5
	86,8	103,6	357,4	2947	105,2

X. Die Vitamine.

Eine Nahrung, die Eiweiß, Fett und Kohlehydrat in calorisch ausreichenden Mengen enthält und die außerdem den erforderlichen Gehalt an den zur Erhaltung des Lebens notwendigen Salzen aufweist, ist trotzdem biologisch nicht vollwertig. Dies zeigt sich am besten in Versuchen, in denen man Tiere mit einer zwar alle zum Wachstum notwendigen Stoffe enthaltenden Nahrung füttert, das Futter aber vorher längere Zeit kocht. Bei einer solchen Versuchsanordnung kommt das Wachstum bald zum Stillstand und die Tiere gehen ein. Ähnlich ungenügend sind Nahrungsgemische, die mit Äther und Alkohol extrahiert und dann erst verfüttert werden. Man könnte annehmen, daß die extrahierte Nahrung wegen des zu geringen Fettgehaltes unterwertig ist. Das ist aber nicht der Fall, da Zulage von Schweinefett die Nahrung nicht vollwertig macht. Daß eine energetisch ausreichende Nahrung trotzdem biologisch minderwertig sein kann, war schon längere Zeit auf Grund einiger beim Menschen bei einseitiger Ernährung auftretenden Krankheiten (Skorbut, Beri-Beri usw.) bekannt. Die Forschung der letzten Jahrzehnte hat gezeigt, daß sowohl in den Tierversuchen wie auch bei den am Menschen beobachteten Krankheitserscheinungen die Symptome auf dem Fehlen bestimmter Stoffe in der Nahrung beruhen. Diese Stoffe sind in manchen Nahrungsmitteln in ausreichender Menge vorhanden, so daß die „Mangelkrankheiten" bei gewöhnlicher gemischter Nahrung nicht auftreten. Über die Natur der notwendigen Ergänzungsstoffe war zunächst nichts bekannt, doch glaubte man, wie sich später herausstellte, mit Recht, daß bei der Entstehung der als Beri-Beri bezeichneten Erkrankung dem Mangel einer N-haltigen Base eine ursächliche Bedeutung zukäme. So wurden in falscher Verallgemeinerung dieser Ansicht diese Stoffe als *Vitamine*, die bei ihrem Fehlen auftretenden Krankheiten als *Avitaminosen* bezeichnet. Für die Vitamine wurde zunächst ihre außerordentlich hohe Wirksamkeit im Verhältnis zu ihrer Masse, sowie die Notwendigkeit ihrer Zufuhr in der Nahrung als charakteristisch angesehen. In den letzten Jahren hat sich gezeigt, daß dies nicht ganz zutreffend ist. Mindestens zwei Vitamine brauchen nicht in der wirksamen Form selbst

in den Nahrungsmitteln enthalten zu sein, sondern können aus ihnen nahe
verwandten Vorstufen im Organismus entstehen. Die früher als unterscheidendes
Merkmal zwischen den Vitaminen und den Hormonen — die ja ebenfalls eine
im Vergleich zu ihrer Menge hohe physiologische Wirksamkeit haben — angenommene Notwendigkeit der Zufuhr der Vitamine mit der Nahrung ist also
nicht mit voller Strenge aufrecht zu erhalten. Wie weiter unten gezeigt wird,
besteht für ein bestimmtes Vitamin und ein bestimmtes Hormon anscheinend
ein enger Zusammenhang (s. S. 158).

Ebenso wie die Erforschung der Hormone ist auch die Vitaminforschung auf aus-
gedehnte Tierexperimente angewiesen. Eine größere Anzahl von möglichst gleichaltrigen und möglichst gleich schweren Tieren wird in verschiedene Gruppen geteilt,
von denen die eine völlig normal ernährt wird: Kontrollen. Die zweite erhält ein Futter,
das ein bestimmtes Vitamin nicht enthält, die dritte das gleiche Futter wie die zweite,
aber unter Zulage eines Nahrungsmittels oder einer aus einem solchen gewonnenen
Fraktion, deren Vitamingehalt geprüft werden sollen. Auf diese Weise kann man sowohl quantitativ das Vorkommen von Vitaminen feststellen als auch die minimal
wirksame Menge der Vitamine ermitteln.

Man hat im Laufe der Zeit eine ganze Reihe verschiedener Vitamine unterscheiden gelernt, und anscheinend gibt es außer den bisher bekannten noch
weitere Vitamine. Da man über die chemische Natur der Vitamine zunächst nicht
unterrichtet war, hat man sie mit Buchstaben bezeichnet (A—E) und behält
diese Bezeichnung auch heute noch bei. Eine gewisse Unterteilung ist nach ihrer
Löslichkeit vorgenommen worden, indem man die wasserlöslichen (B und C)
den fettlöslichen (A, D und E) gegenüberstellte.

A. Das Vitamin A.

Der Mangel an Vitamin A in der Nahrung gibt sich am Versuchstier, meist
werden Ratten verwandt, zunächst an einem *verzögerten Wachstum* zu erkennen.

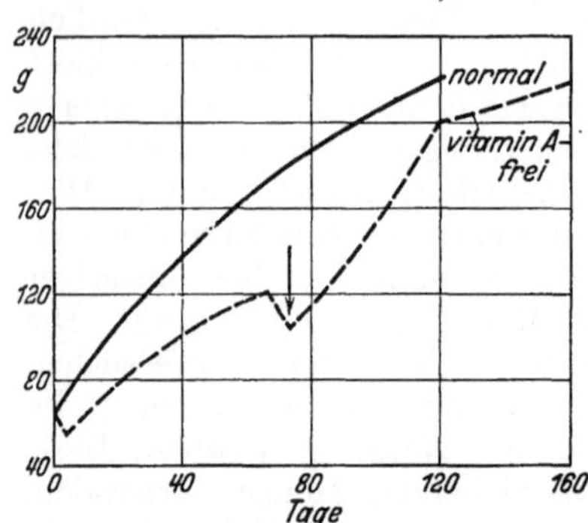

Abb. 63. Wachstumskurven normal und
vitamin-A-frei ernährter Ratten; bei ↓
Zulage von Butter.
Nach OSBORNE und MENDEL.

Nach einiger Zeit kommt es zu einem
Wachstumsstillstand, dann zu einem Ge-
wichtsabfall und schließlich zum Tode.
Wird zur Zeit des Gewichtsstillstandes oder
im Beginn des Gewichtsverlustes vitamin-
A-haltige Nahrung gereicht, so kommt es
zu einem enormen Gewichtsanstieg, so daß
nach einiger Zeit fast das gleiche Gewicht
wie bei normal ernährten Tieren erreicht
wird. Die Kurven der Abb. 63 zeigen dies
Verhalten in schöner Weise. Trotz des
charakteristischen Verlaufs der Gewichts-
kurve ist der Wachstumsstillstand dennoch
keine typische Folge des Fehlens von Vitamin A, da der Mangel an anderen Vitaminen
ebenfalls zu Gewichtsstillstand führen kann.

Spezifisch für das Fehlen des Vitamins A ist dagegen eine schwere Veränderung
der Hornhaut, die *Keratomalacie* oder *Xerophthalmie*, die sich zunächst als
Hornhauttrübung verbunden mit Lichtscheu, im späteren Verlauf in geschwürigen
Veränderungen der Hornhaut und schließlich des ganzen Auges zu erkennen gibt.
Nach Verabreichung von vitamin-A-haltiger Nahrung kommt es sehr bald zu
einer Abheilung der Erkrankung, allerdings unter Auftreten von narbigen Veränderungen der Hornhaut.

Das Vitamin A findet sich in der Butter, in grünen Gemüsen, besonders reichlich im Spinat, ferner in den Tomaten, Karotten und im Lebertran. Die tierischen Fette außer Schweineschmalz enthalten ebenfalls Vitamin A, von den pflanzlichen Fetten dagegen nur das Kokosnußöl.

Den Zusammenhang der Xerophthalmie, die vor allem bei kleinen Kindern auftritt, mit dem Gehalt der Nahrung an Vitamin A ist während der Kriegs- und Nachkriegszeit in Dänemark unfreiwillig, aber in besonders sinnfälliger Weise erwiesen worden. Während dieser Jahre wurden dort in großer Zahl Fälle von Xerophthalmie beobachtet. In den gleichen Jahren hatte ein sehr großer Export von Butter stattgefunden, so daß die Kinder besonders auf dem Lande nur mit Magermilch ernährt wurden. Da Vitamin A in Form anderer Nahrungsmittel nicht gereicht wurde, traten wegen des Fehlens des Milchfettes, in dem das Vitamin enthalten ist, zahlreiche Fälle von Avitaminose auf. Die Abb. 64 zeigt in deutlichster Weise den Zusammenhang der Erkrankungen an Xerophthalmie mit dem Butterexport.

Die chemische Natur des Vitamins A konnte in den letzten Jahren aufgeklärt werden. Schon lange hatte man einen Zusammenhang des Vitamins mit gewissen Pflanzenfarbstoffen, den Carotinen, vermutet. So ist die Butter nach Grünfütterung der Kühe gelb gefärbt, nach Stallfütterung sehr viel heller. Die farbstoffhaltigere Butter ist stets vitaminhaltiger. Gewisse Beobachtungen, die der vermuteten Identität von Carotin und Vitamin A widersprachen, sind heute dahingehend aufgeklärt, daß das Vitamin aus dem Carotin durch oxydative Spaltung dieser Substanz entsteht. Diese Aufspaltung geht anscheinend in der Leber vor sich, und in diesem Organ wird das Vitamin auch gespeichert. Dies erklärt auch den besonders hohen Gehalt des Lebertrans an Vitamin A.

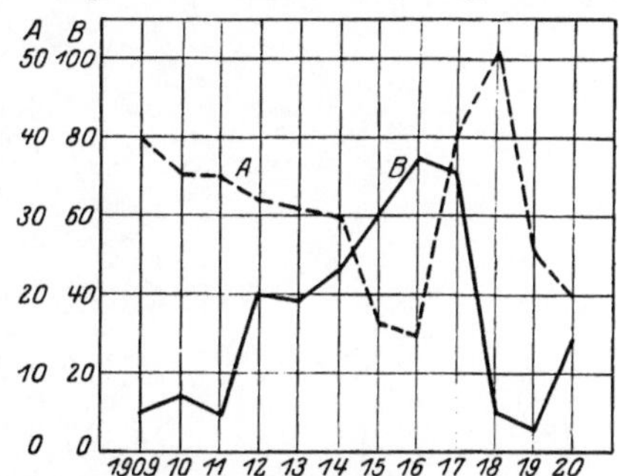

Abb. 64. Die Beziehungen der Xerophthalmie zum Milchverbrauch in Dänemark.
A täglicher Milchverbrauch,
B Anzahl der Xerophthalmiefälle pro Jahr.
Nach WIDMARK. (Aus GYÖRGY, P.: Xerophthalmie und Keratomalacie in STEPP-GYÖRGY. Avitaminosen.
Berlin: Julius Springer 1927.)

B. Das Vitamin B.

Unter der Bezeichnung Vitamin B werden, wie sich immer klarer herausstellt, eine Reihe von Faktoren zusammengefaßt, deren Mangel zu verschiedenartigen Symptomen führt. Da die Untersuchung dieses Gebietes aber kaum als abgeschlossen angesehen werden kann, sollen hier nur die beiden Faktoren B_1 und B_2 besprochen werden.

Das Fehlen des Faktors B_1 verursacht die als *Beri-Beri* bekannte Erkrankung. Diese kommt in Europa wohl kaum, dagegen in Ostasien in sehr großem Umfange vor. Es hat das seinen Grund darin, daß für die dortige Bevölkerung die Hauptnahrung aus poliertem Reis besteht. Beim Polieren von Reis geht mit dem Silberhäutchen die sog. Aleuronzellenschicht und der Embryo verloren, die das Vitamin enthalten. Bei der B-Avitaminose des Menschen stehen Erscheinungen von seiten des peripheren Nervensystems im Vordergrund. Es kommt zur Degeneration peripherer Nerven und damit zu neuritischen Erscheinungen wie Krämpfen und Lähmungen. Ferner tritt starke Abmagerung und Appetitlosigkeit auf. Auch die B-Avitaminose führt schließlich zum Tode. Im Experiment eignen sich zum Nachweis der Beri-Beri besonders gut Tauben. Werden diese Tiere ausschließlich mit geschältem Reis ernährt, so zeigen sich nach mehreren Wochen ebenfalls polyneuritische Symptome, so daß es spontan oder nach ganz leichten Reizen zu Muskelkrämpfen kommt; besonders typisch sind die Krämpfe der Halsmuskeln, bei denen, wie die Abb. 65 zeigt, der Kopf stark nach hinten gezogen wird. Die Injektion von Extrakten aus Reiskleie oder von Lösungen des reinen Vitamins (s. unten) führt geradezu zauberhaft in wenigen Stunden zur Beseitigung aller neuritischen Erscheinungen.

Das Vitamin B_1 findet sich vor allen Dingen in den Getreidesamen, außer im Reis auch in Gerste und Weizen sowie in der Stärke. Auch hier ist es in den unmittelbar unter der Hülle gelegenen Zellschichten enthalten, wird also meist beim Mahlen des Getreides beseitigt. Einen geringen Gehalt an Vitamin B weisen Eigelb, frisches Gemüse, Früchte, frisches Fleisch und Milch auf, während es sich in der Hefe in ziemlich großer Menge findet.

Die chemische Natur des Vitamins B_1 ist noch nicht bekannt. Zwar ist es kürzlich gelungen, eine Reihe von krystallisierten Derivaten des Vitamins herzustellen, deren Untersuchung ergeben hat, daß das Vitamin Stickstoff und Schwefel enthält, basische Eigenschaften besitzt und eine ziemlich kleine Molekülgröße aufweist, doch ist die genaue Konstitution noch nicht bekannt. Von den reinsten Präparaten vermag

Abb. 65. Beri-Beri bei der Taube. (Aus FUNK, C: Vitamine, 3. Aufl. München: J. F. Bergmann 1924.)

die Injektion von 2,4 γ bei der Taube die neuritischen Erscheinungen umgehend zum Verschwinden zu bringen.

Das Vitamin B_2 hat anscheinend das gleiche Vorkommen wie das Vitamin B_1. Jedoch ist das Mengenverhältnis der beiden Faktoren sehr wechselnd. Die bei seinem Fehlen auftretende Mangelkrankheit bezeichnet man als *Pellagra*. Sie ist besonders in den Südstaaten der Vereinigten Staaten von Amerika verbreitet und äußert sich als umschriebene entzündliche Rötung der Haut (Erythem), in Entzündungen in der Mundhöhle und im Magendarmkanal. Außerdem treten Degenerationen im Zentralnervensystem auf. Über die chemische Natur dieses Vitamins ist noch nichts bekannt.

C. Das Vitamin C.

Schon seit langer Zeit kennt man den *Skorbut* als eine Erkrankung, die bei länger fortgesetzter einseitiger Ernährung, in der frisches Gemüse und frisches Obst völlig fehlen, auftritt. So hat er z. B. auf den langdauernden Segelschiffreisen früherer Jahrhunderte eine bisweilen verhängnisvolle Rolle gespielt. Es traten zahlreiche Todesfälle auf, die man allerdings heute geneigt ist, nicht auf die Avitaminosen als solche, sondern auf sekundäre Infektionen zurückzuführen. Auch in belagerten Festungen oder in geschlossenen Anstalten sind früher nicht selten Skorbut-Epidemien beobachtet worden.

Der Skorbut äußert sich beim Erwachsenen durch Blutungen im Muskel und unter die Haut, vor allem aber auch im Zahnfleisch. Das *Zahnfleisch* ist stark geschwollen, kann sogar den oberen Rand der Zähne erreichen und zerfällt dabei geschwürig. Die Veränderungen treten nur da auf, wo Zähne stehen. Später können die Zähne ausfallen. Auch beim Säugling und bei kleinen Kindern treten skorbutähnliche Erscheinungen auf, die MÖLLER-BARLOWsche Krankheit. Hier stehen Symptome im Vordergrund, die sich auch beim Erwachsenen finden können, Blutungen unter das Periost, Auftreibungen der Knochen und Knochenbrüche.

Schon seit langer Zeit ist bekannt, daß das wirksamste Mittel zur Bekämpfung des Skorbuts der Saft frischer Zitronen ist. Ebenso sind Apfelsinen, rohe Gemüse, die Kartoffel und die Tomate reich an Vitamin C.

Der experimentelle Skorbut läßt sich am leichtesten an Meerschweinchen erzeugen. Die Tiere werden nur mit Körnerfutter ernährt. Schon nach kurzer Zeit kommt es offenbar zu Gelenkschmerzen, da die Tiere sich nur vorsichtig bewegen und sich auf die Seite legen. Bald treten auch Schwellungen der Gelenke auf. Das Zahnfleisch wird hyperämisch und neigt zu Blutungen. Schließlich werden die Mahlzähne lose und die Tiere gehen ein, weil sie nicht mehr fressen. Zugabe von Grünfutter zu der Körnermahlzeit wirkt lebensrettend.

Aus dem Zitronensaft ist das Vitamin C in krystallisierter Form gewonnen worden. Es hat sich als eine Säure mit sechs Kohlenstoffatomen, die nahe Verwandtschaft zu den 6-Kohlenstoffzuckern hat, identifizieren lassen; sie wird als „Ascorbinsäure" bezeichnet. Die Verabreichung von täglich 1 mg der reinen Säure an Meerschweinchen verhindert mit Sicherheit den Ausbruch des Skorbuts. Die biologische Bedeutung und der Wirkungsmechanismus der Ascorbinsäure beruhen wahrscheinlich darauf, daß sie eine außerordentlich leicht oxydierbare und im oxydierten Zustand ebenso leicht reduzierbare Substanz ist, so daß sie möglicherweise für die oxydativen Vorgänge im Gewebe (s. S. 138) von Bedeutung ist. Sehr überraschenderweise findet sich diese Substanz in außerordentlich reicher Menge in der Rinde der Nebenniere. Ob sie hier gespeichert oder gebildet wird, ist noch nicht entschieden.

D. Das Vitamin D.

Die beim Fehlen des Vitamins D in der Nahrung auftretende Mangelkrankheit ist die *Rachitis*. Bei der Häufigkeit dieser Erkrankung ist das Vitamin D als das für die mitteleuropäischen Verhältnisse wichtigste der Vitamine anzusehen. Die grundlegende Veränderung bei der Rachitis ist die Kalkarmut der Knochen, so daß an diesen Erweichungsprozesse und Brüche auftreten. Bei Säuglingen findet man eine Erweichung der Schädelknochen. Die *Zahnentwicklung* ist gestört. Sehr häufig ist ein verspäteter Durchbruch der ersten Zähne und charakteristische längere Zahnungspausen. Die Zähne weisen Schmelzdefekte besonders an den Kauflächen oder in deren Nähe auf. Die Veränderungen haben große Ähnlichkeit mit den beim Verlust der Epithelkörperchen beobachteten. Im übrigen sollen aber diese Schmelzdefekte kein typisches Symptom der Rachitis sein, sondern überhaupt ein Zeichen für vorübergehende Ernährungsstörungen. Sehr typisch sind die Veränderungen am Skeletsystem. Die Rippenknorpel erscheinen wegen Schwellungen an den Epiphysenknorpeln der Rippen aufgetrieben. Die unteren Extremitäten weisen starke Verkrümmungen auf.

Die Rachitis ist nicht nur eine Erkrankung des Säuglings, sondern kann auch bei ungeeigneter Ernährung im Pubertätsalter in Erscheinung treten (*Spätrachitis*). Dies war in Deutschland vor allem während der letzten Kriegsjahre und in den ersten Nachkriegsjahren infolge der Ernährungsverhältnisse in sehr großem Umfange der Fall. Sie äußert sich in leichter Ermüdbarkeit und Schmerzen beim Gehen; die nachweisbaren Veränderungen betreffen vor allem die unteren Extremitäten. Es kommt zu Epiphysenverdickungen, zu Einbrüchen und zu Spontanbrüchen der Knochen. Die Zusammensetzung der Knochen ist ebenso wie bei der kindlichen Rachitis verändert. Die organische Substanz hat stark zugenommen, während Ca, Phosphat und Carbonat vermindert, Mg stark vermehrt ist. Auch der Kalk- und Phosphatgehalt des Serums ist erheblich erniedrigt. Der Nachweis der rachitischen Veränderungen des Knochensystems läßt sich

besonders gut durch das Röntgenbild erbringen. Die Abb. 66 zeigt bei einem
11 Monate alten Kinde die typischen Veränderungen in schwerster Form, während
Abb. 67 erkennen läßt, in welcher Weise sich diese Veränderungen durch geeignete
Behandlung bessern lassen.

Für das Auftreten der Rachitis ist nicht allein der Mangel an Vitamin D,
sondern auch ungünstige äußere Lebensbedingungen von Wichtigkeit. Besondere

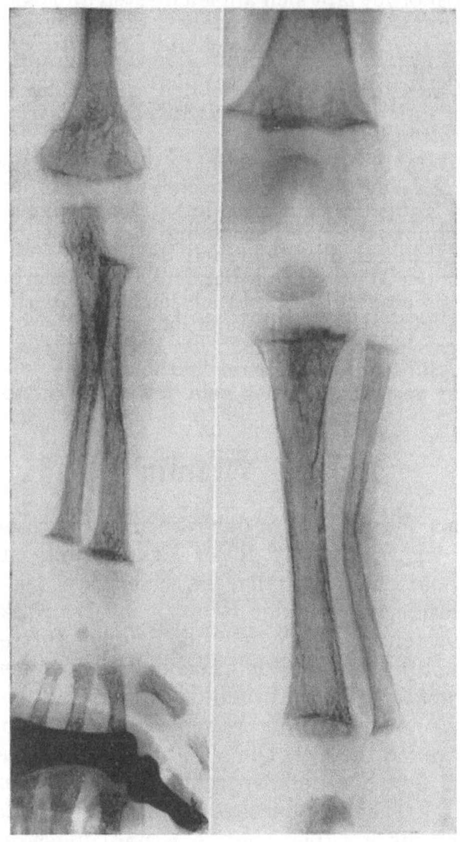

Abb. 66. Röntgenaufnahmen der oberen und unteren Extremität eines schwer rachitischen Kindes
von 11 Monaten. Nach GYÖRGY, P.: Rachitis. (Aus STEPP-GYÖRGY: Avitaminosen.)

Bedeutung kommt hier dem Sonnenlicht zu. Dies ist besonders klar erkannt
worden, als es gelang, Rachitis durch Bestrahlung der Kinder mit künstlicher
Höhensonne zu heilen, ja es genügt sogar schon die Bestrahlung bestimmter
Nahrungsmittel, wie der Milch, um die Rachitis zur Heilung zu bringen. Es muß
also durch die Energie des Sonnen- bzw. des ultravioletten Lichtes eine Umwand-
lung bestimmter Bestandteile des Körpers oder der Nahrungsmittel erzielt werden,
so daß diese zu antirachitisch wirksamen Stoffen werden. Die Hauptquelle des
Vorkommens des Vitamins D — gemeinsam mit dem Vitamin A — ist der Lebertran.
Außerdem findet sich weitverbreitet in der Nahrung eine Vorstufe des Vitamins D.
Diese Vorstufe ist das Ergosterin, eine mit Cholesterin verwandte Substanz.
Durch ultraviolette Strahlen wird das Ergosterin in das Vitamin D verwandelt.

Die Umwandlung besteht lediglich in einer Verlagerung der im Ergosterinmolekül
enthaltenen Doppelbindungen. Sie kann sowohl durch Bestrahlung der Nahrungsmittel

(Milch) als auch der Haut erzielt werden. Hieraus wird auch die Bedeutung günstiger äußerer Lebensbedingungen für die Verhütung der Rachitis klar. Von dem reinen Vitamin D genügt im Tierversuch (Ratte) die tägliche Zufuhr von 0,03 γ, um den Ausbruch der Rachitis bei sonst Vitamin-D-freiem Futter zu verhindern.

Die Umwandlung des Ergosterins durch ultraviolette Strahlen erklärt auch den Reichtum des Lebertrans an Vitamin D. Lebertran wird aus den Lebern von Fischen (Dorsche, Schellfische und verwandte Raubfischarten) gewonnen, die nicht an der

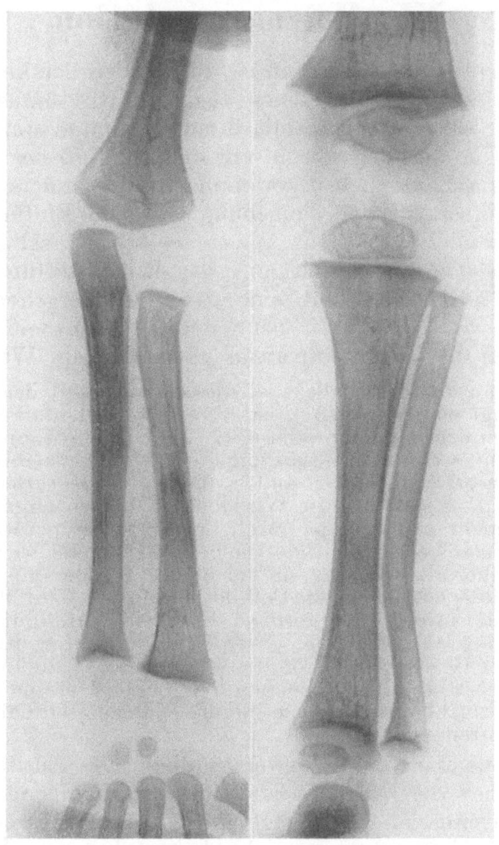

Abb. 67. Röntgenaufnahme des gleichen Kindes wie In Abb. 66 nach 2¹/₂ monatiger Behandlung. (Nach GYÖRGY.)

Meeresoberfläche leben, also auch nur wenig oder gar nicht von den ultravioletten Strahlen der Sonne erreicht werden. Es hat sich nun gezeigt, daß das Vitamin D nicht in diesen Fischen gebildet wird, sondern von den kleinen tierischen und pflanzlichen Organismen, dem sog. Plankton, das massenhaft an der Meeresoberfläche treibt und dort einer lang andauernden intensiven Sonnenbestrahlung ausgesetzt ist. Dieses Plankton ist die ausschließliche Nahrung von Jungfischen, die dann selbst die Beute der obengenannten Raubfischarten werden, so daß schließlich in deren Leber das Vitamin D gespeichert wird.

E. Das Vitamin E.

Das Vitamin E ist für die Erhaltung der Funktion der Sexualorgane erforderlich. Bei seinem Fehlen in der Nahrung kommt es bei männlichen Tieren zu einer Degeneration der Keimdrüsen, während es bei weiblichen Tieren zur Unterbrechung der Schwangerschaft kommt; die Jungen können nicht mehr ausgetragen werden, trotzdem eine Befruchtung noch stattfinden kann.

Das Vitamin E findet sich fast ausschließlich in den grünen Blättern und in grünen Getreidekeimen. Auf seinen Wirkungsmechanismus weist vielleicht hin, daß es gelingt, die bei seinem Fehlen auftretenden Störungen der Sexualfunktion durch Zufuhr von Hypophysenvorderlappenhormon zu beseitigen. Ob beide Substanzen identisch sind, oder ob eine Umwandlung des Vitamins E in die eigentlich wirksame Substanz im Tierkörper erst sekundär stattfindet, ist nicht entschieden.

XI. Wärmeregulation.

Die *Körpertemperatur* des Menschen ist außerordentlich konstant. Sie beträgt im Mittel 37^0 C, schwankt aber in einem täglichen Rhythmus von etwa 36,5 bis $37,5^0$ C. Diese Tagesschwankungen mit ihrem Minimum um 4 Uhr und ihrem Maximum um 16 Uhr beruhen sowohl auf dem Einfluß des Wechsels zwischen Tag und Nacht als auf den Lebensgewohnheiten, besonders auf der Nahrungsaufnahme. Die Temperatur der Umgebung ist ohne Einfluß auf die Körpertemperatur des gesunden Menschen. Anderseits bedingt selbst stärkste Arbeitsleistung, die durch eine Vervielfältigung des Ruhe-Stoffumsatzes die Wärmebildung entsprechend erhöht, nur eine ganz vorübergehende Erhöhung der Körpertemperatur von $2-3^0$. Wir nennen die Gesamtheit der Vorgänge, die dieses Gleichbleiben der Innentemperatur gewährleisten, Wärmeregulation.

Nach dem, was an anderer Stelle über die Abhängigkeit der Organtätigkeit von der Temperatur gesagt wurde (s. S. 27), ist es verständlich, daß als Folge der Wärmeregulation der *gleichwarmen* (homoiothermen) Tiere (Säugetiere und Vögel) in den einzelnen Organen und somit dem Gesamtorganismus stets gleichbleibende Funktionsgeschwindigkeiten herrschen. Ganz anders beim *wechselwarmen* (poikilothermen) Tier (die übrigen Wirbeltiere und die Wirbellosen), dessen Organfunktionen, da die Körpertemperatur mehr oder minder rasch der Außentemperatur folgt, von dieser abhängig sind. Ein Frosch oder eine Eidechse bewegen sich bei warmem Wetter lebhaft und springen rasch herum, während sie bei kaltem Wetter nur langsam und träge dahinkriechen. Andererseits bietet die Poikilothermie den Vorteil, daß die Tiere den nahrungsarmen Winter infolge ihres geringen Energiebedarfes gut überstehen können. Einige Säugetiere, die „Winterschläfer", werden durch jahreszeitliche Schwankungen in ihrem hormonalen Geschehen, besonders in dem der Schilddrüse, vorübergehend unvollkommen homoiotherm und können bei herabgesetzten Innentemperaturen ihren geminderten Stoffwechsel durch minimale Nahrungsaufnahme und Aufbrauch ihres Depotfetts bestreiten.

Die Körpertemperatur ist selbstverständlich der Ausdruck einer Gleichgewichtslage zwischen der Wärmeproduktion im Organismus und der Wärmeabgabe des Organismus an die Umgebung. Die Wärmeregulation stellt die Konstanz dieser Gleichgewichtslage dadurch her, daß jede Änderung der einen Komponente durch eine entsprechende Veränderung der anderen ausgeglichen wird.

Wie bei der Besprechung des Stoffwechsels schon ausgeführt, hat der Mensch während der Ruhe einen ganz bestimmten Energieumsatz. Aber dieser Ruheumsatz ist bis zu einem gewissen Grad abhängig von der herrschenden Außentemperatur und weist beim unbekleideten Menschen ein Minimum für eine Raumtemperatur von $16-17^0$ auf. Bei höheren Außentemperaturen steigt der Ruheumsatz nur sehr wenig. Die geringe Stoffwechselerhöhung wird als Energiemehrverbrauch für diejenigen Mechanismen angesehen, die zu einer verstärkten Wärmeabgabe führen (s. unten). Bei niedrigeren Raumtemperaturen macht sich hingegen eine beträchtliche Ruheumsatzsteigerung bemerkbar, die als echte **chemische Wärmeregulation** aufzufassen ist. Sitz der normalen Ruhewärmebildung ist vor allem infolge ihrer großen Masse die Muskulatur und infolge ihres hohen Stoffwechsels die Leber. Die Steigerung der Stoffwechselvorgänge bei der chemischen Wärmeregulation findet ebenfalls in diesen beiden Organen statt.

Reicht diese Erhöhung des Stoffwechsels nicht aus, so erfolgt eine weitere Zunahme des chemischen Umsatzes und somit der Wärmebildung durch reflektorisch eintretendes Muskelzittern. Beim höheren Säugetier instinktmäßig, beim Menschen auch durch Erfahrung, wird gewöhnlich schon vor Einsetzen des Zitterns durch willkürliche Muskelbewegung eine starke Stoffumsatzerhöhung und somit zusätzliche Wärmeproduktion herbeigeführt.

Während die chemische Wärmeregulation, wie wir sahen, die Wärmeproduktion beeinflußt, wird durch die **physikalische Wärmeregulation**, die für den Menschen die wichtigere ist, die Größe der Wärmeabgabe in weitem Ausmaße den gegebenen Bedingungen angepaßt. Nach physikalischen Gesetzen kann jeder feuchte Körper, der eine höhere Temperatur als die umgebende Luft besitzt, durch drei Vorgänge Wärme abgeben: durch Strahlung, Leitung und Wasserverdunstung. Die Größe der eintretenden Wärmeabgabe steigt für alle diese Vorgänge mit dem Temperaturgefälle, worunter der Temperaturunterschied zwischen der Oberfläche des Körpers und der Umgebung verstanden wird. Diese Zunahme erfolgt nicht nur proportional zur Größe des Temperaturgefälles, sondern — besonders bei der Strahlung — in einem viel stärkeren Maße. Die Wasserabgabe ist fernerhin abhängig von dem relativen Feuchtigkeitsgehalt der umgebenden Luft; ist diese völlig mit Wasser gesättigt, so kann selbstverständlich keine Wasserabgabe stattfinden.

Beim Menschen ist der Anteil, den jeder der drei Vorgänge an der Gesamtwärmeabgabe hat, ein mit dem Temperaturgefälle wechselnder. Für den ruhenden unbekleideten Menschen bei einer Raumtemperatur von 16—17⁰ und nicht mit Feuchtigkeit gesättigter Luft entfällt auf die Strahlung etwa $^1/_2$, auf die Leitung $^1/_3$ und auf die Wasserverdunstung $^1/_6$ des Gesamtwärmeverlustes. Trotz des schlechten Wärmeleitungsvermögens der Luft ist der Anteil der Leitung so groß, weil beim unbekleideten Körper die anliegenden Luftschichten erwärmt werden, daher nach oben steigen und von unten durch kalte Luft ersetzt werden.

Mensch wie Tier können durch Zusammenkauern und damit durch Verkleinerung ihrer Oberfläche die Wärmeabgabe durch Strahlung und Leitung einschränken. Beim behaarten Tier tritt bei Kälteeinwirkung reflektorische Verkürzung der Arrectores pilorum in der Haut ein, so daß die Haare sich sträuben, wodurch der Wärmeverlust durch Leitung gemindert wird; denn bei gesträubten Haaren ist die von diesen eingeschlossene isolierende Luftschicht größer als bei anliegenden Haaren. Beim Menschen hat sich als Rest dieses Wärmeregulationsmechanismus die „Gänsehaut" erhalten. Dafür hat er aber gelernt, durch die Kleidung sich mit einer isolierenden Luftschicht zu umgeben, die nicht nur aus der Lufthülle zwischen Haut und Kleidung, sondern auch aus den in den feineren Poren der Gewebe enthaltenen Luft besteht. Je lufthaltiger ein Stoff bei nicht zu großer Porengröße ist, um so besser ist sein Wärmeschutzvermögen. Die Farbe der Kleidung beeinflußt den Strahlungsverlust. Eine dunkle Oberfläche strahlt weniger als eine helle (Winter- und Sommerkleidung). Stark entwickeltes Unterhautfettgewebe bietet infolge seines schlechten Wärmeleitungsvermögens einen ähnlichen Kälteschutz wie Behaarung und Kleidung.

Innerhalb der physikalischen Wärmeregulation spielt aber wohl die größte Rolle die Beschaffenheit der Haut, ob sie warm und feucht oder kalt und trocken ist. Dies hängt aber allein von ihrer Durchblutung ab. Der Blutkreislauf, dem an sich schon für den Wärmeausgleich im Körper die größte Bedeutung zukommt, gewährleistet durch das unermüdliche Spiel der Hautgefäße die feinere Anpassung der Wärmeabgabe. Durch Vermehrung der Hautdurchblutung können die Strahlungs- und Leitungsverluste bis auf das vierfache gesteigert werden.

Selbst diese Vermehrung der Wärmeabgabe reicht nicht aus, um bei hoher Wärmeproduktion durch starke Arbeitsleistung oder bei normaler Wärmeproduktion und geringem Leitungs- und Strahlungsverluste durch zu hohe Lufttemperaturen (über 30⁰ beim Unbekleideten) den normalen Wärmeausgleich zu gewährleisten. Unter diesen Umständen erfährt dann die Wärmeabgabe durch Wasserverdunstung eine sehr bedeutende Steigerung.

Der Körper verliert durch Verdunstung pro Kilogramm Wasserverlust eine Wärmemenge von fast 600 Cal, eine im Verhältnis zum Wärmehaushalt des Menschen recht beträchtliche Wärmemenge. Es muß zwischen der Verdunstung von sichtbarem Schweiß und der Perspiratio insensibilis unterschieden werden. Letztere erfolgt sowohl durch die Lunge (s. S. 133) wie durch die Haut. Die Abgabe von Wasser in Dampfform durch die Haut ist selbstverständlich von ihrer Durchfeuchtung, d. h. von ihrer Durchblutung abhängig, nimmt also schon zu, wenn diese zwecks Erhöhung des Wärmeverlustes durch Strahlung und Leitung verbessert wird. Die Wasserabgabe durch die Lunge ist, wie schon früher gezeigt wurde, von der Größe der Lungenventilation abhängig. Wir sehen daher bei dem durch hohe Umgebungstemperaturen bedingten erschwerten Wärmeausgleich eine vermehrte und verstärkte Atmung auftreten, die die Stoffwechselbedürfnisse weit übertrifft. Dies tritt besonders deutlich hervor bei Tieren, die wie z. B. der Hund, nicht über die Möglichkeit der Wärmeabgabe durch Schweißsekretion verfügen.

Die Schweißsekretion der Haut ermöglicht vor allem bei hohen Außentemperaturen und bei stark erhöhtem Stoffwechsel (hohe Arbeitsleistung, Fieber usw.) den Wärmeausgleich, da die so abgeführten Wärmemengen außerordentlich groß sein können. Schweißsekretion von mehreren Litern pro Tag sind häufig in unserem Klima beobachtet worden, in den Tropen sogar solche von 12—15 Liter. Die Schweißsekretion ist aber für die Wärmeregulation nur dann wirksam, wenn der Schweiß wirklich auf der Oberfläche des Körpers verdunstet und so diesem Wärme entzieht. Daher ist Schweißsekretion am unbekleideten Körper wirksamer als am bekleideten.

Alle die geschilderten Mechanismen wirken gemeinsam an der Wärmeregulation mit, die einheitlich vom Zentralnervensystem durch Vermittlung der autonomen Nerven gesteuert wird. Ein bestimmt lokalisiertes Zentrum ist für die Wärmeregulation bisher nicht bekannt, sondern nur Zentren für die Gefäßreaktion, Schweißsekretion und ähnliche Teilmechanismen. Die Gesamtregulation erfolgt anscheinend von einem relativ ausgebreiteten Gebiet im Zwischenhirn ventral vom Thalamus opticus. Verletzungen an dieser Stelle (Wärmestich) bedingen im Tierversuch eine 2—3 Tage andauernde Erhöhung der Körpertemperatur um mehrere Grad. Verschiedene Versuchsresultate weisen darauf hin, daß der biologische Reiz für diesen zentralen Wärmeregulationsbezirk minimale Änderungen der Temperatur des ihn durchströmenden Blutes sind.

Wieweit hormonale Mechanismen bei der Wärmeregulation eine Rolle spielen, ist bisher noch nicht geklärt. Der Schilddrüse und ihrem Hormon kommt durch den Einfluß auf den Gesamtstoffwechsel sicher eine gewisse Bedeutung zu. Adrenalininjektion vermindert im Tierversuch durch seine Gefäßwirkung die Wärmeabgabe und steigert den Zellstoffwechsel.

Unter *Fieber* wird krankhafte Steigerung der Körpertemperatur verstanden. Die primären Ursachen des Fiebers sind sehr verschiedenartige (Bakterien, Gifte, Gewebszerfallsprodukte usw.). Die Erhöhung der Ausgleichstemperatur zwischen Wärmeproduktion und Wärmeabgabe beruht meist auf vermehrter Wärmebildung durch Stoffwechselerhöhung. Nur selten, wie z. B. beim Abgang eines Gallensteins durch den Gallengang (Gallenkolik) ist das auftretende Fieber durch Minderung der Wärmeabgabe infolge reflektorischer Verengerung der Hautgefäße mitbestimmt.

XII. Der Harn, seine Zusammensetzung, Bildung und Ausscheidung.

Der Harn, das Produkt der Nierentätigkeit, enthält wegen der vielfältigen Aufgaben, die dieses Organ im Organismus zu erfüllen hat, eine große Zahl verschiedener Stoffe und ist aus ihnen sehr wechselnd zusammengesetzt. Die Tätigkeit der Nieren besteht in Zusammenarbeit mit den anderen Ausscheidungsorganen, diese aber an Bedeutung weit überragend, darin, für den Organismus nicht weiter verwertbare Stoffe, meist Stoffwechselendprodukte, auszuscheiden. Sie teilt diese Funktion mit der Haut und mit dem Dickdarm. Die Nieren regeln ferner das Säure-Basen-Gleichgewicht des Organismus, dies in Zusammenwirken mit Haut und Lunge. Sobald im Organismus in vermehrtem Umfang Säuren oder Basen gebildet werden, werden sie, um die normale Reaktion des Blutes und der Gewebe zu erhalten, durch die Nieren in den Harn ausgeschieden. Die Niere regelt ferner die Konstanz des Salzgehaltes, und sie sorgt für das Gleichgewicht im Wasserhaushalt, damit die Blutflüssigkeit und das Gewebswasser stets die optimale quantitative und qualitative Zusammensetzung haben. Auch diese Funktionen übt sie gemeinsam mit den anderen Ausscheidungsorganen aus, die Regelung des Salzgehaltes mit der Haut, diejenige des Wasserbestandes mit Haut und Lungen.

Der Harn ist eine klare, gelb bis gelbbraun gefärbte Flüssigkeit vom spezifischen Gewicht 1017—1020. Diese Werte können aber unter anormalen Bedingungen erheblich unter- wie überschritten werden. Die Harntagesmenge beträgt beim Mann etwa 1500 ccm, bei der Frau etwa 1200 ccm, ist aber ebenfalls von äußeren und inneren Faktoren abhängig. Die Hälfte der vom Organismus täglich abgegebenen Wassermenge verläßt diesen in der Regel durch die Niere. Die Reaktion des Harnes schwankt zwischen p_H 5 und 7, auch sie ist natürlich sowohl abhängig von der Art der aufgenommenen Nahrung als auch von etwaigen Störungen des Stoffwechsels. Bei vorwiegender Fleischnahrung ist der Harn wegen der erheblichen Säurebildung saurer, bei vorwiegender Pflanzennahrung alkalischer. Es ist schon darauf hingewiesen worden, daß nach der Nahrungsaufnahme, bedingt durch die Abgabe von sauren Valenzen bei der Bildung der Salzsäure des Magensaftes ein nur schwach saurer oder sogar alkalischer Harn ausgeschieden wird. Die Menge der Ausscheidung an festen Substanzen beträgt pro Tag etwa 55—70 g. Sie verteilen sich auf die wichtigsten Substanzen in folgenden Mengen:

Harnstoff . .	25—35 g	NaCl	10—15 g
Kreatinin . .	1,5 g	H_2SO_4	2,5 g
Harnsäure . .	0,7 g	P_2O_5	2,5 g
Hippursäure .	0,7 g	NH_3	0,7 g

Der Harn enthält 4—6 Vol.% CO_2, außerdem in wechselnden Mengen $NaHCO_3$, so daß an der Einstellung der Harnreaktion dieses Puffersystem maßgeblich beteiligt ist.

Der *Harnstoff,* $O = C \underset{\textstyle NH_2}{\overset{\textstyle NH_2}{<}}$ ist das Endprodukt des Eiweißstoffwechsels beim Menschen und bei den meisten anderen Wirbeltieren. Dementsprechend ist seine Menge in stärkstem Maße von der Eiweißzufuhr in der Nahrung abhängig (s. Gesamtstoffwechsel). Über den Mechanismus seiner Bildung ist bereits an anderer Stelle gesprochen worden (s. S. 19).

Das *Kreatinin* (Anhydrid des Kreatins, der Methylguanidinessigsäure):

$$HN = C \underset{N.CH_2.COOH}{\overset{NH_2}{<}} \qquad HN = C \underset{N.CH_2.C:O}{\overset{NH}{<}}$$

$$\underset{\text{Kreatin}}{CH_3} \qquad\qquad \underset{\text{Kreatinin}}{CH_3}$$

entsteht aus dem Kreatin. Das Kreatin und damit das Kreatinin stammen wahrscheinlich von einem Bestandteil der quergestreiften Muskulatur, dem Phosphokreatin ab. Diese Substanz zerfällt bei der Muskelkontraktion in Kreatin und Phosphorsäure, und ein Teil des freiwerdenden Kreatins wird als Kreatinin im Harn ausgeschieden. Dieser genetische Zusammenhang geht daraus hervor, daß es unmittelbar im Anschluß an Muskelarbeit zu einer vermehrten Ausscheidung von Kreatinin kommt, der allerdings eine Einsparung dieser Substanz folgt, so daß die Tagesausscheidung kaum Schwankungen zeigt.

Die *Harnsäure* (2.6.8-Trioxypurin) stammt aus den Nucleinsäuren und zwar sowohl aus denjenigen, die im Stoffwechsel der Zellen selbst umgesetzt werden, als auch aus den mit der Nahrung aufgenommenen. Die Harnsäure- und die Harnstoffausscheidung verhalten sich gerade umgekehrt. Beim Menschen und denjenigen Tieren, bei denen die Harnstoffausscheidung groß ist, erreicht diejenige der Harnsäure nur einen geringen Umfang. Anders bei den Vögeln und Reptilien, bei denen der Stickstoff überwiegend als Harnsäure ausgeschieden wird, und zwar deshalb weil bei diesen Tieren die Harnsäure das Endprodukt des Eiweißstoffwechsels ist (s. S. 145). Beim Menschen und den übrigen Wirbeltieren ist die Harnsäure wohl als Endprodukt des Nucleinsäurestoffwechsels anzusehen. Der Purinanteil des Nucleinsäuremoleküls wird bis zur Harnsäure oxydiert (s. S. 145). Bei einer Stoffwechselerkrankung, der Gicht, ist die Harnsäureausscheidung abnorm niedrig.

Die *Hippursäure* entsteht in der Niere selbst auf fermentativem Wege durch Vereinigung von Benzoesäure und Glykokoll. Dieser Vorgang ist die am längsten bekannte Synthese des tierischen Organismus. Ihre biologische Bedeutung besteht darin, daß die Benzoesäure, die mit der Nahrung zugeführt wird oder im Stoffwechsel entsteht, durch sie entgiftet wird:

$$C_6H_5.COOH + NH_2.CH_2.COOH = C_6H_5.CO.NH.CH_2COOH + H_2O$$

Entsprechend ihrer Genese ist die Menge der ausgeschiedenen Hippursäure von der Art der Nahrung abhängig, besonders groß also bei Pflanzenkost. Das zur Synthese erforderliche Glykokoll kann der Organismus aus dem Eiweißabbau in beliebiger Menge zur Verfügung stellen.

Die *Kochsalz*-Ausscheidung hängt lediglich von der Menge des mit der Nahrung zugeführten Kochsalzes ab. Bei vollständig kochsalzfreier Diät ist auch der Harn kochsalzfrei. Da das Kochsalz in erster Linie für die Erhaltung des osmotischen Druckes im Körper verantwortlich ist, ist die Abhängigkeit der Kochsalzausscheidung von der Zufuhr eine sehr zweckmäßige Regulation.

Die Ausscheidung an *Sulfaten* geht dagegen auf Stoffwechselvorgänge zurück. Die Schwefelsäure entsteht durch die Oxydation der schwefelhaltigen Eiweißbausteine, in erster Linie also des Cysteins. Die Höhe der Schwefelausscheidung ist daher ebenso wie diejenige der Stickstoffausscheidung ein Maß für den Eiweißumsatz. Die Sulfate kommen teils in anorganischer Form, teils gepaart in den Esterschwefelsäuren vor. Bei der Fäulnis im Darm entstehen aromatische Alkohole, wie z. B. Phenol, Kresol, Indoxyl. Diese werden resorbiert und da sie giftig wirken, durch Paarung mit Schwefelsäure entgiftet:

$$C_6H_5OH + H_2SO_4 = C_6H_5.HSO_4 + H_2O$$

und in dieser Form mit dem Harn ausgeschieden. Das Verhältnis, in dem freie und Phenolschwefelsäure im Harn enthalten sind, ist also von dem Umfang der Fäulnisvorgänge im Darm abhängig. Da die zur Verfügung stehende Schwefelsäure nicht zur Veresterung der aromatischen Alkohole ausreicht, erfolgt die Esterbildung auch mit anderen im Stoffwechsel entstehenden Säuren, vor allem durch Glucuronsäure.

Die *Phosphate* werden teils mit der Nahrung zugeführt, teils werden sie aber auch wohl beim Zerfall der verschiedenen phosphorhaltigen Bestandteile des Muskels sowie beim Abbau der Nucleinsäuren und der Lipoide frei. Ihre Ausscheidung erfolgt z. T. als primäres, z. T. als sekundäres Phosphat. Das Mischungsverhältnis ist mit für die Größe des p_H-Wertes im Harn verantwortlich.

Das *Ammoniak* wird wohl zu seinem größten Betrage in der Niere selbst gebildet und zwar überwiegend durch Desaminierung von Aminosäuren. Daneben spielen andere Vorgänge, wie die Desaminierung von Adenylsäure eine geringere Rolle. Das Ammoniak dient zur Neutralisation der in den Harn übergehenden Säuren. Wenn die Niere nicht die Fähigkeit zur Ammoniakbildung besäße, müßte diese Neutralisation durch Abgabe von Natrium- oder Kalium-Ionen bestritten werden, und der Organismus würde in kürzester Zeit an diesen „fixen Alkalien" verarmen. Die Ammoniakausscheidung erfolgt also im engsten Zusammenhang mit der Ausscheidung von Säuren. Bei starker Säurebildung, wie sie z. B. mit den schweren Formen der Zuckerkrankheit verbunden ist, kann die Menge des täglich ausgeschiedenen Ammoniaks bis zu 12 g (Normalwert 0,7 g) betragen.

Das *Indikan* entsteht durch Veresterung des Indoxyls. Dieser aromatische Alkohol ist ebenso wie das Phenol und das Kresol ein Produkt der Darmfäulnis. Es entsteht aus dem Indolring des Tryptophans:

OH

NH

Indoxyl

und wird in der Leber mit Schwefel- oder Glucuronsäure gepaart und dann im Harn als Indikan ausgeschieden. Es kommt auch im normalen Harn in geringen Mengen vor. Gesteigerte Indikanausscheidung ist stets ein Zeichen für gesteigerte Fäulnis im Dünndarm.

Im Harn werden eine Reihe von Fermenten in geringer Menge ausgeschieden: Lipase, Diastase, Pepsin, Trypsin und Erepsin.

Der Farbstoff des normalen Harns, das *Urochrom*, ist nach Natur und Herkunft völlig unbekannt. Bei krankhaften Veränderungen besonders der Leber können im Harn auch noch andere Farbstoffe erscheinen: der normale Gallenfarbstoff, das *Bilirubin*, sowie seine Reduktionsprodukte, die Farbstoffvorstufe *Urobilinogen* und das aus ihm durch Oxydation entstehende *Urobilin*. Bei Nierenkrankheiten kann auch Blutfarbstoff im Harn auftreten.

Um pathologische Bestandteile handelt es sich auch bei den *Acetonkörpern* (s. S. 141), die bei schweren Fällen von Zuckerkrankheit in großer Menge ausgeschieden werden, und deren Abgabe, wie schon oben erwähnt, mit einer vermehrten Ausscheidung von Ammoniak einhergeht. Bei der Zuckerkrankheit tritt aber als erstes krankhaftes Zeichen im Harn *Traubenzucker* auf, dessen Menge, abhängig von der Schwere der Erkrankung, sehr erheblich sein kann. Als pathologische Erscheinung ist auch die Ausscheidung von *Eiweißkörpern* anzusehen, wenn auch der normale Harn Spuren von Eiweiß in Form der „Nubecula", einer feinen beim Stehen des Harns sich absetzenden Trübung, enthält. Diese werden aber durch die üblichen Eiweißproben gar nicht erfaßt. Eiweißausscheidung ist in der Regel ein Zeichen für Erkrankungen der Niere.

Neben gelösten Stoffen kann der Harn bestimmte Substanzen auch in Form von Niederschlägen, *Sedimenten*, oder sogar von *Steinen* enthalten. Die eigentlichen Harnsteine bestehen meist aus Calciumoxalat, Erdalkaliphosphaten und Calciumcarbonat, seltener aus Harnsäure und sehr selten aus Cystin. Die Sedimente sind entweder Calciumoxalat oder bei alkalischer Reaktion des Harns Magnesiumammoniumphosphat. Bei saurer Reaktion kann die Harnsäure als solche oder als Mononatriumsalz ausfallen. Dieses reißt dabei einen oft vorhandenen besonderen roten Harnfarbstoff, das Uroerythrin, mit sich und bildet das „Sedimentum lateritium".

In welcher Weise geht nun die Abscheidung des Harns in der Niere vor sich? Eine Vorstellung über die an der Bereitung des Harns beteiligten Vorgänge in der Niere vermag am besten ein kurzer Hinweis auf die Histologie der Niere zu vermitteln. Wie die Abb. 68 zeigt, sind zwei miteinander in Verbindung stehende Teile zu unterscheiden: der Gefäßapparat in den Glomeruli und der tubuläre Apparat der Harnkanälchen, die im Anschluß an den Kapselraum des Glomerulus beginnen und in den Kelchen des Nierenbeckens enden. Es liegt nahe, in dem Glomerulus, jenem von einem Kapselraum umschlossenen Gefäßknäuel, eine Einrichtung zur Abscheidung von Wasser aus dem Blute zu sehen. Dem tubulären Apparat könnte man sowohl Drüsenfunktionen, also Sekretionstätigkeit, als auch resorptive Eigenschaften beilegen. Im Glomerulus könnte ebenso wie eine Abscheidung von Wasser auch der Übertritt von gelösten Stoffen aus dem Blute in den Harn vor sich gehen, also ein Vorgang sich vollziehen, den man am besten mit einer Filtration vergleichen kann.

In der Tat hat man schon sehr frühzeitig die Nierentätigkeit durch eine *Filtration* zu erklären versucht. Wenn eine Filtration im Glomerulus erfolgen soll, müssen bestimmte Voraussetzungen gegeben sein, deren wichtigste mit dem osmotischen Druck des Blutplasmas zusammenhängt. Ebenso wie in einem Gasgemisch der Gesamtgasdruck die Summe der Partialdrucke der einzelnen Anteile des Gemisches ist, so setzt sich auch der osmotische Druck einer Flüssigkeit, in der eine Reihe von Substanzen gelöst sind, aus den osmotischen Partialdrucken dieser Substanzen zusammen. Der normale Harn ist vom Blute unter anderem dadurch verschieden, daß er eiweißfrei ist. Wenn eine Filtration von Harnwasser und von in ihm krystalloidgelösten Stoffen in der Niere stattfinden soll, so muß der hydrostatische Druck in den Glomerulusschlingen zum mindesten etwas größer sein als der osmotische Druck der Eiweißkörper des Blutes, der „kolloidosmotische Druck". Wenn auch die Messung des Capillardruckes im Glomerulus nicht möglich ist, so scheint diese Voraussetzung doch zuzutreffen. Der minimale Aortendruck, bei dem noch Harnbildung stattfindet, liegt zwischen 30 und 50 mm Hg, während der kolloidosmotische Druck des Blutes zu maximal 25—30 mm Hg angegeben wird. Mit der Annahme einer Filtration ist auch vereinbar, daß die Harnbildung in gewissem Umfange dem Blutdruck und der durch die Niere strömenden Blutmenge proportional ist, daß sie dagegen bei Herstellung eines Druckes im Ureter, der sich natürlich bis in den Glomerulusraum fortsetzen muß und dem Blutdruck entgegenwirkt, absinkt.

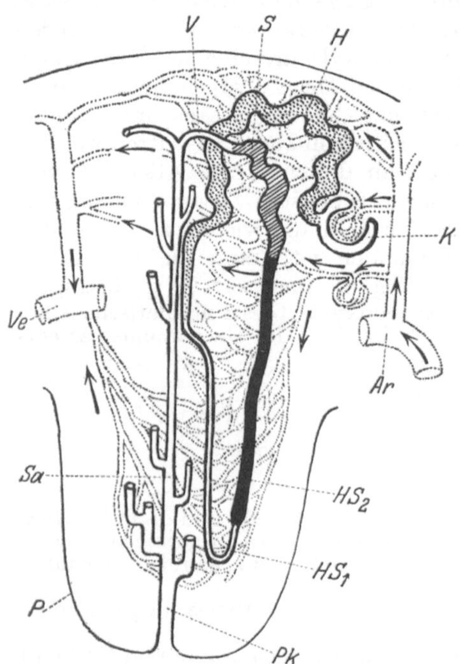

Abb. 68. Schema eines Nierenkanälchens der Säugerniere. Ar Arterie; H Hauptstück; HS₁ dünner Ast; HS₂ dicker Ast der HENLEschen Schleife; K BOWMANNsche Kapsel; P Nierenpapille; Pk Papillenkanal; S Schaltstück; Sa Sammelkanal; V Verbindungsstück; Ve Vene. (Aus CLAUS-GROBBEN-KÜHN.)

Viele Tatsachen weisen darauf hin, daß die Nierenfunktion nicht allein durch eine Filtration im Glomerulus, also einen passiven Vorgang erklärt werden kann. Im Gegenteil läßt schon die Tatsache, daß die Niere einen außerordentlich hohen Stoffwechsel hat, auf ihre aktive Beteiligung bei der Harnbereitung schließen. Das Nierengewicht beträgt $^1/_{113}$ des Körpergewichtes, der Anteil der Niere am Gesamtsauerstoffverbrauch des Körpers dagegen $^1/_{11}$.

Daß diese *aktive Tätigkeit* auch den Glomerulusapparat betrifft, zeigen Versuche an der Froschniere, bei der die Glomeruli und die Tubuli eine getrennte Gefäßversorgung haben, bei der man also diese beiden Teile der Niere getrennt durchströmen und beeinflussen kann. Setzt man der Durchströmungsflüssigkeit der Glomeruli Narkotika oder als Atmungsgift Cyanid zu, so hört die Harnabsonderung sofort auf, kehrt aber nach Auswaschen der Gifte zurück. Es ist also die Tätigkeit des Glomerulus bei der Harnbildung ebenfalls eine aktive, er wirkt nicht nur als Filter. Die Vorgänge in der Niere wurden dem Verständnis ganz wesentlich näher gebracht, als es gelang, an der Froschniere die Glomeruluskapsel zu punktieren und die Zusammensetzung des Glomerulusharns zu untersuchen. Hierbei fand sich nun, daß der Glomerulusharn eiweißfrei ist, daß er dagegen Glucose enthält und daß seine Cl-Ionen-Konzentration derjenigen der Durchströmungsflüssigkeit entspricht.

Da der endgültige Harn in der Harnblase keinen Zucker enthält und da seine osmotische Konzentration derjenigen einer eiweißfreien Blutflüssigkeit, einem sog. „Ultrafiltrat" des Blutes, weit überlegen ist, muß aber auch dem tubulären Apparat eine wichtige Aufgabe an der Bereitung des Harns zukommen. Denn hier muß zum mindesten eine Resorption von Zucker und von Wasser erfolgen: es kommt aber auch zu einer Rückresorption von Kochsalz sowie — im Tierexperiment — von Farbstoffen. Da diese Wiederaufnahme von Wasser und gelösten Stoffen je weiter die Konzentrierung des Harns fortschreitet, umso mehr dem vorhandenen Konzentrationsgefälle entgegengerichtet ist, wird die aktive Tätigkeit der Kanälchenepithelien besonders deutlich. Die Epithelien der Nierenkanälchen haben daneben auch die Fähigkeit zur Ausscheidung von Stoffen aus dem Blute, so wird z. B. der Harnstoff von ihnen aus dem Blute abgeschieden, und auch die Abgabe mancher Farbstoffe in den Harn erfolgt auf diesem Wege. Die Bedeutung der Tubuli für die Nierenfunktion hat sich ebenfalls an der Froschniere in schöner Weise, nämlich durch elektive Vergiftung des tubulären Apparates zeigen lassen. Eine solche hat die Absonderung eines sehr verdünnten, an festen Substanzen armen Harns zur Folge, bewirkt also genau das Gegenteil wie die Vergiftung der Glomeruli.

Wir kommen sowohl auf Grund von theoretischen Überlegungen als auch von Experimenten zu dem Schluß, daß an der Absonderung und Bereitung des Harns die verschiedenen Teile der Niere aktiv beteiligt sind, die Glomeruli durch Absonderung eines sehr verdünnten Harns, der als ein „Ultrafiltrat" des Blutes aufzufassen ist, der tubuläre Apparat, indem er den Glomerulusharn so umwandelt, daß er dem ausgeschiedenen Harn entspricht. Dies geschieht durch Rückresorption von Wasser und einer Reihe von im Glomerulus ausgeschiedenen Stoffen, dazu kommt eine Anreicherung von harnfähigen Stoffen durch die aktive Sekretionsarbeit der Kanälchenwandungen. Wie groß die osmotische Arbeit der Niere bei der Rückresorption des Wassers ist, geht daraus hervor, daß man berechnet hat, daß beim Menschen bei einer Harnmenge von 1500 ccm pro Tag etwa 1000—1500 Liter Blut durch die Nieren strömen, aus denen in den Glomeruli zunächst etwa 130 Liter Flüssigkeit abgeschieden werden, wovon in den Tubuli fast 129 Liter rückresorbiert werden müssen. Auch die Verfolgung der Konzentration der harnfähigen Substanzen im Blutplasma und im Harn liefert Anhaltspunkte für die Konzentrationsarbeit der Niere, sie zeigt aber auch, wie sich diese gegenüber den verschiedenen Stoffen in ganz verschiedenem Maße auswirkt.

Substanz	Konzentration im		Konzentrationssteigerung
	Blutplasma %	Urin %	
Wasser	90—93	95	—
Traubenzucker . . .	0,1	—	—
Harnstoff	0,03	2	60fach
Harnsäure	0,002	0,05	25 „
Natrium	0,32	0,35	1 „
Kalium	0,02	0,15	7 „
Chlor	0,37	0,6	2 „
Phosphat	0,009	0,27	30 „
Sulfat	0,003	0,18	60 „

Die Niere bildet auch noch Harn, wenn sie ihrer nervösen Verbindungen mit dem Zentralnervensystem beraubt ist, jedoch ist dieser Harn sehr verdünnt und in seiner Menge stark vermehrt, es scheint also besonders die Konzentrationsfähigkeit der Niere gestört zu sein. Es zeigt sich bei Reizung des Splanchnicus eine Verminderung der Harnmenge, bei Durchschneidung dieses Nerven dagegen eine Vermehrung. Der Einfluß des Vagus auf die Harnbildung ist noch nicht geklärt. Daneben bestehen auch noch Einflüsse von höheren Stellen des Zentralnervensystems, von der Hirnrinde, dem Zwischenhirn und der Medulla oblongata aus.

Auch hormonal ist die Nierentätigkeit beeinflußbar. Das Pituitrin, das Hormon des Hypophysenhinterlappens (s. S. 93), setzt eine gesteigerte Harnausscheidung bei gleichzeitiger Konzentrationssteigerung der meisten harnfähigen Stoffe herab.

Der durch das Zusammenwirken von Glomerulus und tubulärem Apparat gebildete Harn fließt durch die Sammelröhren dem Nierenbecken zu und wird von hier aus, sobald sich eine gewisse Menge Flüssigkeit angesammelt hat, durch muskuläre Tätigkeit des Nierenbeckens in den Ureter hineingepreßt, durch dessen peristaltische Bewegung in die Blase weitergeleitet und hier zunächst aufgespeichert. Die Geschwindigkeit der Fortbewegung im Harnleiter beträgt etwa 2—3 cm pro Sekunde, die peristaltischen Wellen folgen einander in Abständen von etwa $\frac{1}{4}$—1 Minute.

Die Blase, deren Wandung reichlich glatte Muskelzellen enthält, die in verschiedenen Schichten angeordnet sind (M. detrusor vesicae), kann ihre Größe weitgehend dem Füllungszustand anpassen. Ein Rücktritt von Harn in den Harnleiter und ins Nierenbecken findet auch bei starker Füllung der Blase nicht statt, da der Harnleiter die Wandung der Harnblase schräg durchbohrt, seine Mündung in die Blase also gerade bei stärkerer Füllung besonders gut komprimiert wird. Die Weiterleitung des Harns nach außen erfolgt durch die Harnröhre. Diese ist gegen die Blase durch zwei ringförmige Muskeln, den M. sphincter int. und ext., abgeschlossen, von denen der erste aus glatter, der zweite aus quergestreifter Muskulatur besteht. Dieses ganze Muskelsystem untersteht dem ausgedehnten in die Blasenwand eingelagerten Nervennetz (Plexus vesicalis). Die zu diesem hinleitenden sympathischen Fasern entstammen dem zweiten bis fünften Lumbalsegment und verlaufen mit dem N. hypogastricus zur Blase. Die parasympathische Innervation kommt aus den Sakralsegmenten 2—4 und erreicht die Blase mit dem N. pelvicus. Außerdem verläuft ein Teil der parasympathischen Fasern in getrennter Bahn als N. pudendus; er zieht zu den Sphincteren.

Der in der Blasenwand gelegene nervöse Apparat des Plexus vesicalis scheint die Funktion der Blase weitgehend beherrschen zu können, wenigstens in dem Sinne, daß ein gewisser Füllungszustand der Blase erreicht sein muß, ehe es zu einer Entleerung kommt. Bei der Entleerung erschlafft der Sphincter int., reflektorisch folgt der Sphincter ext., und die Kontraktion des Detrusor setzt den Blaseninhalt unter Druck, so daß er im Strahle durch die Harnröhre entleert wird. Experimentelle Reizung des N. pelvicus hat eine Kontraktion des M. detrusor und eine Erschlaffung der Sphincteren zur Folge, während umgekehrt Reizung des Hypogastricus zur Erschlaffung des Detrusor und zur Kontraktion der Sphincteren führt. Trotzdem erfolgt einige Zeit nach Durchschneidung beider Nerven immer, wenn ein gewisser Füllungszustand erreicht ist, eine unvollständige Entleerung der Blase.

Die zur Blase ziehenden Nerven unterstehen im Lumbo-Sakralmark gelegenen Zentren. Dieser ganze Nervenapparat macht die Harnentleerung zu einem rein automatischen Vorgang, wie er sich z. B. bei kleinen Kindern vollzieht. Während des Heranwachsens gewinnt aber auch das Zentralnervensystem Einfluß auf die Blasenentleerung. Die Voraussetzung dafür ist, daß von der Blase aus dem Zentralnervensystem sensibele Reize zugeführt werden, die sich als das Gefühl des Harndranges äußern. Der Harndrang ist nicht abhängig vom Füllungszustand der Blase, er kann bei stark oder wenig gefüllter Blase sich in gleicher Weise äußern. Wahrscheinlich ist für seine Entstehung ein erhöhter Tonus der Sphinctermuskulatur verantwortlich. Das Kind lernt während seiner Entwicklung mit der Ausreifung der höheren Abschnitte des Zentralnervensystems die Bedeutung des Harndranges richtig werten, es lernt weiterhin willkürlich den Harndrang zu unterdrücken und die Harnentleerung willkürlich einzuleiten. Beim Säugling erschlafft der Sphincter reflektorisch, sobald der Blaseninhalt unter einem bestimmten Druck steht. Der gleiche Zustand stellt sich sofort wieder ein, wenn die Leitungsbahnen zum Gehirn z. B. durch Verletzungen des Rückenmarks unterbrochen werden.

XIII. Die Haut als Ausscheidungsorgan. Die Milch.

Die Haut hat gleichzeitig eine Reihe von verschiedenen Funktionen zu erfüllen. Ihre Bedeutung für die Wärmeregulation ist bereits behandelt worden, ihre Funktion als Sinnesorgan wird in einem späteren Abschnitt besprochen werden. Sie schützt den Organismus in weitem Maße gegen äußere Schädlichkeiten der verschiedensten Art. Der Schutz gegen mechanische Schädigungen beruht auf ihrer Festigkeit. Diese ist bedingt durch besondere Eiweißkörper, die Keratine, die in der Haut mancher Tiere so reichlich vorkommen, daß es zur Ausbildung von Schuppen oder sonstigen ausgedehnten Verhornungen kommt. Bei den Insekten findet sich das Chitin, ein polymeres Hexosamin. Auch schädigende Wirkung durch Flüssigkeiten, wie Quellung durch Wasser und mancherlei chemische Veränderungen machen sich an der Haut nicht bemerkbar, weil durch die Absonderung von Talg die Haut mit einer dünnen Fettschicht überzogen ist, an der Flüssigkeiten ablaufen können. Unter der Einwirkung starker Bestrahlung bilden sich Farbstoffe, die Melanine, die gegen die Schädigung durch diese Bestrahlung Schutz gewähren. Zu all diesen Funktionen tritt als eine der wichtigsten die *Ausscheidungsfunktion*. Auf die Tätigkeit als Ausscheidungsorgan deutet der Besitz verschiedener Arten von Drüsen hin (Abb. 69 s. S. 168), der Talgdrüsen (I) und der Schweißdrüsen (II), für sie spricht auch die reichliche Versorgung des Papillarkörpers (i) und der Cutis und Subcutis mit Gefäßen.

Die Ausscheidungen der Haut erfolgen im wesentlichen durch die beiden genannten Drüsenarten. Das Sekret der *Talgdrüsen*, der Talg, besteht z. T. aus wachsartigen Substanzen; er enthält daneben auch Cholesterin und freie Fettsäuren.

Die *Schweißdrüsen* sondern den Schweiß ab und können damit einer der Hauptausscheidungswege des Wassers aus dem Organismus sein. Der Schweiß enthält noch in wechselnder Menge — bis zu etwa 2% — feste Substanzen. Dementsprechend ist sein spezifisches Gewicht mit 1001—1016 sehr niedrig. Die Reaktion ist beim Pflanzenfresser alkalisch, beim Fleischfresser sauer. Die Menge des in 24 Stunden abgesonderten Schweißes ist außerordentlich großen Schwankungen unterworfen. Bei geringer Feuchtigkeitsabgabe durch die Haut kommt es überhaupt nicht zur Schweißbildung (Perspiratio insensibilis). Der Körper gibt zwar Wasser durch die Haut ab, dies verdampft aber so schnell, daß eine Ausscheidung von Feuchtigkeit nicht sichtbar wird. Dieser sehr geringfügigen Wasserabgabe stehen als anderes Extrem gegenüber Wasserabgaben von 10 bis 15 Litern, wie sie bei entsprechender Flüssigkeitszufuhr im tropischen Klima nach starker Arbeitsleistung beobachtet werden. Es bestehen enge Wechselbeziehungen zwischen der Wasserausscheidung im Harn und im Schweiß. Bei starker Schweißabsonderung pflegt die Harnbildung stark eingeschränkt zu sein, bei geringer Schweißbildung ist das Umgekehrte der Fall. Im Sommer wird ein größerer Teil des Wassers durch die Haut ausgeschieden als im Winter.

Der Schweiß ist wegen seines Gehaltes an abgestoßenen Epithelien und an kleinen Fetttröpfchen getrübt, sein Geschmack ist salzig. Außer den Salzen, von denen in erster Linie Chloride, dann in wesentlich geringeren Mengen Phosphate und Sulfate ausgeschieden werden, enthält der Schweiß eine große Reihe von organischen Stoffen: niedere Fettsäuren, die für den oft unangenehmen Geruch des Schweißes verantwortlich sind; Milchsäure, deren Ausscheidung besonders während starker Arbeitsleistung ganz erhebliche Werte erreichen kann; dann Ammoniak und Aminosäuren. Von stickstoffhaltigen Substanzen wird aber in erster Linie Harnstoff, daneben in

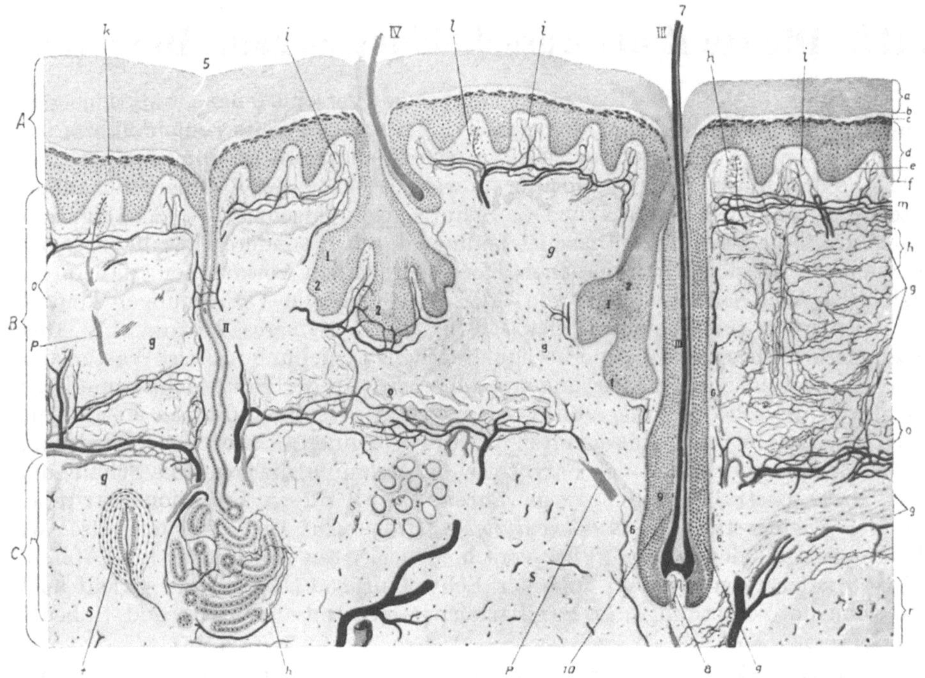

Abb. 69. Schematischer Querschnitt der menschlichen Haut. A Epidermis; B Cutis; C Subcutis; i Capillaren des Papillarkörpers; I Talgdrüse; II Schweißdrüse; III Haar mit kleiner Talgdrüse; t Vater-Paccinisches Tastkörperchen. (Aus ROTHMANN, St.: Resorption durch die Haut. Handb. der norm. u. path. Physiologie, Bd. IV. Berlin: Julius Springer 1929.)

kleiner Menge auch Harnsäure ausgeschieden. Unter besonderen Bedingungen kann die Harnstoffausscheidung durch die Haut einen recht erheblichen Anteil der Gesamtstickstoffausscheidung darstellen. Schließlich werden im Schweiß auch Cholesterin und Neutralfette gefunden. Die CO_2-Ausscheidung und die O_2-Aufnahme durch die Haut kann beim Menschen und bei den Säugetieren vernachlässigt werden, bei Amphibien ist sie recht erheblich.

Die Schweißdrüsen sind in den verschiedenen Hautbezirken sehr verschieden zahlreich, und damit ist auch die Schweißbildung nicht an allen Stellen der Haut gleich. Als besonders reich an Schweißdrüsen gelten neben der Achselhöhle, der Stirn und dem Nasenrücken auch der Handteller und die Fußsohle; doch bestehen hier sicherlich individuelle Unterschiede. Die Schweißdrüsen werden vom Parasympathicus innerviert, ihre Innervation ist mit Sicherheit von der der Vasodilatatoren unterschieden.

Die Milch. Als Produkt der Haut gilt auch die Milch, da sie in den Milchdrüsen, die phylogenetisch auf Talgdrüsen zurückgehen, gebildet wird. Während der Schwangerschaft kommt es zu einem erheblichen, hormonal bedingten Wachstum der Milchdrüsen, so daß diese etwa zur Zeit der Geburt des Kindes voll funktionsfähig geworden sind.

Die Kuhmilch und in gleicher Weise auch die Frauenmilch enthalten neben einer Reihe von Salzen Eiweiß, Fett und Kohlehydrat. Die weiße Farbe rührt von der Emulgierung der *Fette* her. An den mikroskopisch kleinen Fetttröpfchen wird das Licht vollständig reflektiert, so daß die Milch weiß erscheint. Extrahiert man das Fett aus der Milch, so verschwindet die weiße Farbe. Die Stabilität dieser Emulsion wird durch feinste Eiweißhäutchen gewährleistet, die sich um jedes Fetttröpfchen befinden und ihr Zusammenfließen verhindern. Zerstört man diese „Haptogenmembranen" z. B. durch Schlagen, so vereinigen sich die einzelnen Tröpfchen, und es entsteht die Butter. Die zurückbleibende Milch bezeichnet man als Buttermilch. Wie alle Emulsionen, so neigt auch die Milch zu einer, wenn auch sehr langsam verlaufenden Entmischung, bei der sich die leichteren Fetttropfen als Rahm an der Oberfläche ansammeln. Die Trennung kann durch Zentrifugieren wesentlich beschleunigt und verstärkt werden. Auch auf diesem Wege kann man das Milchfett gewinnen. Die zurückbleibende Milch nennt man dann Magermilch. Das Milchfett, die Butter, ist durch den Gehalt an Lipochromen gelb gefärbt. Das Fett besteht im wesentlichen aus den Triglyceriden der Olein- und der Palmitinsäure, daneben kommen kleinere Mengen anderer Säuren, darunter auch der Buttersäure vor.

Die Eiweißkörper der Milch sind Lactalbumin, Lactoglobulin und Casein. Wenn man das Casein durch Ausfällung mit Säure abtrennt, bleiben die beiden anderen Eiweißkörper in der „sauren Molke" gelöst. Der eigentliche und für die Milch charakteristische Eiweißkörper ist das *Casein.* Es findet sich nur in der Milch und ist durch seinen Gehalt an Phosphorsäure ausgezeichnet, die an das Eiweiß gebunden ist. Das Casein hat stark saure Eigenschaften. Sein isoelektrischer Punkt, bei dem die Ionisierung und damit die Löslichkeit ein Minimum aufweisen, bei dessen Reaktion das Casein also vollständig ausgefällt wird, liegt bei p_H 4,7. Das Casein wird durch Labferment zum Gerinnen gebracht, und zwar, indem es in Paracasein und Molkeneiweiß zerlegt wird. Das Paracasein bildet mit den reichlich in der Milch vorhandenen Calcium-Ionen einen unlöslichen Niederschlag. Der Quark, der sich allmählich von der „süßen Molke" abtrennt und auch das Milchfett enthält, erfährt durch bakterielle Gärungsvorgänge eine Reifung und wird damit zum Käse.

Lactalbumin und *Lactoglobulin* koagulieren beim Kochen. Sie bilden das Häutchen der Milch. Dies ist ernährungsphysiologisch sehr wichtig, weil es lebensnotwendige Aminosäuren wie Cystin und Tryptophan in großer Menge enthält.

Das Kohlehydrat der Milch ist der Milchzucker, ein Disaccharid aus Glucose und Galaktose. Milchzucker sowohl wie Casein werden allem Anschein nach in der Drüse gebildet, da sie im Blute nicht vorkommen. Die Galaktose entsteht wohl durch Umbau der Glucose. Wichtig ist der Gehalt der Milch an den Vitaminen A, B und C, in geringerer Menge kommt auch das Vitamin D vor. Die Milch enthält alle für die Aufzucht der Jungen erforderlichen Bestandteile im richtigen Mengenverhältnis. Dabei ist aber die Milch verschiedener Tierarten durchaus nicht von gleicher Zusammensetzung, sondern es bestehen sowohl in dem Gehalt an organischen Stoffen als auch in dem an Salzen sehr erhebliche Unterschiede.

Im allgemeinen ist der Gehalt der Milch an Kalk, an Phosphor und an Eiweiß um so höher, je rascher das Wachstum der Tiere fortschreitet. Bei den Tieren, die sehr rasch wachsen, entspricht der Gehalt des Körpers an den verschiedenen Salzen genau dem Verhältnis dieser gleichen Salze in der Milch der gleichen Tierart. Wie erheblich die Unterschiede in bezug auf die Hauptbestandteile für verschiedene Milcharten sind, zeigt die tabellarische Zusammenstellung:

Milch	Eiweiß %	Fett %	Zucker %	Salze %
Mensch	1,9	3,5	6,6	0,2
Kuh	3,7	4,5	4,5	0,7

Die Kuhmilch ist danach für den Säugling durchaus kein geeigneter Ersatz der Muttermilch. Bei künstlicher Ernährung von Säuglingen muß dieser Verschiedenheit durch Verdünnung (zur Herabsetzung des Eiweißgehaltes) bzw. durch geeignete Zusätze Rechnung getragen werden. Zwei lebenswichtige Bestandteile sind in der Milch nicht oder bei länger dauernder Milchnahrung nicht in ausreichender Menge vorhanden: Eisen und Purine.

Die Milch enthält eine große Reihe von Fermenten, die wohl bei der Bildung der Milch aus den Drüsenzellen mit ausgeschwemmt werden. Neben Amylase und Protease sind besonders bestimmte Oxydationsfermente praktisch von Wichtigkeit, weil man an ihrem Vorhandensein bzw. Fehlen sehr leicht gekochte und rohe Milch erkennen kann.

In den ersten Tagen nach der Geburt des Kindes wird nicht Milch sondern ein Sekret abgesondert, das als *Colostrum* bezeichnet wird. Das Colostrum ist von der Milch im histologischen Präparat leicht zu unterscheiden, weil es zahlreiche, als Colostrumkörperchen bezeichnete Leukocyten enthält, die mit Fetttröpfchen angefüllt sind. Der hohe Gehalt des Colostrums an Eiweiß (9—14%) bewirkt, daß es beim Kochen gerinnt.

XIV. Stimme und Sprache.

Für die Erzeugung von Stimme und normaler Sprache des Menschen ist der Kehlkopf von überragender Bedeutung. Die Schwingungen der mehr oder minder angespannten „wahren Stimmbänder" werden von uns als Klang, als menschliche Stimme, wahrgenommen. Die Stimmbänder werden ähnlich wie die Zungen einer zweilippigen membranösen Zungenpfeife durch einen exspiratorischen, seltner durch einen inspiratorischen Luftstrom angeblasen. Die eintretenden Schwingungen der Stimmbänder erfolgen aber nicht wie bei der Zungenpfeife in der Längsrichtung des Luftstroms, sondern in der Querrichtung. Es schwingen also die Stimmbänder gegeneinander.

Für die Erkennung der Stellung und der Bewegung der Stimmbänder spielt der Kehlkopfspiegel eine große Rolle. Der Rücken des Spiegels wird derart gegen den weichen Gaumen gedrückt, daß die vom Kehlkopf kommenden Lichtstrahlen vom Spiegel ins Auge des Beobachters reflektiert werden. Die Beleuchtung des Kehlkopfs geschieht mit Hilfe eines in der Mitte durchbohrten Konkavspiegels, der so an der Stirn befestigt wird, daß das beobachtende Auge durch das Loch den Kehlkopfspiegel betrachten kann. Auf ähnliche Weise ist es auch gelungen, kinematographische Aufnahmen der Stimmbänderbewegungen, vor allem bei der Atmung, zu gewinnen. Die wenig gespannten Stimmbänder weichen bei der Inspiration nach der Seite und vergrößern so die schon während der Exspiration halb offene Stimmritze. Das Ausmaß dieser, vom Atemzentrum gesteuerten Stimmbänderbewegung ist bei den einzelnen Menschen verschieden, wird aber bei allen mit zunehmender Tiefe der Inspiration verstärkt.

Bei der Stimme unterscheiden wir *Flüster-, Kopf- und Bruststimme.* Bei der Flüsterstimme steht die Stimmritze weit offen, so daß die Stimmbänder durch die leicht vorbeistreichende Luft nur in geringe, gerade ein leises hauchendes Geräusch erzeugende Schwingungen versetzt werden. Dagegen liegen bei der Kopfstimme die Stimmbänder im schildknorpelnahen Drittel fest aneinander. Die Luft entweicht noch einigermaßen leicht aus dem Brustraum, setzt aber eine begrenzte Zone der Stimmbänder in stärkere Schwingungen, wodurch die im Rachenraum enthaltene Luft durch Resonanz ebenfalls in Schwingungen gerät. Bei der üblichen Bruststimme sind die Stimmbänder in ihrer ganzen Ausdehnung fast bis zur Berührung ihrer Innenränder einander genähert. Die Luft kann nur schlecht entweichen, und daher wird die unterhalb der Stimmbänder im Brustraum befindliche Luft von den Stimmbändern in Mitschwingung (Stimmfremitus der Brustwand) versetzt.

Der *Tonbereich* der menschlichen Stimme ist sowohl bezüglich der Ausdehnung wie der Lage nach Geschlecht und Alter verschieden. Im allgemeinen umfaßt der Bereich der Töne, die ein Mensch beim Singen hervorrufen kann, etwa 2 Oktaven; bei Sängern können es jedoch bis $3\frac{1}{2}$ Oktaven sein. Der gesamte menschliche Stimmbereich umfaßt knapp 6 Oktaven, von C_1 (Baß, 32 Schwingungen) bis f^3 (Sopran, 1381 Schwingungen). Für die Lage der Stimme ist in erster Linie die Länge der Stimmbänder verantwortlich, d. h. je größer der Kehlkopf, um so tiefer die Stimme. Für den einzelnen Ton ist aber die wechselnde Spannung der Stimmbänder von Bedeutung, denn je stärker die Spannung, um so höher der Ton.

Die Spannung wird hauptsächlich dadurch verändert, daß durch Muskelzug die beiden Ansatzpunkte eines jeden Stimmbandes voneinander entfernt werden, vor allem durch Zug des Schildknorpels nach vorne (Mm. cricothyreoidei). Die Schildknorpelbewegung kann aber nur dann im vollen Ausmaß wirksam sein, wenn gleichzeitig beide Stellknorpel rückwärts gezogen und fixiert gehalten werden (Mm. cricoarytaenoidei, arytaenoidei transversi und obliqui). Abb. 70 zeigt den so erfolgenden Übergang der Stellknorpel aus Lage A in die Lage A'. Ferner können durch Drehung der Stellknorpel um ihre von unten außen nach oben vorne verlaufende Achse (aa') die Stellknorpelansätze beide Stimmbänder bei gleichzeitiger Bewegung nach unten einander genähert werden. [Mm. thyreoarytaenoidei (s. vocalis), cricoarytaenoidei laterales.] Die Gegenbewegung führt zur Erweiterung der Glottis (Mm. cricoarytaenoidei und arytaenoidei obliqui postici). Noch ausgiebiger ist diese Erweiterung bei der dritten Möglichkeit einer Bewegung der Stellknorpel um ihre Längsachsen von Stellung A in A'' (nur Mm. cricoarytaenoidei postici), wie sie besonders bei inspiratorischer Mitbewegung der schwach gespannten Stimmbänder auftritt. Motorischer Nerv des Kehlkopfs ist der Vagus. Das komplizierte Zusammenspiel der verschiedenen für das Sprechen benötigten Innervationsgebiete steht in Abhängigkeit von einem bestimmten Großhirnrindenbezirk (s. S. 51).

Für die *Höhe des Tons* ist aber nicht nur die Spannung der Stimmbänder maßgebend, sondern auch weitgehend der Anblasedruck, der von 2 bis gegen 40 mm Hg anwachsen kann. Um bei gleicher Stimmbänderspannung den Ton um eine Oktave zu erhöhen, muß der Anblasedruck auf das Fünf- bis Achtfache steigen. Durch die Druckhöhe wird aber nicht nur die Tonhöhe beeinflußt, sondern auch die Intensität verstärkt.

Für die *Sprache* ist die Resonanz in dem sog. Ansatzrohr, den über dem Kehlkopf befindlichen Lufträumen, wesentlicher als die Klangerzeugung im Kehlkopf. Wie die Erfahrungen nach Teil- und Totalexstirpation des Kehlkopfes gelehrt haben, kann der

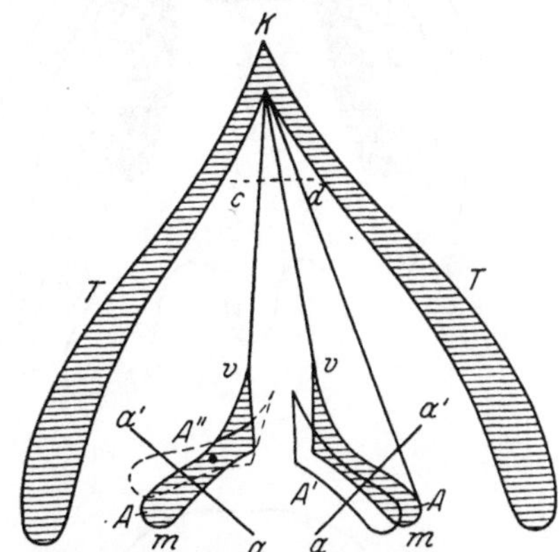

Abb. 70. Schema der Bewegungsmöglichkeiten des Stellknorpels. A Stellknorpel, v Processus vocalis, m Processus muscularis, T Schildknorpel. Nach HERMANN. (Aus WEISS, O.: Stimmapparat des Menschen. Handb. der norm. u. path. Physiologie, Bd. XV/2. Berlin: Julius Springer 1931.)

Luftstrom (unter Umständen Rückpressen verschluckter Luft aus dem Magen) auch andere im Verlauf der Luftwege befindliche Schleimhautfalten in Schwingungen versetzen, die zur Sprachbildung in Verbindung mit der Resonanz im Ansatzrohr genügen. Das Ansatzrohr, das aus Pharynx, Mund und Nase besteht, kann in seiner Form weitgehend durch Bewegungen der Zunge, des weichen Gaumens und der Gaumenbögen verändert werden. Je nach Form und Größe dieses Resonanzraumes werden aus den sehr obertonreichen Klängen des Kehlkopfes ein oder mehrere Töne allein verstärkt; es entstehen die Vokalklänge. Jeder der Vokale (A, U, O, I, E) ist durch eine bestimmte Gestaltung des Ansatzrohres bestimmt.

Bei **A** bildet z. B. die Mundhöhle einen nach vorne sich erweiternden Trichter; die Spitze der Zunge liegt am Boden der Mundhöhle; der hintere Teil der Zunge ist etwas gehoben; das Gaumensegel ist nach vorne geknickt. Hingegen hat beim **I** die Mundhöhle die Form einer bauchigen Flasche, deren sehr langer Hals nach vorn gelegen ist; das Ansatzrohr ist infolge Hebung des Kehlkopfes besonders kurz, das Gaumensegel weit über die Horizontale gehoben. Je nach der Weite der Verbindung zwischen Nasen- und Rachenraum können die Vokale einen mehr oder minder nasalen Klang bekommen.

Infolge der zahllosen Möglichkeiten der Gestaltänderung des Ansatzrohres besteht eine nahezu unbegrenzte Phonationsmöglichkeit, so daß das menschliche Sprachorgan fast jeden Schall nachahmen kann und selbst dann die Aussprache

der Vokale noch einigermaßen gut möglich ist, wenn durch Mißbildungen, wie z. B.
Hasenscharte und Wolfsrachen, nicht die normalen Grundformen des Ansatzrohres gegeben sind. Diese Störungen machen sich stärker bemerkbar bei den
Konsonanten, Lauten mit Geräuschcharakter. Die Aussprache einzelner Konsonanten kann auch durch grobe Abweichungen im Aufbau der Zahnreihen
(große Zahnlücken usw.) erschwert sein, da für sie die Art der Berührung zwischen
der Zunge und den Gaumenrändern oder den palatinalen Zahnflächen wesentlich
ist (s. Abb. 71).

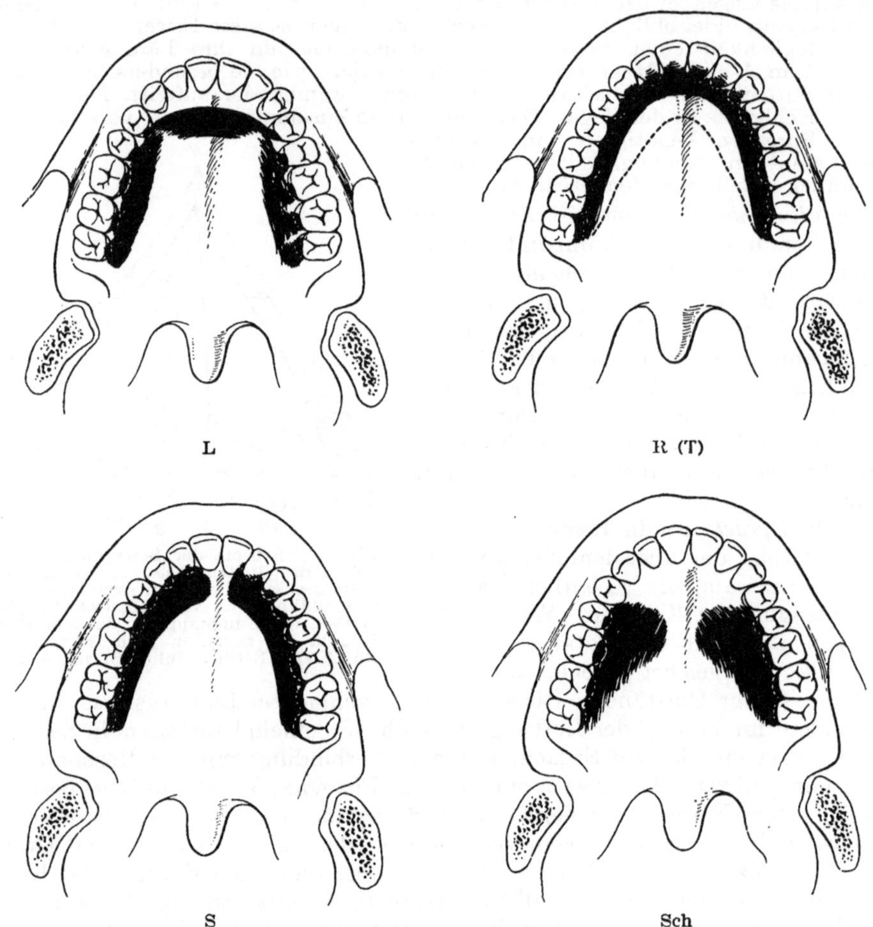

Abb. 71. Artikulation einiger Konsonanten. Tiefschwarz die Gegenden, an welchen sich die Zunge
anlegt. Bei T vordere Zungengrenze punktiert. Nach GRÜTZNER. (Aus WEISS, O.: Stimmapparat
des Menschen.)

Nach der Mechanik ihrer Bildung unterscheidet man Verschlußlaute (der Luft-
strom sprengt einen Verschluß oder der Luftstrom wird plötzlich abgebrochen:
B, P, T, K, G), Reibungslaute (die Luft zwängt sich sausend durch eine Verengerung:
F, V, W), Zitterlaute (die Ränder einer Enge geraten in Schwingungen: R, S, Sch,
Ch, J) und Resonanten (sog. Halbvokale, da ein kleinerer oder größerer Teil der
Mundhöhle mitschwingt: M, N). Wichtiger ist die Unterscheidung nach den Artiku-
lations- oder Bildungsstellen: zwischen beiden Lippen (B, P, F, V, W, M), zwischen
Zunge und hartem Gaumen (D, T, S, Sch, L, Zungen-R, N), zwischen Zunge und
weichem Gaumen (G, K, Ch, J, Gaumen-R, N) und zwischen den Stimmritzen (Kehl-
kopf-R, H).

XV. Receptionsorgane und Sinnesphysiologie.

Die Kenntnis der umgebenden Außenwelt wird uns nach der landläufigen Ansicht durch fünf Sinne übermittelt: Gesicht, Gehör, Geruch, Geschmack und Gefühl. Jedem dieser Sinne kommt ein bestimmter Bezirk des Körpers als Ort der Umsetzung des von außen kommenden Reizes in biologische Erregung zu: Auge, Ohr, Nase, Zunge und Haut. Die in diesen „Sinnesorganen" eintretenden Erregungen werden durch nervöse Leitungsbahnen (Sinnesnerven, sensible Nerven) dem Großhirn zugeleitet, in dem die Umwandlung der ankommenden Erregungen in ein Geschehen stattfindet, dessen psychische Seite wir als *Wahrnehmung* bezeichnen. Das Großhirn und ganz besonders seine Rinde werden deshalb auch als der körperliche Träger des Bewußtseins angesehen. Die uns so übermittelte Wahrnehmung eines Körpers der Umwelt ist ein komplexes Geschehen, das sich in eine Reihe von *Empfindungen* auflösen läßt, die wir als psychische Elemente auffassen. So unterscheiden wir bei der Wahrnehmung durch den Gesichtssinn nicht nur „Gestalt und Farbe", sondern wir besitzen die verschiedensten Empfindungsmöglichkeiten für diese beiden Komponenten. Am geläufigsten sind uns die einzelnen Farbempfindungen wie rot, gelb, blau usw. In ähnlicher Weise unterscheiden wir bei der Wahrnehmung durch den Geschmack zwischen süß, sauer, bitter und salzig. Es werden also durch ein Sinnesorgan verschiedene *Empfindungsqualitäten* übermittelt, deren Intensität wir miteinander vergleichen können, z. B. Helligkeit von Farben, Stärke von Gerüchen. Ein Vergleich der Empfindungsintensitäten zwischen den von zwei verschiedenen Sinnesorganen übermittelten Empfindungen ist aber schwierig, wenn nicht unmöglich. Wir können nicht sagen, ob wir das Blau des Himmels stärker empfinden als den Salzgeschmack des Meerwassers. Jedem Sinn kommt eine (selten mehrere, z. B. Gestalt und Farbe beim Sehen) *Empfindungsmodalität* zu. Nur innerhalb einer solchen Modalität ist ein Vergleich der Empfindungsqualitäten möglich.

Wir können die Intensität einer eingetretenen Empfindung nicht zur Stärke des auslösenden Reizes in direkte Beziehung setzen, da Empfindungen nicht physikalisch meßbar sind. Man kann nur die auf zwei verschieden starke Reize hin hintereinander auftretenden Empfindungen subjektiv miteinander vergleichen und aussagen, welche der Empfindungen stärker erscheint. Dabei kommt man zu der Feststellung, daß jeder Reiz für ein Sinnesorgan eine Minimalgröße haben muß, um überhaupt zu einer Empfindung zu führen. Von dieser *Reizschwelle* ist zu unterscheiden die *Unterschiedsschwelle,* worunter der kleinste Unterschied zwischen zwei Reizgrößen verstanden wird, der eben noch wahrgenommen werden kann. Es zeigt sich dabei fast für alle Reizmodalitäten einheitlich, daß der absolute Größenunterschied zwischen zwei Reizen, deren Empfindungen für uns gerade noch verschiedene Intensitäten aufweisen, annähernd proportional zur absoluten Stärke der Reize sein muß (WEBER-FECHNERsches Gesetz). So können wir durch Abwägen in der hohlen Hand zwei Gewichte von 50 und 52 g gerade noch mit Sicherheit als nicht gleich schwer erkennen. Zwei Gewichte von 500 und 502 g erscheinen uns aber als gleich schwer; erst ein Gewicht von etwa 520 g wird deutlich als schwerer empfunden.

Jedes Sinnesorgan besitzt infolge seines Baues eine *spezifische Disposition* für Reize bestimmter physikalischer Qualität, d. h. die Schwelle für gerade diese Reize ist besonders niedrig. Solche „adäquate" Reize sind das Licht für das Auge, Schallwellen für das Ohr, chemische Reize für die Geruchs- und Geschmacksorgane usw. Aber auch „inadäquate" Reize können, wenn ihre Stärke nur groß genug ist, die für das betreffende Sinnesorgan spezifische Empfindung auslösen, z. B. „Funkensprühen" durch Schlag auf das Auge oder durch seine elektrische

Reizung. In ähnlicher Weise kann häufig künstliche Reizung des von einem Sinnesorgan wegführenden Nerven immer die für dieses Organ spezifische Empfindung hervorrufen. Der auf Grund solcher Erfahrungen versuchten Ausdehnung des Gesetzes von den „spezifischen Sinnesenergien" auch auf die Sinnesnerven kommt keine Allgemeingültigkeit zu.

Nicht jede Reizung eines Sinnesorgans oder seines Nerven muß zu einer Empfindung führen, obwohl wir, z. B. durch das Auftreten reflektorischen Geschehens, die Wirksamkeit der Reizung erkennen können. So lösen Erregungen im Sinnesapparat für die Lage und Bewegung des Gesamtkörpers und auch Erregungen der Sinnesendigungen für die sog. Tiefensensibilität keine deutlichen Empfindungen aus. Wir erkennen vielmehr das Eintreten solcher Erregungen hauptsächlich am Verhalten des Körpers. Auch bei ausgeschaltetem Bewußtsein (Schlaf oder leichte Narkose) zeigt das Verhalten des Menschen, daß Erregungen der Sinnesorgane zu Reaktionen führen, ohne daß dabei Empfindungen auftreten müssen. Bei Tieren, bei denen wir deutlich die Reaktion auf Reizung der Sinnesorgane sehen, ist es uns überhaupt unmöglich, eine bestimmte Aussage über das Auftreten von Empfindungen zu machen. Aus all diesen Gründen ist es richtiger, anstatt von Sinnesorganen von *Receptionsorganen* zu sprechen, womit nur ausgedrückt wird, daß diese Organe imstande sind, Reize der Außenwelt aufzunehmen. Entsprechend ist auch der die Erregung wegführende Nerv nicht als Sinnesnerv oder sensibler Nerv, sondern als *receptorischer Nerv* zu bezeichnen. Ob diese Erregungen bewußt werden und somit zu Empfindungen führen, ist mit von Gegebenheiten des Gesamtorganismus und nicht von der Funktion des Receptionsorgans abhängig.

Am deutlichsten tritt dies bei der sog. *Tiefensensibilität* hervor. Für diese werden die sowohl in den Muskeln wie in den Gelenken sich findenden, zahlreichen, dem histologischen Aufbau nach als receptorische Zellen anzusprechenden Gebilde verantwortlich gemacht. Nach Ausfall der von diesen Receptionsorganen ausgehenden Erregungen, deren Ausmaß von den in den Gelenken und in den Muskeln auftretenden Spannungen abhängig ist, machen sich, wie schon früher gezeigt (s. S. 57), schwere Störungen der Bewegungsabläufe bemerkbar. Dennoch können wir uns eigentlich nur durch einen Kunstgriff von dem Auftreten solcher „Tiefenempfindungen" überzeugen. Lassen wir bei geschlossenen Augen passiv ein Glied unseres Körpers durch eine zweite Person in eine bestimmte Lage bringen, so ist es uns ohne Schwierigkeit möglich mit dem Glied der Gegenseite ganz genau die gleiche Lage aktiv einzunehmen. Bei Versuchspersonen mit Erkrankungen, bei denen die entsprechenden receptorischen Bahnen funktionsuntüchtig sind, fallen solche Versuche negativ aus, d. h. das zweite Glied wird in eine Lage gebracht, die nicht der des ersten Glieds entspricht.

A. Die Receptoren der Haut.

Das alte Schema von den fünf Sinnen hat mehrfach Umwandlungen erlitten. So haben wir schon in der Tiefensensibilität und in dem Receptionsapparat für Lage und Bewegung des Gesamtkörpers neue Sinne, die nicht im Schema enthalten sind, kennengelernt. Wesentlich ist ferner, daß wir heute anstatt von dem „Gefühl" von den *Hautsinnen* in der Mehrzahl sprechen und als solche Druck-, Temperatur- und Schmerzsinn auseinanderzuhalten pflegen.

Mechanische Einwirkungen auf die Haut werden je nach ihrer Stärke als **Berührung** oder **Druck** empfunden. Man prüft diesen Sinn am leichtesten mit sog. Reizhaaren verschiedener Dicke, die auf die Haut aufgesetzt werden und stellt fest, wie dick für eine bestimmte Hautstelle ein Haar sein muß, um gerade noch eine Empfindung auszulösen. Man findet bei der Verwendung solcher schwellennahen Reize die Druckempfindung ausschließlich auf gewisse als Druckpunkte bezeichnete Stellen beschränkt. Als Receptionsorgane für den Drucksinn der Haut sind sowohl die korbartigen Geflechte markloser Nervenfasern, die jeden Haarbalg umspinnen, als auch die MEISSNERschen Tastkörper erkannt worden. Die Zahl der Druckpunkte pro Flächeneinheit ist daher für die einzelnen Hautbezirke einmal von der Behaarung abhängig, dann von der Zahl der Tastkörperchen, die sich meist gegen das distale Ende der Glieder zusammendrängen (Druckpunkte pro Quadratzentimeter: Kopfhaut 250, Oberarm 10, Unterarm 20, Handgelenk 30, Daumenballen 120).

Die Druckempfindung weist neben ihrer spezifischen Qualität noch ein sog. *Lokalzeichen* auf, d. h. wir besitzen eine Empfindung für den Ort der Reizung. Es handelt sich hierbei um eine Eigenschaft, die allen durch die Receptoren der Haut vermittelten Empfindungen zukommt, die bei dem Drucksinn aber besonders deutlich in Erscheinung tritt. Dieser „Ortssinn" ist für die einzelnen Hautbezirke verschieden gut ausgebildet. In enger Beziehung zur Güte des Ortssinnes steht die Größe der *Raumschwelle*, worunter der Abstand verstanden wird, den zwei gleichzeitig gesetzte gleichartige Reize haben müssen, um noch getrennt und nicht verschmolzen empfunden zu werden. Die Größe der Raumschwelle, die auch als Simultanschwelle bezeichnet wird, ist anscheinend nicht allein von der Dichte der Druckpunkte abhängig, sondern es spielt wohl auch eine Rolle, wieviel Druckpunkte mit der gleichen receptorischen Nervenfaser in Verbindung stehen.

Raumschwelle in mm			
Körperoberfläche		**Mundhöhle**	
Fingerbeere	1,7—2,0	Zungenspitze	0,9
Finger (Mittelglied)	3—4,5	Zungenoberfläche	1,5—2,3
Handrücken	8—10	Zungenunterfläche	3,0
Oberlippe (außen)	3,2—4,5	Lippe (innen)	2,2—2,8
Nase	4—7	Wangenschleimhaut	2,8
Wange (außen)	9—11	Zahnfleisch	2,8
Stirn	18—23	Weicher Gaumen	3,8
Rückenmitte	40—70	Harter Gaumen	4,8

Die als Tasten bezeichneten Empfindungen sind in erster Linie als ein Zusammenwirken des Drucksinns mit der Tiefensensibilität aufzufassen, jedoch kann, wenn der zu betastende Gegenstand eine von der Haut abweichende Temperatur hat, auch der Temperatursinn an der Tastempfindung beteiligt sein.

Eine **Temperaturempfindung** tritt immer dann auf, wenn die Temperatur der Haut sich ändert. Eine Erwärmung wird als „warm", eine Abkühlung als „kalt" empfunden, ganz unabhängig von den absoluten Temperaturen. Am anschaulichsten ergibt sich dies aus dem bekannten Versuch mit drei Gefäßen mit kaltem, lauem und warmem Wasser. Es wird eine Hand in das kalte, die andere in das warme Wasser getaucht; nach einiger Zeit geht man mit beiden Händen in das dritte Gefäß. Man empfindet dann — gleichzeitig — mit der aus dem kalten Wasser kommenden Hand „warm", mit der anderen „kalt". Bei genauer, örtlich begrenzter Untersuchung zeigt sich, daß, ähnlich wie beim Drucksinn, der Temperatursinn auf kleine punktförmige Bezirke beschränkt ist, die entweder nur kalt oder nur warm übermitteln. Jedoch kann Reizung von „Kältepunkten" mit Temperaturen von über 45° C ebenfalls eine Erregung auslösen, die nach dem Gesetz von der spezifischen Sinnesenergie als „kalt" empfunden wird (*paradoxe Kälteempfindung*). Wahrscheinlich beruht die Empfindung „heiß" auf gleichzeitiger Wärme- und Kälte-, vielleicht auch noch auf Schmerzempfindung. Die Kältepunkte sind im allgemeinen zahlreicher als die Wärmepunkte (etwa 13 gegen 1,5 pro Quadratzentimeter). Als Receptionsorgan für den Kältereiz werden die oberflächlich in der Cutis liegenden KRAUSEschen Endkolben, für den Wärmereiz die tiefer liegenden RUFFINIschen Organe angesprochen.

Nach älterer Anschauung soll der **Schmerz** auf übermäßiger Erregung der verschiedenen receptorischen Organe und Nerven beruhen. Für die Haut aber zum mindesten ist heute bewiesen, daß es einen von den anderen Sinnen unabhängigen Schmerzsinn gibt, als dessen receptorische Organe freie Nervenendigungen angesehen werden. Es lassen sich an der Haut ausgesprochene

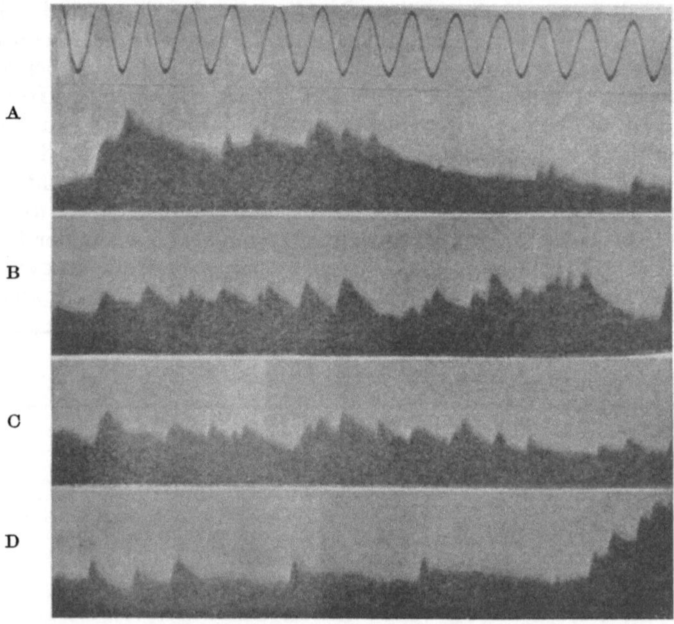

Abb. 72. Aktionsstrom eines receptorischen Nerven der Froschhaut bei Reizung eines Schmerzpunkts. Oben Zeit $^1/_{100}$ Sekunden. Die Nadel ist dauernd belastet, bei A mit $^3/_4$ g, bei B mit 10 g, bei C mit 25 g. Bei D wird die Nadel langsam immer tiefer gedrückt. Nach ADRIAN. (Aus HOFFMANN, P.: Ruhe und Aktionsströme von Muskeln und Nerven. Handb. der norm. u. path. Physiologie, Bd. VIII/2. Berlin: Julius Springer 1928.)

Schmerzpunkte nachweisen; bei Unterbrechung bestimmter Bahnen im Rückenmark durch Erkrankung kann allein die Schmerzempfindung aufgehoben werden; außerdem gibt es Bezirke, von denen nur Schmerzempfindungen ausgelöst werden können (Abb. 73).

Reizung einzelner Schmerz- oder auch anderer Sinnespunkte haben im Tierversuch mit Hilfe der Registrierung der Aktionsströme der zentripetal leitenden Nervenfasern Aufschlüsse über die Erregungsentstehung gebracht (Abb. 72). Die Reizbeantwortung der Sinneszellen ist trotz gleichbleibender konstanter Reizung eine rhythmische, sie beginnt mit schneller Frequenz und wird dann langsamer. Dies erklärt die altbekannte Erscheinung der *Adaptation*, d. h. Gewöhnung an einen Reiz. Die Anfangsfrequenz ist von der Reizstärke abhängig. Bei anhaltendem, aber stärker werdendem Reiz kann eine anfänglich geringe Erregungsfrequenz bis zur maximalen Frequenz (von etwa 150 pro Sekunde) zunehmen.

B. Die Sensibilität der Mundhöhle.

Die Sensibilität der Mundhöhle ist derjenigen der äußeren Haut ähnlich. Lediglich die hintere Rachenwand weist nur eine einzige Empfindungsqualität, den Schmerz auf (Abb. 73). Sehr gut ausgebildet sind in der eigentlichen Mund-

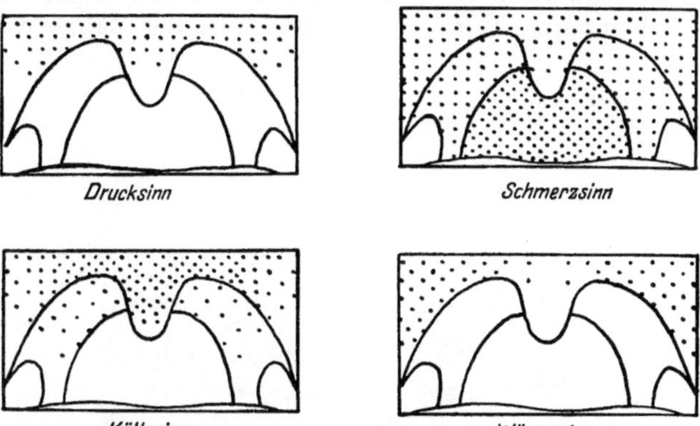

Abb. 73. Verbreitung von Druck-, Schmerz-, Kälte- und Wärmesinn auf der Rachenschleimhaut. Die Dichte der Punktierung entspricht der Empfindlichkeit. Nach SCHRIEVER u. STRUGHOLD. (Aus HOEBER, Lehrbuch der Physiologie, 6. Aufl.)

höhle der Druck- und Ortssinn, sowie das Tastvermögen der Zunge. Die Tabelle auf S. 175 zeigt an Hand der Raumschwellen, wie sehr die Sensibilität der Mundhöhle derjenigen der äußeren Haut überlegen ist. Hingegen ist die Schmerzempfindung relativ gering. Dieses gegensätzliche Verhalten von Tast- und Schmerzsinn dürfte für das Kauen und Beißen von Bedeutung sein, da die Tastreception bei der feinen Regulierung der Kieferbewegungen eine Rolle spielt, eine gute Schmerzreception dagegen nur hemmende Einflüsse auf den Kauakt ausüben könnte. Die Wärmepunkte sind nur an der Zungenspitze, am vorderen Zungenrand und am Gaumen seitlich der Mittellinie zahlreicher zu finden. Ganz ähnlich verhalten sich die Kältepunkte, jedoch befinden sich auch noch zahlreiche Kältepunkte am Zahnfleisch (Abb. 74). Auf die Bedeutung der Sensibilität der Mundschleimhaut und ihrer Versorgung durch verschiedene zentripetale Nerven (Abb. 75) für die Speichelsekretion ist schon früher (s. S. 110) hingewiesen worden. Der Sensibilitätsausfall nach Verletzung eines der Nerven erstreckt sich bei der Mundhöhle noch in einem größeren Ausmaß als bei der Haut auf einen kleineren

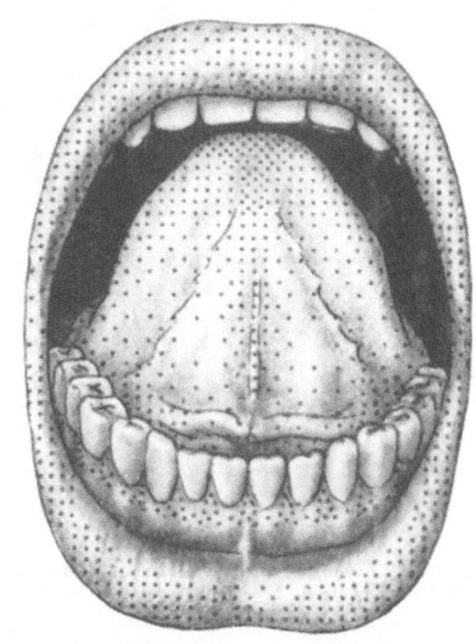

Abb. 74. Kältepunkte an den Lippen, dem Zahnfleisch, Mundboden und an der Zungenschleimhaut. Nach SCHRIEVER.

Bezirk als der anatomischen Versorgung entspricht, weil sich die Versorgungsgebiete der einzelnen Nerven an den Rändern weit überlappen.

Wieweit der **gesunde Zahn,** in dem feinste Nerven bis über die Dentin-Schmelzgrenze bzw. Dentin-Zementgrenze vordringen, Sinnesempfindungen übermittelt, ist lange umstritten gewesen. Sicher ist schon seit längerer Zeit, daß die scheinbar ganz gute Tastempfindung durch mechanische Fortleitung des Drucks

auf das sehr druckempfindliche Zahnfleisch zustande kommt. In ähnlicher
Weise kommt auch unter Umständen der Tiefensensibilität der Kaumuskeln eine
ursächliche Rolle für die scheinbar gute Tastempfindung der Zähne zu, die auch
an künstlichen Zähnen beobachtet werden kann. Neuerdings ist der Beweis
erbracht worden, daß der gesunde Zahn auch keine echte Temperaturempfindung
besitzt. Bei der scheinbaren Temperaturempfindung der Zähne handelt es sich

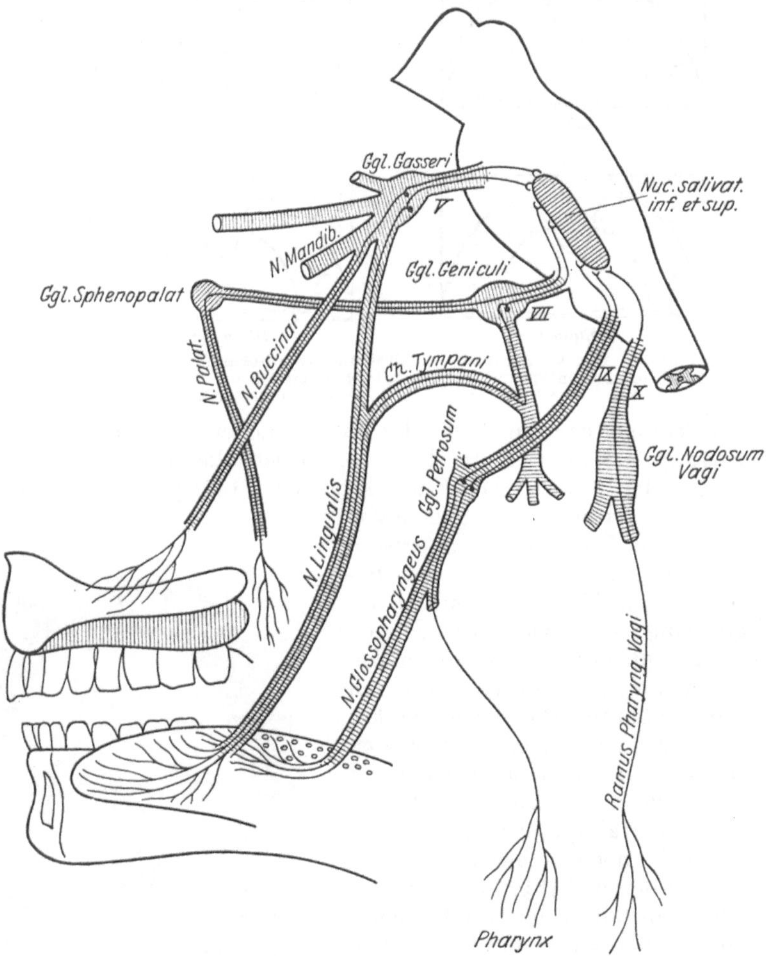

Abb. 75. Schematische Darstellung des Verlaufs der zentripetalen Nerven der Mundhöhle. Nach
MÜLLER, v. SKRAMLIK und BABKIN. (Aus BABKIN, B. P.: Die äußere Sekretion der Verdauungsdrüsen, 2. Aufl.)

ebenfalls um eine Fortleitung der Temperaturen auf das besonders gegen Kälte
gut empfindliche Zahnfleisch. Allerdings können große Wärme (über 70^0) einen
leicht ziehenden Schmerz und große Kälte (gegen 0^0) einen dumpf bohrenden
Schmerz am Zahn selbst auslösen. Am empfindlichsten sind im allgemeinen für
den Kälteschmerz die palatinalen und lingualen Flächen der Zähne, am unempfindlichsten die Kronen und Schneiden. Schmerzempfindungen lassen sich auch
durch elektrische Reizung gesunder Zähne hervorrufen; und zwar sind die
Kronen und Schneiden am empfindlichsten, die labialen und buccalen Flächen
der Zähne am unempfindlichsten.

C. Geschmack und Geruch.

Während die Hautsinne in erster Linie durch physikalische Reize in Erregung versetzt werden, sind die adäquaten Reize für Geschmack und Geruch chemischer Natur. Wir finden die Zweiteilung des chemischen Sinns beinahe bei allen Tieren. Das eine dieser Sinnesorgane vermittelt infolge seiner hohen Empfindlichkeit einen Fernsinn, so daß der Träger des Organs angelockt oder verscheucht wird, während das andere, weniger empfindliche Receptionsorgan zur direkten Prüfung der Nahrung dient. Beim Menschen wie bei allen in der Luft lebenden höheren Tieren führt dies aber zwangsläufig dazu, daß der Fernsinn (Geruch) nur der Reception gasförmiger Stoffe dienen kann. Da die schmeckenden Stoffe in unserer Nahrung sich meist auch leicht der Luft beimischen, haben wir selten Geschmackswahrnehmungen ohne gleichzeitige Geruchswahrnehmungen. Das „Schmecken" des täglichen Lebens ist in Wirklichkeit Betätigung beider Sinne. Eine noch so schmackhaft zubereitete Speise erscheint uns, wenn wir sie bei nicht einmal völlig ausgeschaltetem Geruch (zugehaltene Nase oder starker Schnupfen) zu uns nehmen, fade und langweilig. Geruch und Geschmack haben daher auch den gleichen Einfluß auf die Sekretion der Verdauungssäfte.

Geschmackswahrnehmungen treten dann auf, wenn die zu schmeckenden Stoffe mit den eiförmigen, in dem Schleimhautepithel eingelagerten „Geschmacksknospen", die aus mehreren spindelförmigen Sinneszellen bestehen, in Berührung kommen. Solche Geschmacksknospen finden sich beim Menschen in den verschieden geformten Papillen der Zungenspitze, des Zungenrandes und des Zungengrundes, ferner weniger zahlreich in der Schleimhaut des weichen Gaumens, des Rachens und des Kehlkopfeinganges. Beim Kinde besteht außerdem noch Geschmacksempfindlichkeit der Zungenoberfläche, der Unterseite der Zungenspitze, des hohen Gaumens und der Wangenschleimhaut. Entsprechend der weiten Verbreitung der Geschmacksknospen in der Mundhöhle sind an der zentripetalen Leitung der Erregungen mehrere Nerven beteiligt (Lingualis nebst Fasern der Chorda tympani, Glossopharyngeus, Vagus, s. a. Abb. 75).

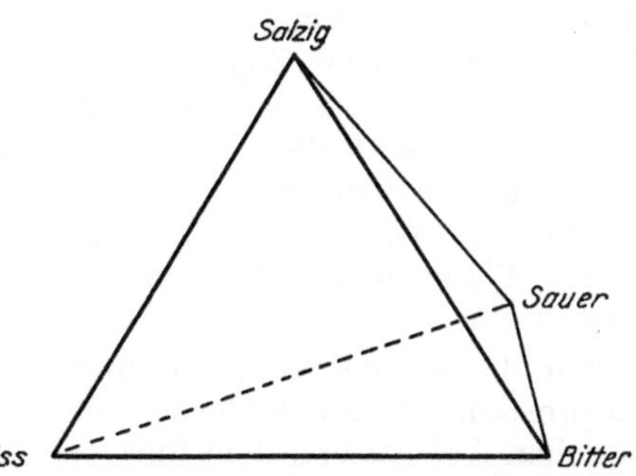

Abb. 76. Geschmackstetraeder nach HENNING. (Aus SKRAMLIK, E. V.: Physiologie des Geschmackssinnes. Handb. der norm. u. path. Physiologie, Bd. XI. Berlin: Julius Springer 1926.)

Prüft man verschiedene Stoffe bei zunehmender Verdünnung und Ausschaltung des Geruchssinns auf die durch sie ausgelösten Geschmacksempfindungen, so zeigt sich, daß bei stärkerer Konzentration sich häufig zur reinen Geschmacksempfindung noch Empfindungen (Qualitäten) hinzumischen, die durch den Tastoder Schmerzsinn der Mundschleimhaut vermittelt werden. Die reinen, d. h. die auch noch an verdünnten Lösungen festzustellenden Geschmackswahrnehmungen lassen sich durch Mischung von vier Grundqualitäten erklären (süß, bitter, salzig, sauer). Dies Verhalten wird gewöhnlich bildlich durch ein Geschmackstetraeder (Abb. 76) dargestellt, an dessen Ecken die Grundqualitäten untergebracht werden. Orte für Mischungen aus zwei derselben liegen auf den Kanten, aus drei auf den Flächen und aus vier im Innern des Körpers.

Zwischen der chemischen Konstitution der schmeckenden Substanzen und dem auftretenden Geschmack bestehen unzweifelhaft Beziehungen, wenn wir auch diese bisher noch nicht völlig überschauen. Sicher ist, daß der saure Geschmack weitgehend von dem Säurecharakter der Substanz, besonders von der an der Geschmacksknospe herrschenden Wasserstoff-Ionen-Konzentration abhängig ist. Die Empfindung „süß" kommt mehr oder weniger allen zwei- oder mehrwertigen Alkoholen der aliphatischen Kohlenwasserstoffe zu. Anderseits haben auch Stoffe einen ähnlichen Geschmack, die keine chemische Verwandtschaft aufweisen, während Stoffe derselben Konstitution, die sich nur durch den optischen Drehungssinn unterscheiden, verschiedenen Geschmack haben. Bei anderen Stoffen ist die Geschmacksqualität von der Konzentration abhängig.

Geschmack von KCl in verschiedenen Konzentrationen	
Molare Konzentration	Geschmacksqualitäten
0,01	süß
0,02	süß, ein wenig bitter
0,03	bitter
0,07	bitter, salzig
0,25	bitter, salzig, sauer

Auf Grund verschiedenster Erfahrung wird heute angenommen, daß die vier Grundqualitäten des Geschmacks durch verschiedene Endorgane, die jedoch häufig in einer Geschmacksknospe vereinigt sind, vermittelt werden.

Der elektrische Strom ruft beim Durchgang durch die Zunge Geschmacksempfindung hervor, was uns ja vom Prüfen einer Taschenlampenbatterie geläufig ist. Der Geschmack an der Anode (+) ist sauer, an der Kathode (−) laugenartig bis brennend. Beim Zustandekommen dieser Empfindungen spielt sowohl die direkte Erregung der Geschmacksknospen im Moment der Schließung und Öffnung des Stromes eine Rolle wie auch die Einwirkung der während der Durchströmung durch die Elektrolyse der Mundflüssigkeit gebildeten Substanzen auf die Geschmacksknospen. Durch Berührung verschiedener Metalle können im Mund selbst (Plomben usw.) elektrische Ströme entstehen, die zu Geschmacksempfindungen führen.

Für die **Geruchswahrnehmung** finden wir in dem oberen Teil der Nase das receptorische Organ in Gestalt der „Regio olfactoria", eines durch seinen histologischen Aufbau von dem übrigen Nasenepithel sich unterscheidenden Schleimhautbezirks von nur etwa 0,5 qcm Ausdehnung. Von dort führen kleine Nervenfäden, die Öffnungen des Siebbeins durchsetzend, nach den Bulbi olfactorii. Die riechenden Stoffe gelangen in der Regel in die Nase mit der eingeatmeten Luft oder beim Schlucken durch die Choanen. Infolge der hohen Lage der Regio olfactoria dringen beim ruhigen Atmen die Riechstoffe nur langsam nach oben. Durch „Schnüffeln" (mehrfache kurze Inspirationen) entstehen Wirbelbildungen im Nasenraum, die die Riechstoffe schneller nach dem receptorischen Epithel bringen.

Der Geruch stellt eines der feinsten Sinneswerkzeuge dar, nicht nur in bezug auf die Mannigfaltigkeit der durch ihn übermittelten Empfindungen, sondern auch bezüglich seiner Empfindlichkeit. Für viele Substanzen ist die Geruchswahrnehmung wesentlich empfindlicher als der chemische Nachweis. So beträgt die spezifische Schwelle (in Milligramm pro 1 ccm Luft) für Mercaptan 0,00005; Moschus 0,001; Campher 0,1; Äthyläther 1,0; Phenol 3,0. Man hat versucht, ähnlich wie beim Geschmack, die zahlreichen Geruchsempfindungen auf Mischungen von Grundqualitäten zurückzuführen: faulig, fruchtig, harzig, brenzlich, würzig und blumig. Die im Geruch einander nahestehenden Stoffe lassen vielfach eine Verwandtschaft der chemischen Konstitution erkennen.

Geschmack und Geruch, sowie die Hautsinne werden häufig als *niedere Sinne* den *höheren Sinnen*, Gesicht und Gehör, gegenübergestellt. Diese Unterscheidung darf aber nicht so verstanden werden, als ob die niederen Sinne eine geringere Bedeutung für die Aufrechterhaltung der Leistungsfähigkeit der Organismen hätten. Die Bedeutung von Geschmack und Geruch für das Wohlbefinden und das Gefühlsleben der Menschen ist viel größer als im allgemeinen angenommen wird. Dies ist uns nur deshalb nicht so bewußt, weil wir nicht, wie bei Auge und Ohr, die durch sie vermittelten Wahrnehmungen willkürlich mit einfachen Mitteln völlig ausschalten können. Berechtigung hat aber eine Trennung der Sinne in zwei Gruppen insofern, als bei Auge und Ohr — wie wir noch sehen werden — die Reize der Außenwelt im Sinnesorgan selbst durch Hilfsapparate noch gewisse Veränderungen erleiden, bevor sie auf die eigentlichen receptorischen Zellen einwirken, während bei den sog. niederen Sinnen die Reize unmittelbar die receptorischen Zellen treffen.

D. Gehör und Receptoren für Lage und Körperbewegung.

Beim Säugetier ist das Ohr eine Vereinigung zweier Receptionsorgane, die ganz verschiedenen Sinnesfunktionen dienen, dem Hören und der Wahrnehmung von Lage und Bewegung des Gesamtkörpers im Raum. Die topographische Zusammengehörigkeit der Receptionsorgane für diese beiden Sinne findet sich nicht bei allen Tieren. Für die Wirbeltiere kann man aber annehmen, daß es sich um eine Spezialisierung aus einem Receptionsorgan handelt, das ursprünglich für die Reception mechanischer Erschütterungen bestimmt war. Anatomisch gliedert sich das Ohr bekanntlich in *äußeres Ohr* (Ohrmuschel und äußeren Gehörgang), *Mittelohr* (Paukenhöhle und Tuba Eustachii) und *inneres Ohr*, das vom knöchernen Labyrinth umschlossene *häutige Labyrinth* (Abb. 77). Das Labyrinth nun wiederum besteht aus mehreren Teilen, nämlich aus den Bogengängen mit dem Utriculus, dem Sacculus und der Schnecke. Nur die letztere ist mit Sicherheit als das receptorische Organ für die Hörfunktion aufzufassen. Die übrigen Teile des inneren Ohrs sind am Zustandekommen der Lage- und Bewegungsempfindungen beteiligt. Äußeres Ohr und Mittelohr sind Hilfsapparate nur für das Hören, indem sie der Übertragung von Luftschwingungen (Schallwellen) nach dem inneren Ohr dienen.

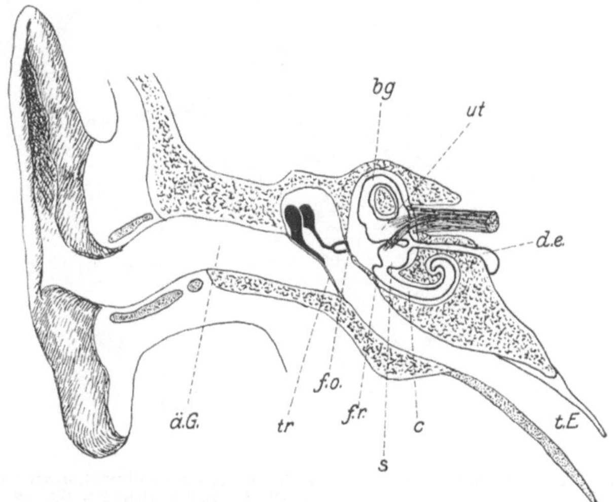

Abb. 77. Schema des Gehörorgans. ä. G. äußerer Gehörgang, tr Trommelfell, f. o. ovales Fenster, f. r. rundes Fenster, s Sacculus, ut Utriculus, bg Bogengang, t. E. Tuba Eustachii. Nach NAGEL. (Aus HOEBER, R.: Lehrbuch der Physiologie des Menschen, 6. Aufl. Berlin: Julius Springer 1931.)

Die von uns wahrgenommenen Klänge und Geräusche sind longitudinale Schwingungen der Luft, die infolge der stehenden Schwingungen eines tönenden Körpers (Klaviersaite, Stimmbänder, Telefonmembran usw.) entstehen. Sind die Luftschwingungen regelmäßig und sinusförmig, so führen sie zur Wahrnehmung eines *Tons*. Sind die Schwingungen regelmäßig, aber nicht sinusförmig, sondern durch Zusammensetzung von mehreren sinusförmigen Schwingungen entstanden, so sprechen wir von einem *Klang.* Unregelmäßige Schwingungen werden als *Geräusch* empfunden. Kurze Geräusche von großer Stärke werden auch als *Schall* bezeichnet. Je größer die Frequenz der Luftschwingungen, um so höher erscheint uns der Ton. Aber nicht alle Schwingungsfrequenzen lösen Tonempfindungen aus, sondern nur solche über 16 und unter 20000 Schwingungen pro Sekunde. Die sog. obere Hörgrenze nimmt mit zunehmendem Alter bis auf etwa 12000 ab. Töne von mehr als 10000 Schwingungen werden aber immer als schneidend, wenn nicht als schmerzend empfunden. Daher liegen auch die in der Musik verwandten Töne weit unter der oberen Tongrenze, gehen aber bis zur unteren herunter (Pikkoloflöte $d^5 = 4752$, Orgel $C_1 = 16,5$ Schwingungen).

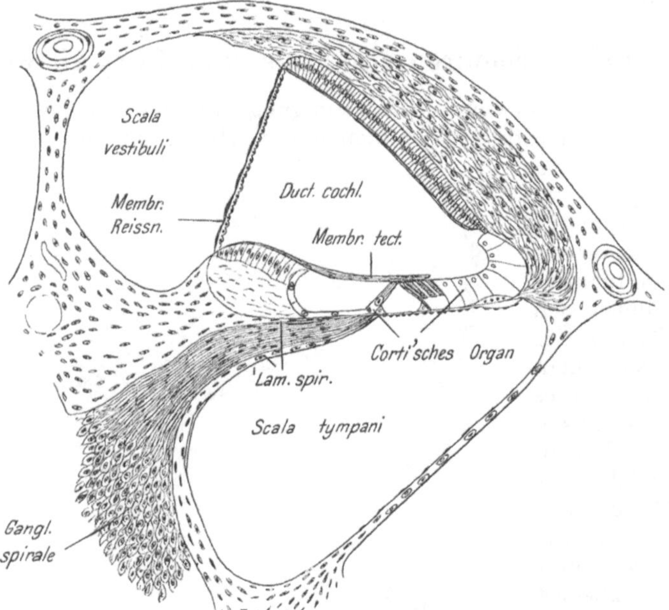

Abb. 78. Schematischer Querschnitt durch eine Schneckenwindung eines Säugers.   Nach HESSE.
(Aus CLAUS-GROBBEN-KÜHN.)

Die vom äußeren Ohr aufgenommenen Schallwellen treffen am Ende des Gehörgangs auf das Trommelfell, eine dünne gespannte Membran, und setzen diese in Schwingung. Mit dem etwa 70 qmm großen Trommelfell eng verwachsen ist der Stiel des „Hammers", der erste von drei kleinen, eine Hebelkette bildenden Knochen in der Paukenhöhle. Der Hammer ist durch den „Amboß" mit dem „Steigbügel" verbunden, dessen Fußplatte das nur gegen 3 qmm große „ovale Fenster" verschließt, das die Paukenhöhle durch die Knochenwand des Felsenbeins mit dem inneren Ohr verbindet. Durch die Hebelwirkung der Gehörknöchelchen werden die durch das Trommelfell aufgenommenen Schwingungen — an Bewegungsausschlag verkleinert, an Kraft verstärkt — auf das Labyrinth übertragen. Zwei kleine am Hammer bzw. am Steigbügel angreifende Muskeln können durch ihre Spannung den Wirkungsgrad der Hebelübertragung und somit die Empfindlichkeit für Schalleindrücke beeinflussen. Der Luftdruck in der Paukenhöhle kann ebenfalls die Hörschärfe verändern. Normalerweise kann sich aber der Druck in der Paukenhöhle durch die Tuba Eustachii ausgleichen, deren vorderer knorplig-membranöser Teil zwar meist geschlossen ist, aber durch die Bewegung der Schlundschnürer beim Schlucken geöffnet wird.

Durch die Schwingungen des auf die Membran des ovalen Fensters drückenden Steigbügels werden die aufgenommenen Schallwellen auf das Labyrinthwasser übertragen, das durch Vorwölben der das runde Fenster verschließenden Membran ausweichen kann. Aus dem Bauplan des häutigen Labyrinths folgt, daß sich die

Schwingungen vor allem auf die Schnecke auswirken. In der Mitte des knöchernen Schneckenkanals, der einen Spiralgang von 2½ Windungen bildet, liegt die häutige Schnecke (Ductus cochlearis) von Labyrinthwasser umgeben und von ihm ausgefüllt (Abb. 78). Die untere Seite des häutigen Schneckenkanals ist eine straff gespannte, elastische Membran mit radialen Fasern, die mit einem aus Stütz- und Sinneszellen gebildeten Epithel bekleidet ist (CORTIsches Organ). Den Härchen der Sinneszellen gegenüber liegt die Deckmembran (Membrana tectoria). Die Länge der gespannten elastischen radiären Fasern des CORTIschen Organs nimmt nach der Schneckenspitze bis auf das Zehnfache zu.

Die Frage, wie die Schallwellen in den Sinneszellen des CORTIschen Organs Erregungen auslösen und wie diese durch das Zentralnervensystem analysiert werden, findet heute keine allgemein anerkannte Beantwortung. Die HELMHOLTZsche Theorie nimmt an, daß die radiären elastischen Fasern je nach ihrer Länge auf bestimmte Tonhöhen abgestimmte Resonatoren sind. Wenn eine dieser Fasern durch die für sie spezifische Schwingungszahl in Mitschwingung gerät, bringt sie die über ihr befindlichen Sinneszellen in Berührung mit der Deckmembran. Die so erregten Nervenfasern würden dann die Empfindung des durch diese Schwingungszahl bestimmten Tons wachrufen. So einleuchtend diese Theorie auch klingt, so bestehen gegen sie doch verschiedene Bedenken, die sich vor allem aus den Größenmaßen des CORTIschen Organs ergeben. Es wurde daher von EWALD angenommen, daß die das CORTIsche Organ tragende Membran als Ganzes in Mitschwingung gerät, und dadurch — wie er durch Modellversuche nachweisen konnte — in Schwingungsbäuche und Schwingungsknoten aufgeteilt wird. Es entstehen so für jeden Ton oder Klang typische „Schallbilder", die durch die mehr oder minder starke gleichzeitige Reizung verschiedenster Acusticusfasern dem Gehirn übermittelt werden. Nach dieser Theorie würde die Tonanalyse erst in der Großhirnrinde stattfinden. Neuere Untersuchungen haben eine ganz unerwartete Tatsache aufgewiesen, die sich schlecht mit einer der beiden Theorien in Einklang bringen läßt. Es gelang nämlich, die Aktionsströme des Acusticus bei natürlicher Reizung der Schnecke durch Töne zu registrieren. Bis zu Tonhöhen von 1000 Schwingungen entspricht die Frequenz der relativ starken Aktionsströme der der reizenden Töne.

Wieweit die Sinnesepithelien im Sacculus und Utriculus auch Hörfunktionen besitzen, ist bisher nicht geklärt. Hingegen ist an der Bedeutung, die ihnen gemeinsam mit den Bogengängen für die Lage- und Bewegungsempfindung zukommt, nicht zu zweifeln. Diese auch als Vestibularapparat bezeichneten Teile des Labyrinths sind aber keineswegs die einzigen Receptionsorgane, die am Zustandekommen dieser Empfindungen beteiligt sind. Sowohl die Hautsinne wie die Tiefensensibilität sind für die Wahrnehmung der Lage und der Bewegungsrichtung des eigenen Körpers von großer Wichtigkeit. Selbstverständlich spielt für diese Empfindungen auch die Orientierung durch das Auge eine große Rolle. Doch sind dies alles nur wichtige Beihilfen, und die wesentlichsten Receptionen beim Zustandekommen dieser Empfindungen werden durch den Vestibularapparat vermittelt.

Die **Empfindungen der Lage** (statischer Sinn) werden auf Erregungen im verdickten Sinnesepithel in Sacculus und Utriculus zurückgeführt. Die Härchen der Sinneszellen sind verklebt und bilden mit ihren Einlagerungen aus kohlensaurem Kalk die sog. *Otholithen*. Über die Funktion dieser Otholithen als Receptionsorgan der Lage sind wir durch Versuche an niederen Tieren unterrichtet, bei denen die entsprechenden Organe oberflächlich gelegen sind. Bei normaler Lage des Tierkörpers drückt der relativ schwere Otholith senkrecht auf die Sinneshaare, und diese andauernd gleiche Erregung kennzeichnet die richtige Lage zur Vertikalen. In den Bogengängen sind an den Cristae ampullae die Sinneshaare gallertartig verklebt und reichen fast bis zur gegenüberliegenden Bogengangswand. Bei Einsetzen einer Bewegung des Kopfes in der Ebene eines solchen Bogengangs kommt die in ihm eingeschlossene Labyrinthflüssigkeit infolge von Trägheitskräften in Bewegung und erregt die Sinneshaare. Ganz entsprechend wirkt auch eine mehr oder minder plötzliche Beendigung einer Kopfbewegung. Die drei Bogengänge jeder Seite stehen in drei Ebenen senkrecht zueinander; die der beiden Seiten sind immer paarweise einander zugeordnet. Bei dieser Verteilung der Bogengänge muß jede Bewegung des Kopfes, in welcher Richtung sie auch erfolgt, das Labyrinthwasser in einem oder mehreren Bogengangspaaren mehr oder minder in Bewegung setzen.

Wie schon früher angedeutet, werden uns die Lage- und Bewegungsreceptionen im allgemeinen nur wenig bewußt. Deutlichere Empfindungen treten nur bei

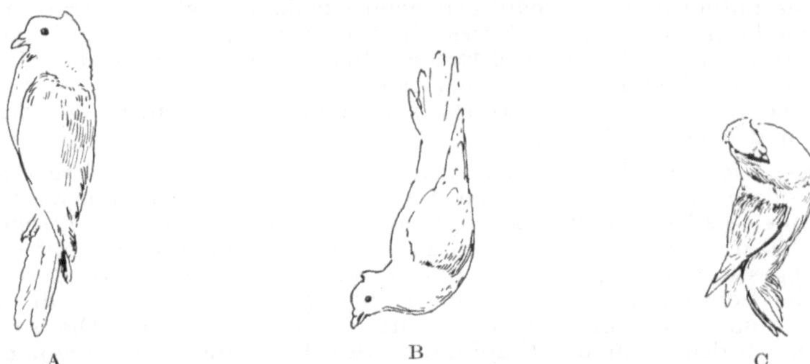

Abb. 79. Kompensatorische Kopfstellungen der Taube. Nach TRENDELENBURG u. KÜHN. (Aus FISCHER, M. H.: Die Funktion des Vestibularapparates usw. Handb. der norm. u. path. Physiologie, Bd. XI. Berlin: Julius Springer 1926.)
A Körper lotrecht, Kopf nach oben, B Körper lotrecht, Kopf nach unten, C Körper nach rechts geneigt.

außergewöhnlichen Reizungen des Vestibularapparates auf, wie etwa der *Schwindel* nach heftigem Im-Kreise-drehen oder die Empfindungen bei der Seekrankheit infolge der Schlingerbewegungen des Schiffes. Ebenso deutlich wie unter diesen Umständen und bei Labyrintherkrankungen zeigt sich die Bedeutung des Vestibularapparates im Tierexperiment nach ein- oder zweiseitiger Labyrinthausschaltung.

Ein doppelseitig labyrinthloser Frosch bleibt auf dem Rücken liegen, ohne sich wie sonst sofort umzudrehen. Die an der Rückenhaut durch Berührung mit der Unterlage bedingte Reizung reicht meist nicht aus, den Umdrehreflex auszulösen. Im Wasser schwimmt ein solcher Frosch einmal mit dem Bauche nach oben, einmal nach unten. Er dreht sich häufig um seine Längsachse und zeigt so an, daß er jeden Raumsinn verloren hat. In ähnlicher Weise verlieren Taubstumme häufig unter Wasser jede Orientierungsmöglichkeit.

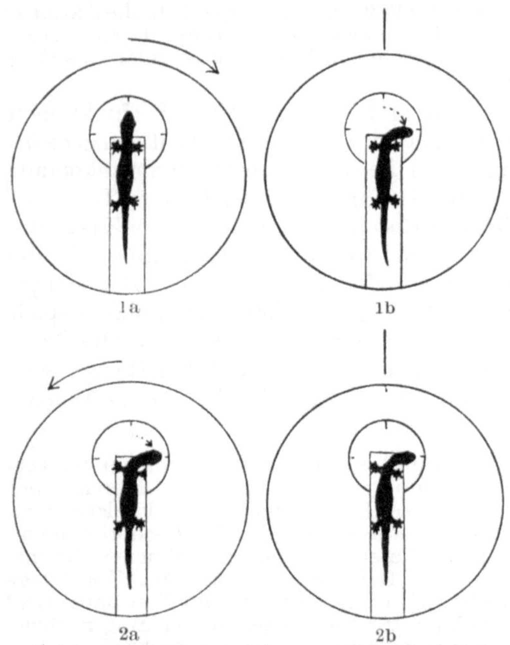

Abb. 80. Drehreflex einer Eidechse mit verschlossenen Augen nach *rechtsseitiger* Labyrinthexstirpation.
1. Rechtsdrehung, 2. Linksdrehung, a während der Drehung, b nach dem Anhalten. Nach TRENDELENBURG u. KÜHN. (Aus FISCHER, M. H.)

Dreht man eine völlig normale Taube, wie in Abb. 79 gezeigt, in verschiedene Lagen, so wird der Kopf — wenn irgend möglich — immer so gehalten, daß er noch annähernd eine normale Lage im Raume einnimmt. Nach doppelseitiger Labyrinthentfernung fehlt diese *kompensatorische Kopfhaltung* völlig.

Setzen wir ein normales Tier, etwa eine Eidechse, mit verschlossenen Augen auf eine Drehscheibe, so hält das Tier beim Drehen der Scheibe den Kopf der Drehrichtung entgegengesetzt. Beim Anhalten der Scheibe wird der Kopf über die Mittellage hinaus in Richtung des bisherigen Drehsinns bewegt. Beim doppelseitig operierten Tier fehlt jede Reaktion sowohl beim Drehen wie beim Anhalten. Bei einem einseitig labyrinthlosen Tier (Abb. 80) fehlt die Reaktion während des Drehens nach der operierten Seite, aber die beim Anhalten ist erhalten. Wird entgegengesetzt gedreht, so erfolgt kompensatorische Kopfdrehung, aber die Reaktion beim Anhalten fällt aus. Beim Säugetier findet man vorwiegend an Stelle dieser Haltungsreaktionen des Kopfes Bewegungen der Augen, die ebenfalls nachweislich durch Labyrinthreizung beim Drehen ausgelöst werden. Dieser sog. *Drehnystagmus* besteht aus einem langsamen Hin- und raschem Zurückbewegen der Augen entgegengesetzt der Drehrichtung. Man kann diesen Nystagmus bei sich selbst beobachten, wenn man die Finger leicht auf die geschlossenen Augen legt und sich dann schnell um sich selbst dreht.

Abb. 81. Körperhaltung eines linksseitig labyrinthlosen Frosches. Nach EWALD. (Aus FISCHER, M. H.)

Der reflektorische Einfluß des Vestibularapparates beschränkt sich aber nicht allein auf Kopfhaltungen und Augenbewegungen, sondern die Gesamthaltung des Körpers und der Glieder werden deutlich durch einseitige Labyrinthentfernung verändert (Abb. 81). Diese Einflüsse, die auch als Labyrinth-Tonus bezeichnet werden, können sich auf die gesamten Bewegungsabläufe auswirken. Alle Lage- und Bewegungsänderungen, die durch Erregungen des Labyrinths bedingt sind, kommen durch Vermittlung des Kleinhirns zustande. Daher ähneln auch die Erscheinungen nach Kleinhirnverletzungen und -erkrankungen denen bei Ausfällen oder Reizungen des Vestibularapparates.

E. Auge und Gesichtswahrnehmung.

Die Retina ist das receptorische Epithel des Auges. Wenn es von Lichtstrahlen getroffen wird, so antwortet es mit Erregungen, die dann durch den Nervus opticus dem Gehirn zugeleitet werden. Alle übrigen Teile des Auges sind Hilfsapparate. Die harte Sklera, die durch den intraokularen Druck prall gespannt wird, verleiht dem Auge die kugelige Form. Die sechs an der Sklera angreifenden Augenmuskeln geben durch ihre topographische Anordnung und ihren Innervationsmechanismus die Möglichkeit, die Augen in den Augenhöhlen nach allen Richtungen zu bewegen. Einmal kann hierdurch auch von der Seite kommendes Licht zur Reception gelangen, ohne daß der Kopf oder der ganze Körper nach der Seite gedreht werden muß. Andererseits können dadurch beide Augen sich stets so einstellen, daß die von einem Gegenstand der Außenwelt kommenden Lichtstrahlen in beiden Augen auf die Mitte der Retina fallen (Konvergenz der Augenachsen). Die Aderhaut (Chorioidea) dient der Ernährung der Retina.

Glaskörper, Linse, Iris und Hornhaut gehören zu dem **bilderzeugenden Apparat**, durch dessen Wirkung ein scharfes Abbild der Dinge der Außenwelt auf der Retina entsteht. Die Ähnlichkeit des bilderzeugenden Apparates des Auges mit einer photographischen Kamera ist bekannt. Die Kamera besitzt aber meist die Möglichkeit durch Veränderung des Abstandes zwischen Linse und Mattscheibe verschieden entfernte Gegenstände jeweils scharf abzubilden. Je näher der abzubildende Gegenstand ist, desto weiter muß die Linse von der Mattscheibe entfernt werden. Das menschliche Auge läßt eine dementsprechende Verschiebung seiner Linse nicht zu, während z. B. bei Fischen in der Tat die Augenlinsen verschoben werden können. Beim normalen menschlichen Auge ist der unveränderliche Abstand zwischen Linse und Netzhaut immer ein derartiger, daß die Dinge der Außenwelt, die 8 m und mehr vom Auge entfernt sind, scharf auf der Netzhaut abgebildet werden (Abb. 83). Wir wissen aber aus Erfahrung, daß wir dennoch auch nähere Gegenstände deutlich sehen. Dies ist aber nur möglich, weil wir die Brechkraft unserer Linse erhöhen und so ein scharfes Bild auch näherer Gegenstände auf der Retina erzielen können. Die Fähigkeit des Auges, sich den jeweiligen Entfernungen der betrachteten Gegenstände anzupassen, wird **Akkommodation** genannt. Es handelt sich um einen reflektorischen Vorgang, der wohl durch das unscharfe Bild auf der Retina ausgelöst wird.

Die Erhöhung der Brechkraft der Linse bei der Akkommodation beruht auf einer Zunahme der Krümmung der Linse. Der Unterschied der Krümmung während der Akkommodation gegenüber der Ruhe ist besonders deutlich an der vorderen Linsenfläche (Abb. 82). Eine Änderung der Linsenform ist aber nur möglich, wenn die Linse nicht aus starrem Material besteht. Eine aus dem Auge entfernte Linse nimmt infolge ihrer Elastizität eine stark gekrümmte Form an. Die relativ abgeplattete Form der Linse des ruhenden Auges muß daher auf Spannungskräften beruhen, die

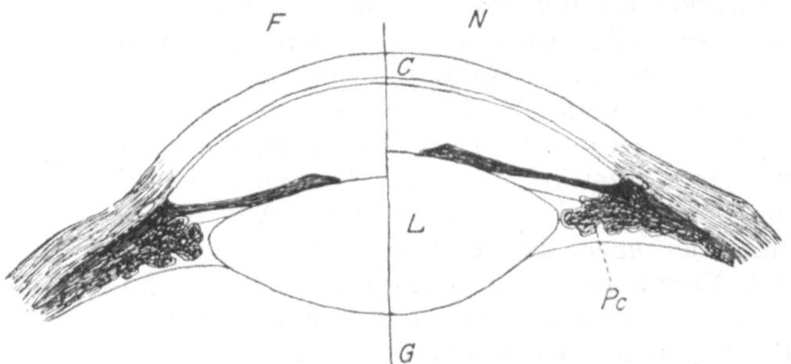

Abb. 82. Die Akkommodation im menschlichen Auge. Links Ruhestellung, Einstellung in die Ferne (F). Rechts Akkommodation, Einstellung in die Nähe (N). C Cornea, L Linse, G Glaskörper. Pc Processus ciliaris. Nach HELMHOLTZ. (Aus HOEBER, R.: Lehrbuch der Physiologie des Menschen, 6. Aufl. Berlin: Julius Springer 1931.)

sich auf die Linsenkapsel im Sinne einer Abplattung auswirken. Solche Spannungskräfte sind durch den intraokularen Druck gegeben, der normalerweise gegen 20 mm Hg beträgt und der, wie schon gesagt, die Augenhüllen prall spannt. Durch die Zonula Zinnii ist die Linse mit der Augenkapsel verbunden, so daß deren Spannung in der Längsrichtung auf die Linse einwirkt und diese gegen ihre eigenen elastischen Kräfte abplattet. An der Stelle, an der die Zonula an den Hüllen des Auges ansetzt, befindet sich ein ringförmiger glatter Muskel, der Ciliarmuskel, auf dessen Tätigkeit die Akkommodation zurückgeführt wird. Kontrahiert sich dieser Muskel, so wird der Durchmesser des von ihm gebildeten Ringes verkleinert, somit die Ansatzpunkte der Zonula einander genähert. Hierdurch läßt die Spannung auf die Linsenkapsel nach, und die Linse geht wegen ihrer Elastizität in eine mehr gewölbte Form über. Erschlafft der Ciliarmuskel, so kann sich die Spannung der Sklera wieder auf die Linse auswirken.

Die Vermehrung, die die Brechkraft des optischen Systems des Auges durch die Akkommodation erleiden kann, ist nicht unbeträchtlich. Man mißt im allgemeinen die Brechkraft von Linsen nach Dioptrien, d. h. nach dem reziproken Wert der Brennweite, diese in Metern ausgedrückt. Die Gesamtbrechkraft des ruhenden, d. h. auf die Ferne eingestellten Auges beträgt gegen 66 Dioptrien. Im Alter von 10 Jahren kann durch Akkommodation diese Brechkraft um weitere 15 Dioptrien erhöht werden. Mit zunehmendem Alter nimmt das Ausmaß der Akkommodation infolge Nachlassens der Linsenelastizität ab. Es nimmt damit aber die Entfernung des *Nahpunktes* zu, worunter der zunächst gelegene Punkt verstanden wird, der vom Auge eben noch scharf abgebildet werden kann. Wird die Entfernung des Nahpunktes mehr als 50—60 cm, was gewöhnlich in einem Alter von 50 Jahren der Fall ist, so spricht man von *Weitsichtigkeit*, weil nur noch fernere Objekte gut gesehen werden, für die Nähe aber ein die Brechkraft erhöhendes Konvexglas getragen werden muß. Mit dieser Weitsichtigkeit, die ja nur auf Nachlassen der Akkommodationsfähigkeit beruht, darf nicht das durch anormalen Bau des Auges bedingte schlechte Sehvermögen verwechselt werden. Bei der *Übersichtigkeit* (Abb. 83 b) ist die Augenachse zu kurz oder seltener die Linse zu wenig gewölbt, daher kommt der Schnittpunkt paralleler Lichtstrahlen erst hinter die Retina zu liegen. Durch ein die Brechkraft vermehrendes Konvexglas kann der Schnittpunkt vorverlegt und somit normale scharfe Abbildungsfähigkeit erzielt werden (b′). Der nur mäßig Übersichtige kann auch ohne Brille entferntere Gegenstände deutlich sehen, weil er durch Akkommodation die Brechkraft seiner Linse erhöhen kann. Seine Akkommodationskraft reicht aber nicht aus, wenn es sich um die Abbildung näher gelegener Gegenstände handelt. Bei der *Kurzsichtigkeit* (Abb. 83c) ist meist das Auge zu lang gebaut, zuweilen aber auch die Linse zu stark gewölbt. Das scharfe Bild weit entfernter Gegenstände liegt vor der Netzhaut. Zur Korrektur wird ein zerstreuendes Konkavglas benötigt (c′). Für den Kurzsichtigen ohne Brille werden die Gegenstände, je näher sie ihm sind, um so deutlicher, weil der Schnittpunkt der von den Objekten ausgehenden Strahlen, da nicht oder nur gering akkommodiert wird, immer näher an die Netzhaut heranrückt. Von *Astigmatismus* spricht man, wenn die Brechkraft des Auges nicht in allen Meridianen gleich ist, so daß die Gegenstände verzerrt abgebildet werden, z. B. ein Kreis als Oval. Durch entsprechende, in den einzelnen Meridianen verschieden geschliffene Gläser kann auch bei diesen sehr störenden Anomalien Abhilfe geschaffen werden.

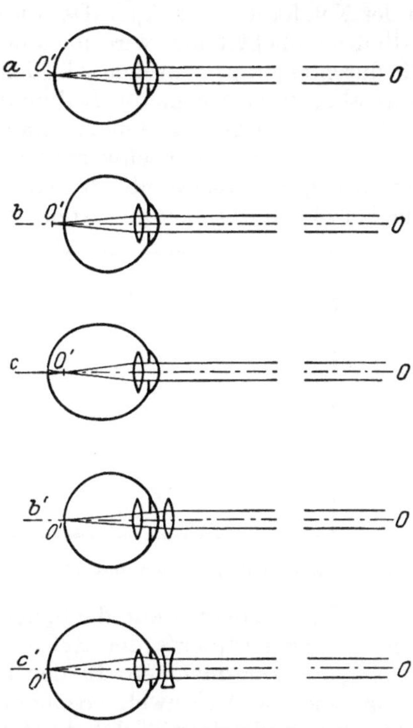

Abb. 83. a Normalsichtiges, b übersichtiges, c kurzsichtiges Auge; b′ korrigiertes übersichtiges, c′ korrigiertes kurzsichtiges Auge. (Aus WESTPHAL, W. H.: Physik, 3. Aufl. Berlin: Julius Springer 1933.)

Der bilderzeugende Apparat des Auges wirft infolge seiner Konstruktion umgekehrte Bilder auf die Netzhaut. Was im Außenraum oben ist, erscheint im Retinabild unten. Wir werden uns aber dieses Zustandes gar nicht bewußt, da die Einordnung der Gesichtswahrnehmungen in den uns umgebenden Raum gar nichts mit der Lage der Retinabilder zu tun hat, sondern nur auf der frühzeitig durch gleichzeitiges Tasten und Sehen erworbenen psychischen Verknüpfung beruht.

Die *Iris* des Auges enthält zwei glatte Muskelschichten, von denen die eine, der Dilatator pupillae, vom Sympathicus, die andere, der Sphincter, von parasympathischen Fasern innerviert wird. Für das Auge spielt die Iris die gleiche Rolle wie die Blende am photographischen Apparat. Durch Verengerung der Pupille wird die Beleuchtung der Netzhaut vermindert, ein Vorgang, der reflektorisch einsetzt, wenn die Netzhaut von starkem Licht getroffen wird (*Pupillarreflex*). Noch wesentlicher ist die *Blendenwirkung* der Iris zur Abhaltung der Randstrahlen, deren Eintritt besonders das Bild von augennahen Gegenständen undeutlich machen würde. Wir finden daher, daß sowohl mit dem Vorgang der Akkommodation wie dem der Konvergenz der Augen eine Verengerung der Pupille zwangsläufig eintritt.

Die **Retina** ist in ihrem histologischen Aufbau bekanntlich nicht in allen Teilen gleichwertig. Als die lichtempfindlichen Elemente der Netzhaut werden die Stäbchen und Zapfen angesehen. In der Fovea centralis, dem in der optischen Achse des Auges gelegenen Netzhautteil, finden wir aber nur Zapfen, die hier

außerordentlich aneinandergedrängt stehen (etwa 140 pro 0,01 qmm). Die Fovea
erweist sich im Experiment als die Stelle des schärfsten Sehens. Sie wird auch als
„gelber Fleck" bezeichnet, weil sie bei Betrachtung der Netzhaut am Lebenden
mit Hilfe des Augenspiegels gelber als die gewöhnlich rötlicher gefärbten peripheren Netzhautpartien erscheint. Stäbchen und Zapfen fehlen völlig an der als
blinder Fleck bezeichneten Eintrittstelle des Sehnerven (Papilla nervi optici),
die ebenfalls durch den Augenspiegel am Lebenden gut sichtbar gemacht werden
kann. Die Form der Papille ist meist oval, die Färbung etwas heller als die der
Umgebung, und man sieht, wie die zentrale Arterie und Vene des Sehnerven sich
in der Netzhaut verzweigen. Der durch den blinden Fleck bedingte Ausfall innerhalb des Gesichtsfeldes wird uns auch beim einäugigen Sehen nicht bewußt, weil
wir durch einen psychischen Akt den Gesichtsfeldausfall ergänzen. Dieser Ausfall
kann aber unter geeigneten Bedingungen erkannt werden. Fixiert man den Stern
in Abb. 84 bei geschlossenem linken Auge mit dem rechten, so ist bei weitem
Abstand vom Auge der schwarze Kreis gut zu sehen. Nähert man das Bild langsam
dem Auge, so verschwindet bei einem gewissen Abstand (etwa 20 cm) der Kreis,
um bei einem geringeren wieder aufzutauchen.

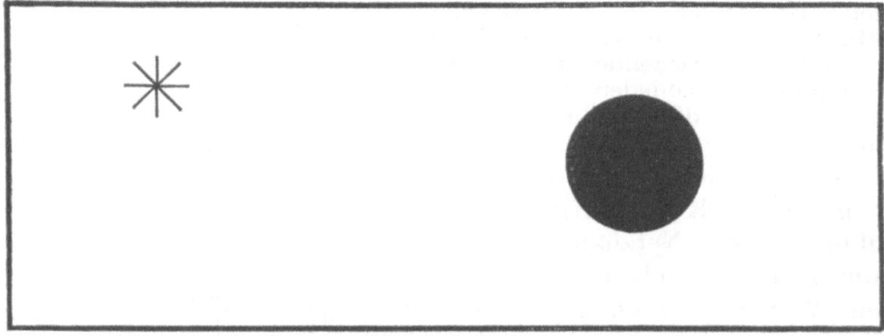

Abb. 84. Zur Demonstration des blinden Flecks. (Aus WESTPHAHL, W. H.: Physik, 3. Aufl.)

Wir lernten oben schon die Sehgrube als den Ort des schärfsten Formensehens
kennen. Die Peripherie der Retina ist hingegen in hohem Grade befähigt, Bewegungen wahrzunehmen. In der Dämmerung fehlt das zentrale Sehvermögen
völlig, und die Außenwelt erscheint uns farblos. Hieraus und aus anderen Erfahrungen wird gefolgert, daß die Zapfen die Farbenempfindung und die Stäbchen
die Helligkeitsempfindung vermitteln. Die Empfindlichkeit des Auges für Licht
wird nur in relativ geringem Maße durch die Veränderung der Pupillenweite
beeinflußt. Viel wesentlicher ist die Abhängigkeit der Retinaempfindlichkeit von
dem allgemeinen Beleuchtungszustand derselben. Je weniger Licht auf die
Retina fällt, um so empfindlicher wird sie. Diese Anpassung, die als *Adaptation*
bezeichnet wird, braucht längere Zeit um optimal zu werden. Sie ist aber außerordentlich wirksam; beim Übergang von Helladaptation zur Dunkeladaptation
wächst die Empfindlichkeit der Retina um mehr als das Millionenfache. Bei der
Adaptation lassen sich im Tierversuch objektive Veränderungen in der Netzhaut
nachweisen. Im helladaptierten Zustand sind die Zapfen kürzer, die Stäbchen
länger als bei Dunkeladaptation. Gleichzeitig wandert mit zunehmender Beleuchtung das zwischen den Sehelementen befindliche Pigment von der Außen-
fläche der Retina in tiefere Schichten. Noch ausgeprägter ist aber die Bildung des
Sehpurpurs um die Stäbchenaußenglieder der dunkeladaptierten Netzhaut. Der
Sehpurpur blaßt bei Belichtung der Retina in 1—2 Minuten aus.
Die Außenwelt ist für uns räumlich auch der Tiefe nach gegliedert. Dies beruht
vor allem auf dem **zweiäugigen Sehen**. Trotz zweier Augen sehen wir die fixierten

Gegenstände einfach, da die nicht ganz identischen Bilder beider Netzhäute durch einen psychischen Vorgang zu einer einheitlichen Wahrnehmung, die nicht flächenhaft, sondern körperlich ist, verschmolzen werden. Durch geeignete Prismeneinrichtungen (Stereoskop) können wir zwei Photographien desselben Gegenstandes, von zwei wenig verschiedenen Standorten aufgenommen, so betrachten, daß die entstehenden Bilder in beiden Augen auf die Netzhautstellen zu liegen kommen, auf denen sie bei direkter Betrachtung des Gegenstandes entstehen würden. Unter dieser Bedingung vermittelt uns die Betrachtung der flächenhaften Photographien einen körperlichen Eindruck. Für das Schätzen der Entfernung der von uns im Raum erblickten Gegenstände kommt der Tiefensensibilität der Augenmuskeln bei der Konvergenz der Sehachsen einige Bedeutung zu. Die Größe des Netzhautbildes von uns bekannten Gegenständen (Menschen, Häuser usw.) gibt uns ferner einen Anhalt für deren Entfernung, da je größer der Abstand, desto kleiner das Netzhautbild. Auch beim einäugigen Sehen entsteht durch die Schattenbildung an den betrachteten Gegenständen und durch die gesehenen perspektivischen Verkürzungen und Überschneidungen ein gewisser körperlicher Eindruck.

Eine der merkwürdigsten Erscheinungen der Sinnesphysiologie ist das **Farbensehen,** da die gleiche spezifische Empfindung, eine bestimmte Farbe, durch verschiedenartige physikalische Reize ausgelöst werden kann. Das uns weiß erscheinende Sonnenlicht stellt bekanntlich eine Mischung von Lichtern verschiedenster Wellenlänge dar. Durch ein Prisma kann das Sonnenlicht in ein langgezogenes kontinuierliches Spektrum zerlegt werden, das uns von den Wellenlängen um 800 $\mu\mu$ bis 400 $\mu\mu$ sichtbar ist und die Empfindungen der Farben des Spektrums von rot bis violett übermittelt. Mischt man zwei Lichtbündel verschiedener Wellen-

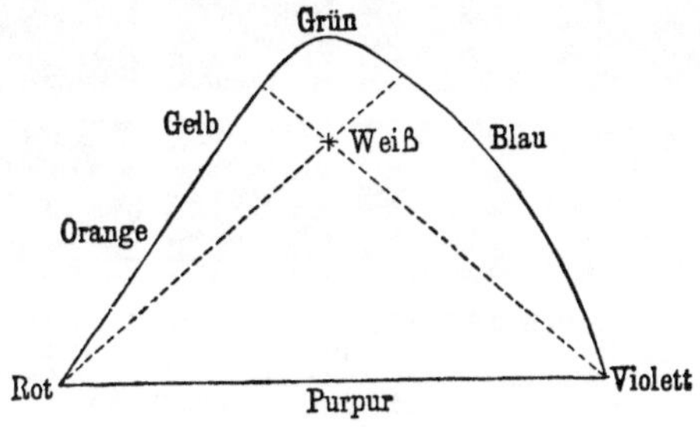

Abb. 85. Farbentafel. Nach v. KRIES. (Aus v. FREY, M.: Physiologie, 3. Aufl.)

längen, so empfinden wir bis auf eine Ausnahme (Purpur) keine neue Farbe, sondern nur solche Farben, die sich von den bekannten Spektralfarben gar nicht oder nur durch Beimischung von mehr oder minder viel Weiß unterscheiden.

Je weniger Weiß einer Farbe beigemischt ist, desto gesättigter erscheint sie uns. Nur wenn wir die Lichter der größten und der kleinsten sichtbaren Wellenlängen mischen, also rot mit violett, entsteht die Empfindung einer neuen gesättigten Farbe: „purpur“. Bei jeder anderen *Mischung von Spektralfarben* kann, wie schon gesagt, der wahrgenommenen Farbe Weiß beigemischt sein. Bei geeigneter Auswahl der zu mischenden Lichter verschiedener Wellenlängen in bestimmten Intensitätsverhältnissen kann die Farbempfindung fehlen, und es entsteht die Empfindung weiß. Man stellt die Ergebnisse der Farbenmischungsversuche meist geometrisch als „Farbendreieck“ dar (Abb. 85), an dessen teils geraden, teils gekrümmten Seiten die gesättigten Farben des Spektrums sowie Purpur verteilt sind. Im Inneren des Dreiecks liegen die ungesättigten Mischfarben. Sie erreichen als Weiß in einem bestimmten Punkt ein Maximum. Verbindet man zwei der Randfarben durch eine Gerade, so kann man aus ihrer Lage den Sättigungsgrad der entstehenden Farbempfindung ablesen. Fällt die Gerade mit einer Seite des Farbendreiecks zusammen, so ist die Mischfarbe gesättigt; geht die Gerade durch das Innere des Dreiecks, so ist die Mischfarbe um so ungesättigter, je näher die Verbindungslinie am Weißpunkt vorbeigeht. Geht die Gerade durch den Weißpunkt, so verbindet sie sog. Komplementärfarben, d. h. Farben, die bei Mischung Weiß ergeben. Das Farbendreieck läßt weiter erkennen, daß mit den Farben Rot, Grün und Violett allein sich jede überhaupt vorkommende Farbempfindung herstellen läßt. Man hat hieraus die Theorie entwickelt, daß es im Auge drei Arten von farbempfindlichen Elementen gibt, die jeweils nur durch rotes, grünes oder violettes Licht spezifisch erregt werden.

Sehen wir mehrere Farben gleichzeitig, und fallen sie auf nicht zu weit auseinanderliegende Netzhautbezirke, so können die eintretenden Farbempfindungen von der bei alleiniger Wahrnehmung einer der Farben abweichen. Diese Erscheinung ist unter dem Namen *Kontrast* bekannt. So erscheint z. B. ein graues Quadrat auf rotem Untergrund schwach blaugrün (Komplementärfarbe des Rots). Auch Schwarz neben Weiß bedingt ähnliche Kontrasteffekte (Abb. 86). Die grauen verwaschenen Flecken der Kreuzungsstellen der weißen Streifen werden dadurch erklärt, daß die Streifen zwischen den schwarzen Feldern durch Kontrast heller erscheinen als an den Ecken. Ebenso wie Farbempfindungen durch Vorgänge in benachbarten Netzhautbezirken verändert werden, so beeinflussen sich auch gleichzeitig wahrgenommene Formen und Gestalten. Hierauf beruhen die meisten der zahlreichen geometrisch-optischen Täuschungen.

Gerade beim Gesichtssinn wird eine Erscheinung besonders deutlich, die im Prinzip bei allen Sinneswahrnehmungen zu finden ist, die *Nachempfindung*, beim Gesichtssinn das *Nachbild*. Das Nachbild beruht auf einer Trägheit des Auges, d. h. die Empfindung dauert länger an, als der Reiz einwirkt. Durch diese Trägheit des Auges kommt es zur Farbenmischung beim Farbenkreisel, einer schnell gedrehten kreisrunden Scheibe, deren Sektoren verschiedene Farben aufweisen. Auf der Verschmelzung der einzelnen Nachbilder zu einer kontinuierlichen Empfindung beruht die Kinematographie, bei der die Bilder der einzelnen Bewegungsphasen rasch hintereinander dem Auge dargeboten werden (16 Bilder pro Sekunde). Neben diesen positiven Nachbildern können nach Abklingen derselben negative Nachbilder beobachtet werden. Sieht man intensiv eine rote Fläche an und danach eine weiße, so erscheint letztere für einige Zeit als blaugrün, d. h. in der Komplementärfarbe der ursprünglich gesehenen.

Abb. 86. Beispiel für Helligkeitskontrast. Man beachte die verwaschenen grauen Flecke, die in den Kreuzungspunkten der weißen Gitterstäbe auftreten. (Aus v. FREY, M.: Physiologie, 3. Aufl.)

XVI. Fortpflanzung, Regeneration und Vererbung.

A. Fortpflanzung.

Die Fähigkeit des Organismus ganze Zellkomplexe oder einzelne Zellen aus seinem Körperbestand herauszulösen, die sich zu neuen Individuen der gleichen Art entwickeln und so den Bestand der Art sichern, wird als Fortpflanzung bezeichnet. Die einfachste Art der Fortpflanzung, die *Teilung*, finden wir bei vielen einzelligen Tieren (Protozoen) und bei einigen mehrzelligen, bei denen einfache Durchtrennung des Organismus in zwei gleiche Teile stattfinden kann. Diese Teile erreichen durch Wachstum wieder die Größe des Ausgangsorganismus. Erfaßt die Teilung nicht den ganzen Körper des mütterlichen Organismus, so spricht man von *Knospung*, einem Fortpflanzungsmodus, der sowohl bei einzelligen wie bei mehrzelligen Tieren vorkommt (Abb. 87). Am verbreitetsten ist aber die *geschlechtliche Fortpflanzung*, bei welcher zwei durch ihr „Geschlecht" verschiedene elterliche Organismen **Keimzellen** produzieren. Durch Vereinigung einer weiblichen und einer männlichen Keimzelle — ein Vorgang der als Befruchtung bezeichnet wird — entsteht der befruchtete Keim, aus dem durch Zellteilung, Differenzierung und Wachstum der kindliche Organismus sich formt.

Bei der Reifung der einzelnen Keim- oder Geschlechtszellen und bei der Befruchtung spielt das Verhalten der Kernsubstanz die wichtigste Rolle. Bekanntlich wird bei der gewöhnlichen Zellteilung, nachdem die Kernsubstanz sich zu Chromosomen (Abb. 88) angeordnet hat, jedes einzelne Chromosom der Länge nach gespalten. Die zwei Hälften rücken auseinander, und die beiden sich bildenden neuen Zellkerne erhalten so die gleiche Chromosomenzahl, die die ursprüngliche Zelle aufwies. Daher haben alle Körperzellen eines Organismus die gleiche Anzahl von Chromosomen. Die Chromosomenzahl ist von Tierart zu Tierart verschieden, aber stets für die betreffende Tierart charakteristisch. Sie ist fast immer durch zwei teilbar, da die einzelnen Chromosomen paarweise zusammengehören und einander gleichen. Bei der *Reifeteilung* der Geschlechtszellen (der sog. Reduktionsteilung) hingegen unterbleibt die Längsspaltung der einzelnen Chromosomen. Die Partner der einzelne Chromosomenpaare rücken auseinander (Abb. 88), so daß der sich bildende Kern der reifen Geschlechtszellen zwar nur die halbe Anzahl der in den Körperzellen enthaltenen Chromosomen aufweist, aber von jedem Chromosomenpaar je einen Vertreter. Bei der *Befruchtung* der weiblichen Geschlechtszelle durch die männliche wird durch die Verschmelzung beider Kerne die normale Chromosomenzahl wieder erreicht. Ebenso ist auch die paarige Zusammengehörigkeit der Chromosomen wieder hergestellt, da zu jedem Chromosom der weiblichen Geschlechtszelle eins von gleicher Beschaffenheit aus der männlichen Geschlechtszelle tritt.

Bei einigen Tierarten werden vom gleichen Organismus sowohl männliche wie weibliche Keimzellen gebildet (s. Abb. 87). Solche *Zwittrigkeit* (Hermaphroditismus) kommt als pathologische Erscheinung selten auch bei Wirbeltieren vor. Beim Menschen handelt es sich meist um einen Pseudohermaphroditismus, bei dem sich nur die Keimdrüsen eines Geschlechts vorfinden, aber die sekundären Geschlechtsmerkmale (s. S. 93) und auch häufig die äußeren Geschlechtsorgane Anklänge an das andere Geschlecht zeigen.

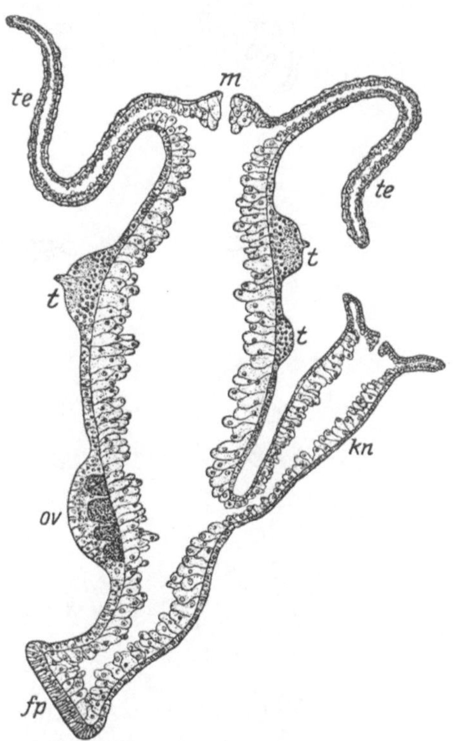

Abb. 87. Längsschnitt eines Süßwasserpolypen (Hydra), kn Knospe, t Hoden, ov Ovarium, m Mundöffnung, te Tentakel, fp Fußplatte. (Aus KORSCHELT, E.: Fortpflanzung der Tiere. Handb. der norm. u. path. Physiologie, Bd. XIV/1. Berlin: Julius Springer 1926.)

Die *männlichen Geschlechtszellen*, der Samen, entstehen bei den höheren Säugetieren in den außerhalb der Bauchhöhle gelegenen Hoden. Das einzelne Spermatozoon ist sehr klein (etwa 60 μ lang) und besteht aus dem relativ dicken Kopf (etwa 4 μ breit), dem kurzen Mittelstück und dem langen fadenförmigen Schwanz. Der Kopf enthält die Kernsubstanz. Die reifen Samenfäden gelangen in den Nebenhoden, unterliegen dort noch einer gewissen Weiterentwicklung, erlangen auch ihre typische Eigenbeweglichkeit und mischen sich mit dem vom Nebenhoden gebildeten Sekret. Der in beiden Nebenhoden gespeicherte Samen kann durch die muskulösen Samenleiter, die in die Harnröhre münden, unter Beimischung der Sekrete der sog. Samenblasen und der Prostata ausgetrieben werden.

Die *weiblichen Geschlechtszellen,* kugelige Zellen von 0,2—0,3 mm Durchmesser, entwickeln sich im Ovarium aus dem Keimepithel in mit Flüssigkeit gefüllten Primärfollikeln, die zur Zeit der Geschlechtsreife erst ihre volle Ausbildung erfahren. Die in vierwöchentlichen Abständen sich folgende Reifung einzelner Eier führt zur Ovulation, d. h. zur Ausstoßung des Eies durch Bersten der Hüllen des Follikels, der danach durch Wucherung seines Epithels und anderer Gewebselemente des Ovars zum *Corpus luteum* wird. Diese periodische Bildung der

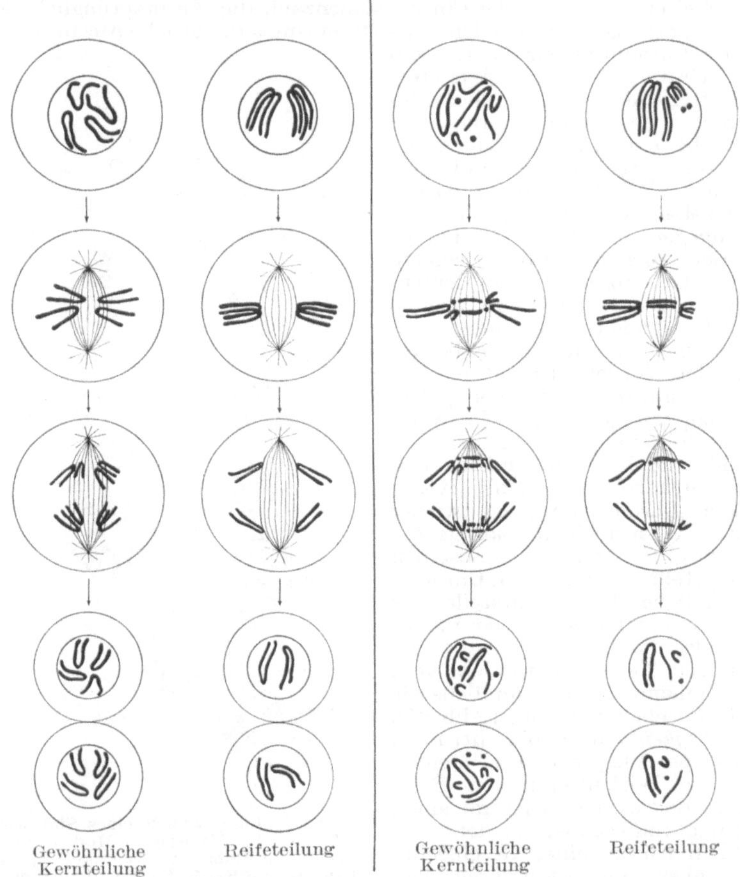

Abb. 88. Vergleich der Reifeteilung mit einer gewöhnlichen Kernteilung. Links bei einer Normal-zahl von vier gleichen Chromosomen. Rechts bei einer Normalzahl von acht Chromosomen, die paarweise verschieden sind. (Aus GOLDSCHMIDT, R.: Einführung in die Wissenschaft vom Leben oder Ascaris, 4.—8. Tausend. Berlin: Julius Springer 1927.)

Corpora lutea führt infolge ihrer innersekretorischen Tätigkeit (s. S. 99) zu im gleichen Rhythmus erfolgender Umwandlung und Neubildung der Uterus-schleimhaut. Durch diese Vorgänge werden für die Einbettung des befruchteten Eies besonders günstige Bedingungen geschaffen. Bleibt die Befruchtung und Einbettung des Eies aus, so erfolgt Abstoßung der Uterusschleimhaut unter Blutaustritt (Menstruation).

Bei den Säugetieren, bei denen die *Entwicklung des Keims im Mutterkörper* stattfindet, muß der Befruchtung die Begattung vorausgehen. Die Samenfäden gelangen infolge ihrer Eigenbeweglichkeit durch den Uterus in die Eileiter und treffen dort auf das reife Ei. Bei der Befruchtung tritt ein einziger Samenfaden

in das Ei ein, und sein Kopf, der die Kernsubstanz enthält, verschmilzt mit dem
Eikern. Das befruchtete Ei wird durch peristaltische Bewegung des Eileiters nach
dem Uterus befördert, wo es sich mehrere Tage nach der Ovulation in der Schleimhaut festsetzt. Während der Zeit zwischen der erfolgten Befruchtung und der
Einbettung hat sich das Ei durch wiederholte Zellteilungsvorgänge in einen Zellhaufen verwandelt. Das allmählich seine verschiedenen Eihüllen (s. Abb. 89)
entwickelnde Ei übt auf die Uterusschleimhaut seiner Umgebung einen Reiz aus,
so daß diese sich mit der äußeren Eihülle, dem Chorion, gemeinsam am Aufbau
der Placenta beteiligt. Die Placenta stellt die Verbindung zwischen mütterlichem
und kindlichem Organismus her. Es treten, nur durch eine dünne Epithelschicht
getrennt, mütterlicher und fötaler Blutkreislauf miteinander in Beziehung, und
es findet hier der für die Atmung, Ernährung und Entfernung von fötalen Stoffwechselprodukten notwendige Diffusionsaustausch statt. Hierdurch wird auch

die vom sich entwickelnden Fötus auf
den mütterlichen Organismus ausgeübte
humorale Beeinflussung ermöglicht. Die
Placenta selbst muß als ein endokrines
Organ angesehen werden, das während
der Schwangerschaft in den mütterlichen
Kreislauf eingeschaltet ist und umge-
staltend auf die Tätigkeit der übrigen
innersekretorischen Drüsen (s. S. 94)
einwirkt. Die mächtige Entwicklung der
Uterusmuskulatur, die Veränderungen
im Körperbau und im Stoffwechsel,
sowie vor allem das lebhafte Wachstum
der Drüsengewebe in den Milchdrüsen
(s. S. 168) sind auf solche hormonalen
Umstimmungen zurückzuführen. Auch das
Ende der Schwangerschaft und somit der
Zeitpunkt der Geburt werden weitgehend durch einen hormonalen Mechanismus bedingt. Starke, etwa 1 Minute
andauernde Kontraktionen der gesamten

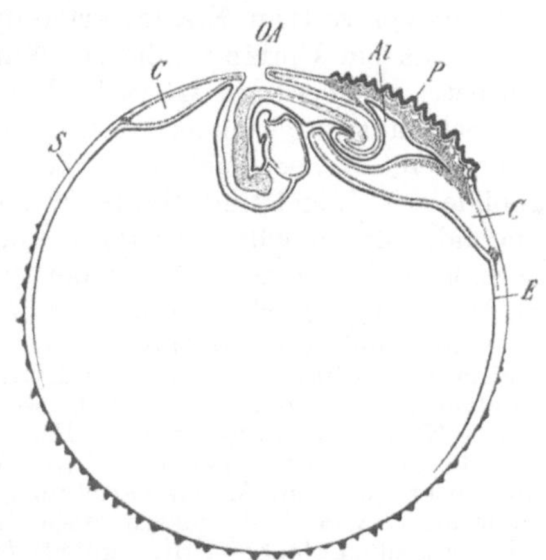

Abb. 89. Längsschnitt durch das Embryonal-
stadium eines Säugetiers, OA Amnionöffnung,
darunter die Keimanlage, Al Allantois, S
Chorion, P Placenta, C extraembryonales
Coelom, E Dottersack. Nach BENEDEN u.
JULIN. (Aus CLAUS-GROBBEN-KÜHN.)

Uterusmuskulatur (Wehen), die im Verlauf der Geburt an Kraft zunehmen
und sich zeitlich immer dichter folgen, treiben die Frucht durch die sich
langsam erweiternden Geburtswege. Kurze Zeit nach erfolgter Geburt wird
die Placenta infolge Ablösung der gesamten Uterusschleimhaut ebenfalls durch
Uteruskontraktionen ausgestoßen.

Die Schwangerschaftsdauer beim Menschen beträgt im allgemeinen 9 Monate,
das Durchschnittsgewicht des Neugeborenen 3 kg und seine Länge gegen 50 cm.
Die Wachstumstendenz des Neugeborenen ist außerordentlich groß. Am Ende des
ersten Jahres hat sein Gewicht um mindestens 200% und seine Länge um mehr
als 50% zugenommen. In den späteren Lebensjahren läßt dann das Wachstum
mehr und mehr nach und erlischt völlig um das 22. Lebensjahr. Die Proportionen
der einzelnen Körperteile zueinander verändern sich während des Wachstums,
da der Kopf verhältnismäßig am wenigsten, die Beine am stärksten an Größe
zunehmen.

B. Regeneration.

Wie wir sahen, ist die Fortpflanzung (Reproduktion) im Verein mit dem Wachstum das Vermögen, auf dem Wege über äußerlich ungeformtes Keimmaterial immer wieder neue Individuen zu schaffen, die in Form und Funktion dem Ausgangsorganismus gleichen. Unter Regeneration wird das Vermögen des Organismus verstanden, in Verlust geratene Körperteile zu ersetzen und so seine Integrität wieder herzustellen. So finden wir z. B. beim Süßwasserpolypen (Abb. 87), daß kleine aus der Körperwand ausgeschnittene Stücke, wenn sie auch nur etwa $^1/_{200}$ des Gesamtorganismus umfassen, ganz unabhängig davon aus welcher Region des Tieres sie stammen, sich zu einem ganzen Tier umformen und auswachsen, das sich in nichts von einem normalen unterscheidet. Zu einer Regeneration abgeschnittener Beine kommt es noch bei jungen Fröschen, nicht aber bei älteren, da bei den Wirbeltieren nicht nur mit höherer Organisationsstufe der Art, sondern auch mit zunehmendem Alter des einzelnen Individuums das Regenerationsvermögen abnimmt.

Beim Menschen finden wir allgemein nur ein geringes Regenerationsvermögen, d. h. ein vollwertiger Ersatz verlorengegangener Gewebe- oder Organteile ist nur in beschränktem Umfang möglich. Nur das Blut, das sich weitgehend nach Blutverlusten erneuert, besitzt volles Regenerationsvermögen (s. S. 59). Die Epithelien der Schleimhäute erneuern sich immer wieder durch Zellteilungen in den tiefsten Schichten, ebenso auch die oberflächlichen Schichten der Cutis. Die Horngebilde wie Nägel und Haare können sich ebenfalls erneuern, solange die sie bildenden Zellschichten erhalten sind. Im übrigen äußert sich das Regenerationsvermögen des Menschen nur bei der Wundheilung, soweit diese nicht durch bindegewebige Narbenbildung erfolgt.

Glatte, gut vernähte Hautwunden können ohne sichtbare Narben heilen. Kleinere und größere Blutgefäße wie auch Lymphgefäße können noch in weitem Ausmaß neugebildet werden. Knochenverluste werden, wenn das Periost erhalten geblieben ist, durch Knochenneubildung vom Periost aus ersetzt. Auf ähnliche Weise kommt es zur Heilung gebrochener Knochen. Auch Knorpel kann zum mindesten teilweise regeneriert werden. Muskelverletzungen mit Substanzverlusten werden nicht durch Neubildung von Muskelfasern ausgeglichen, sondern durch Bildung einer mehr oder minder großen Narbe. Unter günstigen Umständen kann die durch den Verlust an Muskelmasse eingetretene Kraftminderung durch Dickerwerden der einzelnen Muskelfasern im Muskelrest oder in agonistischen Muskeln bis zu einem gewissen Grade ausgeglichen werden. Das Zentralnervensystem besitzt keine Regenerationsfähigkeit. Auf die Regeneration der peripheren Nerven durch Auswachsen des zentralen mit den Ganglienzellen noch verbundenen Stumpfes ist schon früher hingewiesen worden (s. S. 35). Bei größeren Gewebsverlusten, ganz gleich welche Organe davon betroffen sind, wird die Lücke nur durch Bindegewebe ausgefüllt, und es kommt zur Bildung großer flächenförmiger Narben.

Ähnlich wie das Regenerationsvermögen der einzelnen Gewebsarten verhält sich beim Menschen auch die Fähigkeit dieser Gewebe nach Überpflanzung (*Transplantation*) von einer Körperstelle auf eine andere wieder gut einzuheilen. Mit scharfen und reinen Schnittflächen abgetrennte Ohren und Nasen können, falls sofortige Naht erfolgt, wieder anheilen. Ebenso verheilen häufig frei verpflanzte Hautlappen wie auch Knochenstücke, z. B. ein frisch gezogener und sofort wieder eingesetzter Zahn. Die Transplantationen gelingen schlechter, wenn das verpflanzte Gewebsstück nicht vom gleichen Individuum, sondern von einem Individuum derselben Rasse oder Art stammt. Transplantationen zwischen verschiedenen Säugetierarten schlagen meist gänzlich fehl, da das tranplantierte Gewebsstück zerfällt, was voraussichtlich mit der Verschiedenartigkeit der artspezifischen Eiweiße der beiden Tierarten zusammenhängt. Hingegen kann lebloses Material wie geglühte Tierknochen, Celluloid, Edelmetalle usw. durch bindegewebige Einkapselung einheilen und so gewisse Stützfunktionen erfüllen.

C. Vererbung.

Die Form und Einzelgestaltung eines Organismus, sein *Phänotypus*, ist durch die äußeren Bedingungen, unter denen er aufwuchs und lebt, sowie durch die ihm bei der Erzeugung mitgegebenen inneren Bedingungen, durch Erbfaktoren,

bedingt. Lassen wir eine Hälfte der Tiere eines und desselben Wurfes einer
Zuchtsau bei reichlicher, die andere bei gerade ausreichender Kost aufwachsen,
so zeigen die ausgewachsenen Tiere nicht nur Unterschiede in der Größe (bis
zu 300%), sondern auch andere Körperproportionen. Dennoch weisen beide Tier-
gruppen im Gesamtbild weitgehende Übereinstimmung auf, die auf die gleichen
Erbfaktoren zurückzuführen sind. Die Gesamtheit der Erbfaktoren wird auch
als *Genotypus* bezeichnet.

Nach welchen Gesetzmäßigkeiten die einzelnen Erbfaktoren von Generation
auf Generation übertragen werden, hat sich aus *Kreuzungsversuchen* an Tieren
und Pflanzen ergeben, bei denen sich männliche und weibliche Partner nur durch
ein oder wenige Merkmale unterschieden. Die sog. Wunderblume (Mirabilis
jalappa) kommt in einer rot und in einer weißlich blühenden Art vor. Befruchtet
man künstlich rot blühende Blumen mit dem Pollen weißblühender Blumen
(Parentalgeneration, P) oder umgekehrt, so erweist sich der so erhaltene Samen
als keimfähig. Die herangewachsenen Pflanzen (erste Filialgeneration, F_1) blühen
alle rosa. Gewinnen wir aus diesen Blüten durch gegenseitige Bestäubung neuen
Samen und lassen die zweite Filialgeneration (F_2) heranwachsen, so sieht das
Blumenfeld sehr buntscheckig aus; denn weiße, rote und rosa blühende Pflanzen
stehen nebeneinander. Ein Auszählen der Pflanzen nach ihrer Blütenfarbe zeigt,
daß 25% der Pflanzen nur weiße, 25% nur rote und 50% nur rosa Blüten haben.
Ziehen wir aus diesen Pflanzen eine weitere Generation (F_3) nur jeweils durch
Kreuzung von gleichfarbigen Pflanzen, dann weist die Nachkommenschaft der rosa
blühenden Pflanzen wiederum zu je einem Viertel die Stammfarben rot und weiß
auf und die restliche Hälfte die Mischfarbe rosa. Der nur aus roten oder weißen
Blüten der F_2-Generation gewonnene Samen bringt nur Pflanzen mit Blüten der
gleichen Farbe hervor. Der Versuch wird am besten durch folgendes Schema
veranschaulicht.

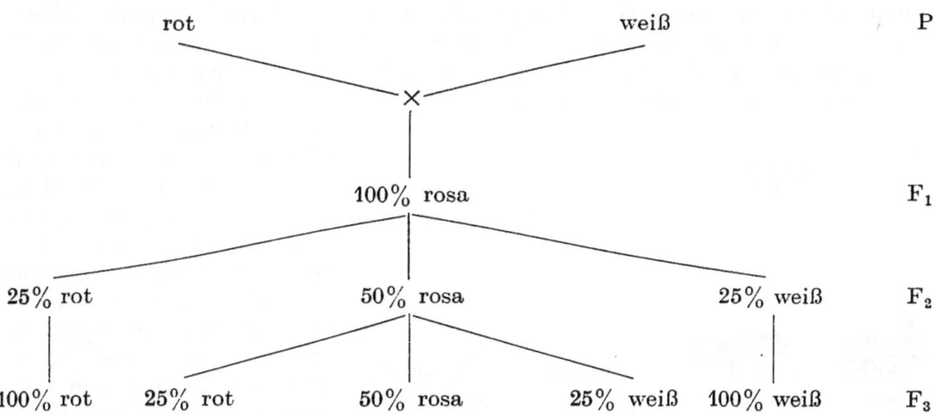

Ein Verständnis für diese eigentümliche *Spaltungserscheinung* (Mendelismus)
der Nachkommenschaft gibt die Vorstellung, daß jeder der Mischlinge der F_1-
Generation zwei Arten von Geschlechtszellen bildet, nämlich 50% mit nur
väterlichen und 50% mit nur mütterlichen Eigenschaften. Bei der Befruchtung
müssen sich dann nach den Grundsätzen der Wahrscheinlichkeitsrechnung
in einem Viertel der Fälle nur väterliche, in einem weiteren Viertel nur mütterliche
Geschlechtszellen miteinander vereinigen und so wieder die Stammrassen herstellen. In der verbleibenden Hälfte der Fälle entsteht aber durch Vereinigung
einer väterlichen mit einer mütterlichen Geschlechtszelle wiederum ein Mischling
(Bastard). Die Nachkommenschaft dieser Mischlinge muß sich natürlich, da für sie

dieselbe Wahrscheinlichkeitsregel gilt, in gleicher Weise aufspalten (oder mendeln). Man bezeichnet die das Merkmal, in unserem Fall die Farbe, übermittelnde Erbeinheit als *Gen*. Solche Erbeinheiten sind immer in einem Individuum paarweise vorhanden, trennen sich aber bei der Reduktionsteilung während der Keimzellenreifung. Bei reinen Rassen (in unserem Beispiel den rot und weiß

blühenden Pflanzen) sind die beiden Partner des Genpaares völlig gleich, somit das einzelne Individuum homozygotisch. Bei den heterozygotischen Individuen, den Bastarden (rosa Pflanzen), bezeichnet man die beiden das Paar bildenden Gene als antagonistisch oder allelomorph.

Das Aussehen der heterozygoten Individuen ist nicht immer intermediär aus den antagonistischen Merkmalen der Eltern. So haben z. B. die Bastarde von schwarzen und weißen

Abb. 90. Schema einer monomeren MENDELspaltung. Kreuzung zweier reiner Kaninchenrassen, bei denen schwarz dominant, weiß recessiv. (Aus LENZ, F.: Erblichkeit im allgemeinen und beim Menschen im besonderen, Handb. der norm. u. path. Physiologie, Bd. XVII. Berlin: Julius Springer 1926.)

Andalusierhühnerrassen blaues Gefieder. Am häufigsten ist es aber, daß die Heterozygoten ganz dem einen Elternteil gleichen und zwar immer demselben Elternteil. Das Gen des Genpaares, das sich bei der äußeren Gestaltung der Bastarde durchsetzt, wird als *dominant* von dem *recessiven* unterschieden. Wenn auch durch die Dominanz eines Gens bei Kreuzungen äußerlich ein ganz anderes Verhalten vorzuliegen scheint, so ist dennoch die Vererbungsgesetzmäßigkeit die gleiche wie bei der Wunderblume. Abb. 90 zeigt schematisch die in der F_2-Generation auftretende Spaltung nach Kreuzung zwischen schwarzen und

weißen Kaninchen, bei denen schwarz dominant und weiß recessiv vererbt werden. Die bei Rückkreuzung der Bastarde mit den Stammrassen wieder entsprechend der Wahrscheinlichkeitsrechnung auftretende Spaltung ist aus Abb. 91 und 92 zu erkennen. Zur besseren Veranschaulichung sind unter den Tieren die Erbeinheiten durch kleine Kreise dargestellt.

Abb. 91. Rückkreuzung eines F_1-Individuums von dominantem Typus mit der Stammrasse vom recessivem Typus. (Nach LENZ.)

In den bisher besprochenen Kreuzungsbeispielen unterschieden sich die Rassen nur durch ein einziges Paar von Erbeinheiten (monomere Kreuzung). Wenn zwei Rassen gekreuzt werden, die sich durch mehrere Genpaare unterscheiden (polymere Kreuzungen), werden die Verhältnisse nur komplizierter, grundsätzlich ändert sich aber nichts.

Abb. 93 zeigt die Kreuzung zweier Rassen von Taufliegen, der Tierart, die aus verschiedenen technischen Gründen, wie z. B. schnelle Aufzucht einer aus vielen

Individuen bestehenden Generation, am besten bezüglich der Erbanlagen untersucht ist. In dem gewählten Beispiel handelt es sich um eine dimere Kreuzung, da sich beide Rassen einmal durch das Genpaar für die Farbe, zweitens durch das für die Flügelform unterscheiden. Die F_2-Generation zerfällt äußerlich in vier Gruppen von Individuen von einheitlichem Aussehen, die aber in dreien der Gruppen keineswegs von einheitlicher Erbanlage sind, da in Übereinstimmung mit der Wahrscheinlichkeitsrechnung nach Erbanlagen neun verschiedene Gruppen zu unterscheiden sind (s. Abb. 93).

Abb. 92. Rückkreuzung eines F_1-Individuums von dominantem Typus mit der Stammrasse von dominantem Typus. (Nach LENZ.)

Nachdem diese Vererbungsgesetzmäßigkeit erkannt worden war, lag es auf der Hand, als körperliche Träger der Gene die Chromosomen der Zellkerne anzusehen. Gerade bei ihnen finden wir ja die geforderte getrennte Verteilung von zwei Partnern eines Paares auf die Keimzellen bei der Reifeteilung (s. Abb. 88) und die Vereinigung zweier Partner verschiedener

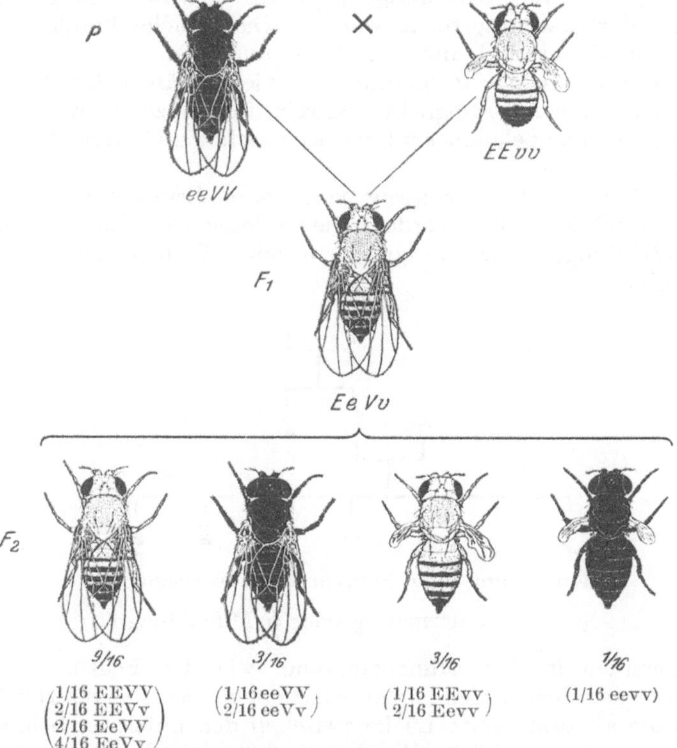

Abb. 93. Kreuzung zweier Rassen von Taufliegen (Drosophila), einer wildfarbigen (dominant) und stummelflügeligen (recessiv) mit einer schwarzen (recessiv) und normalflügeligen (dominant). E Gen für wildfarbig, e für schwarz, V für normalflügelig, v für stummelflügelig. Nach MORGAN. (Aus CLAUS-GROBBEN-KÜHN.)

Herkunft zu einem Paar bei der Befruchtung. Die riesigen Versuchsreihen gerade an der Taufliege haben uns gelehrt, daß einem Gen nicht ein Chromosom entspricht, sondern daß in ihm eine große Zahl von Genen aneinandergereiht liegen. Dennoch braucht der Vererbungsgang verschiedener Gene eines Chromosoms kein gemeinsamer

zu sein, da vor der Reifeteilung ein Austausch antagonistischer Gene zwischen den
beiden Partnern eines Chromosomenpaares stattfinden kann.

Bei manchen Tierarten hat man in den Körperzellen des einen der beiden Ge-
schlechter ein einzelnes Chromosom ohne Partner gefunden (X-Chromosom). Diese
sog. Heterochromosomen werden heute als die Träger der Erbeinheit der Geschlechtsbestimmung angesehen. Bei der Taufliege wie auch beim Menschen sind die Körperzellen der männlichen Individuen heterogametisch, d. h. sie besitzen *ein* X-Chromosom.
Die Körperzellen der weiblichen Individuen hingegen sind homogametisch, da sie
zwei X-Chromosomen enthalten. Daher enthalten alle reifen Eizellen ein X-Chromosom,
während von den Samenfäden nur die eine Hälfte ein X-Chromosom aufweist, die
zweite Hälfte dagegen nicht. Bei der Befruchtung ist danach die Entstehung von
Keimen mit ein oder zwei X-Chromosomen im gleichen Grade wahrscheinlich. Im ersten
Fall entwickelt sich ein männliches, im zweiten ein weibliches Individuum. Dieser
Mechanismus der Geschlechtsbestimmung macht auch verständlich, warum einzelne
Merkmale nur geschlechtsgebunden vererbt werden können, d. h. eine Vererbung auf
die Nachkommenschaft nur über Individuen des einen Geschlechts möglich ist.

Mit fortschreitender Erkenntnis der Vererbungsgesetzmäßigkeiten begann sich
auch die Frage zu klären, bei welchen Erkrankungen eine krankhafte Erbanlage
eine entscheidende Rolle spielt, und ob der Erbgang bei einem bestimmten ver-
erblichen Leiden dominant oder recessiv ist. Solche Untersuchungen am Menschen
stoßen auf die Schwierigkeit, daß über die Vererbung nur Aussagen gemacht
werden können, wenn alle Angehörige mehrerer Generationen genau auf das
interessierende Merkmal untersucht wurden. Da manche krankhaften Eigenschaften sehr auffallend sind und uns daher auch von nicht mehr Lebenden
bekannt sein können, so wurde hierdurch in vielen Fällen das Aufstellen von
Vererbungsstammbäumen ermöglicht. Soweit für einzelne Krankheiten zu-
verlässige Stammbäume bekannt sind, hat sich stets die Gültigkeit des MENDEL-
schen Gesetzes erwiesen.

Als geschlechtsgebundene, recessiv vererbbare Erkrankung ist schon die
Hämophilie (s. S. 66) angeführt worden. Die im Bereich der Kiefer vorkommenden
Hemmungsmißbildungen wie Hasenscharte oder Wolfsrachen vererben sich
ebenfalls recessiv.

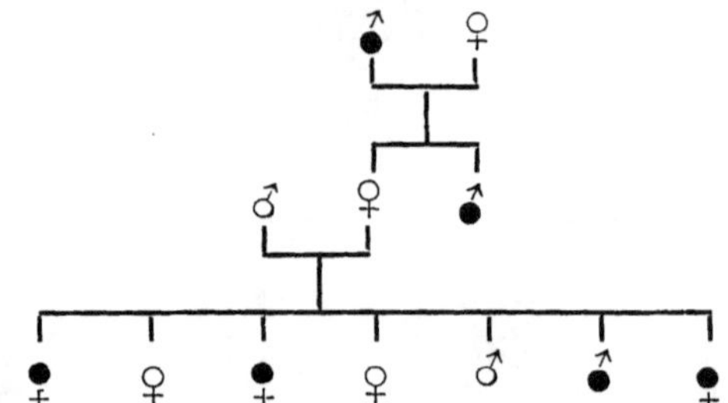

Stammbaum einer Familie mit Hasenscharte.

(♀ oder ♂ normal, ♀ oder ♂ Mißbildung.)

Auch Anomalien in der Zahnausbildung, wie das Fehlen der seitlichen
Schneidezähne oder der dritten Molaren scheinen recessiv vererblich zu sein.
Hingegen ist die abnorm breite Lücke zwischen den mittleren Schneidezähnen
(„Trema") dominant vererblich. Überhaupt läßt sich die ganze Stellung der
Zähne in den Kiefern innerhalb einzelner Familien häufig auf erbliche Anlagen
zurückführen. Auch das Vorstehen des Unterkiefers (Progenie) wird dominant
vererbt und ist beim männlichen Geschlecht meist stärker ausgeprägt. Die
mangelhafte Zahnausbildung der sog. „Haarmenschen" ist zusammen mit dem
ungewöhnlichen Haarreichtum durch die gleiche krankhafte Erbanlage bedingt.